国家职业技能等级认定培训教材

高技能人才培养用书

焊工试题库

（高级、技师、高级技师）

主　编　梁　涛　唐亚红

副主编　王　波　张佐时

参　编　赵　卫　彭勇军　刘昌盛　周永东

　　　　刘文强　黄家庆　朱　献

主　审　尹子文　周培植

机 械 工 业 出 版 社

本书是依据《国家职业技能标准 焊工（2019 版）》（高级、技师、高级技师）的知识要求和技能要求，针对参加国家职业技能等级认定的考生进行考前准备而编写的。本书包括高级、技师、高级技师三个级别。高级分为电焊工、气焊工、焊接设备操作工；技师、高级技师分为电焊工、焊接设备操作工、焊接技术管理、培训与指导。每一级别分别由知识要求试题及答案（包括判断题、选择题、计算题和简答题）、技能要求试题和知识要求考核试卷样例三部分组成。内容层次由低到高，题量较大，题型多样，又有试卷样例及评分标准。

本书既可供参加国家职业技能等级认定的考生复习使用，也可供各级职业技能鉴定部门命题时选用。

图书在版编目（CIP）数据

焊工试题库：高级、技师、高级技师 / 梁涛，唐亚红主编. -- 北京：机械工业出版社，2024. 7. --（国家职业技能等级认定培训教材）（高技能人才培养用书）.

ISBN 978-7-111-76549-3

Ⅰ．TG4-44

中国国家版本馆 CIP 数据核字第 2024XK7953 号

机械工业出版社（北京市百万庄大街 22 号 邮政编码 100037）

策划编辑：侯宪国　　　　　责任编辑：侯宪国　王　良
责任校对：曹若菲　李小宝　封面设计：马若濛
责任印制：张　博
北京雁林吉兆印刷有限公司印刷
2025 年 1 月第 1 版第 1 次印刷
184mm×260mm · 24 印张 · 596 千字
标准书号：ISBN 978-7-111-76549-3
定价：69.80 元

电话服务　　　　　　　　　网络服务
客服电话：010-88361066　　机 工 官 网：www.cmpbook.com
　　　　　010-88379833　　机 工 官 博：weibo. com/cmp1952
　　　　　010-68326294　　金 书 网：www.golden-book.com
封底无防伪标均为盗版　机工教育服务网：www.cmpedu.com

国家职业技能等级认定培训教材
编审委员会

序

新中国成立以来，技术工人队伍建设一直得到了党和政府的高度重视。20世纪五六十年代，我们借鉴苏联经验建立了技能人才的"八级工"制，培养了一大批身怀绝技的"大师"与"大工匠"。"八级工"不仅待遇高，而且深受社会尊重，成为那个时代的骄傲，吸引与带动了一批批青年技能人才锲而不舍地钻研技术、攀登高峰。

进入新时期，高技能人才发展上升为兴企强国的国家战略。从2003年全国第一次人才工作会议明确提出高技能人才是国家人才队伍的重要组成部分，到2010年颁布实施《国家中长期人才发展规划纲要（2010—2020年）》，加快高技能人才队伍建设与发展成为国家战略之一。

习近平总书记强调，劳动者素质对一个国家、一个民族发展至关重要。技术工人队伍是支撑中国制造、中国创造的重要基础，对推动经济高质量发展具有重要作用。党的十八大以来，党中央、国务院健全技能人才培养、使用、评价、激励制度，大力发展技工教育，大规模开展职业技能培训，加快培养大批高素质劳动者和技术技能人才，使更多社会需要的技能人才、大国工匠不断涌现，推动形成了广大劳动者学习技能、报效国家的浓厚氛围。

2019年，国务院办公厅印发了《职业技能提升行动方案（2019—2021年）》，目标任务是2019年至2021年，持续开展职业技能提升行动，提高培训针对性、实效性，全面提升劳动者职业技能水平和就业创业能力。三年共开展各类补贴性职业技能培训5000万人次以上，其中2019年培训1500万人次以上；经过努力，到2021年底，技能劳动者占就业人员总量的比例达到25%以上，高技能人才占技能劳动者的比例达到30%以上。

目前，我国技术工人（技能劳动者）已超过2亿人，其中高技能人才超过5000万人，在全面建成小康社会、战略性新兴产业不断发展的今天，建设高技能人才队伍的任务十分重要。

机械工业出版社一直致力于技能人才培训用书的出版，先后出版了一系列具有行业影响力、深受企业、读者欢迎的教材。欣闻配合现行的《国家职业技能标准》又编写了"国家职业技能等级认定培训教材"。这套教材由全国各地技能培训和考评专家编写，具有权威性和代表性；将理论与技能有机结合，并紧紧围绕《国家职业技能标准》的知识要求和技能要求编写，实用性、针对性强，既有必备的理论知识和技能知识，又有考核鉴定的理论和技能题库及答案；而且这套教材根据需要为部分教材配备了二维码，扫描书中的二维码便可观看相应资源；这套教材还配合天工讲堂开设了在线课程、在线题库，配套齐全，编排科学，便于培训和检测。

　　这套教材的出版非常及时，为培养技能型人才做了一件大好事，我相信这套教材一定会为我国培养更多更好的高素质技术技能型人才做出贡献！

中华全国总工会副主席

高凤林

前　言

　　社会主义市场经济的迅猛发展，促使各行各业处于激烈的市场竞争中，人才的竞争是一个企业取得领先地位的重要因素，除了管理人才和技术人才，一线的技术工人始终是企业不可缺少的核心竞争力量。

　　为保证职业技能等级认定工作的质量，加快培养一大批数量充足、结构合理、素质优良的技能型人才，我们编写了本书。

　　本书以现行《国家职业技能标准　焊工（2019版）》（高级、技师、高级技师）为依据，以客观反映现阶段本职业的水平和对从业人员的要求为目标，使参加职业技能等级认定的广大考生对考试内容和考试方式有一个全面的了解，以更好地复习备考，顺利通过考试。

　　本书由梁涛和唐亚红任主编，王波和张佐时任副主编，赵卫、彭勇军、刘昌盛、周永东、刘文强、黄家庆、朱献参与编写。全书由尹子文、周培植主审。本书在编写过程中，得到了中车首席技能专家、中车资深技能专家等的指导，提升了编写质量。本书得到了中车株洲电力机车有限公司技师协会的大力支持，在此一并表示衷心的感谢！

　　由于编者的水平有限，书中内容难免存在不足之处，欢迎广大读者批评指正，在此表示衷心的感谢。

编　者

目 录

技　　师

高 级 技 师

高级

第1部分

考核重点和试卷结构

一、考核重点

1. 考核权重

焊工高级理论知识权重表 （%）

项目		电焊工	钎焊工	气焊工	焊接设备操作工
基本要求	职业道德	5	5	5	5
	基础知识	25	25	25	25
相关知识要求	低碳钢、低合金钢和不锈钢焊条电弧焊	20		—	—
	低碳钢和不锈钢熔化极气体保护焊	20		—	—
	低合金钢、不锈钢、铝合金手工钨极氩弧焊	20		—	—
	低合金钢气焊			70	—
	自动熔化极或非熔化极气体保护焊	任意2项合计10	任意2项合计10	—	70 —
	自动埋弧焊			—	70
	机器人弧焊、点焊、激光焊			—	70
	不等壁厚工件、同种、异种金属及硬质合金钎焊		60	—	—
	合计	100	100	100	100	100

焊工高级技能要求权重表 （%）

项目		电焊工	钎焊工	气焊工	焊接设备操作工
相关技能要求	电焊	75	任意2项合计20	—	—
	气焊	任意2项合计20		95	—
	焊接设备操作			—	90
	钎焊		75		
	设备维护与保养	5	5	5	10
	合计	100	100	100	100

2. 焊工模块考核重点

（1）工艺准备　具体包括焊接设备的种类、型号和基本机械结构，常用焊接材料名称、牌号含义及选择原则，原材料的名称、牌号含义、焊接性，作业环境的温度、湿度、洁净度的控制，焊接参数的选择，工艺装备、工具和量具的选择。

（2）试件焊接　具体包括图样识读，试件焊前加工和装配，焊接设备调整，焊接变形的控制，选择合理的操作规范和方法达到图样技术要求等。

（3）焊后处理　具体包括接头外观质量检查，焊缝外形尺寸检查，焊接试件表面清理，在图样技术要求允许范围内对焊缝进行精整和清除表面缺陷。

3. 管理主题模块考核重点

主要包括设备定置管理，设备日常检查，设备日常清洁维护，焊丝存放管理。

二、试卷结构

1. 理论知识考核试卷结构

（1）常用题型　通常包括判断题、单项选择题、计算题、简答题等。在具体题型组合时，可根据实际情况进行选择，如由判断题、单项选择题和简答题组成考核试卷等。

（2）知识范围　在理论考核重点内容范围内，应尽可能涉及80%以上的知识点，并按权重要求进行合理分配，不能集中于某些内容。

（3）配分原则　通常配分按判断题、单项选择题、计算题、简答题的排列顺序，合理安排题目数量和配分结构。

（4）考核时间　一般安排不少于1.5h的理论知识考核时间。

2. 技能操作考核试题结构

（1）试件图样　包括图样名称、试件材料及某些技术要求等。

（2）考核要求　包括焊前准备、焊缝外观质量、焊缝内部质量、否定项的条件，以及时间定额、试件材质、焊接材料、焊接设备、工具和量具等限定要求。

（3）考核评分表　包括分项目的考核内容、考核要求、配分和评分标准等。

1）考核项目：按焊前准备、焊缝外观质量、焊缝内部质量、安全文明生产项目配分。

2）考核时间：通常为2~4h。

3）其他要求：包括作业环境、设备维护、操作规范等。

三、考试技巧

（1）抓紧考前培训　根据考试重点，按鉴定标准要求，考前全面练习和掌握与考试主题相关的基础知识和技能，对自身知识和技能的薄弱环节，应在有经验的辅导人员指导下进行重点复习和练习，为应考奠定坚实的基础。

（2）技能操作考核　首先要认真分析试题的图样和评分标准，把握操作过程中的关键点和禁忌。操作前做好设备的检查和调试，试件的检查和加工。操作过程中要做到"一看""二听""三准"（"一看"是看好熔池尺寸和形状，分清熔渣和铁液，判断好熔池温度，温度高时及时断弧。"二听"是听焊透时的"噗噗"声，这是焊缝背面成形的关键。"三准"是熔池的位置要把握准），抓住主要项目和步骤，才能获取较多的得分。只有按步骤完成每一项考核内容，才能取得合格、优异的考核成绩。

四、注意事项

（1）遵守考试规定　在考试前要仔细阅读有关的规定和限制条件，以免违规影响考试。例如在低合金钢板Ⅰ形坡口对接仰焊的焊条电弧焊的考核中，规定试件坡口两端不得安装引弧板、引出板。

（2）预先检测辅具　在准备规定的工、夹、量具时，应请工、夹、量具检测专职人员进行预先的检测，保证用于考试的工、夹、量具符合要求和精度标准，以免考试中出现误差等问题。

（3）预定操作步骤　在考试前可按辅导人员的指导意见，制订应考的步骤。在考试过程中，每一个操作步骤和每一次检验都要认真、仔细操作，并按图样规定的标准进行核对，避免差错。当出现某些项目不符合要求时，应沉着冷静，继续认真地完成下一步骤的考核内容，并注意防止已有缺陷对后续焊接的影响。

（4）应急及时报告　遇到某些特殊应急的情况，如焊接设备故障、电源故障等，要及时与监考人员联系，以免发生安全事故等，进而中断考试进程，影响考试成绩。

五、复习策略

（1）扎实完成基础训练　焊工考核的内容有许多是知识和技能结合的基础训练，如多种材质的焊接；多种焊接设备的操作；工、量具选择和使用；焊接变形的控制和矫正；图样的识读和分析；焊接工艺的确定和过程操作。在各种试件中都会涉及这些基础知识和技能，只有扎实进行基础训练，才能应对知识和技能的考核。

（2）全面掌握重点难点　各个项目和模块的考核都有重点和难点，只有掌握知识和技能的重点和难点，才能在考试中应对自如，因为各种形式的试卷、考题都是围绕重点和难点设计的。

（3）融会贯通知识技能　知识和技能的复习过程要融会贯通，把理论知识和操作技能结合起来，才能在培训过程中做到正确理解，更好地应对考核过程中遇到的问题。在技能项目试件练习时，要兼顾好相关理论知识的练习；在典型模块项目知识点复习时，要抓紧相关能力的基本功训练。

第2部分

理论知识考核指导

理论模块 1　电焊工

一、考核范围

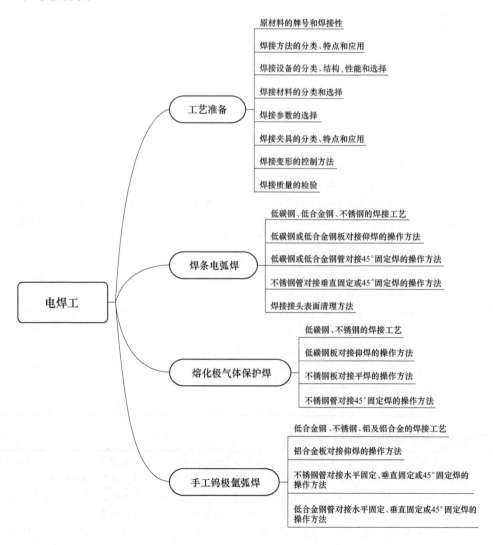

二、考核要点详解

知识点（焊条电弧焊）示例 1：

概念	焊条电弧焊是利用焊条与工件之间建立起来的稳定燃烧的电弧，使焊条和工件熔化，从而获得牢固焊接接头的工艺方法
特点	设备简单，操作灵活方便，适应性强，可达性好，不受场地和焊接位置的限制，在焊条能达到的地方一般都能施焊，这些都是焊条电弧焊被广泛应用的重要原因
	对接头的装配质量要求较低。焊接过程中，电弧由焊工手工控制，可通过及时调整电弧位置和运条速度等修改焊接参数，降低了对接头装配的质量要求
	可焊接金属材料广。除难熔或极易被氧化的金属外，几乎能焊接所有金属
用途	广泛用于碳素钢、合金钢、耐热钢、不锈钢、铸铁以及有色金属的焊接。适用于不同厚度、不同位置金属材料的焊接，以及用于异种金属的焊接，且焊接接头可与工件（母材）的强度相等
分类	1. 根据所用焊接设备的不同，焊条电弧焊可以分为 1）交流电源的焊条电弧焊：流过电弧的电流为交流电的焊条电弧焊方法。一般用在采用酸性焊条和低氢钾型焊条焊接普通焊接结构的场合 2）直流电源的焊条电弧焊：流过电弧的电流为直流电的焊条电弧焊方法。一般用在采用碱性焊条焊接重要焊接结构的场合 2. 根据所用焊条种类的不同，焊条电弧焊可分为 1）厚药皮焊条的焊条电弧焊：药皮的重量系数 $K=30\%\sim50\%$，目前生产中使用的大多数是厚药皮的焊条 2）薄药皮焊条的焊条电弧焊：药皮的重量系数 $K=1\%\sim2\%$

注："药皮重量系数"表示药皮与焊芯的相对重量比（不包括无药皮的焊钳夹持端）。

知识点（熔化极气体保护焊）示例 2：

概念	熔化极气体保护焊（英文简称 GMAW）是采用连续等速送进的可熔化焊丝与被焊工件之间的电弧作为热源来熔化焊丝和母材金属，形成熔池和焊缝的焊接方法
特点	焊接过程中电弧及熔池的加热熔化情况清晰可见，便于发现问题并及时调整，故焊接过程与焊缝质量易于控制。通常情况下不需要采用管状焊丝，所以焊接过程没有焊渣，焊后不需要清渣，省掉了清渣的辅助工时，降低了焊接成本。适用范围广，生产效率高，易进行全位置焊及实现机械化和自动化。焊接时采用明弧和使用的电流密度大，电弧光辐射较强；不适用于在有风的地方或露天施焊；设备较复杂
用途	熔化极气体保护焊适用于焊接大多数金属和合金，最适于焊接碳素钢和低合金钢、不锈钢、耐热合金、铝及铝合金、铜及铜合金、镁合金 对于高强度钢、超强铝合金、锌含量高的铜合金、铸铁、奥氏体锰钢、钛和钛合金及高熔点金属，熔化极气体保护焊要求将母材预热和焊后热处理，采用特制的焊丝，控制保护气体要比正常情况更加严格
分类	按焊丝形式分类：用实心焊丝的熔化极气体保护焊和用管状焊丝的熔化极气体保护焊 按保护气体种类分类：惰性气体保护焊（MIG 焊）、氧化性混合气体保护焊（MAG 焊）、CO_2 气体保护焊（CO_2 焊）、管状焊丝气体保护焊（FCAW 焊） 按焊接电源分类：直流电源的熔化极气体保护焊和脉冲电源的熔化极气体保护焊

知识点（手工钨极氩弧焊）示例 3：

概念	手工钨极氩弧焊（TIG 焊）是指使用钨合金棒作为电极，利用从喷嘴流出的氩气，在电弧焊接的熔池周围形成连续封闭的气流，以保护钨极，是焊丝和焊接熔池不被氧化的一种手工操作气体保护电弧焊
特点	1）氩气具有极好的保护作用，能有效地隔绝周围空气；氩气本身既不与金属起化学反应，也不溶于金属，使得焊接过程中的冶金反应简单易于控制，因此为获得较高质量的焊缝提供了良好条件 2）钨极电弧非常稳定，即使使用很小的电流情况下（<10A）仍可稳定燃烧，特别适用于薄板材料焊接

（续）

特点	3）热源和填充焊丝可分别控制，因而热输入容易调整，所以这种焊接方法可进行全方位焊接，也是实现单面焊双面成形的理想方法 4）由于填充焊丝不通过电流，故不产生飞溅，焊缝成形美观 5）交流氩弧焊在焊接过程中能够自动清除焊件表面的氧化膜，因此，可成功地焊接一些化学活泼性强的有色金属，如铝、镁及其合金 6）钨极承载电流能力较差，过大的电流会引起钨极的熔化和蒸发，其微粒有可能进入熔池而引起夹钨。因此，熔敷速度小、熔深浅、生产率低 7）采用的氩气较贵，熔敷率低，且氩弧焊机又较复杂，和其他焊接方法（如焊条电弧焊、埋弧焊、CO_2气体保护焊）比较，生产成本较高 8）氩气保护易受周围气流影响，不宜室外工作
用途	钨极氩弧焊是一种全姿势位置焊接方式，且特别适合用于薄板的焊接 钨极氩弧焊的特性使其能适用于大多数金属和合金的焊接，可用钨极氩弧焊焊接的金属包括碳素钢、合金钢、不锈钢、耐热合金、难熔金属、铝合金、镁合金、铍合金、铜合金、镍合金、钛合金和锆合金等
分类	按操作方法可分为手工钨极氩弧焊和机械化焊接两种 直流钨极氩弧焊通常分为两种。直流反极性时，有去除氧化膜的作用，称为"阴极破碎"或"阴极雾化"现象。所谓去除氧化膜作用，在交流焊的反极性半波中也同样存在，它是成功焊接铝、镁及其合金的重要因素。直流正极性时，焊件接正极，焊件接受电子轰击放出的全部动能和逸出功产生大量的热，因此熔池深而窄，生产率高，焊件的收缩和变形都小

三、练习题

（一）判断题（对画√，错画×）

1. 从业者从事职业的态度是价值观、道德观的具体表现。　　　　　　　　　（　　）

2. 职业道德的实质内容是建立全新的社会主义劳动关系。　　　　　　　　（　　）

3. 办事公道不可能有明确的标准，只能因人而异。　　　　　　　　　　　（　　）

4. 忠于职守就是要求把自己职业范围内的工作做好。　　　　　　　　　　（　　）

5. 法律是对人们行为的调整，是靠内心信念、风俗习惯和社会舆论的力量来维持的。

　　　　　　　　　　　　　　　　　　　　　　　　　　　　　　　　　（　　）

6. 爱岗敬业是现代企业精神。　　　　　　　　　　　　　　　　　　　　（　　）

7. 职工必须严格遵守各项安全生产规章制度。　　　　　　　　　　　　　（　　）

8. 职业资格证书是就业的"入场券"，是胜任岗位职责的标志。　　　　　　（　　）

9. 用人单位应当将直接涉及劳动者切身利益的规章制度和大事决定公示，但不必告知劳动者。　　　　　　　　　　　　　　　　　　　　　　　　　　　　　　（　　）

10. 在装配图中，所有零部件的形状尺寸都必须标注。　　　　　　　　　　（　　）

11. 在设计过程中，一般是先画出零件图，再根据零件图画出装配图。　　　（　　）

12. 为了便于读图，同一零件的序号可以同时标注在不同的视图上。　　　　（　　）

13. 装配图中相邻两个零件的非接触面由于间隙很小，只需画一条轮廓线。　（　　）

14. 常见的剖视图有全剖视图、半剖视图和局部剖视图。　　　　　　　　　（　　）

15. 焊缝的辅助符号是为说明焊缝的某些特征而采用的。　　　　　　　　　（　　）

16. 零件图中对外螺纹的规定画法是用粗实线表示螺纹大径，用细实线表示螺纹小径。

　　　　　　　　　　　　　　　　　　　　　　　　　　　　　　　　　（　　）

17. 尺寸公差的数值等于上极限尺寸与下极限尺寸之代数差。 （　　）

18. 只要是线性尺寸的一般公差，则其在加工精度上没有区别。 （　　）

19. 当无法用代号标注时，也允许在技术要求中用相应的文字说明。 （　　）

20. 金属材料在外力作用下抵抗变形的能力称为强度。 （　　）

21. 热膨胀性是金属材料的化学性能。 （　　）

22. 锰可以减轻硫对钢的有害性。 （　　）

23. HT200 和 H90 都可以制造机床床身。 （　　）

24. HT200 进行调质热处理可以获得良好的综合力学性能。 （　　）

25. 球墨铸铁中的碳以球状石墨存在，因此，球墨铸铁具有比灰铸铁高的强度、塑性和韧性。 （　　）

26. 铝的化学活泼性很高，容易在空气中与氧形成牢固、致密的氧化膜。 （　　）

27. 特殊黄铜是指含锌量较高，形成双相的铜锌合金。 （　　）

28. 铸造铝合金 ZL201 为铝铜合金。 （　　）

29. 在普通黄铜中加入其他合金元素形成的合金，称为特殊黄铜。 （　　）

30. 纯铜 T1 的杂质总量比 T3 的杂质总量多。 （　　）

31. QSn4-3 表示含锡 4%、含锌 3%，其余为铜的锡青铜。 （　　）

32. 钛合金按退火状态下室温平衡组织分，可分为 α 钛合金、β 钛合金和 α+β 钛合金。 （　　）

33. 钛及钛合金的最大优点是比强度大（即强度大而重量轻）。 （　　）

34. 在一定温度下，从均匀的固溶体中同时析出两种（或多种）不同晶体组织的转变过程叫共晶转变。 （　　）

35. 相平衡是指合金中几个相共存而不发生变化的现象。 （　　）

36. 珠光体和莱氏体是一种单相组织。 （　　）

37. 铁素体是碳溶解在 A-Fe 中形成的间隙固溶体。 （　　）

38. 所有热处理的工艺过程都应包括加热、保温和冷却。 （　　）

39. 焊条牌号为 Z408 的铸铁焊条是纯镍铸铁焊条。 （　　）

40. EZFe-2 焊条适用于一般灰铸铁缺陷的焊补，抗裂性及加工性能好。 （　　）

41. 铸铁焊丝的型号是根据焊丝本身的化学成分及用途来划分的。 （　　）

42. 铝及铝合金焊丝的型号是依据化学成分确定并分类的。 （　　）

43. 一般来说，铜及铜合金气焊或氩弧焊时应选用相同成分的焊丝。 （　　）

44. 补焊锡青铜时，可采用气焊铝的熔剂，即气剂 401。 （　　）

45. 铸件焊补前应准确确定缺陷的位置、性质和形状。 （　　）

46. 铝及铝合金采用机械清理时，一般都用砂轮打磨，直至露出金属光泽。 （　　）

47. 铜及铜合金采用开坡口的单面焊时，必须在背面加成形垫板才能获得所要求的焊缝形状。 （　　）

48. 钛合金组焊时，焊工必须戴洁净的手套，严禁用铁器敲打。 （　　）

49. 异种金属焊接时，原则上希望熔合比越小越好，所以一般开较小的坡口。 （　　）

50. 埋弧焊机的调试内容包括电源、控制系统及小车三个部分的性能、参数测试和焊接试验。 （　　）

51. 钨极氩弧焊机的调试内容主要是对电源参数、控制系统的功能及精度、供气系统完好性、焊枪的发热情况等进行调试。　　　　　　　　　　　　　　　（　　）

52. 粗丝 CO_2 气体保护焊最好选用具有平硬外特性的电源。　　　　　　　（　　）

53. 光电跟踪切割，必须在钢板上划线，才能进行跟踪切割。　　　　　　　（　　）

54. 气割工休息或长时间离开工作场地时，必须切断电源，以免电机过热烧坏。（　　）

55. 灰铸铁焊接时不容易产生白铸铁组织。　　　　　　　　　　　　　　　（　　）

56. 采用镍基铸铁型焊条不但可以避免焊缝产生白铸铁组织，而且还可以避免裂纹。
　　　　　　　　　　　　　　　　　　　　　　　　　　　　　　　　　（　　）

57. 点焊刚度较大的焊件时，焊前不对焊件采取预压力措施，也不会产生焊点和焊缝裂纹。　　　　　　　　　　　　　　　　　　　　　　　　　　　　　　　（　　）

58. 由于球墨铸铁中的球化剂有促进石墨化的作用，因此球墨铸铁的白铸铁组织倾向比灰铸铁小。　　　　　　　　　　　　　　　　　　　　　　　　　　　　　（　　）

59. 铸铁焊接时，焊缝中产生的气孔主要是 CO 和 H_2 气孔。　　　　　　　（　　）

60. 采用镍铁焊条焊接时，由于镍铁合金结晶温度区间很宽，收缩率大，所以热裂纹倾向大。　　　　　　　　　　　　　　　　　　　　　　　　　　　　　　　（　　）

61. 纯铝和防锈铝热裂倾向大。　　　　　　　　　　　　　　　　　　　　（　　）

62. 铝及铝合金用等离子切割下料后，即可进行焊接。　　　　　　　　　　（　　）

63. 铝及铝合金焊接时，采用 TIG 焊比 MIG 焊产生的气孔要少。　　　　　（　　）

64. 黄铜焊接时出现的问题是锌的蒸发。　　　　　　　　　　　　　　　　（　　）

65. 激光焊不能在大气中焊接。　　　　　　　　　　　　　　　　　　　　（　　）

66. 铜及铜合金焊接时，焊丝中加入脱氧元素的目的是防止热裂纹。　　　　（　　）

67. 真空电子束焊非常适用于钛及钛合金的焊接。　　　　　　　　　　　　（　　）

68. 钛合金焊接时焊缝容易产生热裂纹。　　　　　　　　　　　　　　　　（　　）

69. 熔化极氩弧焊焊接钛及钛合金时，焊接飞溅比钨极氩弧焊大。　　　　　（　　）

70. 奥氏体不锈钢和珠光体钢焊接时，焊接接头扩散层的形成有利于提高异种钢焊接接头的质量。　　　　　　　　　　　　　　　　　　　　　　　　　　　　　（　　）

71. 异种钢焊接时，要尽量减少珠光体钢的熔化量，以便抑制熔化的珠光体母材对奥氏体焊缝金属的稀释作用。　　　　　　　　　　　　　　　　　　　　　　　（　　）

72. 在焊接复合不锈钢板复层和基层交界处时，应按异种钢焊接原则选择焊接材料。
　　　　　　　　　　　　　　　　　　　　　　　　　　　　　　　　　（　　）

73. 奥氏体不锈钢和珠光体钢厚板对接焊时，可先用碳素钢焊条在奥氏体不锈钢坡口上堆焊过渡层，然后再用碳素钢焊条进行焊接。　　　　　　　　　　　　　　　（　　）

74. 因为压力容器的制造成本较高，故对压力容器的使用年限应尽量设计长些，尤其是高压容器。　　　　　　　　　　　　　　　　　　　　　　　　　　　　　（　　）

75. 高压容器是《TSG21 固定式压力容器安全技术监察规程》规定的第三类压力容器。
　　　　　　　　　　　　　　　　　　　　　　　　　　　　　　　　　（　　）

76. 在压力容器中，封头与筒体连接时，可采用球形封头、椭圆形封头或平盖。（　　）

77. 在压力容器上焊接临时吊耳和拉筋的垫板割除后留下的焊疤必须打磨平滑。（　　）

78. 高压容器的壁厚很大，所以刚性大，焊接时产生的应力反而小。　　　　（　　）

79. 需要做热处理的容器，应在热处理前进行水压试验。（　　）

80. 锅炉是一种生产蒸汽或热水的热能设备。（　　）

81. 箱型梁比工字梁的结构刚度小，只能承受较小的外力。（　　）

82. 对于不同高度梁的对接，应有一过渡段，焊缝应尽可能在过渡段部位。（　　）

83. 荧光检测是一种利用紫外线照射某些荧光物质，可以使其产生荧光的特性来检查表面缺陷的方法。（　　）

84. 焊接接头拉伸试验用的试样应保留焊后原始状态，不应加工掉焊缝余高。（　　）

85. 焊接接头的弯曲试验用于检验接头拉伸面上的塑性及显示缺陷。（　　）

86. 焊接接头冲击试验的目的是测定焊接接头各区域的吸收能量。（　　）

87. 焊接接头的硬度试验只能间接判断材料的焊接性。（　　）

88. 低碳钢化学分析试验时，经常分析的元素有 C、Mn、Si、Cr、S、P。（　　）

89. 斜 Y 形坡口对接裂纹试验的试验焊缝应根据板厚确定焊接道数。（　　）

90. 低压电器图中文字符号 TC 表示单相变压器。（　　）

91. 选择熔断器时要做到下一级熔体比上一级熔体规格大。（　　）

92. 交流接触器适用于远距离频繁通断的交直流控制电路。（　　）

93. 磁力线表示磁体周围磁场分布状况，磁铁外部磁力线在两极之间形成封闭曲线。（　　）

94. 在使用交流电流表时，为扩大量程要配用电流分流器。（　　）

95. 变压器在改变电压的同时，也改变了电流和频率。（　　）

96. 三相同步电动机主要用于要求大功率、恒转速和改善功率因数的场合。（　　）

97. 万用表使用完毕，应把转换开关旋转至交流电压最低挡。（　　）

98. 锉削加工的平面一般较小，其平面度误差通常采用游标卡尺通过透光法来检查。（　　）

99. 消除材料或制件的弯曲、翘曲、凸凹不平的工艺方法称为矫正。（　　）

100. 钢材剪切后的剪切质量有切口平整度和剪切零件的尺寸公差两项要求。（　　）

101. 冷矫正就是将工件冷却到常温以下再进行的矫正。（　　）

102. 装配前要熟悉产品装配图、工艺文件和技术要求，了解产品的结构、零件的作用以及相互连接关系。（　　）

103. 电击是指电流的热效应、化学效应和机械效应对身体的伤害。（　　）

104. 职业危害的防护应坚持对患病职工认真治疗的方针。（　　）

105. 相对湿度超过 75% 的环境属于危险环境。（　　）

106. 室外临时使用电源时，临时动力线不得沿地面拖拉，架设高度应不低于 2.5m。（　　）

107. 焊接时弧光中的红外线对焊工会造成电光性眼炎。（　　）

108. 使用耳罩时，务必不要使耳罩软垫圈与周围皮肤贴合。（　　）

109. 可引进不符合我国环境保护要求的技术和设备。（　　）

110. 企业的质量方针是企业全面的质量宗旨和质量方向。（　　）

111. 全面质量管理十分重视产品形成过程中人的主观能动作用，强调人的因素是第一位的。（　　）

112. 全面质量管理十分重视成本分析，如果不顾效益，片面追求"高质量"，就会损害企业的经济效益。　　　　　　　　　　　　　　　　　　　　　　　（　　）

113. 对要求进行硬度检查的焊缝，硬度检查部位应包括母材、焊缝和热影响区。
　　　　　　　　　　　　　　　　　　　　　　　　　　　　　　　　　（　　）

114. 用人单位应当将直接涉及劳动者切身利益的规章制度和重大事项决定公示，但不必告知劳动者。　　　　　　　　　　　　　　　　　　　　　　　　（　　）

115. 劳动合同被确认无效后，应当依法予以解除。　　　　　　　　　（　　）

116. 《消费者权益保护法》中，消费者的消费客体是商品。　　　　　（　　）

117. 特种作业人员安全技术考核分为安全技术理论考核和实际操作考核。（　　）

118. 被吊销焊工合格证者，6 个月后就可提出焊工考试申请。　　　　（　　）

119. 焊条电弧焊时，不论焊缝的空间位置怎样，药皮熔化形成的气流都有利于熔滴金属的过渡。　　　　　　　　　　　　　　　　　　　　　　　　　（　　）

120. 碳素钢和标准抗拉强度下限值不大于 540MPa 的低合金钢可采用冷加工方法，不能采用热加工方法。　　　　　　　　　　　　　　　　　　　　　（　　）

121. 焊件组对时，不得强力组装。　　　　　　　　　　　　　　　（　　）

122. 焊条电弧焊焊接对接仰焊时，填充焊采用多层多道焊接，宜用锯齿形运条法。
　　　　　　　　　　　　　　　　　　　　　　　　　　　　　　　　（　　）

123. 焊条电弧焊焊接对接仰焊时，灭弧法接头更换焊条前，应在熔池前方做一熔孔，然后回带 10mm 左右再熄弧。　　　　　　　　　　　　　　　　　（　　）

124. 焊条电弧焊焊接对接仰焊和盖面焊时焊条与焊接方向夹角为 90°～100°。（　　）

125. 焊条电弧焊焊接对接仰焊试件焊缝经 X 射线检验，按 GB/T 3323.1—2019 评定规定，Ⅱ级以上为合格。　　　　　　　　　　　　　　　　　　　（　　）

126. 管件对接装配时，应修磨钝边 0.5～1.0mm。　　　　　　　　　（　　）

127. 采用焊条电弧焊焊接钢管焊件对接焊缝，焊完后，只需敲掉焊渣，即可交付检验。
　　　　　　　　　　　　　　　　　　　　　　　　　　　　　　　　（　　）

128. 小径管水平固定加障碍盖面焊连弧焊法更换焊条接头时，应在弧坑上方 20mm 处引燃电弧。　　　　　　　　　　　　　　　　　　　　　　　　　（　　）

129. 小直径管 45°固定断弧焊法打底层焊缝采用单点击穿法。　　　（　　）

130. 电弧焊灭弧时，应填满熔池弧坑，使熔池缓慢降温，防止产生冷裂纹。（　　）

131. 酸性焊条（断弧焊）小直径管 45°固定焊单面焊双面成形时，所有盖面焊焊道，焊条与焊点处管切线与焊接方向的夹角均为 80°～85°。　　　　　（　　）

132. 在管道施工中，在主管上开孔接出的支管要求全焊透时，该焊缝无法进行射线探伤。
　　　　　　　　　　　　　　　　　　　　　　　　　　　　　　　　（　　）

133. 奥氏体不锈钢焊接时形成的焊接裂纹，一般均属于冷裂纹性质。（　　）

134. 奥氏体不锈钢管焊接前，应将管子坡口及正反两面 20～30mm 内用丙酮擦净，并涂白垩粉，以避免表面被飞溅金属损伤。　　　　　　　　　　　（　　）

135. 奥氏体不锈钢管对接焊时，焊前也应该预热。　　　　　　　（　　）

136. 当焊接 06Cr19Ni10 时，焊接电流一般比焊接低碳钢时大 10%～15%。（　　）

137. 正确选择焊接材料是异种钢焊接时的关键，接头质量和性能与焊接材料的关系十

分密切。 （　　）

138. 在管道施工中，在主管上开孔接出的支管要求全焊透时，该焊缝无法进行射线检测。

（　　）

139. 采用奥氏体不锈钢焊条焊接中碳调质钢时，该接头不属于异种钢焊接。 （　　）

140. 当两种金属的线胀系数和热导率相差很大时，焊接过程中会产生很大的热应力。

（　　）

141. 异种金属焊接时，因塑性变差和应力增加，往往容易引起未焊透。 （　　）

142. 射线检测可以显示出缺陷在焊缝内部的形状、位置和大小。 （　　）

143. 粗丝 CO_2 气体保护焊时，熔滴过渡形式往往都是短路过渡。 （　　）

144. CO_2 气体保护焊或半自动 MAG 焊 V 形坡口对接仰焊试件装配后，应预留 3°~4° 的反变形量。 （　　）

145. 半自动 MAG 焊或 CO_2 气体保护焊通常采用右焊法。 （　　）

146. CO_2 气体保护焊或半自动 MAG 焊 V 形坡口对接仰焊试件焊接过程中，电弧不能脱离熔池，利用电弧的吹力托住熔化金属，防止铁液下坠。 （　　）

147. 长宽比小于或等于 3 的缺陷定义为圆形缺陷，包括气孔、夹渣和夹钨。 （　　）

148. 型号为 ER50-6 的焊丝中的"ER"表示焊接。 （　　）

149. CO_2 气体保护焊采用直流反接时，极点的压力大，所以造成大颗粒飞溅。 （　　）

150. CO_2 气体保护焊焊接电流增大时，熔深、熔宽和余高都有相应的增加。 （　　）

151. ϕ133mm×10mm 管水平固定 CO_2 气体保护焊打底焊时，焊枪始终保持与管子中心切线成 0°~10° 夹角。 （　　）

152. 熔化极脉冲气体保护焊可以使用比临界电流小的平均电流得到稳定的射滴过渡。

（　　）

153. 脉冲峰值电流高于临界电流的数值随脉冲持续时间的增加而增加。 （　　）

154. 奥氏体不锈钢脉冲 MIG 焊时，常用 ϕ1.6mm 以下的焊丝焊接。 （　　）

155. X 射线检验后，在照相胶片上深色影像的焊缝中所显示较白的斑点和条纹即是缺陷。

（　　）

156. 半自动熔化极氩弧焊焊接铝及铝合金仰焊操作时，尽可能地采用长弧焊，并做直线形或小节距摆动。 （　　）

157. 铝及铝合金焊接时，在焊前进行预热是为了防止热裂纹。 （　　）

158. 熔化极氩弧焊焊接纯铝、铝锰合金、铝镁合金及铝硅合金时，焊丝的选择应与母材成分相近。 （　　）

159. 熔化极氩弧焊焊接含镁 3%~5.5%（质量分数）的铝镁合金时，预热温度应高于100℃。 （　　）

160. 熔化极氩弧焊焊接铜及铜合金时，为防止铜液流失，保证单面焊双面成形，在接头的根部需要采用衬垫。 （　　）

161. 高强度黄铜熔化极氩弧焊时，宜采用 SCu5180 或 SCu5210 焊丝。 （　　）

162. 纯铜的熔化极氩弧焊工艺，最重要的焊接参数是电流密度。 （　　）

163. 黄铜熔化极氩弧焊时，尽量采用小电流快速焊。 （　　）

164. 低碳钢板 T 形接头角接焊缝外观检验时，必须做拉伸试验。 （　　）

165. 钛及钛合金对冷裂纹是非常敏感的。　　　　　　　　　　　　　　　（　　）

166. 钛及钛合金熔化极氩弧焊时，喷嘴不必带拖罩，也可获得满意的焊接质量。

（　　）

167. 手工钨极氩弧焊焊接低碳钢板仰焊试件时，应预置反变形为 2°。　　（　　）

168. 手工钨极氩弧焊机，当焊接电流大于 100A 时，焊枪一般采用气冷式。　（　　）

169. 焊接热输入越大，焊接热影响区越小。　　　　　　　　　　　　　　（　　）

170. 手工钨极氩弧焊电弧电压的大小，主要是由弧长决定的。　　　　　（　　）

171. 手工钨极氩弧焊时，焊枪直线往复移动主要用于铝及铝合金薄板材料的大电流焊接。

（　　）

172. 手工钨极氩弧焊焊接板对接仰焊时，填充焊道接头与打底焊道接头要错开，错开的距离应不小于 50mm。　　　　　　　　　　　　　　　　　　　　　（　　）

173. 在坡口中留钝边是为了防止烧穿，钝边的尺寸要保证第一层焊缝能焊透。（　　）

174. 小直径管对接水平固定 TIG 焊时，打底层焊道的厚度为 3mm 左右，太薄易导致在盖面时将焊道烧穿，或使焊缝背面内凹或剧烈氧化。　　　　　　　　　　（　　）

175. 焊接热影响区的性能变化决定于化学成分和化学组织的变化。　　　（　　）

176. 为了减小应力，应该先焊结构中收缩量最小的焊缝。　　　　　　　（　　）

177. 小直径管对接水平固定 TIG 盖面焊时，焊枪摆动到坡口边缘时，应稍做停顿，以保证熔合良好。　　　　　　　　　　　　　　　　　　　　　　　　　（　　）

178. 手工 TIG 焊焊接 12Cr18Ni9 焊件时选用的焊丝是 S308。　　　　　（　　）

179. 奥氏体不锈钢焊接时，产生晶间腐蚀的原因是晶粒边界线形成铬的质量分数降至 12% 以下的贫铬区。　　　　　　　　　　　　　　　　　　　　　　　（　　）

180. 奥氏体不锈钢焊件焊后的残余变形能用火焰加热进行矫正。　　　　（　　）

181. 手工 TIG 焊焊接铝及铝合金时，钨极伸出喷嘴的长度为 5~10mm。　（　　）

182. 手工 TIG 焊焊接铝及铝合金时，填加焊丝的方法有推丝填丝法和断续点滴填丝法两种。　　　　　　　　　　　　　　　　　　　　　　　　　　　　　（　　）

183. 纯铜手工钨极氩弧焊时，X 形坡口焊件的坡口角度为 80°~90°。　　（　　）

184. 为了防止引弧时造成夹钨，钨极氩弧焊时，最好应在碳精块或不锈钢板上引弧，待电弧稳定燃烧后再移到待焊处。　　　　　　　　　　　　　　　　　（　　）

185. 黄铜钨极氩弧焊时，应在焊丝上引弧并保持电弧。　　　　　　　　（　　）

186. 硅青铜手工钨极氩弧焊时，层间温度可以超过 100℃。　　　　　　（　　）

187. 钛合金最大的优点是比强度大，但焊接性较差，因而应用不广。　　（　　）

188. 钛及钛合金焊前，必须将待焊处及其周围仔细进行清理，去除油、污、锈、垢并保持干燥。　　　　　　　　　　　　　　　　　　　　　　　　　　　（　　）

189. 钛及钛合金焊接时，为提高焊缝金属的塑性，可选择强度比基体金属稍低的焊丝。

（　　）

190. 退火不是 α 型钛合金和 β 型钛合金唯一的热处理方法。　　　　　（　　）

191. 钛和钛合金应用最广的焊接方法是氩弧焊。　　　　　　　　　　　（　　）

192. 铝及铝合金的电阻焊，焊接性较好。　　　　　　　　　　　　　　（　　）

193. 凡是能用于焊接灰铸铁的焊丝都能用于热焊。　　　　　　　　　　（　　）

194. 企业标准包括两个方面的内容，一是技术标准，二是管理标准。（   ）

195. 左焊法适用于焊接薄板和低熔点金属。（   ）

196. 焊接厚度大于 5mm 及结构复杂的焊件时，为减少焊接变形及避免裂纹，可以预热，预热温度一般不超过 400℃。（   ）

197. 焊接黄铜时，常采用含 P、Mn、Si 等脱氧元素的 SCu1898 和 SCu6800 焊丝。（   ）

198. 黄铜焊接时熔池易产生白色烟雾，这是铜在高温下挥发所造成的。（   ）

199. 转移弧可以直接加热焊件，常用于中等厚度以上焊件的焊接。（   ）

200. 微束等离子弧焊的两个电弧分别由两个电源来供电。（   ）

201. 奥氏体型不锈钢在加热到大于 850℃时，会导致晶间腐蚀产生。（   ）

202. 厚 1mm 长 500mm 的奥氏体不锈钢等离子弧焊焊件的定位焊应由两端向中间进行。（   ）

203. 厚 1mm 长 500mm 的奥氏体不锈钢等离子弧焊焊件焊后变形角度 $\theta \leqslant 2°$。（   ）

204. 小孔型焊接法是焊接电弧在熔池前穿透焊件形成小孔，随着焊接电弧的移动，在小孔后形成焊道的焊接方法。（   ）

（二）单项选择题（将正确答案的序号填入括号内）

1. 职业道德的内容不包括（   ）。
   A. 职业道德意识　　　　　　　　B. 职业道德行为规范
   C. 从业者享有的权利　　　　　　D. 职业守则

2. 职业道德的实质内容是（   ）。
   A. 树立新的世界观　　　　　　　B. 树立新的就业观念
   C. 增强竞争意识　　　　　　　　D. 树立全新的社会主义劳动态度

3. 职业道德是（   ）。
   A. 社会主义道德体系的重要组成部分　　B. 保障从业者利益的前提
   C. 劳动合同订立的基础　　　　　　　　D. 劳动者的日常行为规则

4. 遵守法律法规不要求（   ）。
   A. 延长劳动时间　　　　　　　　B. 遵守操作程序
   C. 遵守安全操作规程　　　　　　D. 遵守劳动纪律

5. 不违反安全操作规程的是（   ）。
   A. 不按标准工艺生产　　　　　　B. 自己制订生产工艺
   C. 使用不熟悉的机床　　　　　　D. 执行国家劳动保护政策

6. 不爱护设备的做法是（   ）。
   A. 保持设备清洁　　　　　　　　B. 正确使用设备
   C. 自己修理设备　　　　　　　　D. 及时保养设备

7. 采用非铸铁型焊接材料焊接灰铸铁时，在（   ）极易形成白铸铁组织。
   A. 焊缝　　　　　B. 半熔合区　　　　　C. 焊趾　　　　　D. 热影响区

8. 热焊和半热焊法焊补灰铸铁时，根据被焊工件的壁厚，尽量选择（   ）直径的焊条。
   A. 较大　　　　　B. 大　　　　　C. 较小　　　　　D. 小

9. 对于重要的铸件，焊后最好进行消除应力的处理，即焊后立即将工件加热至（　　）℃，保温一段时间，然后缓慢冷却。

  A. 400~500   B. 500~600   C. 600~700   D. 700~800

10. 球墨铸铁焊条电弧焊时，焊前工件应在（　　）℃进行预热。

  A. 100~200   B. 300~500   C. 500~700   D. 700~900

11. 铸铁型焊缝容易产生焊缝（　　）裂纹。

  A. 热   B. 冷   C. 再热   D. 氢致

12. 非铸铁型焊缝容易产生（　　）裂纹。

  A. 热   B. 冷   C. 再热   D. 氢致

13. 铸铁焊接时，为防止产生 CO 气孔，都采用（　　）型药皮的焊条。

  A. 钛钙   B. 低氢型   C. 石墨   D. 纤维素

14. （　　）不是铸铁焊接时防止热裂纹的措施。

  A. 合理选用焊条 B. 合适的焊接工艺 C. 填满弧坑 D. 栽螺钉法

15. 铝及铝合金焊接时生成的气孔主要是（　　）气孔。

  A. CO   B. CO_2 C. H_2 D. N_2

16. 图样中剖面线是用（　　）表示的。

  A. 粗实线   B. 细实线   C. 点画线   D. 虚线

17. 零件图样中，能够准确地表达物体的尺寸与（　　）的图形称为图样。

  A. 形状   B. 公差   C. 技术要求 D. 形状及其技术要求

18. 下列装配图尺寸标注描述不正确的是（　　）。

  A. 规格或性能尺寸，表示产品或部件的规格、性能的尺寸

  B. 装配尺寸，包括零件之间有配合要求的尺寸及装配时需保证的相对位置尺寸

  C. 安装尺寸，表示工件外形尺寸

  D. 各零件的尺寸

19. 识读装配图的具体步骤中，第一步是（　　）。

  A. 看标题栏和明细栏   B. 分析视图

  C. 分析工作原理和装配关系   D. 分析零件

20. 焊接装配图能清楚地表达出（　　）内容。

  A. 焊接材料的性能   B. 接头和坡口形式

  C. 焊接工艺   D. 焊缝质量

21. （　　）不是通过看焊接结构视图应了解的内容。

  A. 坡口形式及坡口深度   B. 分析焊接变形趋势

  C. 焊缝数量及尺寸   D. 焊接方法

22. 焊缝符号标注原则是焊缝横截面上的尺寸标注在基本符号的（　　）。

  A. 上侧   B. 下侧   C. 左侧   D. 右侧

23. 确定两个公称尺寸的精确程度，是根据两尺寸的（　　）。

  A. 公差大小 B. 公差等级 C. 基本偏差 D. 公称尺寸

24. 未注公差尺寸应用范围的是（　　）。

  A. 长度尺寸   B. 工序尺寸

C. 用于组装后经过加工所形成的尺寸　　D. 以上都适用

25. 评定表面粗糙度时，一般在横向轮廓上评定，其理由是（　　　）。
    A. 横向轮廓比纵向轮廓的可观察性好
    B. 横向轮廓上表面粗糙度比较均匀
    C. 在横向轮廓上可得到高度参数的最小值
    D. 在横向轮廓上可得到高度参数的最大值

26. 力学性能指标中符号 σ_b 表示（　　　）。
    A. 屈服强度　　　　B. 抗拉强度　　　　C. 断后伸长率　　　D. 冲击韧度

27. 金属材料传导热量的性能称为（　　　）。
    A. 热膨胀性　　　　B. 导热性　　　　C. 导电性　　　　D. 耐热性

28. 使钢产生冷脆性的元素是（　　　）。
    A. 锰　　　　　　　B. 硅　　　　　　C. 硫　　　　　　D. 磷

29. 石墨以片状存在的铸铁称为（　　　）。
    A. 灰铸铁　　　　　B. 可锻铸铁　　　　C. 球墨铸铁　　　D. 蠕墨铸铁

30. 灰铸铁的含碳量（质量分数）为（　　　）。
    A. 2.11%~2.6%　　B. 2.7%~3.6%　　C. 3.7%~4.3%　　D. 4.4%~4.8%

31. QT900-2 的硬度范围为（　　　）HBS。
    A. 130~180　　　　B. 170~230　　　　C. 225~305　　　D. 280~360

32. 纯铝中加入适量的（　　　）等合金元素，可以形成铝合金。
    A. 碳　　　　　　　B. 硅　　　　　　C. 硫　　　　　　D. 磷

33. 下列牌号中（　　　）是纯铝。
    A. 1070A（L1）　　B. 5A06（LF6）　　C. 6A02（LD2）　　D. 2A04（LY3）

34. 常用的铜合金可分为黄铜、青铜和（　　　）。
    A. 纯铜　　　　　　B. 氧化铜　　　　C. 无氧铜　　　　D. 白铜

35. 纯铜中含有的杂质主要有铅、铋、氧、（　　　）等。
    A. 硫和磷　　　　　B. 锰　　　　　　C. 氢　　　　　　D. 氮

36. 普通黄铜 H68 平均含锌量（质量分数）为（　　　）%。
    A. 6　　　　　　　B. 8　　　　　　　C. 68　　　　　　D. 32

37. 下列为铝青铜牌号的是（　　　）。
    A. QSn4-3　　　　 B. QAl9-4　　　　C. TBe2　　　　　D. QSi3-1

38. 按照钛的同素异构体或退火组织，钛合金可分为 α 钛合金、β 钛合金和（　　　）三类。
    A. α+β　　　　　　B. A　　　　　　　C. Be　　　　　　D. Si

39. 在 300~（　　　）℃高温下，钛及钛合金仍具有足够的强度。
    A. 350　　　　　　B. 450　　　　　　C. 550　　　　　　D. 650

40. 能够完整地反映晶格特征的最小几何单元称为（　　　）。
    A. 晶粒　　　　　　B. 晶胞　　　　　C. 晶面　　　　　D. 晶体

41. 合金组织大多数属于（　　　）。
    A. 金属化合物　　　B. 单一固溶体　　C. 机械混合物　　D. 纯金属

42. （　　）不是铁碳合金的基本组织。

A. 铁素体　　　　　B. 渗碳体　　　　　C. 奥氏体　　　　　D. 布氏体

43. 铁碳相图上的共析线是（　　）线。

A. ACD　　　　　　B. ECF　　　　　　C. PSK　　　　　　D. GS

44. 热处理是将固态金属或合金用适当的方式进行（　　）以获得所需组织结构和性能的工艺。

A. 加热、冷却　　　B. 加热、保温　　　C. 保温、冷却　　　D. 加热、保温和冷却

45. 牌号为 Z248、Z208 的铸铁焊条是（　　）。

A. 灰铸铁焊条　　　B. 纯镍铸铁焊条　　C. 高钒铸铁焊条　　D. 球墨铸铁焊条

46. 下列焊条型号中，（　　）是常用的纯镍铸铁焊条。

A. EZCQ　　　　　B. EZC　　　　　　C. EZV　　　　　　D. EZNi

47. 铸铁焊丝 RZCH 型号中的"H"表示（　　）。

A. 熔敷金属的力学性能高　　　　　　B. 熔敷金属中含有合金元素

C. 熔敷金属中含碳高　　　　　　　　D. 熔敷金属中含硫和磷高

48. 常用来焊接铝镁合金以外的铝合金的通用焊丝是（　　）。

A. 纯铝焊丝　　　　B. 铝镁焊丝　　　　C. 铝硅焊丝　　　　D. 铝锰焊丝

49. 焊接黄铜时，为了抑制锌的蒸发，可选含（　　）量高的黄铜或硅青铜焊丝。

A. 铝　　　　　　　B. 镁　　　　　　　C. 锰　　　　　　　D. 硅

50. 焊接不锈钢及耐热钢的熔剂牌号是（　　）。

A. CJ101　　　　　B. CJ201　　　　　C. CJ301　　　　　D. CJ401

51. 铸铁焊补时，热焊法的预热温度为（　　）。

A. 100~150℃　　　B. 400℃左右　　　C. 250~300℃　　　D. 600~700℃

52. 铝及铝合金工件和焊丝表面清理以后，在潮湿的情况下，一般应在清理后（　　）内施焊。

A. 4h　　　　　　　B. 12h　　　　　　C. 24h　　　　　　D. 36h

53. 为了防止产生气孔，铜和铜合金焊接前必须将坡口及坡口两侧（　　）mm 内的油脂、水分、氧化物及脏物等清理干净，露出金属光泽。

A. 20　　　　　　　B. 30　　　　　　　C. 40　　　　　　　D. 50

54. 钛和钛合金焊件酸洗后放到洁净、干燥的环境中储存，储存时间不超过（　　）h。

A. 50　　　　　　　B. 100　　　　　　C. 120　　　　　　D. 150

55. 异种金属焊接时，为了减小熔合比，一般开（　　）的坡口。

A. 较大　　　　　　B. 较小　　　　　　C. 略小　　　　　　D. 小

56. 为了加强电弧自身的调节作用，应该使用较大的（　　）。

A. 电流密度　　　　B. 焊接速度　　　　C. 焊条直径　　　　D. 电弧电压

57. 焊接电弧强迫调节系统的控制对象是（　　）。

A. 电弧长度　　　　B. 焊丝外伸长　　　C. 电流　　　　　　D. 电网电压

58. 对钨极氩弧焊机的水路进行检查时，水压为（　　）MPa 时，水路能够正常工作，无漏水现象。

A. 0.15~0.3　　　　B. 0.5　　　　　　C. 0.5~1.5　　　　D. 1.5

59. 对钨极氩弧焊机的气路进行检查时，气压为（　　）MPa 时，检查气管无明显变形和漏气现象，打开试气开关时，送气正常。

    A. 1　　　　　　　　B. 0. 5　　　　　　　　C. 0. 1　　　　　　　　D. 0. 3

60. IGBT 逆变焊机的逆变频率是（　　）。

    A. 5kHz 以下　　　　B. 16~20kHz　　　　C. 20kHz 以上

61. 开关式晶体管电源，可以通过控制达到（　　）脉冲过渡一个熔滴，电弧稳定，焊缝成形美观。

    A. 一个　　　　　　B. 二个　　　　　　C. 三个　　　　　　D. 四个

62. 跟踪白线的光电传感器的优点是，可以把传感器安装在喷嘴（　　），从而消除传感器附加跟踪误差。

    A. 前面　　　　　　B. 后面　　　　　　C. 侧面　　　　　　D. 上面

63. 数控切割是指按照数字指令规定程序进行的（　　）方式。

    A. 冷切割　　　　　B. 热切割　　　　　C. 自动切割　　　　　D. 机械切割

64. CG1-30 型半自动气割机在气割结束时，应先关闭（　　）。

    A. 压力开关阀　　　　　　　　　　　B. 切割氧调节阀

    C. 控制板上的电源　　　　　　　　　D. 预热氧和乙炔

65. 易燃易爆物品应在距离切割场地（　　）m 以外。

    A. 3　　　　　　　　B. 5　　　　　　　　C. 10　　　　　　　　D. 15

66. 灰铸铁焊接时存在的主要问题是焊接接头容易（　　）。

    A. 产生白铸铁组织和裂纹　　　　　　B. 耐腐蚀性降低

    C. 未熔合、易变形　　　　　　　　　D. 产生夹渣和气孔

67. 采用焊条电弧焊焊补球墨铸铁时，一般可采用（　　）焊条。

    A. EZC　　　　　　B. EZCQ　　　　　C. EZV　　　　　　D. EZNi

68. 计算对接接头的强度时，可不考虑焊缝余高，所以计算基本金属强度的公式（　　）于计算这种接头。

    A. 不适用　　　　　B. 完全适用　　　　C. 部分适用　　　　D. 少量适用

69. 埋弧焊机已按下起动按钮却引不起电弧的原因应该是（　　）。

    A. 转运开关损坏　　　　　　　　　　B. 电源未接通

    C. 焊丝与工件间未清渣　　　　　　　D. 焊丝与工件间存在焊剂

70. 要求焊后加工的机床床面、气缸加工面的重要灰铸铁焊接时，应选用（　　）。

    A. 灰铸铁焊条　　　B. 纯镍铸铁焊条　　C. 高钒铸铁焊条　　D. 球墨铸铁焊条

71. 下列焊丝型号中，（　　）是灰铸铁焊丝。

    A. R C FeC-4　　　B. R C FeC-5　　　C. R C FeC-GP1　　D. R C FeC-GP3

72. 在环焊缝的熔合区产生带尾巴、形状似蝌蚪的气孔，是（　　）容器环焊缝所特有的缺陷。

    A. 低压　　　　　　B. 中压　　　　　　C. 超高压　　　　　　D. 多层高压

73. 焊接铝及铝合金时，在焊件坡口下面放置垫板的目的是为了防止（　　）。

    A. 热裂纹　　　　　B. 冷裂纹　　　　　C. 气孔　　　　　　D. 塌陷

74. 熔化极氩弧焊焊接铝及铝合金采用的电源及极性是（　　）。

A. 直流正接　　　　B. 直流反接　　　　C. 交流焊　　　　D. 直流正接或交流焊

75. 钨极氩弧焊焊接铝及铝合金常采用的电源及极性是（　　）。

A. 直流正接　　　　B. 直流反接　　　　C. 交流焊　　　　D. 直流正接或交流焊

76. 铝及铝合金焊接时，为了防止产生未熔合缺陷，必须选择能够保证熔深达（　　）mm
以上的焊接电流。

A. 1　　　　　　　B. 2　　　　　　　C. 3　　　　　　　D. 4

77. 铝及铝合金焊接时，产生气孔的最重要原因是（　　）的存在。

A. CO_2　　　　　B. CO　　　　　　C. N_2　　　　　D. H_2

78. 纯铜焊接时，母材和填充金属难以熔合的原因是纯铜（　　）。

A. 导热性好　　　　B. 导电性好　　　　C. 熔点高　　　　D. 有锌蒸发出来

79. 纯铜焊接时，常常要使用大功率热源，焊前还要采取预热措施的原因是（　　）。

A. 纯铜导热性好，难熔合　　　　　　B. 防止产生冷裂纹

C. 提高焊接接头的强度　　　　　　　D. 防止锌的蒸发

80. 钨极氩弧焊焊接纯铜时，电源及极性应采用（　　）。

A. 直流正接　　　　B. 直流反接　　　　C. 交流焊　　　　D. 直流正接或交流焊

81. 焊条电弧焊焊接纯铜时，电源及极性应采用（　　）。

A. 直流正接　　　　B. 直流反接　　　　C. 交流焊　　　　D. 直流正接或交流焊

82. 铜和铜合金焊接时，防止未熔合的措施有预热和（　　）。

A. 采用较小的焊接热输入　　　　　　B. 采用较大的焊接热输入

C. 加强保护　　　　　　　　　　　　D. 锤击

83. 为防止产生热裂纹，必须严格控制焊丝中（　　）等杂质的含量。

A. P　　　　　　　B. Si　　　　　　C. S　　　　　　　D. Mn

84. （　　）不是焊接钛合金时容易出现的问题。

A. 裂纹　　　　　　B. 容易沾污　　　　C. 引起脆化　　　　D. 塌陷

85. 钛及钛合金焊接时，焊缝中有些气孔往往分布在（　　），这是钛及钛合金气孔的
一个特点。

A. 焊缝表面　　　　B. 焊缝根部　　　　C. 熔合线附近　　　　D. 热影响区

86. 采用钨极氩弧焊焊接钛和钛合金时，电源采用（　　）。

A. 直流正接　　　　B. 直流反接　　　　C. 交流　　　　　D. 交流或直流

87. 熔化极氩弧焊主要用于（　　）mm 的钛及钛合金板的焊接。

A. 2~8　　　　　　B. 3~10　　　　　C. 3~20　　　　　D. 6~30

88. 下列材料（　　）的焊接不属于异种金属焊接。

A. 奥氏体不锈钢与珠光体钢　　　　　B. Q235 钢与低碳钢

C. 铜和铝　　　　　　　　　　　　　D. 低碳钢上堆焊不锈钢

89. 异种金属焊接时，熔合比越小越好的原因是（　　）。

A. 减小焊接材料的填充量　　　　　　B. 减小熔化的母材对焊缝的稀释作用

C. 减小焊接应力　　　　　　　　　　D. 减小焊接变形

90. 焊接不锈复合钢板的过渡层时，一般采用（　　）方法进行。

A. 焊条电弧焊　　　B. 埋弧焊　　　　C. CO_2 气体保护焊　　D. 手工钨极氩弧焊

91. 奥氏体不锈钢与珠光体耐热钢焊接时，选择焊接方法主要考虑的原则是（　　）。
　　　A. 减小熔合比　　　B. 焊接效率高　　　C. 焊接成本低　　　D. 提高空载电压

92. 12Cr18Ni9 不锈钢和 Q235-A 低碳钢焊条电弧焊时，用（　　）焊条焊接才能获得满意的焊缝质量。
　　　A. 不加填充　　　B. E308-16　　　C. E309-15　　　D. E310-15

93. 12Cr18Ni9 不锈钢和 Q235-A 低碳钢焊条电弧焊时，用（　　）焊条焊接时焊缝容易产生热裂纹。
　　　A. E4303　　　B. E308-16　　　C. E309-15　　　D. E310-15

94. 12Cr18Ni9 不锈钢和 Q235-A 低碳钢用 E308-16 焊条焊接时，焊缝得到（　　）组织。
　　　A. 铁素体+珠光体　B. 奥氏体+马氏体　C. 单相奥氏体　　　D. 奥氏体+铁素体

95. 12Cr18Ni9 不锈钢和 Q235-A 低碳钢用 E309-15 焊条焊接时，焊缝得到（　　）组织。
　　　A. 铁素体+珠光体　B. 奥氏体+马氏体　C. 单相奥氏体　　　D. 奥氏体+铁素体

96. 锅炉压力容器是生产和生活中广泛使用的（　　）的承压设备。
　　　A. 固定式　　　B. 提供电力　　　C. 换热和储运　　　D. 有爆炸危险

97. 工作载荷、温度和介质是锅炉压力容器的（　　）。
　　　A. 安装质量　　　B. 制造质量　　　C. 工作条件　　　D. 结构特点

98. 热水锅炉的出力用（　　）表示。
　　　A. 蒸发量　　　B. 蒸汽压力　　　C. 热功率　　　D. 额定蒸发量

99. 锅炉铭牌上标出的压力是锅炉（　　）。
　　　A. 设计工作压力　B. 最高工作压力　C. 平均工作压力　D. 最低工作压力

100. 焊接梁为了便于装配和避免焊缝汇交于一点，应在横向肋板上切去一个角，角边高度为焊脚高度的（　　）倍。
　　　A. 1~2　　　B. 2~3　　　C. 2~4　　　D. 3~4

101. 设计压力为 0.1MPa≤P<1.6MPa 的压力容器属于（　　）容器。
　　　A. 低压　　　B. 中压　　　C. 高压　　　D. 超高压

102. 用于焊接工艺的压力容器主要受压元件的碳素钢和低合金钢，其碳的质量分数不应大于（　　）。
　　　A. 0.08%　　　B. 0.10%　　　C. 0.20%　　　D. 0.25%

103. 压力容器同一部位的返修次数不宜超过（　　）次。
　　　A. 1　　　B. 2　　　C. 3　　　D. 4

104. （　　）焊缝不允许存在咬边。
　　　A. 低温容器　　　B. 高温容器　　　C. 高压容器　　　D. 超高压容器

105. 水压试验的试验压力，一般为工作压力的（　　）倍。
　　　A. 1　　　B. 1.2　　　C. 1.25~1.5　　　D. 1.5~2

106. 在工作时，承受（　　）的杆件叫柱。
　　　A. 拉伸　　　B. 弯曲　　　C. 压缩　　　D. 扭曲

107. 着色检验时，施加显像剂后，一般在（　　）内观察显示痕迹。

　　　　A. 5min　　　　　　　　B. 7~30min　　　　　　C. 60min

108. 对外径≤（　　）mm 的管接头，在做拉伸试验时，可取整管做拉伸试样，并可制作塞头，以利夹持。

　　　　A. 28　　　　　　　　B. 38　　　　　　　　C. 48　　　　　　　　D. 58

109. 碳素钢、奥氏体不锈钢双面焊的焊接接头弯曲试验，合格标准是弯曲角度为（　　）。

　　　　A. 180°　　　　　　　B. 100°　　　　　　　C. 90°　　　　　　　D. 50°

110. 焊接接头冲击试样的缺口不能开在（　　）位置。

　　　　A. 焊缝　　　　　　　B. 熔合线　　　　　　C. 热影响区　　　　　D. 母材

111. 维氏硬度是通过测定压痕（　　）来求得的硬度。

　　　　A. 直径　　　　　　　B. 深度　　　　　　　C. 对角线　　　　　　D. 周长

112. 焊缝化学分析试验是检查焊缝金属的（　　）。

　　　　A. 化学成分　　　　　B. 物理性能　　　　　C. 化学性能　　　　　D. 工艺性能

113. 斜 Y 形坡口对接裂纹试验方法的试件两端开（　　）坡口。

　　　　A. X 形　　　　　　　B. U 形　　　　　　　C. V 形　　　　　　　D. 斜 Y 形

114. 低压电器图中文字符号 SQ 表示（　　）。

　　　　A. 常开触头　　　　　B. 长闭触头　　　　　C. 复合触头　　　　　D. 常闭辅助触头

115. 熔断器额定电流的选择与（　　）无关。

　　　　A. 使用环境　　　　　B. 负载性质　　　　　C. 线路的额定电压　　D. 开关的操作频率

116. 交流接触器可分为（　　）。

　　　　A. 交流接触器和直流接触器　　　　　　　B. 控制接触器和保护接触器
　　　　C. 主接触器和辅助接触器　　　　　　　　D. 电压接触器和电流接触器

117. 下列选项中电动机的分类不正确的是（　　）。

　　　　A. 交流电动机和直流电动机　　　　　　　B. 异步电动机和同步电动机
　　　　C. 三相电动机和单相电动机　　　　　　　D. 控制电动机和动力电动机

118. （　　）是表示磁场方向与强弱的物理量。

　　　　A. 磁场强度　　　　　B. 磁通量　　　　　　C. 磁感应强度　　　　D. 磁通

119. 正弦交流电的三要素不包括（　　）。

　　　　A. 最大值　　　　　　B. 周期　　　　　　　C. 初相角　　　　　　D. 相位差

120. 变压器的电流比为（　　）。

　　　　A. 输入电流和输出电流之比　　　　　　　B. 一次侧匝数与二次侧匝数之比
　　　　C. 输出功率和输入功率之比　　　　　　　D. 输入阻抗和输出阻抗之比

121. 使用万用表不正确的是（　　）。

　　　　A. 测交流时注意正负极性　　　　　　　　B. 测电压时，仪表和电路并联
　　　　C. 使用前要调零　　　　　　　　　　　　D. 测直流时注意正负极性

122. 錾削时，錾子切入工件太深的原因是（　　）。

　　　　A. 楔角太小　　　　　B. 前角太大　　　　　C. 后角太大　　　　　D. 楔角太大

123. 采用伸张、弯曲、延展、扭转等方法进行的矫正叫（　　）。

　　　　A. 机械矫正　　　　　B. 手工矫正　　　　　C. 火焰矫正　　　　　D. 高频矫正

124. 材料（　　），容易获得合格的冲裁件。
　　A. 抗剪强度高　　B. 组织不均匀　　C. 表面光洁平整　　D. 有机械性损伤

125. 材料弯曲部分的断面虽然发生变形，但其（　　）保持不变。
　　A. 形状　　　　　　B. 长度　　　　　　C. 宽度　　　　　　D. 面积

126. 装配的准备工作有确定装配（　　）、顺序和准备所需要的工具。
　　A. 方法　　　　　　B. 过程　　　　　　C. 工艺　　　　　　D. 工装

127. 正确的触电救护措施是（　　）。
　　A. 合理选择照明电压　　　　　　B. 打强心针
　　C. 先断开电源再选择急救方法　　D. 移动电器不须接地保护

128. 产生噪声的原因很多，其中较多的原因是机械振动和（　　）引起的。
　　A. 空气　　　　　　B. 气流　　　　　　C. 介质　　　　　　D. 风向

129. 焊接环境中臭氧的最高允许浓度是（　　）mg/m³。
　　A. 0.1　　　　　　B. 0.2　　　　　　C. 0.3　　　　　　D. 0.4

130. 焊工工作场地要有良好的自然采光或局部照明，以保证工作面照度达（　　）lx。
　　A. 30～50　　　　B. 50～100　　　　C. 100～150　　　　D. 150～200

131. 所谓（　　）是会使人的心理和精神状态受到不利影响的声音。
　　A. 声压级　　　　　B. 响度级　　　　　C. 噪声　　　　　　D. 频率

132. 在焊条电弧焊焊接电流为60～160A时推荐使用（　　）号遮光片。
　　A. 5　　　　　　　B. 7　　　　　　　C. 10　　　　　　　D. 14

133. 保持工作环境清洁有序，不正确操作的是（　　）。
　　A. 随时清除油污和积水　　　　　B. 通道上少放物品
　　C. 整洁的工作环境可以振奋职工精神　　D. 毛坯、半成品按规定堆放整齐

134. 不符合岗位质量要求的内容是（　　）。
　　A. 对各个岗位质量工作的具体要求　　B. 体现在各岗位的作业指导书中
　　C. 企业的质量方向　　　　　　　　　D. 体现在工艺规程中

135. 不属于岗位质量措施与责任的是（　　）。
　　A. 明确上下工序之间对质量问题的处理权限
　　B. 明白企业的质量方针
　　C. 岗位工作要按工艺规程的规定进行
　　D. 明确岗位工作的质量标准

136. GB 50236—2011《现场设备、工业管道焊接工程施工规范》标准规定，Ⅰ、Ⅱ级焊缝表面余高≤(1+0.1b)mm(b为焊缝宽度)，且最大值为（　　）。
　　A. 2mm　　　　　B. 1mm　　　　　C. 3mm　　　　　D. 5mm

137. 能够产生劳动法律关系的法律事实（　　）。
　　A. 只能是主体双方的合法行为　　　B. 只能是主体双方的违法行为
　　C. 可以是主体双方的合法行为，也可以是违法行为　　D. 事件

138. 特种作业操作证，每（　　）年复审1次。
　　A. 1　　　　　　　B. 2　　　　　　　C. 3　　　　　　　D. 4

139. 锅炉压力容器压力管道焊工合格证有效期为（　　）年。

A. 3 　　　　　 B. 2 　　　　　 C. 1 　　　　　 D. 4

140. 焊条电弧焊采用酸性焊条时，液态金属滴的过渡形式为（　　　）。

    A. 粗滴过渡 　　 B. 渣壁过渡 　　 C. 喷射过渡 　　 D. 短路过渡

141. 焊条电弧焊所采用的熔滴过渡形式是（　　　）。

    A. 粗滴过渡 　　 B. 喷射过渡 　　 C. 细滴过渡 　　 D. 短路过渡

142. 厚度 12mm 以下的低碳钢和低合金钢板焊件一般采用（　　）的方法下料。

    A. 剪板机 　　 B. 气割机 　　 C. 锯床 　　 D. 车床

143. 当采用手工气割开坡口时，应采用（　　）的方法予以修整。

    A. 刨床加工 　 B. 角向磨光机打磨 C. 刨边机加工 　 D. 坡口机加工

144. 焊条电弧焊焊接低碳钢和低合金钢时，一般用（　　）方法清理坡口表面及两侧的氧化皮及污物等。

    A. 机械 　　 B. 化学 　　 C. 两者均可

145. 钢板定位焊时，采用的焊接电流比正式施焊时大（　　）A。

    A. 0~10 　　 B. 10~20 　　 C. 20~30 　　 D. 30~40

146. 采用焊条电弧焊焊接对接仰焊时，打底焊采用灭弧手法时应用（　　）运条法。

    A. 直线形 　　 B. 直线往返形 　　 C. 圆圈形 　　 D. 锯齿形

147. 焊条电弧焊焊接对接仰焊时，打底焊采用（　　）运条法，坡口左、右两侧钝边应完全熔化，并使两侧母材各熔化 0.5~1mm。

    A. 连弧 　　 B. 一点击穿 　　 C. 二点击穿 　　 D. 三点焊法

148. 对接仰焊打底焊采用两点击穿法灭弧焊时，灭弧频率为（　　）次/min。

    A. 10~30 　　 B. 20~40 　　 C. 30~50 　　 D. 40~60

149. 焊条电弧焊焊接 12mm 厚低合金钢板对接仰焊试件时，焊接层次为（　　）层。

    A. 2 　　　 B. 3 　　　 C. 4 　　　 D. 5

150. 管径 $\phi \geqslant 76mm$　45°固定对接焊采用直拉法盖面时，一般采用（　　）运条法。

    A. 直线不摆动 　 B. 前后往返摆动 　 C. 月牙形 　 D. 锯齿形

151. GB 50236—2011《现场设备、工业管道焊接工程施工规范》标准规定，厚度相同的管子组对时，应做到内壁平齐，内壁错边量不应超过壁厚的 10%，且不大于（　　）。

    A. 1mm 　　 B. 2mm 　　 C. 0.5mm 　　 D. 1.5mm

152. 管子水平固定焊条电弧焊时，应该把管子分为（　　）半圆焊接。

    A. 两个 　　 B. 三个 　　 C. 四个 　　 D. 五个

153. 壁厚 8mm 的低碳钢管对接水平固定焊时，应从仰焊部位中心线提前（　　）mm 处开始。

    A. 3 　　　 B. 5 　　　 C. 8 　　　 D. 10

154. 壁厚 8mm 低碳钢管对接水平固定加障碍焊接时，焊接层次一般为（　　）。

    A. 2 层 2 道 　 B. 2 层 3 道 　 C. 3 层 3 道 　 D. 3 层 4 道

155. 酸性焊条（断弧焊）小直径管垂直固定加障碍焊单面焊双面成形时，仰焊位的灭弧频率是（　　）次/min。

    A. 25~30 　　 B. 30~35 　　 C. 35~40 　　 D. 40~45

156. 焊条电弧焊焊接小直径对接障碍管试件做通球试验时，检验球的直径应为管内径的（　　）。

  A. 80%   B. 85%   C. 90%   D. 95%

157. 焊条电弧焊焊接小直径对接障碍管时，焊接质量的检查项目不是（　　）。

  A. 外观检验   B. 通球检验及断口检验

  C. X 射线检验   D. 弯曲试验

158. 不锈钢中含碳量越高，晶间腐蚀倾向（　　）。

  A. 越小   B. 小   C. 越大   D. 不变

159. 采用焊条电弧焊焊接小直径不锈钢管对接焊时，应修磨钝边（　　）mm。

  A. 0.5   B. 1.0   C. 1.5   D. 2.0

160. 焊条电弧焊焊接奥氏体不锈钢管对接缝时，生产中常采用（　　）焊条。

  A. 酸性   B. 碱性

  C. 酸性或碱性两者均可   D. 中性

161. 奥氏体不锈钢焊接时，与腐蚀介质接触的焊缝应（　　）。

  A. 先焊   B. 后焊   C. 最后焊   D. 中间焊

162. 采用双壁双影法透照管道焊缝时，应使焊缝的影像在底片上呈（　　）形。

  A. 椭圆   B. 圆   C. 直线   D. 曲线

163. （　　）的焊接不属于异种金属焊接。

  A. Q235-A+Q255 B. Q235-A+Q355 C. Q355+12Cr18Ni9 D. 20+Q355

164. （　　）的焊接属于异种金属焊接。

  A. Q235-A+20 B. Q355+12MnV C. 35+45 D. 20+Q355

165. 异种钢焊接的主要问题是熔合线附近的金属（　　）下降。

  A. 塑性   B. 韧性   C. 强度   D. 耐腐蚀性

166. 低碳钢和低合金钢焊接时，焊接材料的选择原则是强度、塑性和冲击韧度都不能低于被焊钢材中的（　　）值。

  A. 最高   B. 最低   C. 平均

167. 异种钢焊接时，较厚的焊件对接焊宜用（　　）坡口。

  A. V 形   B. 单边 V 形   C. X 形   D. U 形

168. 在射线检验的胶片上，焊缝夹渣的特征图像是（　　）。

  A. 黑点   B. 白点

  C. 黑色或浅黑色的点状或条纹 D. 白色条纹

169. CO_2 气体保护焊焊接厚板工件时，熔滴过渡的形式应采用（　　）。

  A. 短路过渡 B. 粗滴过渡 C. 射流过渡 D. 喷射过渡

170. CO_2 气体保护焊或半自动 MAG 焊 V 形坡口对接仰焊试件装配时，应修磨（　　）mm 钝边。

  A. 0.5~1.0 B. 1.0~1.5 C. 1.5~2.0 D. 2.0~2.5

171. 右焊法不适用于焊接（　　）。

  A. 薄板   B. 坡口对接的盖面层

  C. 坡口对接的填充层   D. 角焊缝

172. CO_2 气体保护焊或半自动 MAG 焊 V 形坡口对接仰焊试件打底焊时，焊枪做小幅度（　　）摆动。

    A. 锯齿形　　　　　B. 月牙形　　　　　C. 圆圈形　　　　　D. 直线往返形

173. 通常采用（　　）试验，检测焊接接头塑性的大小。

    A. 硬度　　　　　　B. 冲击　　　　　　C. 弯曲

174. 供焊接用的 CO_2 气体纯度要求不低于（　　）。

    A. 98.5%（体积分数）　　　　　　B. 99.5%

    C. 99.95%　　　　　　　　　　　　D. 99.99%

175. 由于 CO_2 气体保护焊的 CO_2 气体具有氧化性，可以抑制（　　）的产生。

    A. CO_2 气孔　　　B. H_2 气孔　　　C. N_2 气孔　　　D. NO 气孔

176. CO_2 气体保护焊用于焊接低碳钢和低合金高强度结构钢时，主要采用（　　）脱氧方法。

    A. Mn　　　　　　B. Si　　　　　　C. Mn-Si　　　　　D. Al

177. CO_2 气体保护焊的焊丝伸出长度通常取决于（　　）。

    A. 焊丝直径　　　　B. 焊接电流　　　　C. 电弧电压　　　　D. 焊接速度

178. （　　）不是 CO_2 气体保护焊的焊丝直径选择的条件。

    A. 焊件厚度　　　　B. 焊缝空间位置　　C. 电源极性　　　　D. 焊接生产率

179. 大直径管垂直固定焊 CO_2 气体保护焊打底焊时，采用左焊法，在试件右侧定位焊缝上引弧，由右向左开始焊接的过程中，焊枪做小幅度的（　　）摆动。

    A. 月牙形　　　　　B. 锯齿形　　　　　C. 圆圈形　　　　　D. 三角形

180. 大直径管垂直固定焊 CO_2 气体保护焊填充层焊时，应保证焊缝表面平整并低于管子表面（　　）mm。

    A. 1～1.5　　　　　B. 1.5～2.0　　　　C. 2.0～2.5　　　　D. 2.5～3.0

181. （　　）不是熔化极脉冲气体保护焊时，协同式脉冲工艺所使用设备的组成。

    A. 响应速度较快　　B. 输出脉冲频率较宽的逆变式电源

    C. 晶闸管电源　　　D. 能检测送丝速度和电弧电压的微型计算机数字式送丝系统

182. 熔化极脉冲氩弧焊一般采用等速送丝，电源外特性为（　　）。

    A. 平外特性　　　　B. 缓降外特性　　　C. 陡降外特性　　　D. 双阶梯形外特性

183. 脉冲峰值电流的主要作用是使熔滴成为（　　）。

    A. 短路过渡　　　　B. 滴状过渡　　　　C. 喷射过渡　　　　D. 线性过渡

184. 脉冲峰值电流（　　）产生喷射过渡的临界电流值，则不会产生喷射过渡。

    A. 低于　　　　　　B. 高于　　　　　　C. 等于　　　　　　D. 略高于

185. 熔化极脉冲气体保护焊协同式脉冲工艺时，（　　）不是开始焊接前，操作者根据需要选择的电弧静态参数。

    A. 焊丝材质　　　　B. 直径　　　　　　C. 送丝速度　　　　D. 焊接速度

186. 采用短路过渡 MIG 焊焊接奥氏体不锈钢，主要用于（　　）mm 以下的薄板。

    A. 1　　　　　　　　B. 2　　　　　　　　C. 3　　　　　　　　D. 4

187. 磁粉检测适用于检测（　　）焊缝表面缺陷。

    A. 奥氏体不锈钢　　B. 铁素体钢　　　　C. 铝合金　　　　　D. 以上都可以

188. 依据 GB/T 3323.1—2019《金属熔化焊焊接接头射线照相》标准的规定，焊缝质量分为（　　　）个等级。

　　　A. 2　　　　　　　B. 3　　　　　　　C. 4　　　　　　　D. 5

189. 半自动熔化极氩弧焊焊接铝及铝合金的定位焊缝应设在坡口正面，定位焊缝要薄一些，熔深要（　　　），要焊透。

　　　A. 小　　　　　　B. 较小　　　　　　C. 大　　　　　　D. 一般

190. 铝及铝合金焊件 V 形坡口对接焊的坡口角度为（　　　）。

　　　A. 60°　　　　　　B. 70°　　　　　　C. 80°　　　　　　D. 90°

191. SAl4047 是含有少量 Ti 的铝镁合金焊丝，具有较好的耐蚀和（　　　）性能。

　　　A. 力学　　　　　　B. 工艺　　　　　　C. 化学　　　　　　D. 抗热裂

192. 熔化极氩弧焊焊接铝及铝合金时，生产中常用的国外 ER4043 焊丝相当于国内（　　　）牌号的焊丝。

　　　A. SAl4043　　　　B. SAl4047　　　　C. SAl4643　　　　D. SAl5754

193. 铝及铝合金熔化极脉冲氩弧焊可以焊接（　　　）mm 的薄板。

　　　A. 0.5　　　　　　B. 1　　　　　　　C. 2　　　　　　　D. 3

194. 熔化极氩弧焊焊接铝及铝合金时，采用（　　　）电源。

　　　A. 直流反接　　　　B. 直流正接　　　　C. 交流　　　　　　D. 直流正接或交流

195. 半自动熔化极氩弧焊焊接铝及铝合金平对接焊时，焊枪喷嘴倾角 α 一般在（　　　）。

　　　A. 10°~15°　　　　B. 15°~20°　　　　C. 20°~25°　　　　D. 25°~30°

196. 半自动熔化极氩弧焊焊接铝及铝合金平角焊时，焊枪喷嘴倾角 α 为（　　　）左右。

　　　A. 15°　　　　　　B. 20°　　　　　　C. 30°　　　　　　D. 40°

197. 铜及铜合金熔化极氩弧焊时，同一焊件的重复预热的次数不应超过（　　　）次。

　　　A. 1　　　　　　　B. 1~2　　　　　　C. 2~3　　　　　　D. 3~4

198. （　　　）不是纯铜焊缝锤击后性能的改变。

　　　A. 强度提高　　　　B. 塑性下降　　　　C. 硬度增加　　　　D. 冷弯角下降

199. 纯铜熔化极氩弧焊时，选择（　　　）焊丝，该焊丝含有磷、锰、锡等脱氧元素，焊接脱氧铜，焊丝中残存的磷有助于提高焊缝力学性能和减少气孔。

　　　A. SCu1898(CuSnl)　　　　　　　　B. SCu6560(CuSi3Mn)

　　　C. SCu6800(CuZn40Ni)　　　　　　D. SCu6100(CuAl7)

200. 普通黄铜宜采用（　　　）焊丝。

　　　A. SCu6560(CuSi3Mn)　　　　　　B. SCu5180(CuSn5P)

　　　C. SCu6800CuZn40Ni　　　　　　　D. SCu6100(CuAl7)

201. 铜及铜合金熔化极氩弧焊时，随着焊接电流密度的增加，熔滴过渡的形式将变为（　　　）。

　　　A. 短路过渡　　　　B. 滴状过渡　　　　C. 喷射过渡　　　　D. 自由过渡

202. 采用直径 φ1.6mm 焊丝焊接 6mm I 形坡口纯铜板对接焊缝时，当焊接层次为 1 层时，焊接电流为（　　　）A。

　　　A. 350~400　　　　B. 400~425　　　　C. 420~450　　　　D. 450~480

203. （　　　）不是纯铜熔化极氩弧焊立焊和仰焊时的熔滴过渡形式。

　　　A. 短路过渡　　　　B. 滴状过渡　　　　C. 喷射过渡

204. 焊件厚度大于 12mm 的纯铜焊件，可以采用熔化极氩弧焊，电源采用（　　）。
　　　A. 直流正接　　　　B. 直流反接　　　　C. 交流　　　　　D. 交流或直流正接

205. 熔化极氩弧焊焊接钛及钛合金时，用于（　　）产品的焊接。
　　　A. 薄　　　　　　　B. 中厚　　　　　　C. 厚　　　　　　D. 特厚

206. 厚度为 15~25mm 的焊件熔化极氩弧焊时，通常开（　　）单面 V 形坡口。
　　　A. 60°　　　　　　B. 70°　　　　　　C. 80°　　　　　　D. 90°

207. 钛及钛合金熔化极氩弧焊时，为了提高气体保护效果，扩大保护区面积，应该（　　）焊枪喷嘴的孔径。
　　　A. 增大　　　　　　B. 减小　　　　　　C. 不改变　　　　D. 增大或减小

208. 钛及钛合金对接焊缝熔化极氩弧焊时，常用的氩气保护装置是喷嘴及拖罩，拖罩的宽度为（　　）mm，高度为 35~40mm。
　　　A. 10~20　　　　B. 20~30　　　　C. 30~40　　　　D. 40~50

209. 手工钨极氩弧焊特别适宜于焊接（　　）mm 焊件的焊接。
　　　A. 0.1~6　　　　B. 0.5~6　　　　C. 1~8　　　　　D. 2~10

210. 手工钨极氩弧焊焊接低碳钢板仰焊试件时，装配前应修磨钝边（　　）mm，并去毛刺。
　　　A. 0.5~1.0　　　B. 1.0~2.0　　　C. 0~2.0　　　　D. 2.0~3.0

211. 下列型号的焊机中，（　　）是交流手工钨极氩弧焊机。
　　　A. WS-250　　　B. WSJ-150　　　C. WSES-500　　　D. WS-300-2

212. （　　）不是手工钨极氩弧焊所使用的电源。
　　　A. 交流　　　　　B. 直流正接　　　C. 直流反接　　　D. 脉冲

213. 低碳钢多层多道焊焊缝的组织为（　　）。
　　　A. 细小的铁素体+少量珠光体　　　　B. 粗大的铁素体+少量珠光体
　　　C. 奥氏体　　　　　　　　　　　　　D. 粒状贝氏体

214. 热轧低碳钢焊接热影响区的组成部分没有（　　）。
　　　A. 过热区　　　　B. 正火区　　　　C. 部分相变区　　　D. 回火区

215. 手工钨极氩弧焊时，钨极伸出长度为（　　）mm。
　　　A. 2~4　　　　　B. 3~5　　　　　C. 5~10　　　　　D. 6~12

216. 手工钨极氩弧焊时，焊接速度太快，不会产生（　　）。
　　　A. 咬边　　　　　　　　　　　　　　B. 气体保护层偏离钨极和熔池
　　　C. 气孔　　　　　　　　　　　　　　D. 未焊透

217. 手工钨极氩弧焊填丝的基本操作技术没有（　　）。
　　　A. 连续填丝　　　　　　　　　　　　B. 断续填丝
　　　C. 焊丝紧贴坡口与钝边同时熔化填丝　D. 焊丝放在坡口内熔化填丝

218. 手工钨极氩弧焊时，焊枪直线断续移动主要用于（　　）mm 材料的焊接。
　　　A. 1~3　　　　　B. 3~6　　　　　C. 6~9　　　　　D. 9~12

219. 手工钨极氩弧焊焊接板对接仰焊打底焊时，钨极端部距离熔池（　　）mm。
　　　A. 1　　　　　　B. 2　　　　　　C. 3　　　　　　D. 4

220. 手工钨极氩弧焊焊接板对接仰焊打底焊时，要压低电弧，焊枪做（　　）摆动。

　　A. 月牙形　　　　　B. 圆圈形　　　　　C. 直线形　　　　　D. 直线往复形

221.（　　）不是低碳钢 TIG 焊焊缝外观检查的方法。

　　A. 肉眼　　　　　B. 低倍放大镜　　　C. 高倍放大镜　　　D. 焊缝检测尺

222.（　　）不是低碳钢 TIG 焊对接焊缝外观检查的内容。

　　A. 咬边　　　　　B. 焊缝尺寸　　　　C. 焊缝形状　　　　D. 抗拉强度

223. 碳素钢和标准抗拉强度下限值不大于 540MPa 的低合金钢管，生产中常用（　　）方法备制坡口。

　　A. 冷加工　　　　B. 热加工　　　　　C. 冷加工或热加工　D. 车削

224. 水平固定管道组对时应特别注意间隙尺寸，一般应（　　）。

　　A. 上大下小　　　B. 上小下大　　　　C. 左大右小　　　　D. 左小右大

225. 小直径管水平固定对接 TIG 盖面焊时，焊枪可做（　　）运动。

　　A. 斜圆圈形　　　B. 三角形　　　　　C. 圆圈形　　　　　D. 锯齿形

226. 小直径管水平固定、垂直固定对接 TIG 焊焊接时，氩气流量为（　　）L/min。

　　A. 12～15　　　　B. 10～12　　　　　C. 8～10　　　　　D. 6～8

227. 低合金高强度调质钢焊接热影响区的组成部分没有（　　）。

　　A. 淬火区　　　　B. 部分淬火区　　　C. 正火区　　　　　D. 回火软化区

228. 合金元素含量较少的低合金高强度钢，一般冷却条件下，其焊缝组织为（　　）。

　　A. 回火索氏体　　　　　　　　　　　B. 铁素体+少量珠光体

　　C. 粒状贝氏体　　　　　　　　　　　D. 马氏体

229. 采用锤击焊缝区法减小焊接残余应力时应避免在（　　）℃间进行。

　　A. 100～150　　　B. 200～300　　　　C. 400～500　　　　D. 500～600

230. 减小焊件焊接应力的工艺措施之一是（　　）。

　　A. 焊前将焊件整体预热　　　　　　　B. 使焊件焊后迅速冷却

　　C. 组装时强力装配，以保证焊件对正　D. 使焊件焊后缓慢冷却

231. 小直径管对接水平固定 TIG 焊时，如果引弧时弧长控制不好，焊接速度过快，焊丝填充量不足不会产生（　　）。

　　A. 背面成形不良　B. 裂纹　　　　　　C. 未焊透　　　　　D. 烧穿

232. 小直径管对接水平固定 TIG 焊时，打底焊道太薄不会在盖面焊时使焊缝（　　）。

　　A. 烧穿　　　　　B. 背面内凹　　　　C. 夹渣　　　　　　D. 剧烈氧化

233. 奥氏体不锈钢焊接时，在保证焊缝金属抗裂性和抗腐蚀性能的前提下，应将铁素体相控制在（　　）范围内。

　　A. <5%　　　　　B. >5%　　　　　　C. <10%　　　　　D. >10%

234. 手工 TIG 焊焊接 12Cr18Ni9 焊件选用的焊丝是（　　）。

　　A. S308　　　　　B. S310　　　　　　C. S316LSi　　　　D. S309LMo

235. 手工钨极氩弧焊时，钨极伸出长度过长不会造成（　　）。

　　A. 气体保护不良　B. 烧坏喷嘴　　　　C. 妨碍观察熔池　　D. 焊缝成形不良

236. 奥氏体不锈钢焊接时，形成蜂窝状气孔的气体主要是（　　）。

　　A. 氢气　　　　　B. 氮气　　　　　　C. 氧气　　　　　　D. 一氧化碳

237. 有利于减小焊接应力的措施有（　　）。

A. 采用塑性好的焊接材料　　　　　B. 采用强度高的焊接材料

C. 将焊件刚性固定　　　　　　　　D. 采用不合理的焊接顺序

238. 焊前预热能够（　　）。

A. 减小焊接应力　B. 增加焊接应力　C. 减小焊接变形　D. 增加热输入

239. 手工 TIG 焊适用于焊接（　　）mm 的铝及铝合金焊件。

A. 0.5～5　　　　B. 1～6　　　　　C. 2～8　　　　　D. 3～10

240. 机械化 TIG 焊可焊接（　　）mm 的铝及铝合金环缝或纵缝。

A. 0.5～5　　　　B. 1～8　　　　　C. 1～10　　　　　D. 1～12

241. 为了防止出现焊缝咬边缺陷和确保焊缝熔透，手工 TIG 焊焊接铝及铝合金焊件时，弧长应保持（　　）mm。

A. 0.5～2　　　　B. 1.0～2.5　　　　C. 1.5～3.0　　　　D. 2.0～3.5

242. 手工 TIG 焊焊接铝及铝合金填加焊丝时，弧长应为（　　）mm。

A. 1.0～2　　　　B. 2.0～3.0　　　　C. 3.0～4.0　　　　D. 4.0～6.0

243. V 形坡口纯铜焊件焊接时，坡口角度为（　　）。

A. 60°～70°　　　B. 70°　　　　　C. 70°～80°　　　　D. 80°

244. 当板厚<3mm 的纯铜手工钨极氩弧焊时，预热温度为（　　）℃。

A. 150～300　　　B. 200～350　　　C. 350～500　　　D. 450～600

245. 纯铜手工钨极氩弧焊焊接板对接平焊缝时，焊枪与工件（　　）的夹角为 70°～80°。

A. 表面之间　　　B. 下表面之间　　　C. 切线　　　　　D. 接头中心线

246. 纯铜手工钨极氩弧焊焊接板搭接焊缝时，焊枪与工件（　　）的夹角为 70°～80°。

A. 表面之间　　　B. 下表面之间　　　C. 切线　　　　　D. 接头中心线

247. 黄铜钨极氩弧焊时，一般焊前不预热，当焊接焊件厚度>10mm 的接头或焊接边缘厚度相差较大的接头时才需要预热，预热温度为（　　）℃。

A. 100～200　　　B. 200～300　　　C. 300～400　　　D. 400～500

248. 黄铜钨极氩弧焊时，尽量进行单层焊，板厚<（　　）mm 的焊接接头，最好一次焊成。

A. 3　　　　　　B. 4　　　　　　C. 5　　　　　　D. 6

249. 锡青铜手工钨极氩弧焊时，焊接电源采用（　　）。

A. 直流正接　　　B. 直流反接　　　C. 交流　　　　　D. 交、直流

250. 铝青铜手工钨极氩弧焊时，当厚度>（　　）mm 时，其预热温度为 150～300℃。

A. 5　　　　　　B. 6　　　　　　C. 10　　　　　　D. 12

251. TiNb 合金是一种（　　）材料。

A. 超导　　　　　B. 记忆功能　　　C. 储氢　　　　　D. 热交换器

252. TiNi 是一种（　　）材料。

A. 超导　　　　　B. 记忆功能　　　C. 储氢　　　　　D. 热交换器

253. 对含有应力腐蚀的焊件，酸洗后应用（　　）冲洗。

A. 自来水　　　　B. 蒸馏水　　　　C. 纯净水　　　　D. 不含氯离子的清水

254. 钛及钛合金焊件在清理过程中，焊工不允许戴橡胶手套作业，否则会在焊缝中产

生（　　）。

  A. 夹渣   B. 裂纹   C. 气孔   D. 未焊透

255. （　　）不是 Ar+He 混合气体的特点。

  A. 焊接电弧燃烧非常稳定   B. 焊接电弧的温度较高

  C. 焊速小   D. 熔深大

256. 焊接 TC4 焊件时，可选用（　　）焊丝。

  A. TC1   B. TC3   C. TA3   D. TA4

257. 采用钨极氩弧焊焊接钛及钛合金时，常用 V 形坡口，坡口角度为（　　）。

  A. $50° \sim 55°$ B. $55° \sim 60°$ C. $60° \sim 65°$ D. $65° \sim 70°$

258. 当补焊刚度大的薄壁缺陷时，可采用（　　）的方法焊补灰铸铁。

  A. 预热   B. 加热减应区 C. 冷焊   D. 热焊

259. 灰铸铁热焊时，焊丝中 ω（C+Si）总量约为（　　）%，不宜过高。

  A. 3   B. 4   C. 5   D. 6

260. 采用加热减应区法焊补刚性较大的灰铸铁裂纹缺陷时，焊前应对应力区进行预热，其预热温度为（　　）℃。

  A. $400 \sim 500$ B. $500 \sim 600$ C. $600 \sim 700$ D. $700 \sim 800$

261. 当铸铁件壁厚<20mm 时，宜选用（　　）mm 孔径的焊嘴。

  A. 1   B. 2   C. 3   D. 4

262. 对焊件进行磁化时，为使所产生的磁场限制在焊件的表面即具有"趋肤效应"，通常采用（　　）。

  A. 直流电   B. 交流电   C. 整流电   D. 逆变直流

263. 预防和减少焊接缺陷的可能性的检验是（　　）。

  A. 焊前检验 B. 焊后检验 C. 设备检验 D. 材料检验

264. 转动管焊接时，若采用左焊法，则应始终控制在与管子垂直中心线成（　　）的范围内进行焊接。

  A. $10° \sim 30°$ B. $20° \sim 40°$ C. $30° \sim 50°$ D. $40° \sim 60°$

265. 转动管焊接时，若壁厚 < 2mm 时，最好处于（　　）位置焊接。

  A. 水平   B. 垂直   C. 下坡焊   D. 上坡焊

266. 转动管焊接时，对于管壁较厚和开有坡口的管子，通常采用（　　）焊。

  A. 水平   B. 垂直   C. 下坡   D. 上坡

267. 把焊件加热到 $500 \sim 600$℃，然后在水中急冷，可以提高焊接接头的塑性和韧性，这种处理通常叫做（　　）。

  A. 固溶处理 B. 水韧处理 C. 均匀化处理 D. 去氢处理

268. 当电弧通过（　　）及其狭小的孔道，受到强烈压缩，弧柱中心部分接近完全电离，形成极明亮的细柱状的等离子弧。

  A. 冷却水   B. 水冷喷嘴的内腔 C. 水冷电极   D. 保护气体

269. （　　）不是影响等离子弧压缩程度比较敏感的参数。

  A. 喷嘴孔径和孔道长度   B. 离子气流量

  C. 喷嘴端面到焊件表面的距离 D. 焊接电流

270. 等离子弧焊焊接广泛采用具有（　　）外特性的电源。
　　　A. 陡降　　　　　　B. 缓降　　　　　　C. 上升　　　　　　D. 垂直陡降

271. 等离子弧焊接不锈钢时，应采用（　　）电源。
　　　A. 交流　　　　　　B. 直流正接　　　　C. 直流反接　　　　D. 脉冲交流

272. 加热温度区间在（　　）℃，是奥氏体不锈钢晶间腐蚀的敏感温度区。
　　　A. 150~450　　　　B. 450~850　　　　C. 850~950　　　　D. 950~1050

273. 奥氏体型不锈钢的应力腐蚀，对应力是有选择性的，只有在（　　）的作用下，才会导致应力腐蚀裂纹开裂。
　　　A. 拉伸应力　　　　　　　　　　　　　B. 压应力
　　　C. 拉伸应力或压应力　　　　　　　　　D. 氢致应力

274. 用等离子弧在不开坡口的情况下，可以单面焊接（　　）mm 厚的奥氏体型不锈钢板一次成形，而且焊接性能良好。
　　　A. 4~6　　　　　　B. 6~8　　　　　　C. 8~10　　　　　　D. 10~12

275. 采用等离子弧焊焊接 1mm 以下的奥氏体型不锈钢薄板时，要采用适当的（　　），防止焊接变形。
　　　A. 定位焊　　　　　B. 装夹　　　　　　C. 靠模　　　　　　D. 重块

276. 采用等离子弧焊焊接奥氏体型不锈钢超薄焊件时，为防止烧穿，需采用（　　）焊接的方法。
　　　A. 埋弧焊　　　　　　　　　　　　　　B. 细丝熔化极气体保护焊
　　　C. 微束等离子弧焊　　　　　　　　　　D. 钨极氩弧焊

277. 厚 1mm 长 500mm 的奥氏体不锈钢等离子弧焊焊缝表面咬边深度 ≤（　　）mm，焊缝两侧咬边总长不超过 50mm。
　　　A. 0.05　　　　　　B. 0.1　　　　　　C. 0.15　　　　　　D. 0.2

278. 小孔型焊接法，一次可焊透（　　）mm 的钛及钛合金。
　　　A. 1.0~8　　　　　B. 1.5~10　　　　C. 2.0~12　　　　　D. 2.5~15

279. 铝及铝合金电阻焊时，由于塑性温度范围窄、线胀系数大，要求焊接时必须有（　　）电极压力，才能在焊接过程中，避免焊核凝固时因过大的内部拉伸应力而引起裂纹。
　　　A. 较大的　　　　　B. 较小的　　　　　C. 小的　　　　　　D. 与碳素钢相同的

280. 焊接电流过大，焊件表面容易过热，导致电极端部受热变形并与焊件表面发生黏连，形成 $CuAl_2$，恶化了电极的导电性和导热性，使继续进行的焊接发生更严重的黏连，极大地降低其（　　）性能。
　　　A. 抗拉强度　　　　B. 塑性　　　　　　C. 抗腐蚀性　　　　D. 屈服强度

281. 点焊和缝焊的接头形式多用（　　）。
　　　A. 对接接头　　　　B. 角接接头　　　　C. T 形接头　　　　D. 搭接接头

282. 铝合金板材各个焊点之间最小间隙通常大于板厚的（　　）倍。
　　　A. 6　　　　　　　　B. 8　　　　　　　C. 10　　　　　　　D. 12

283. 真空电子束焊焊接时，常用的加速电压范围为（　　）kV。
　　　A. 10~5　　　　　　B. 15~10　　　　　C. 30~15　　　　　D. 45~30

284. 真空电子束焊焊接钛及钛合金时，焊缝强度与焊缝装配间隙的关系是，装配间隙越小，焊缝强度（　　）。
　　　A. 越小　　　　　　B. 无影响　　　　　　C. 略小　　　　　　D. 越大

285. 激光焊接的能量密度，聚焦后的功率密度可达（　　）W/cm^2，甚至更高。
　　　A. $10^3 \sim 10^5$　　　B. $10^5 \sim 10^7$　　　C. $10^7 \sim 10^9$　　　D. $10^9 \sim 10^{12}$

286. 激光焊接的能量密度与真空电子束焊相比（　　）。
　　　A. 小　　　　　　　B. 大　　　　　　　　C. 略大　　　　　　D. 相当

287. 不锈钢焊条型号 E308L-16 中，短 "−" 后面的 "16" 表示（　　）。
　　　A. 适用于全位置焊接，采用直流反接
　　　B. 适用于平焊，采用交流或直流反接
　　　C. 适用于平焊，采用直流反接
　　　D. 适用于全位置焊接，采用交流或直流反接

288. （　　）焊接法不是钛及钛合金等离子弧焊时的焊接方法。
　　　A. 穿透型　　　　　B. 熔透型　　　　　　C. 微束等离子弧焊　D. 气焊

289. 一般管径<70mm 管子的气焊，定位焊应采用（　　）点。
　　　A. 1　　　　　　　B. 2　　　　　　　　　C. 3　　　　　　　D. 4

290. 水平固定管气焊时，焊嘴、焊丝与管子切线的夹角一般为（　　）。
　　　A. 35°　　　　　　B. 40°　　　　　　　C. 45°　　　　　　D. 50°

291. 铝及铝合金气焊时，一般宜采用（　　）。
　　　A. 对接接头　　　　B. 搭接接头　　　　　C. 角接接头　　　　D. 卷边接头

292. 铝气焊时，预热温度可用蓝色粉笔法或黑色铅笔画线来判断，若线条颜色与铝比较（　　）时，即表示已达到预热温度。
　　　A. 浅蓝　　　　　　B. 相近　　　　　　　C. 深蓝　　　　　　D. 纯蓝

293. 气焊 3mm 以下的铝板时，焊嘴的倾角为（　　）。
　　　A. 10° ~ 30°　　　B. 20° ~ 40°　　　C. 30° ~ 50°　　　D. 40° ~ 60°

294. 气焊铝及铝合金时，焊丝的填加与焊嘴的操作应密切配合，焊丝与焊嘴的夹角一般应控制在（　　）。
　　　A. 20° ~ 40°　　　B. 40° ~ 60°　　　C. 60° ~ 80°　　　D. 80° ~ 100°

295. 黄铜气焊时，为了减少黄铜中锌的蒸发，焊接火焰采用（　　）。
　　　A. 中性焰　　　　　B. 轻微氧化焰　　　　C. 碳化焰　　　　　D. 轻微碳化焰

296. 焊接铝青铜时，为了除去氧化铝膜，其熔剂应选择（　　）。
　　　A. CJ201　　　　　B. CJ301　　　　　　C. CJ401　　　　　D. CJ224

297. 纯铜气焊时，焊嘴与焊件之间的夹角为（　　）左右。
　　　A. 50°　　　　　　B. 60°　　　　　　　C. 70°　　　　　　D. 80°

298. 焊接钛及钛合金时，合理地选择焊接参数，以（　　）焊接热输入进行焊接，对于防止焊接接头晶粒粗化有一定的作用。
　　　A. 小的　　　　　　B. 较小的　　　　　　C. 大的　　　　　　D. 较大的

299. （　　）是钛和钛合金焊接时最常见的焊接缺陷。
　　　A. 裂纹　　　　　　B. 气孔　　　　　　　C. 夹渣　　　　　　D. 塌陷

300. 下列钛及钛合金焊接接头冷弯角不合格的是（　　　）。

    A. 114°　　　　　B. 145°　　　　　C. 158°　　　　　D. 93°

301. 低碳钢 20 钢管对接焊时，焊条应选用（　　　）。

    A. E6015　　　　B. E5515　　　　C. E4303　　　　D. E5034

302. Q355 钢管对接焊时，应选用（　　　）焊条。

    A. E6015　　　　B. E5015　　　　C. E4303　　　　D. E5034

303. 小径管水平固定加障碍断弧焊法盖面时，要注意焊条不要一开始就一下摆动到坡口边缘，而是依次建立（　　　）个熔池，一个熔池比一个熔池大，从而使开始处小而薄，呈马蹄状。

    A. 2　　　　　　B. 3　　　　　　C. 4　　　　　　D. 5

304. 小径管水平固定加障碍断弧焊法打底时，焊条在相当于"时钟 5~6 点"位置引燃电弧，移至过中心（　　　）mm 处，焊条前端对准坡口间隙中间，在两钝边间做微小横向摆动。

    A. 5~10　　　　B. 10~15　　　　C. 15~20　　　　D. 20~25

305. 小径管水平固定加障碍打底焊时，采用（　　　）焊接方法。

    A. 断弧逐点　　　B. 三点　　　　　C. 灭弧二点　　　D. 连弧

306. 外观检验一般以肉眼为主，有时也可利用（　　　）倍的放大镜进行观察。

    A. 3~5　　　　　B. 5~10　　　　　C. 8~15　　　　　D. 10~20

307. 板试件对接仰焊缝外观检验时，焊后变形量应≤（　　　）。

    A. 1°　　　　　　B. 2°　　　　　　C. 3°　　　　　　D. 4°

308. 管子焊件装配时，装配间隙为（　　　）mm。

    A. 0.5~1.5　　　B. 1.5~2.5　　　C. 2.5~3.0　　　D. 3.0~4.0

309. 钢板对接仰焊打底焊时，（　　　），以防止熔池金属下坠。

    A. 熔池大一些，焊道薄一些　　　　　　B. 熔池小一些，焊道薄一些

    C. 熔池大一些，焊道厚一些　　　　　　D. 熔池小一些，焊道厚一些

310. Ⅲ级焊缝允许存在的缺陷是（　　　）。

    A. 未焊满（咬边深度≤0.1 连接处较薄的板厚）

    B. 裂纹　　　　　C. 未熔合　　　　　D. 未焊透

（三）多项选择题（将正确答案的序号填入括号内）

1. 职业道德主要通过（　　　）的关系，增强企业的凝聚力。

    A. 协调企业职工间　　B. 调节领导与职工　　C. 协调职工与企业　　D. 调节企业与市场

2. 加强职业道德修养的途径有（　　　）。

    A. 树立正确的人生观　　　　　　　　　　　B. 培养自己良好的行为习惯

    C. 学习先进人物的优秀品质，不断激励自己　　D. 坚决同社会上的不良现象做斗争

3. 为人民服务作为社会主义职业道德的核心精神，是社会主义职业道德建设的核心，体现了中国共产党的宗旨，其低层次的要求是（　　　）。

    A. 人人为我　　　　B. 为人民服务　　　　C. 人人为党　　　　D. 我为人人

4. （　　　）均为焊工职业守则。

    A. 遵守国家法律　　B. 爱岗敬业，忠于职守

C. 吃苦耐劳　　　　D. 刻苦钻研业务　　　E. 坚持文明生产

5. 法律与道德的区别主要体现在（　　　）。

A. 产生时间不同　　B. 依靠力量不同　　C. 阶级属性不同　　D. 作用范围不同

6. 下列说法中，正确的有（　　　）。

A. 岗位责任规定岗位的工作范围和工作性质

B. 操作规则是职业活动具体而详细的次序和动作要求

C. 规章制度是职业活动中最基本的要求

D. 职业规范是员工在工作中必须遵守和履行的职业行为要求

7. 在企业生产经营活动中，员工之间团结互助的要求包括（　　　）。

A. 讲究合作，避免竞争　　　　　　　　B. 平等交流，平等对话

C. 既合作，又竞争，竞争与合作相统一　　D. 互相学习，共同提高

8. 从事特定职业的人向先辈学习技艺的同时，也要把（　　　）继承下来，使职业道德表现出特有的继承性和连续性。

A. 职业传统　　　　B. 职业品质　　　　C. 职业习惯　　　　D. 职业心理

9. 文明生产的具体要求包括（　　　）。

A. 语言文雅、行为端正、精神振奋、技术熟练

B. 相互学习、取长补短、相互支持、共同提高

C. 岗位明确、纪律严明、操作严格、现场整洁

D. 优质、低耗、高效

10. 投影法通常分为（　　　）等类型。

A. 中心投影法　　　B. 相交投影法　　　C. 平行投影法　　　D. 旋转投影法

11. 零件图表达物体结构形状的方法有（　　　）。

A. 基本视图　　　　B. 向视图　　　　　C. 局部视图

D. 斜视图　　　　　E. 装配图

12. 装配图中需标注的尺寸包括（　　　）。

A. 规格或性能尺寸　B. 装配尺寸　　　　C. 安装尺寸

D. 外形尺寸　　　　E. 其他重要尺寸

13. 读装配图的基本要求有（　　　）。

A. 了解部件的用途和工作原理

B. 弄清零件的作用及结构形状

C. 了解零件图的画法

D. 了解零件间的相互位置、装配关系及安装顺序

14. 焊接与铆接相比，它具有（　　　）等特点。

A. 节省金属材料　B. 减轻结构重量　　C. 接头密封性好

D. 不易实现机械化和自动化　　　　E. 制造周期长　　　F. 提高生产率

15. 一张完整的焊接装配图应由（　　　）等组成。

A. 一组视图　　　　　　　　　　　　　B. 必要的尺寸

C. 技术要求　　　　　　　　　　　　　D. 标题栏、明细栏和零件序号

16. 焊缝符号标注原则是：坡口角度、根部间隙等尺寸标注在基本符号的（　　　）。

　　A. 左侧　　　　　　　B. 右侧　　　　　　　C. 上侧

　　D. 下侧　　　　　　　E. 尾部

17. 关于偏差与公差的关系，下列说法错误的是（　　　）。

　　A. 上极限偏差越大，公差越大　　　　　　B. 上、下极限偏差越大，公差越大

　　C. 上、下极限偏差之差越大，公差越大

　　D. 上、下极限偏差之差的绝对值越大，公差越大

18. 采用 GB/T 1804—2000《一般公差　未注公差的线性和角度尺寸的公差》的好处有（　　　）。

　　A. 简化制图　　　B. 节省图样设计时间　C. 简化检验要求

　　D. 突出了图样上注出公差的尺寸　　　　E. 方便进行订货谈判

19. 在同一图样上，表面粗糙度对每一表面一般只标注一次（　　　），并尽可能靠近有关的尺寸线。

　　A. 文字　　　　　　　B. 数据　　　　　　　C. 符号　　　　　　　D. 代号

20. 金属材料常用的力学性能指标主要有（　　　）。

　　A. 塑性　　　　　　　B. 硬度　　　　　　　C. 强度

　　D. 密度　　　　　　　E. 热膨胀性　　　　　F. 冲击韧度

21. 金属材料的物理、化学性能是指材料的（　　　）等。

　　A. 熔点　　　　　　　B. 导热性　　　　　　C. 导电性

　　D. 硬度　　　　　　　E. 塑性　　　　　　　F. 抗氧化性

22. 碳素钢中除含有铁、碳元素外，还有少量的（　　　）等元素。

　　A. 硅　　　　　　　　B. 锰　　　　　　　　C. 钼

　　D. 铌　　　　　　　　E. 硫　　　　　　　　F. 磷

23. 按碳存在的状态和形式不同，下面牌号中不属于铸铁的有（　　　）。

　　A. 灰铸铁　　　　　　B. 白铸铁　　　　　　C. 可锻铸铁

　　D. 可浇铸铁　　　　　E. 球墨铸铁　　　　　F. 白球铸铁

24. 下列牌号的铸铁中，（　　　）为灰铸铁。

　　A. HT100　　　　　　B. HT250　　　　　　C. QT400-15

　　D. SQT　　　　　　　E. QT600-03　　　　　F. HT400

25. 球墨铸铁在球化处理时常用的球化剂有（　　　）等。

　　A. 锰合金　　　　　　B. 纯镁　　　　　　　C. 镁合金

　　D. 稀土硅铁镁合金　E. 纯铜

26. 工业纯铝的特性是（　　　）。

　　A. 熔点低　　　　　　B. 易氧化,耐蚀性好　C. 导热性好

　　D. 线胀系数大　　　　E. 塑性好　　　　　　F. 强度不高

27. 下列铝合金中（　　　）属于非热处理强化铝合金。

　　A. 铝镁合金　　　　　B. 硬铝合金　　　　　C. 铝硅合金

　　D. 铝锰合金　　　　　E. 锻铝合金　　　　　F. 超硬铝合金

28. 下列铜和铜合金牌号中，（　　　）是纯铜。

　　A. T2　　　　　　　　B. TUP　　　　　　　C. H62

D. TU2 　　　　E. QA19-4 　　　　F. B30

29. 下列铜及铜合金中，（　　）是工业纯铜。
　　A. T1 　　　　B. TU2 　　　　C. TP1
　　D. HPb59-1 　　　E. H62 　　　F. TAg0.1

30. 黄铜的导电性比纯铜差，但（　　）比纯铜好，因此广泛用来制造各种结构零件。
　　A. 强度 　　　　B. 硬度 　　　　C. 价格便宜
　　D. 导热性 　　　E. 耐蚀性 　　　F. 冷加工和热加工性能

31. 锡青铜中加入（　　）等元素，可以改善锡青铜的耐磨性、铸造性能及切削加工性。
　　A. 磷 　　　　B. 锌 　　　　C. 铅
　　D. 硫 　　　　E. 铬

32. 钛及钛合金在400℃以上的高温中，极容易和空气中的（　　）等元素发生化学反应，而且反应速度较快。
　　A. 氧 　　　　B. 氢 　　　　C. CO_2
　　D. 氮 　　　　E. 碳 　　　　F. CO

33. 在高温下钛与（　　）反应速度较快，使焊接接头塑性下降，特别是韧性大大减低，引起脆化。
　　A. 氢 　　　　B. 氮 　　　　C. 锰
　　D. 铁 　　　　E. 氧 　　　　F. 碳

34. 金属晶体是由（　　）所组成。
　　A. 晶格 　　　　B. 中子 　　　　C. 晶胞
　　D. 质子 　　　　E. 电子

35. 固溶强化使金属材料（　　）。
　　A. 强度升高 　　B. 硬度升高 　　C. 塑性升高
　　D. 强度下降 　　E. 硬度下降 　　F. 塑性下降

36. 铁碳合金组织的基本相是（　　）。
　　A. 铁素体 　　　B. 奥氏体 　　　C. 珠光体
　　D. 渗碳体 　　　E. 莱氏体

37. 铁-碳平衡相图是表示在缓慢加热（或冷却）条件下，铁碳合金的（　　）之间的关系。
　　A. 成分 　　　　B. 性能 　　　　C. 温度
　　D. 组织 　　　　E. 用途 　　　　F. 特点

38. 激光焊与真空电子束焊相比，激光焊具有（　　）等特点。
　　A. 高能量密度 　B. 可聚焦 　　　C. 深穿透
　　D. 高精度 　　　E. 高效率 　　　F. 适应性强

39. 下列铸铁焊条中，属于镍基焊条的有（　　）。
　　A. 纯镍铸铁焊条 　B. 镍铁铸铁焊条 　C. 灰铸铁焊条
　　D. 镍铜铸铁焊条 　E. 球墨铸铁焊条 　F. 高钒铸铁焊条

40. 铸铁焊条是根据（　　）来划分型号的。

A. 熔敷金属的力学性能　　　　　　B. 熔敷金属的化学成分

C. 药皮类型　　　D. 焊接位置　　　E. 电流种类　　　F. 用途

41. R C FeC-GP1 焊丝具有较好的塑性和韧性，适用于（　　　）的气焊。

A. 球墨铸铁　　　　　B. 灰铸铁　　　　　C. 高强度灰铸铁

D. 低碳钢　　　　　E. 可锻铸铁　　　　　F. 低合金高强度钢

42. 可用来焊接纯铝的焊丝型号有（　　　）。

A. SAl1200（Al99.0）　　　　　　B. SAl1450（Al99.5Ti）

C. SAl4043（AlSi5）　　　　　　D. SAl5556（AlMg5MnlTi）

E. SAl3103（AlMnl）　　　　　　F. SCu4700（CuZn40Sn）

43. 国标规定，铜及铜合金焊丝适用于（　　　）等焊接工艺方法。

A. 药心焊丝气体保护焊　　　　　B. 气焊　　　　　C. 富氩气体保护焊

D. CO_2 气体保护焊　　E. 熔化极氩弧焊　　F. 钨极氩弧焊

44. 铸件焊补时，可根据（　　　）选择热焊法或冷焊法。

A. 焊件形状　　　B. 厚度　　　C. 缺陷位置

D. 焊件材质　　　E. 焊补要求　　　F. 缺陷处刚度

45. 铝及铝合金焊前应清理氧化膜的原因是由于氧化膜（　　　）。

A. 使电弧不稳　　　　　　B. 熔点高，易造成夹渣

C. 易形成未熔合　　　　　D. 使焊缝生成气孔

E. 容易引起冷裂　　　　　F. 容易引起热裂纹

46. 铜及铜合金焊接时，为了获得成形均匀的焊缝，（　　　）接头是合理的。

A. 对接　　　B. 搭接　　　C. 十字接

D. 端接　　　E. T 形

47. 钛和钛合金的坡口形式有（　　　）。

A. I 形　　　B. 钝边单面 V 形　　　C. U 形

D. 卷边　　　E. J 形　　　F. K 形

48. 目前生产中实现异种金属焊接接头的连接方式主要有（　　　）。

A. 直接焊接法　　　　　　B. 堆焊隔离层法

C. 中间加过渡段法　　　　　D. 双金属接头过渡法

49. 埋弧焊机控制系统测试的主要内容是（　　　）。

A. 测试送丝速度　　　　　　B. 测试引弧操作是否有效和可靠

C. 电流和电压的调节范围　　　　　D. 测试小车行走速度

E. 电源的调节特性试验　　　　　F. 检查各控制按钮是否灵活和有效

50. 氩弧焊机的调试内容主要是对（　　　）等进行调试。

A. 电源参数　　　B. 控制系统的动能　　　C. 控制系统的精度

D. 供气系统完好性　　　E. 焊枪的发热情况

51. CO_2 气体保护焊机的供气系统由（　　　）组成。

A. 气瓶　　　B. 预热器　　　C. 干燥器

D. 减压阀　　　E. 流量计　　　F. 电磁气阀

52. 固定式气割机有（　　　）。

A. 门式气割机　　　B. 半自动气割机　　　C. 光电跟踪气割机

D. 仿形气割机　　　E. 数控气割机　　　　F. 型钢气割机

53. 使用气割机工作完毕，必须（　　　）。

A. 拉闸断电　　　　B. 关闭所有瓶阀　　　C. 让气割工离开场地

D. 清理场地　　　　E. 清除事故隐患　　　F. 立即搬走气割机

54. 铸铁焊接时，焊接接头容易产生裂纹的原因主要是（　　　）。

A. 铸铁强度低　　　B. 铸铁塑性极差　　　C. 工件受热不均匀

D. 焊接应力大　　　E. 冷却速度慢　　　　F. 铸铁液态流动性不好

55. 铸铁电弧冷焊时，为得到钢焊缝和有色金属焊缝，应采用（　　　）焊条。

A. 灰铸铁　　　　　B. 纯镍铸铁　　　　　C. 镍铁铸铁

D. 铜镍铸铁　　　　E. 高钒铸铁　　　　　F. 普通低碳钢

56. 灰铸铁的焊接方法主要有（　　　）。

A. 焊条电弧焊　　　B. 气焊　　　　　　　C. 钎焊　　　　　　D. 埋弧焊

E. 手工电渣焊　　　F. 细丝 CO_2 气体保护焊

57. 球墨铸铁焊补的方法有（　　　）。

A. 焊条电弧焊　　　B. 钨极氩弧焊　　　　C. 气焊

D. 熔化极氩弧焊　　E. 钎焊　　　　　　　F. 电子束焊

58. 铸铁焊接时，产生的缺陷主要有（　　　）。

A. 裂纹　　　　　　B. 夹渣　　　　　　　C. 气孔

D. 未熔合　　　　　E. 未焊透　　　　　　F. 烧穿

59. 铸铁冷焊时，焊后立即锤击焊缝的目的是（　　　）。

A. 提高焊缝塑性　　B. 提高焊缝强度　　　C. 减小焊接应力

D. 消除焊缝夹渣　　E. 防止裂纹　　　　　F. 消除白铸铁组织

60. 铝及铝合金焊接时，存在的主要困难是（　　　）。

A. 易氧化　　　　　B. 气孔　　　　　　　C. 热裂纹

D. 塌陷　　　　　　E. 冷裂纹　　　　　　F. 接头不等强

61. 焊接铝及铝合金最好的方法是（　　　）。

A. 钨极氩弧焊　　　B. 钨极脉冲氩弧焊　　C. 焊条电弧焊

D. 熔化极氩弧焊　　E. 埋弧焊

62. 铝及铝合金焊接时产生的焊接缺陷有（　　　）。

A. 热裂纹　　　　　B. 气孔　　　　　　　C. 未熔合

D. 夹渣　　　　　　E. 未焊透　　　　　　F. 焊瘤

63. 纯铜焊接时生成的气孔主要是由（　　　）引起的。

A. H_2　　　　　　B. N_2　　　　　　　C. CO

D. CO_2　　　　　E. NO　　　　　　　　F. 水蒸气

64. 铜及其合金的焊接方法有（　　　）。

A. 氩弧焊　　　　　B. 气焊　　　　　　　C. 焊条电弧焊

D. 埋弧焊　　　　　E. 碳弧焊　　　　　　F. 电子束焊

65. 黄铜钨极氩弧焊时，电源采用（　　　）。

A. 直流正接　　　　B. 直流反接　　　　C. 交流

D. 直流正、反接　　E. 直流反接、交流

66. 铜和铜合金焊接时产生的焊接缺陷有（　　　）。

A. 热裂纹　　　　　B. 冷裂纹　　　　　C. 气孔

D. 未熔合　　　　　E. 夹渣　　　　　　F. 焊瘤

67. 为了防止钛合金在高温下吸收氧、氢、氮，熔焊时需要采取（　　　）措施。

A. 惰性气体保护　　B. 真空保护　　　　C. 焊剂保护

D. 特殊药皮保护　　E. 氩气箱中焊接　　F. 气焊熔剂

68. 钛合金钨极氩弧焊时，需要采用（　　　）的特殊保护措施。

A. 大直径喷嘴　　　B. 喷嘴加拖罩　　　C. 大氩气流量

D. 氩+氢的混合气　E. 背面充氩保护　　F. 用98.8%（体积分数）高纯度氩气

69. 异种金属直接焊接时，由于存在（　　　），所以给焊接带来困难。

A. 熔点不同　　　　B. 线胀系数不同　　C. 导热性不同

D. 比热容不同　　　E. 电磁性能不同　　F. 冶金上的相容性

70. 焊接奥氏体不锈钢和珠光体钢时，可以采用的焊接方法是（　　　）。

A. 焊条电弧焊　　　　　　　　　　B. 气焊

C. 不熔化极气体保护焊　　　　　　D. 熔化极气体保护焊

E. 埋弧焊　　　　　　　　　　　　F. 带极埋弧堆焊

71. 奥氏体不锈钢和珠光体钢焊条电弧焊时，生产中最好采用（　　　）焊条。

A. E4303　　　　　B. E308-16　　　　C. E309-15

D. E310-15　　　　E. E309-16　　　　F. E310-16

72. 奥氏体不锈钢和珠光体钢对接焊时，一般采用的焊接工艺是（　　　）。

A. 小电流　　　　　B. 多层多道快速焊

C. 焊前预热　　　　D. 珠光体钢侧用短弧、停留时间短、角度要合适

E. 选用高铬镍焊条　F. 采用隔离层焊接法

73. 锅炉和压力容器容易发生安全事故的原因是（　　　）。

A. 使用条件比较苛刻　　　　　　　B. 操作困难

C. 容易超负荷　　　　　　　　　　D. 局部区域受力情况比较复杂

E. 隐藏一些难以发现的缺陷　　　　F. 都在高温下工作

74. 锅炉参数主要有（　　　）。

A. 锅炉出力　　　　B. 蒸汽压力　　　　C. 压力

D. 热水压力　　　　E. 最高工作温度　　F. 最低工作温度

75. 压力容器的形状有（　　　）。

A. 圆筒形　　　　　B. 球形　　　　　　C. 椭圆形

D. 矩形　　　　　　E. 锥形　　　　　　F. 组合形

76. 对压力容器制造性能的主要要求有（　　　）。

A. 强度　　　　　　B. 塑性　　　　　　C. 刚性

D. 耐久性　　　　　E. 耐磨性　　　　　F. 密封性

77. 对压力容器焊接接头，要求其表面不得有（　　　）。

A. 表面裂纹　　　　B. 未焊透、未熔合　　C. 表面气孔

D. 弧坑　　　　　　E. 未焊满　　　　　　F. 肉眼可见的夹渣

78. 压力容器焊接时产生的缺陷主要有（　　）。

A. 冷裂纹　　　　　B. 夹渣　　　　　　　C. 气孔

D. 未焊透　　　　　E. 未熔合　　　　　　F. 咬边

79. 水压试验是用来对锅炉压力容器和管道进行（　　）检验的。

A. 弯曲　　　　　　B. 强度　　　　　　　C. 内部缺陷

D. 整体严密性　　　E. 刚性　　　　　　　F. 稳定性

80. 梁的断面形状主要有（　　）两大类。

A. 工字梁　　　　　B. 梅花形梁　　　　　C. 箱型梁

D. 格沟梁　　　　　E. 圆形　　　　　　　F. 椭圆形

81. 在焊接梁和柱时，减小和防止变形的措施主要有（　　）。

A. 减小焊缝尺寸　　B. 正确的焊接方向　　C. 正确的装配和焊接顺序

D. 正确的焊接顺序　E. 刚性固定法　　　　F. 反变形法

82. 检查非磁性材料焊接接头表面缺陷的方法有（　　）。

A. X 射线检测　　　B. 超声波检测　　　　C. 荧光检测

D. 磁粉检测　　　　E. 着色检测　　　　　F. 外观检查

83. 拉伸试验可用来（　　）。

A. 测定金属的抗拉强度　　　　　　　B. 测定金属的屈服强度

C. 测定金属的伸长率　　　　　　　　D. 测定金属的断面收缩率

E. 测定金属的耐蚀性　　　　　　　　F. 发现试样断口中的焊接缺陷

84. 锅炉压力容器的冷弯角一般为（　　），试样达到规定角度后，试样拉伸面上任何方向最大缺陷长度均不大于 3mm 为合格。

A. 50°　　　　　　B. 90°　　　　　　　C. 100°

D. 120°　　　　　　E. 180°

85. 冲击试验是用来测定焊接接头和焊缝金属的（　　）。

A. 韧性　　　　　　B. 脆性转变温度　　　C. 塑性

D. 伸长率　　　　　E. 断面收缩率　　　　F. 冷弯角

86. 根据硬度的测试结果，可以了解（　　）。

A. 显微偏析　　　　B. 区域偏析　　　　　C. 层状偏析

D. 近缝区的淬硬倾向　　　　　　　　E. 焊缝中的夹杂物

87. 焊接接头的金相试验是用来检查（　　）的金相组织情况，以及确定焊缝内部缺陷等。

A. 焊缝　　　　　　B. 热影响区　　　　　C. 熔合区　　　　　D. 母材

88. 通过焊接性试验，可以用来（　　）。

A. 选择适合母材的焊接材料　　　　　B. 确定合适的焊接参数

C. 确定焊接接头的抗拉强度　　　　　D. 确定合适的热处理工艺参数

E. 研制新的焊接材料　　　　　　　　F. 考核焊工技术水平

89. 在部分电路欧姆定律中，电路中电流的大小与（　　）。

A. 电压成正比　　　　B. 电压成反比　　　　C. 电压无关

D. 电阻值成正比　　　E. 电阻值成反比　　　F. 电阻值无关

90. 选用熔断器应考虑的因素有（　　　）。

A. 开关的操作频率　B. 线路的额定电压　C. 负载性质　　　　D. 使用环境

91. 交流接触器适用于（　　　）。

A. 交流电路控制　　B. 直流电路控制　　C. 照明电路控制　　D. 大容量控制电路

92. 对电动机控制的一般原则，归纳起来有（　　　）几种。

A. 行程控制原则　　B. 点动控制原则　　C. 时间控制原则

D. 顺序控制原则　　E. 速度控制原则　　F. 电流原则

93. 在电路中，用电设备如（　　　）等，由导线连接电源和负载，用来输送电能。

A. 电动机　　　　　B. 电焊机　　　　　C. 电热器　　　　　D. 发电机

94. 正弦交流电的最大值是指（　　　）的瞬时值中数值最大的，分别为它们的最大值。

A. 交流电阻　　　　B. 交流电势　　　　C. 交流电压　　　　D. 交流电流

95. 变压器的主要结构有（　　　）。

A. 闭合铁心　　　　B. 整流器　　　　　C. 高压绕组　　　　D. 低压绕组

96. 使用万用表不正确的是（　　　）。

A. 测交流时注意正负极性　　　　　　　B. 测电压时，仪表和电路串联

C. 使用前不调零　　　　　　　　　　　D. 带电测量电阻

97. 画线平板的材料不宜选择（　　　）。

A. 低碳钢　　　　　B. 中碳钢　　　　　C. 合金钢　　　　　D. 铸铁

98. 火焰矫正法矫正变形适用于（　　　）。

A. 低碳钢　　　　　B. 中碳钢　　　　　C. 奥氏体不锈钢

D. 耐热钢　　　　　E. Q355　　　　　　F. 马氏体不锈钢

99. 冲裁件断裂带不是剪切时受（　　　）作用金属纤维断裂而形成的。

A. 挤压应力　　　　B. 热应力　　　　　C. 拉伸应力　　　　D. 延伸力

100. 中性层的位置与材料的（　　　）无关。

A. 种类　　　　　　　　　　　　　　　B. 长度

C. 弯曲半径和材料厚度　　　　　　　　D. 硬度

101. 下列铝合金中，（　　　）属于热处理强化铝合金。

A. 铝镁合金　　　　B. 硬铝合金　　　　C. 铝硅合金

D. 铝锰合金　　　　E. 超硬铝合金

102. 按照人体触及带电体的方式和电流通过人体的途径，触电可以分为（　　　）等类型。

A. 低压单相触电　　　　　　　　　　　B. 低压两相触电

C. 跨步电压触电　　　　　　　　　　　D. 过分接近高压电气设备的触电

103. 长期接触噪声可引起噪声性耳聋及对（　　　）的危害。

A. 呼吸系统　　　　B. 神经系统　　　　C. 消化系统

D. 血管系统　　　　E. 视觉系统

104. （　　　）属于第三类火灾危险场所。

A. H-1   B. G-1   C. H-2

D. H-3   E. G-2   F. Q-3

105. 各种压力容器应装有（   ）。

     A. 警示标牌   B. 安全阀（或防爆膜）

     C. 压力表   D. 减压阀

106. 在熔焊过程中，可能产生的对人体有害的气体主要有（   ）。

     A. 臭气   B. 一氧化碳   C. 二氧化碳

     D. 氮氧化物   E. 氟化氢

107. 焊工穿工作服要注意（   ）。

     A. 工作服不应有口袋   B. 工作服应系在工作裤里面

     C. 工作服不应系在工作裤里面   D. 工作服要把袖子和衣领扣好

     E. 工作服要有一定长度   F. 工作服要短些

108. 为了保证安全、电气设备要做到（   ）。

     A. 经常清扫，整洁美观   B. 绝缘必须良好

     C. 设有保护器   D. 金属外壳要有保护性接地或接零的措施

109. 全面质量管理十分重视对产品的质量形成全过程的管理，即（   ）。

     A. 市场调查用户需求   B. 设计出符合用户需求的产品图样

     C. 生产制造出符合图样要求的产品   D. 销售后帮助用户正确使用

110. 产品质量隐患往往是由于缺乏（   ）造成的。

     A. 激励机制   B. 良好的生产秩序   C. 整洁的工作场所   D. 过硬的生产技术

111. 要抓好生产过程中产品质量的控制，（   ）是影响产品质量的要素。

     A. 领导班子   B. 操作工和技术装备

     C. 原材料   D. 工艺方法   E. 劳动环境

112. ISO 9002 标准中对质量计划中的焊接工艺的管理应归结到（   ）两要素中控制。

     A. 4. 5   B. 4. 6   C. 4. 7

     D. 4. 9   E. 4. 10   F. 4. 11

113. 用人单位可以代扣劳动者工资的情况为（   ）。

     A. 用人单位代扣代缴个人所得税

     B. 用人单位代扣代缴应由劳动者个人负担的各项社会保险费用

     C. 法院判决、裁定中要求代扣的抚养费、赡养费

     D. 应债权人请求代扣欠款

     E. 按劳动合同约定应由劳动者赔偿给用人单位的经济损失费用

114. 离开特种作业岗位（   ）月以上的特种作业人员，不需重新进行实际操作考试。

     A. 1   B. 2   C. 3

     D. 4   E. 5   F. 6

115. 凡从事（   ）的焊工，必须按《锅炉压力容器压力管道焊工考试与管理规则》经基本知识和操作技能考试合格后才准许担任钢制受压元件的焊接工作。

     A. 焊条电弧焊   B. 氧乙炔焊   C. 钨极氩弧焊

     D. 熔化极气体保护焊   E. 埋弧焊   F. 等离子弧焊

116. 熔滴过渡对焊接过程的（　　）有很大的影响。

    A. 稳定性　　　　　B. 焊缝成形　　　　　C. 飞溅

    D. 焊接接头质量　　E. 焊缝的组织

117. 采用焊条电弧焊焊接低碳钢和低合金钢试件仰对接焊时，坡口形式一般选用（　　）。

    A. V 形　　　　　　B. K 形　　　　　　C. 单边 V 形

    D. U 形　　　　　　E. X 形　　　　　　F. 带钝边 V 形

118. 坡口清理的目的是清除坡口表面上的（　　），保证焊接质量。

    A. 油　　　　　　　B. 铁锈　　　　　　C. 油污

    D. 水分　　　　　　E. 氧化皮　　　　　F. 其他有害杂质

119. 焊条电弧焊焊接对接仰焊时，打底焊采用连弧焊法应用（　　）运条法。

    A. 直线形　　　　　B. 直线往返形　　　C. 小圆圈形

    D. 小锯齿形　　　　E. 小月牙形

120. 焊条电弧焊焊接对接仰焊打底焊，采用连弧焊法时的操作要点是（　　）。

    A. 看　　　　　　　B. 听　　　　　　　C. 准

    D. 稳　　　　　　　E. 运条正确　　　　F. 焊接电流合适

121. 焊条电弧焊焊接对接仰焊时，打底焊可采用直径 ϕ（　　）mm 的焊条。

    A. 2. 5　　　　　　B. 3. 2　　　　　　C. 4. 0

    D. 5. 0　　　　　　E. 5. 8

122. 焊条电弧焊焊接对接仰焊试件的质量检查项目有（　　）。

    A. 外观检测　　　　B. X 射线检测　　　C. 弯曲试验

    D. 拉伸试验　　　　E. 着色检测　　　　F. 金相试验

123. 管径 $\phi \geqslant 76$mm 的对接焊时，定位焊缝要求（　　）等缺陷。

    A. 无焊透　　　　　B. 无气孔　　　　　C. 无夹渣

    D. 无未焊透　　　　E. 无焊瘤　　　　　F. 无弧坑裂纹

124. 焊接 Q420 低合金钢重要结构常用的焊条有（　　）。

    A. E5515-Q　　　　B. E6015-G　　　　C. E5010-Al

    D. E7515-G　　　　E. E5015-G　　　　F. E5015

125. 小径管水平固定加障碍打底连弧焊法引弧操作时，操作要领是（　　）。

    A. 手要稳　　　　　　　　　　　B. 技术高

    C. 技术较低　　　　　　　　　　D. 引弧与回弧动作要快

126. 小径管水平固定加障碍连弧焊法盖面焊时，焊条做（　　）运条。

    A. 月牙形　　　　　B. 锯齿形　　　　　C. 圆圈形

    D. 直线往返形　　　E. 三角形　　　　　F. 八字形

127. 管子水平固定焊条电弧焊时，按时针的顺序可采取由（　　）的焊接方法。

    A. 6 点→3 点→12 点　　　　　　　B. 6 点→9 点→12 点

    C. 4 点→1 点→10 点　　　　　　　D. 4 点→7 点→10 点

    E. 9 点→12 点→3 点　　　　　　　F. 9 点→6 点→3 点

128. 碱性焊条（连弧焊）小直径管垂直固定加障碍焊单面焊双面成形时，打底层焊缝焊接过程中，焊条与焊管下侧的夹角为（　　），与管子切线的夹角为（　　）。

A. 80°～85°   B. 85°～90°   C. 70°～75°

D. 75°～80°   E. 60°～65°   F. 65°～70°

129. 焊条电弧焊焊接小直径对接障碍管试件断口检验的评定要求是（   ）。

A. 断面上没有裂纹和未熔合；背面凹坑深度<25%壁厚，且<1mm

B. 单个气孔沿径向长度不大于30%壁厚，且小于1.5mm；沿轴向长度不大于2mm

C. 单个夹渣沿径向长度不大于25%壁厚，小于1mm；沿轴向长度不大于30%壁厚，小于1.2mm

D. 在任何10mm焊缝长度内，气孔和夹渣不得多于3个

E. 沿圆周方向10倍壁厚（50mm）范围内，气孔和夹渣的累计长度不大于1个壁厚（5mm）

F. 沿壁厚方向同一直线上各种缺陷总长度不大于30%壁厚，且小于1.5mm

130. 为防止奥氏体不锈钢焊缝发生晶间腐蚀，要（   ）。

A. 降低碳含量   B. 添加足够量的Ti   C. 添加足够量的Ni

D. 控制焊缝含有适当量的一次铁素体   E. 添加锰   F. 添加硅

131. 不锈钢管对接采用焊条电弧焊焊接时，焊前应清理焊件和焊丝表面的（   ）。

A. 油污   B. 锈蚀   C. 水分

D. 油   E. 其他有害杂质

132. 焊接06Cr19Ni10奥氏体不锈钢，一般选用（   ）焊条。

A. E410-16   B. E308-16   C. E309-16

D. 308-15   E. E347-16   F. E310-16

133. 焊条电弧焊焊接奥氏体不锈钢时，要求采用（   ）的焊接工艺。

A. 小电流   B. 多道焊   C. 单道不摆动焊

D. 短弧   E. 多层多道焊   F. 单道摆动焊

134. GB 50236—2011《现场设备、工业管道焊接工程施工规范》标准规定，Ⅰ、Ⅱ级焊缝表面不允许存在（   ）。

A. 裂纹   B. 表面气孔   C. 表面夹渣

D. 咬边   E. 未焊透

135. 从接头形式来看，异种金属的焊接主要包括（   ）情况。

A. 异种钢焊接   B. 异种有色金属的焊接

C. 两种不同金属母材的接头   D. 钢与有色金属的焊接

E. 母材金属相同而采用不同焊缝金属的接头

F. 复合金属板的接头

136. 异种金属直接焊接时由于存在（   ），所以给焊接带来困难。

A. 熔点不同   B. 线胀系数不同   C. 导热性不同

D. 比热容不同   E. 电磁性能不同   F. 冶金上的相容性

137. 奥氏体不锈钢和珠光体钢焊条电弧焊时，生产中最好采用（   ）焊条。

A. E4303   B. E308-16   C. E309-15

D. E310-15   E. E309-16   F. E310-16

138. 焊接奥氏体不锈钢和珠光体钢，可以采用的焊接方法有（   ）。

A. 焊条电弧焊　　　　　　　　　　　B. 气焊

C. 不熔化极气体保护焊　　　　　　　D. 熔化极气体保护焊

E. 埋弧焊　　　　　　　　　　　　　F. 带极埋弧堆焊

139. 常规力学性能试验包括（　　　）。

A. 强度　　　　　　B. 塑性　　　　　　C. 韧性

D. 弹性　　　　　　E. 硬度　　　　　　F. 刚性

140. CO_2 气体保护焊时熔滴过渡形式主要有（　　　）。

A. 短路过渡　　　　B. 断路过渡　　　　C. 粗滴过渡

D. 喷射过渡　　　　E. 射流过渡

141. 采用 CO_2 气体保护焊或 MAG 焊焊接板对接焊件时，一般采用（　　　）坡口。

A. I 形　　　　　　B. V 形　　　　　　C. 单边 V 形

D. Y 形　　　　　　E. X 形　　　　　　F. U 形

142. 左焊法的特点是（　　　）。

A. 容易观察焊接方向，看清焊缝

B. 电弧不直接作用于母材上，因而熔深较浅，焊道平而宽

C. 抗风能力强，保护效果较好　　　　D. 飞溅较大，易焊偏

143. CO_2 气体保护焊或半自动 MAG 焊 V 形坡口对接仰焊试件焊接时，填充层焊接要注意的问题是（　　　）。

A. 焊接前的清理　　　　　　　　　　B. 控制两侧坡口的熔合

C. 控制熔孔的大小　　　　　　　　　D. 控制焊道的厚度

E. 控制焊枪的摆动幅度

144. CO_2 气体保护焊或半自动 MAG 焊 V 形坡口对接仰焊试件焊缝评定时，常用的检验方法是（　　　）。

A. 外观检测　　　　B. X 射线检测　　　C. 着色检测

D. 横弯试验　　　　E. 拉伸试验　　　　F. 冲击试验

145. 高级优质焊丝或优质焊丝，在焊丝的尾部都标有字母（　　　）。

A. "F"　　　　　　B. "E"　　　　　　C. "D"

D. "C"　　　　　　E. "B"　　　　　　F. "A"

146. CO_2 气体保护焊时，可能产生的气孔主要有（　　　）。

A. CO_2 气孔　　　　B. 氢气孔　　　　C. 氮气孔

D. CO 气孔　　　　E. 氧气孔　　　　F. 空气孔

147. CO_2 气体保护焊的焊接参数有（　　　）。

A. 焊丝直径　　　　B. 焊接电流　　　　C. 电弧电压

D. 焊接速度　　　　E. 气体流量　　　　F. 负载持续率

148. $\phi 133mm \times 10mm$ 管水平固定焊 CO_2 气体保护焊盖面焊时，要注意（　　　）。

A. 焊接顺序与填充层相同　　　　　　B. 焊枪摆动幅度比填充层大

C. 保证熔池边缘超过坡口上棱 $0.5 \sim 2.5mm$

D. 焊接速度要均匀　　　　　　　　　E. 盖面层两侧熔合良好

F. 保证焊缝表面平整、外形美观、余高合适

149. 用熔化极氩弧焊焊接奥氏体型不锈钢，通常有（　　　）焊接方法。

A. 短路过渡 MIG 焊   B. 喷射过渡 MIG 焊

C. 脉冲过渡 MIG 焊   D. TIG 焊

E. 焊条电弧焊   F. 埋弧焊

150. 选用合适的（   ），可以实现一个脉冲过渡一个熔滴，从而获得稳定的焊接过程。

A. 脉冲电流幅值   B. 脉冲电流持续时间

C. 脉冲频率   D. 脉冲间隙时间

E. 维护电流值   F. 电弧静态参数

151. 采用短路过渡 MIG 焊焊接奥氏体不锈钢时，所用保护气体的配比是（   ）。

A. $Ar+O_2$（1%~2%）   B. $Ar+O_2$（1%~5%）

C. $Ar+O_2$（1%~10%）   D. $Ar+CO_2$（5%~10%）

E. $Ar+CO_2$（5%~15%）   F. $Ar+CO_2$（5%~25%）

152. 增加焊接结构的返修次数，会使（   ）。

A. 焊接应力减小   B. 金属晶粒粗大

C. 金属硬化   D. 产生裂纹等缺陷

E. 提高焊接接头强度   F. 降低焊接接头的性能

153. 铝及铝合金焊件制备时，一般常用（   ）方法下料。

A. 剪切   B. 锯切   C. 火焰切割

D. 等离子切割   E. 激光切割   F. 刨削

154. SAl4047（AlSi2）焊丝是较为通用的铝硅焊丝，这种焊丝的特点是（   ）。

A. 液态金属流动性好   B. 液态金属流动性差

C. 焊缝金属具有较高的抗热裂性能   D. 凝固时收缩率小

E. 凝固时收缩率大   F. 能保证力学性能

155. 熔化极氩弧焊焊接铝及铝合金时，预热温度过高，会引起（   ）问题。

A. 熔池较大   B. 铝液黏度降低

C. 引起过大的变形   D. 焊缝的耐蚀性能下降

E. 交流焊时，焊缝表面产生麻点   F. 焊穿

156. 半自动熔化极氩弧焊焊接铝及铝合金时，立焊的操作要点有（   ）。

A. 采用不锈钢垫板或瓷垫   B. 焊枪垂直于焊缝的垂线

C. 焊枪与焊缝垂线成 5°~10°   D. 薄板焊接时，焊枪一般不做横向摆动

E. 薄板焊接时，焊枪做小节距横向摆动   F. 6mm 以上板焊接时，采用多层多道焊

157. 铜及铜合金的焊接接头形式有（   ）。

A. 对接接头   B. 端接接头   C. 搭接接头

D. T 形接头   E. 内角接接头   F. 塞接头

158. 纯铜熔化极氩弧焊时，可采用（   ）气体保护。

A. Ar   B. CO_2 C. He

D. $Ar+CO_2$ E. $Ar+He$ F. $Ar+O_2$

159. 熔化极氩弧焊焊接时，可在全位置上焊接（   ）等铜合金。

A. 黄铜   B. 铝青铜   C. 硅青铜

D. 铜镍合金   E. 锡青铜   F. 铍青铜

160. 铝青铜熔化极氩弧焊立焊或仰焊时，可采用（　　）形式焊接。
    A. 短路过渡　　　　B. 滴状过渡　　　　　C. 喷射过渡
    D. 亚射流过渡　　　E. 自由过渡

161. 熔化极氩弧焊焊接钛及钛合金时，熔滴过渡形式有（　　）。
    A. 短路过渡　　　　B. 滴状过渡　　　　　C. 喷射过渡
    D. 亚射流过渡　　　E. 自由过渡

162. 钛及钛合金熔化极氩弧焊过程中，氩气保护效果的好坏与（　　）有关。
    A. 氩气的纯度　　B. 氩气流量　　　　C. 喷嘴与焊件之间的距离
    D. 焊件接头形式　E. 焊枪、喷嘴的结构形式和尺寸　　　F. 焊接现场风力

163. 手工钨极氩弧焊具有（　　）优点。
    A. 能够焊接绝大多数金属包括化学活泼性很强的金属
    B. 焊接过程无飞溅、不用清渣　　　C. 能进行全位置焊接
    D. 焊接过程填加焊丝，不受焊接电流的影响

164. 交流方波/直流两用手工钨极氩弧焊最适宜焊接（　　）。
    A. 各种不锈钢　　B. 铝及铝合金　　　C. 钛及钛合金
    D. 铜及铜合金　　E. 镁及镁合金　　　F. 高、低合金钢

165. 易淬火钢焊接热影响区的组织有（　　）。
    A. 过热区　　　　B. 正火区　　　　　C. 不完全重结晶区
    D. 不完全淬火区　E. 完全淬火区　　　F. 回火区

166. 手工钨极氩弧焊的焊接参数有（　　）等。
    A. 焊接电源的种类和极性　　　　　B. 焊接电流
    C. 钨极直径和形状　　　　　　　　D. 钨极伸出长度
    E. 电弧电压　　　　　　　　　　　F. 保护气体流量

167. 手工钨极氩弧焊时，焊枪的移动方式有（　　）。
    A. 直线往复移动　　　　　　　　　B. 直线匀速移动
    C. 直线断续移动　　　　　　　　　D. 圆弧"之"字形摆动
    E. 圆弧"之"字形侧移摆动　　　　　F. "r"形摆动

168. 手工钨极氩弧焊焊接板对接仰焊时，操作中应注意（　　）。
    A. 焊接电流要小些　　　　　　　　B. 氩气流量要大些
    C. 焊接速度要稍快些　　　　　　　D. 电弧长度要短些
    E. 焊接时要随时调整焊枪倾角　　　F. 采用右焊法

169. 低碳钢或低合金钢手工 TIG 焊焊缝外形尺寸的检查内容主要有（　　）。
    A. 焊缝余高　　B. 焊缝余高差　　　C. 焊缝宽度
    D. 宽度差　　　E. 焊缝长度　　　　F. 焊缝深度

170. 管子的接头形式有（　　）。
    A. 对接接头　　　B. 内搭接接头　　　C. 外搭接接头
    D. 插入式搭接接头　E. 角接接头　　　F. 端接接头

171. 小直径管水平固定对接 TIG 焊打底焊时的操作要点及注意事项有（　　）。
    A. 采用两层两道焊，引弧后，控制弧长为 2~3mm，对坡口根部两侧加热，待钝
       边熔化形成熔池后即可填丝

B. 始焊时焊接速度要慢些，并多填焊丝加厚焊缝

C. 焊枪与管子轴线成 5°～15°夹角，焊枪与焊丝之间的夹角为 90°

D. 焊丝端部应位于熔池的前方，边熔化边送丝

E. 焊接过程中，电弧应交替加热坡口根部和焊丝端部，控制坡口两侧熔透均匀

F. 过相当于时钟的 12 点处灭弧，灭弧前送几滴填充金属，并将电弧移至坡口一侧收弧

172. 焊接热影响区的尺寸是随着（　　　）而变化。

A. 焊件的材料　　　B. 焊接方法　　　　C. 板厚

D. 热输入　　　　　E. 焊接的条件

173. 利用手工钨极氩弧焊焊接低碳钢或低合金钢管水平固定对接全位置焊具有（　　　）的特点。

A. 电弧稳定　　　　B. 质量优异　　　　C. 可控性好

D. 可控性较差　　　E. 便于操作　　　　F. 应用广泛

174. 在焊接过程中，热裂纹可看成是（　　　）联合作用形成的。

A. 氢　　　　　　　B. 淬硬组织　　　　C. 拉伸应力

D. 低熔点共晶　　　E. 白口铸铁组织　　F. 氮

175. 异种钢焊接时，必须按照母材的（　　　）正确地选择焊接材料。

A. 成分　　　　　　B. 性能　　　　　　C. 接头形式

D. 坡口形式　　　　E. 使用要求

176. 奥氏体不锈钢焊接时防止热裂纹的措施是（　　　）。

A. 严格限制焊缝中硫、磷、碳的质量分数　B. 选用双相组织的焊条

C. 选用碱性焊条和焊剂　　　　　　　　　D. 适当增大焊缝成形系数

E. 采用小的焊接热输入，多层多道焊　　　F. 填满弧坑

177. 奥氏体不锈钢焊接时，采用小的焊接热输入，小电流快速焊可（　　　）。

A. 防止晶间腐蚀　　　　　　　　　　　　B. 减小焊接应力，防止热裂纹和应力腐蚀

C. 减小焊接变形　　　　　　　　　　　　D. 防止奥氏体不锈钢焊条药皮发红

E. 防止冷裂纹　　　　　　　　　　　　　F. 提高生产率

178. 手工钨极脉冲氩弧焊由于可以通过调节各种焊接参数来控制电弧功率和焊缝成形，所以特别适合于焊接（　　　）。

A. 薄板　　　　　　B. 中板　　　　　　C. 厚板

D. 特厚板　　　　　E. 全位置焊接　　　F. 热敏感性强的铝合金

179. 断续点滴填丝法适用于（　　　）的焊接。

A. T 形接头　　　　B. 对接接头　　　　C. 角接接头

D. 搭接接头　　　　E. 卷边接头

180. 纯铜钨极氩弧焊时，焊接接头的坡口形式主要有（　　　）。

A. 卷边接头　　　　B. X 形坡口　　　　C. V 形坡口

D. 带垫钝边 V 形坡口　　　　E. U 形坡口　　　　F. 带垫 I 形坡口

181. 手工钨极氩弧焊焊接时，电弧的长短是有变化的：当不添加焊丝时，电弧长度为（　　　）mm；添加焊丝时，弧长为（　　　）mm。

A. 1～2　　　　　　B. 1.5～2.5　　　　C. 2～3

D. 2 ~ 4　　　　　　E. 2 ~ 5　　　　　　F. 3 ~ 5

182. 为防止在焊接过程由于锌的蒸发破坏了氩气保护效果，黄铜钨极氩弧焊时，需要选用（　　）。

A. 较大孔径的喷嘴　B. 较小孔径的喷嘴　C. 普通孔径的喷嘴

D. 小的氩气流量　　E. 较小的氩气流量　　F. 较大的氩气流量

183. 铝青铜手工钨极氩弧焊时，焊接电源采用（　　）。

A. 直流正接　　　B. 直流反接　　　　C. 交流　　　　　　D. 交、直流

184. 钛合金最大的优点是比强度大，具有良好的韧性和焊接性，在（　　）工业中得到应用。

A. 航空　　　　　B. 航天　　　　　C. 交通运输

D. 机械制造　　　E. 石油　　　　　F. 生物医学

185. 钛和钛合金的氧化皮可以用（　　）进行清理。

A. 不锈钢丝刷　　B. 锉刀　　　　　C. 蒸汽喷砂

D. 喷丸　　　　　E. 碳化硅砂轮磨削　F. 机械加工

186. 钛及钛合金焊接时，常用的焊丝牌号有（　　）。

A. TA1　　　　　B. TA2　　　　　C. TB2

D. TA4　　　　　E. TA6　　　　　F. TC3

187. 采用敞开式焊接钛及钛合金时，它是由（　　）组成的。

A. 大直径焊枪喷嘴　B. 真空保护　　　C. 惰性气体保护

D. 焊枪拖罩　　　E. 氩气箱中焊接　　F. 焊缝背面通气保护装置

188. 合格的钛及钛合金焊缝表面应是（　　）色。

A. 银白　　　　　B. 浅黄　　　　　C. 深黄

D. 金紫　　　　　E. 深蓝　　　　　F. 灰蓝

189. 灰铸铁的冷焊适用于（　　）铸件。

A. 壁厚较均匀　　B. 结构应力较大　　C. 结构应力较小

D. 中型　　　　　E. 小型　　　　　F. 大型

190. 当有缺陷的球墨铸铁焊件较大且壁厚大于 50mm 时，由于焊接过程中的冷却速度较大，焊铸铁焊缝常用的检查方法有（　　）。

A. 外观检测　　　B. X 射线检测　　　C. 着色检测

D. 磁粉检测　　　E. 超射波检测　　　F. 锤击

191. 左焊法的缺点是焊缝易氧化，冷却较快，热量利用率较低，因此适用于焊接（　　）的焊件。

A. 5mm 以下薄板　B. 5 ~ 8mm 中板　　C. 厚度较大

D. 熔点低　　　　E. 熔点高

192. 右焊法的优点有（　　）。

A. 火焰指向焊缝，并遮盖整个熔池，保护作用好

B. 能防止焊缝金属氧化，减少气孔　　C. 热量较为集中，火焰利用率较高

D. 熔深较深，生产率较高　　　　　　E. 操作方便，容易掌握

193. 水平固定管的起焊点应在仰焊部位，每层焊道都要分两次焊接，每次都经过（　　）。

A. 仰焊　　　　　　B. 仰爬坡焊　　　　C. 立焊

D. 上爬坡焊　　　　E. 平焊　　　　　　F. 横焊

194. 纯铜焊件的装配，可采用（　　）方法。

A. 划线定位　　　B. 定位块　　　　　C. 夹具

D. 定位焊　　　　E. 重块压

195. 自由电弧在（　　）的作用下形成等离子弧。

A. 机械压缩效应　　B. 热收缩效应　　　C. 磁收缩效应

D. 水压缩效应　　　E. 化学压缩效应　　F. 联合效应

196. 等离子弧焊常用的工作气体有（　　）。

A. 氮　　　　　　　B. 氩　　　　　　　C. 氢

D. 氩+氢　　　　　E. 氩+CO_2　　　　F. 氩+氦

197. 奥氏体不锈钢焊接时，产生热裂纹的原因之一是：（　　）等元素形成低熔点共晶杂质的偏析比较严重。

A. C　　　　　　　B. Mn　　　　　　　C. Si

D. P　　　　　　　E. S　　　　　　　　F. Ni

198. 采用等离子弧焊焊接奥氏体不锈钢时，要用（　　）焊接。

A. 高速度　　　　B. 较高速度　　　　C. 小电流

D. 较大电流　　　E. 小热输入　　　　F. 较大热输入

199. 压力容器焊接接头要求表面不得有（　　）。

A. 表面裂纹　　　B. 未熔合　　　　　C. 弧坑

D. 未焊满　　　　E. 肉眼可见的夹渣

200. 等离子弧焊具有（　　）等优点，非常适合钛及钛合金的焊接。

A. 能量集中　　　　　　　　　　　B. 弧长变化对焊缝熔深影响小

C. 无钨夹渣　　　　　　　　　　　D. 气孔少

E. 焊接接头力学性能好　　　　　　F. 能实现单面焊双面成形

201. 铝及铝合金点焊机必须具有（　　）特性。

A. 焊接电流波形最好有缓升缓降的特点　　B. 能提供阶梯形和马鞍形的电极压力

C. 能在短时间内提供大电流进行焊接　　　D. 具有稳压装置，能精确控制焊接参数

E. 电焊机机头的惯性和摩擦力较小

202. 铝合金板电阻点焊焊缝质量检验的内容包括（　　）。

A. 焊点距离边缘误差　　　　　　B. 焊点之间误差　　　C. 焊核最小直径

D. 无表面裂纹、表面喷溅　　　　E. 焊核焊透率　　　　F. 表面凹陷

203. 真空电子束焊的优点是（　　）。

A. 焊缝窄　　　　B. 焊缝深宽比大　　　C. 焊缝冶金质量好

D. 焊缝及热影响区晶粒细　　　　　　E. 焊接接头力学性能好

F. 焊缝及热影响区不会被空气污染及氧化

扫码看答案

理论模块 2　气焊工

一、考核范围

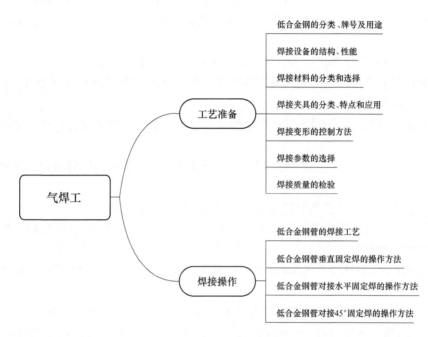

二、考核要点详解

知识点（气焊）示例：

概念	气焊是利用可燃气体与助燃气体混合燃烧生成的火焰为热源，熔化焊件和焊接材料使之达到原子间结合的一种焊接方法。助燃气体主要为氧气，可燃气体主要采用乙炔、液化石油气等。所使用的焊接材料主要包括可燃气体、助燃气体、焊丝、气焊熔剂等
特点	优点： 1. 对铸铁及某些有色金属的焊接有较好的适应性 2. 在电力供应不足的地方需要焊接时，气焊可以发挥更大的作用 缺点： 1. 生产率较低 2. 焊接后工件变形和热影响区较大 3. 较难实现自动化
用途	主要用于焊接厚度小于 3mm 的低碳钢薄板，铜、铝等有色金属及其合金，以及铸铁的焊补等，也适用于没有电源的野外作业
分类	气焊火焰有三种，即碳化焰、中性焰、氧化焰。碳化焰中乙炔气的比例较大，火焰中含有游离碳，温度较低（约 3000℃），适合于焊接高碳钢、高速钢、铸铁基硬质合金等；中性焰中即无过量氧又无过量游离碳，乙炔燃烧充分，火焰温度较高（约 3150℃），适合于焊接低碳钢、中碳钢、低合金钢、纯铜、铝及合金；氧化焰中含有过量的氧，燃烧剧烈，温度最高（约 3300℃），适合于焊接纯铜、镀锌薄钢板等

三、练习题

（一）判断题（对画√，错画×）

1. 碳素钢及合金钢气焊时，合金元素的氧化只发生在熔滴和熔池的表面。　　（　　）

2. 黄铜气焊时，锌的气化、蒸发和氧化会降低焊接接头的力学性能和耐蚀性。（　　）

3. 采用中性焰或轻微碳化焰气焊低碳钢和低合金钢时，可以不用熔剂进行焊接，并能得到满意的接头。　　（　　）

4. 焊缝中的 Fe_3C 使焊接接头的强度、硬度提高，而塑性降低。　　（　　）

5. 焊接热影响区中产生的粗大马氏体组织，使其硬度、强度增高，而塑性、韧性下降，且容易导致冷裂纹的产生。　　（　　）

6. 氢引起的冷裂纹需通过氢的扩散、聚集产生应力直至形成裂纹，故具有延迟特性。

（　　）

7. 停止工作时，应先关闭氧气阀门，再松开调压螺钉，并把调压器内的气体全部放尽。

（　　）

8. 气焊时选用富含硅脱氧剂的焊丝，可有效地脱去焊缝中的氧。　　（　　）

9. 低碳钢气焊时产生的氢气孔，大都分布在焊缝内部，而有色金属气焊时产生的氢气孔多存在于焊缝的表面。　　（　　）

10. 焊炬的作用是将可燃气体和氧气按一定比例混合，并以一定的速度喷出燃烧而生成具有一定能量、成分和形状的火焰。　　（　　）

11. 焊炬按可燃气体与氧气的混合方式不同可分为射吸式和等压式两种。　　（　　）

12. 焊炬的作用是将可燃气体和氧气按一定比例均匀地混合，并以一定的速度从焊嘴喷出，形成一定能率并适合焊接要求和燃烧稳定的火焰。　　（　　）

13. 射吸式焊炬燃烧的气体是靠氧气在喷射管里喷射，吸引乙炔而得到的。　　（　　）

14. 等压式焊炬容易发生回火现象。　　（　　）

15. 使用反作用式减压器时，随着瓶内气体压力的降低，使用压力也降低。　　（　　）

16. 安全阀应定期做排气试验。　　（　　）

17. 当乙炔的压力低于正常压力时，安全阀即起动，把发生器内的气体排出一部分。

（　　）

18. 由于乙炔瓶阀的出气口处无螺纹，因此使用减压器时必须带有夹紧机构与瓶阀结合。

（　　）

19. 为了保证乙炔瓶的使用安全，在靠近瓶口处装有易熔塞，一旦气瓶温度达到100℃左右时，易熔塞即熔化，使瓶内气体外逸。　　（　　）

20. 在排除氧气阀故障时，一定要等氧气阀门关闭之后再进行修理和更换零件，以防止意外的发生。　　（　　）

21. 在气焊和气割中，氧气的工作压力随着氧气瓶内氧气压力下降而降低。　　（　　）

22. 堆焊时要求稀释率越小越好。　　（　　）

23. 堆焊时可用过渡层或障碍层的方法减少碳迁移、热应力等情况的影响。　　（　　）

24. 强度级别较高的正火钢，由于其合金元素的含量较多使淬硬及冷裂倾向增大。焊接时需采取控制热输入、减小含氢量、进行预热、及时后热等措施加以消除。　　（　　）

25. 低碳调质钢焊接性的主要特点之一是焊接热影响区的粗晶区有产生冷裂纹和韧性下降的倾向。 （ ）

26. 为避免淬火区形成马氏体组织，中碳调质钢宜采用大的热输入进行焊接。 （ ）

27. 低合金耐热钢之所以具有较明显的淬硬性，是由于其主要合金元素 Cr 和 Mo 都能显著地提高钢的淬硬性。 （ ）

28. 低合金珠光体耐热钢中 V、Ti、Nb 等元素的含量较高时，可防止消除应力处理裂纹的产生。 （ ）

29. 堆焊时，热循环并不影响堆焊层的化学成分和金相组织。 （ ）

30. 预热是防止低合金耐热钢焊接时产生冷裂纹和消除应力处理裂纹的有效措施之一。
（ ）

31. 铸铁气焊时只会产生热应力裂纹而不会产生热裂纹。 （ ）

32. 钇基重稀土气焊丝是球墨铸铁气焊的专用焊丝之一，因为钇基重稀土在焊缝中可起到球化剂的作用。 （ ）。

33. 铸铁火焰钎焊特别适合于补焊面积较大、较浅的加工面及磨损面，以及长期经受高温、腐蚀及石墨片粗大的铸铁件。 （ ）

34. 薄铜件的气焊绝大多数是悬空焊。 （ ）

35. 铜及铜合金气焊时，由于焊缝和热影响区晶粒变粗，各种脆性的低熔点共晶出现于晶界，使接头的塑性和韧性显著下降。 （ ）

36. 铜及铜合金具有明显的冷脆性。 （ ）

37. 从固态到液态时无明显的颜色变化，这是铝及铝合金气焊操作的困难之一。（ ）

38. 镁及镁合金的焊接与铝类似，但镁比铝更易氧化，在没有隔绝氧的环境下焊接时，镁还易燃烧。 （ ）

39. 因为铅液具有流动性强的特点，故气焊时应采用压力低、冲击力小的火焰。（ ）

40. 铅气焊时应使用正常的中性焰或弱氧化焰。 （ ）

41. 锌及锌合金气焊时，宜选用较小的焊炬，且大多采用中性焰或轻微碳化焰。（ ）

42. 银及银合金气焊时，通常采用左焊法，并尽量使用弱规范。 （ ）

43. 纯银气焊时，既可采用氧乙炔中性焰，又可使用甲烷-氧焰。 （ ）

44. 氧乙炔堆焊时的稀释率较焊条电弧焊低。 （ ）

45. 铅及铅合金焊接时火焰温度不能选择过高，火焰体积要大，焰心直，热量分散。
（ ）

46. 铝青铜气焊时应选用小的火焰能率。 （ ）

47. 射吸式焊炬只能使用低压乙炔。 （ ）

48. 热影响区加热到 1200℃ 左右的粗晶区，其硬度和强度都比母材金属低，但塑性比母材金属高。 （ ）

49. 热影响区内的冲击韧度有两个低值区：一个是粗晶区到熔合区部分；另一个是焊缝附近的脆化区。 （ ）

50. 熔合区是焊接接头中冲击韧度和强度最低处。 （ ）

51. 低碳钢、低合金高强钢中含有较高的氧时，极易发生热应变脆化现象。 （ ）

52. 气焊 Q355B 钢时，为避免合金元素的烧损，应采用弱氧化焰。 （ ）

53. 氧乙炔堆焊时，几乎所有形状的堆焊材料都可以用。 （　　）

54. 乙炔发生器上必须有回火保险器、泄压装置和安全阀。 （　　）

55. 乙炔发生器如果需要维修，可直接拆开进行补焊。 （　　）

56. 减压器上沾有油脂、污物等时不影响其使用。 （　　）

57. 氧气瓶是储存和运输氧气的专用低压容器。 （　　）

58. 减压器出现冻结后，应该采用火烘的办法使之解冻。 （　　）

59. 减压器是用来表示瓶内气体压力以及减压后气体压力的一种装置。 （　　）

60. 黄铜气焊时，可以采用碳化焰进行焊接。 （　　）

61. 纯铜气焊时，氢气孔一般出现在焊缝中部及熔合线附近。 （　　）

62. 锡青铜焊接时，锡易被氧化，在焊缝中形成硬脆的夹杂物。 （　　）

63. 铝青铜气焊时，应选用小的火焰能率。 （　　）

64. 铅及铅合金焊前和焊后都不需要进行热处理。 （　　）

65. 堆焊镍基硬质合金时，应采用轻微的碳化焰，即比正常时小 2 倍的乙炔碳化焰。

（　　）

66. 不锈钢与铝的气焊，焊后清洗应在热水中用硬毛刷仔细洗刷接头，然后在温度为 80℃、质量分数为 2%～3%的铬酐水溶液中或重铬酸钾溶液中浸洗 3～5min，用硬毛刷仔细洗刷，再在热水中清洗，最后干燥。 （　　）

67. 堆焊镍基硬质合金时选用的焊嘴应比堆焊钴基硬质合金时大一些，这样可提高堆焊速度，缩短合金元素在高温下停留的时间。 （　　）

68. 钎焊厚度不同的铝合金时，火焰应面向较厚工件。 （　　）

69. 钎焊时接头间隙不合适或焊件表面未清理干净，都会产生各种缺陷。 （　　）

70. 在铸铁基体上堆焊黄铜时，可以采用脱水硼砂做熔剂。 （　　）

71. 在铸铁基体上堆焊黄铜时，为防止产生裂纹，不能使用小锤敲击堆焊面。 （　　）

72. 堆焊巴氏合金时，要使基体金属和焊丝同时熔化，火焰要平稳，急速向前移动。

（　　）

73. 铝合金焊后将焊缝表面焊渣清洗完毕，把质量分数为 2%的硝酸银溶液滴于焊缝上，如出现白色沉淀，则说明已清理干净。 （　　）

74. 钎焊铜合金时，应直接加热钎料棒，使之熔化。 （　　）

75. 由于碳化焰的渗碳作用，因此可以提高堆焊层的耐蚀性。 （　　）

76. 气焊锌时必须用溶剂，不仅可防止氧化，还对防止锌的蒸发有利。 （　　）

77. 熔剂应具有很强的反应能力，能迅速溶解某些氧化物，生成低熔点、易挥发的化合物。 （　　）

78. 根据焊接材料来选择不同性质的火焰，才能获得优质的焊缝。 （　　）

79. 在垂直固定管的焊接过程中，随着焊缝位置的变化，焊嘴与焊丝夹角应不断变化。

（　　）

80. 在进行板材仰焊操作时，焊丝应当浸在熔池中。 （　　）

81. 低合金钢管（板）垂直固定平焊时，应采用中性焰。 （　　）

82. 焊接低合金钢时，焊前预热，选择大型号的焊炬、焊嘴，提高火焰能率，适当降低焊接速度，可有效地防止焊接热影响区的淬硬倾向。 （　　）

83. 正确地选择火焰能率能有效地防止咬边。　　　　　　　　　（　　）

84. 采用小火焰能率易产生夹渣。　　　　　　　　　　　　　（　　）

85. 选用焊丝材料的原则之一就是要与焊件性能要求相符。　　（　　）

86. 一般来说，低碳钢气焊时不使用气焊熔剂。　　　　　　　（　　）

87. 氧气瓶内氧气的储量，主要是依据氧气瓶的容积和气压的大小来计算。（　　）

88. 当氧气从焊嘴流出时，用手指按在乙炔进气管接头上，若手指上感到有足够的吹力，则表明焊炬的射吸能力是正常的。　　　　　　　　　　　（　　）

89. 焊缝中的残留氢和扩散氢均容易引起焊接接头的延迟裂纹。　（　　）

90. 熔点高的材料焊接时，应采用大的火焰能率。　　　　　　（　　）

91. 焊接薄板时速度要快，焊嘴倾角要大。　　　　　　　　　（　　）

92. 板材立焊时，焊炬向上倾斜与焊件呈 60°夹角，是为了借助气流压力支承熔池，阻止液体金属下淌。　　　　　　　　　　　　　　　　　　　　（　　）

93. 板材立焊时一般采用从上向下的焊接方法。　　　　　　　（　　）

94. 板材立焊时应采用比平焊较小的火焰能率。　　　　　　　（　　）

95. 仰焊操作的主要困难是熔化金属易下坠，难以形成满意的熔池。（　　）

96. 在进行板材仰焊操作时，应选用比平焊时粗的焊丝。　　　（　　）

97. 低合金钢管板垂直固定平焊时，应采用中性焰。　　　　　（　　）

98. 氧气减压器与乙炔减压器可以互换使用。　　　　　　　　（　　）

99. 在焊炬停止使用时，应首先关闭乙炔调节阀，然后再关闭氧气调节阀，以防回火。

　　　　　　　　　　　　　　　　　　　　　　　　　　　　（　　）

100. 氧气瓶的容积是 40L，压力是 10MPa 时，氧气瓶内的储氧量 400L。（　　）

101. 高质量的焊丝，在焊接过程中应有沸腾、喷射现象。　　　（　　）

102. 焊丝的熔点应等于或略低于母材金属的熔点。　　　　　　（　　）

103. 在局部磨损的轴瓦补焊前，用刮刀把磨损后的需补焊的瓦面均匀地刮去一层，以清除油脂、污物。　　　　　　　　　　　　　　　　　　　　　（　　）

104. 局部磨损轴瓦的补焊应该一次补焊到需要的高度。　　　　（　　）

105. 局部脱落轴瓦补焊后应用小锤全面敲击检查，以防止在补焊过程中因受热不均匀而有脱离现象，经检查合格后才能进行切削加工。　　　　　　　　（　　）

106. 局部脱落轴瓦补焊前不用清除脱离的轴承合金。　　　　　（　　）

107. 钎焊时加热温度应高于钎料熔点，低于焊件母材的熔点。　（　　）

108. 堆焊处的金属表面可以直接堆焊不用进行清理。　　　　　（　　）

109. 氧乙炔火焰喷焊所选用的自熔性合金粉末的熔点应比喷焊母材的熔点高。（　　）

110. 气焊时应避免空气与熔池接触，同时应给熔池制造缓冷的条件，使氮尽量逸出，这样可有效地减少氮的不利影响。　　　　　　　　　　　　　　（　　）

111. 在不锈钢与铝进行气焊前，首先将焊件用丙酮、酒精或汽油去油污。　（　　）

112. 焊丝的化学成分应与焊件基本上相匹配，以保证焊缝有足够的力学性能。（　　）

113. 金属表面的氧化油脂等是焊缝中氧的来源之一。　　　　　（　　）

114. 在焊丝的合金成分中，锰元素的主要作用是脱氧、脱硫和渗合金。　（　　）

115. 气焊的焊接参数是指焊丝牌号、直径和焊接速度。　　　　（　　）

116. 焊丝中硅的主要作用是脱氧剂和合金剂。 （　　）

117. 铸铁焊丝包括灰铸铁焊丝和合金铸铁焊丝两类。 （　　）

118. 气焊工时定额是由作业时间、布置工作场地时间和准终时间三部分组成的。

（　　）

119. 由于焊丝的化学成分直接影响焊缝金属的性能，因此在气焊时，应根据焊件材料的成分来选择焊丝。 （　　）

120. 气焊是利用可燃气体（如乙炔、液化石油气、氢、丙烷等），以合适的比例在空气中燃烧进行的焊接。 （　　）

121. 熔剂熔化后黏度大，流动性好。 （　　）

122. 气焊熔剂可以消除坡口以及焊丝表面的油污和脏物的有害作用。 （　　）

123. 碳钢和灰铸铁对接焊缝冷焊时，应先在灰铸铁侧堆焊一层过渡层。 （　　）

124. 焊缝金属的化学成分及其质量在很大程度上与气焊丝的化学成分和质量有关。

（　　）

125. 当裂纹扩展到基体金属中时，可将焊件重新预热，用火焰仔细地将其重新熔透，以消除裂纹。 （　　）

126. 某些特殊气焊熔剂对熔池金属有精炼作用，可以获得具有良好致密性的焊缝。

（　　）

127. 气焊熔剂能与金属中的氧、硫化合，使金属氧化。 （　　）

128. 气焊熔剂能补充有利元素，起到合金化作用。 （　　）

129. 用气焊焊接铝及铝合金时，焊后应彻底清除焊剂残渣。 （　　）

130. 火焰喷涂是将金属粉末加热到熔融状态后，将其喷射并沉积到处理过的工件表面。

（　　）

131. 氧乙炔火焰喷焊用的是射吸式喷焊炬。 （　　）

132. 如果金属在焊接时生成的氧化物不能用中和的办法去除，则应选用能起物理溶解作用的熔剂来溶解。 （　　）

133. 为缩短送气管道，降低成本，乙炔站可布置在焊接车间内。 （　　）

134. 乙炔和氧气在专用输送管道内流动时，为防止产生静电而导致高压放电，必须限定气体的流速。 （　　）

135. 敷设氧气和乙炔管道时，只要接地可靠，可不必再对管道内进行脱脂处理和气密性试验。 （　　）

136. 侧吸罩常用于气割场所，而下吸罩常用于气焊、电焊等焊接场所。 （　　）

137. 一般情况下，风道中心处的风速最大，越靠近风道壁风速越小。 （　　）

138. 为提高除尘效果，空气流速越高、风道截面越小越好。 （　　）

139. 乙炔站内的通风措施，可采用自然通风，也可采用电风扇通风。 （　　）

140. 氧气管道可以和乙炔管道一起敷设在非燃烧盖板的不通行地沟内。氧气管道严禁与燃料油管共沟敷设。 （　　）

141. 合金粉的熔点应比被喷焊金属的熔点高。 （　　）

142. 火焰粉末喷焊枪具有火焰燃烧稳定、功率大、不易回火、送粉量大的特点。

（　　）

143. 一步法喷焊时，对工件预热后，即可局部加热进行送粉喷焊。　　　　（　　）

144. 二步法喷焊工艺对工件的热输入比一步法低，所以其喷焊的工件变形量小。

（　　）

145. 需喷焊的工件表面要预先加工、脱脂，然后喷砂，以容纳一定厚度的熔敷合金层。

（　　）

146. 镍基合金粉末喷焊层，经多次重熔不会影响基体的性能。　　　　（　　）

147. 二步法喷焊所用合金粉末的颗粒应细而分散，而一步法喷焊所用合金粉末的颗粒应较粗。　　　　　　　　　　　　　　　　　　　　　　　　　　　　　　（　　）

148. 预热和喷焊后的处理是防止喷焊层产生裂纹的有效方法。　　　　（　　）

149. 易切削钢的喷焊效果不好，主要是熔化时在基体金属与喷焊层之间形成了低熔点的脆性硫化镍，使凝固后的喷焊层翘起。　　　　　　　　　　　　　　　　（　　）

150. 喷涂前在工件表面车螺纹的目的是加固喷涂层的表面结合力。　　（　　）

151. 焊接熔渣的酸碱度及合金元素本身对氧的亲和力是影响合金元素过渡系数的最主要因素。　　　　　　　　　　　　　　　　　　　　　　　　　　　　　　（　　）

152. 气焊时，采用轻微氧化焰有利于提高合金元素的过渡系数。　　　（　　）

153. 热输入过大，焊缝在高温停留时间过长，容易得到粗大的过热组织。（　　）

154. 对于易淬火钢，即使采用焊前预热等措施，仍不可避免使过热区产生淬硬组织。

（　　）

155. 低合金高强钢的焊接，焊前预热是防止产生冷裂纹最主要的工艺手段之一。

（　　）

156. 强度级别越高的钢，淬火倾向越大，则越需要预热。　　　　　　（　　）

157. 多层多道焊时，控制层间温度不会改善焊缝和热影响区的组织性能。（　　）

158. 分别在碳素钢和不锈钢上堆焊钴基硬质合金时，可以采用相同的乙炔过剩焰。

（　　）

159. 焊丝不能放进焰芯中熔化或使用火焰与熔池接触，主要是为防止过多渗碳。

（　　）

160. 消除内应力退火可细化晶粒，改善组织，消除应力，获得较高的综合力学性能。

（　　）

161. 钎焊铝及铝合金时，为了进一步降低钎剂的活性，除加入氟化物外，还可加入重金属氯化物。　　　　　　　　　　　　　　　　　　　　　　　　　　　　　（　　）

162. 气焊熔剂是根据母材在焊接过程中所产生的氧化物来选用的。　　（　　）

163. 气焊熔剂可分为化学熔剂和物理熔剂两种。　　　　　　　　　　（　　）

164. 酸性熔剂主要用于焊接铸铁。　　　　　　　　　　　　　　　　（　　）

165. 随着钢中 Cr、Mo、V、Nb、Ti 等合金元素含量的增高，焊接接头再热裂纹倾向增大。　　　　　　　　　　　　　　　　　　　　　　　　　　　　　　　　　（　　）

166. 加热减应区法只能减小纵向收缩应力，而不能减小横向收缩应力，因此适合于较长的焊缝。　　　　　　　　　　　　　　　　　　　　　　　　　　　　　　（　　）

167. 使用等压式焊炬施焊时，发生回火的可能性大。　　　　　　　　（　　）

168. 铸铁火焰钎焊尤其适用于补焊面积较大、较浅的加工面及磨损面以及熔焊方法不

能熔合的铸铁件。 （　）

169. 镁合金焊丝使用前，必须采用机械法或化学法仔细清理。 （　）

170. 锌及锌合金气焊时要使用较小的焊炬，且大多采用中性焰或轻微碳化焰。 （　）

171. 气焊对防止灰铸铁在焊接时产生白铸铁组织和裂纹都不利。 （　）

172. 纯铜气焊时，使用弱氧化焰、含硅焊丝的目的是使焊缝表面生成一层氧化硅薄膜，阻挡锌的蒸发。 （　）

173. 由于气焊的火焰温度低，焊接时黄铜中锌的蒸发要比电弧焊时少，所以气焊是最常用的黄铜的焊接方法。 （　）

174. 氧乙炔气焊灰铸铁，补焊成败的关键是能否正确选择加热减应区。 （　）

175. 焊接一般部位的灰铸铁件时，可采用预热气焊。 （　）

176. 气焊管子时，既要保证焊透，又要防止烧穿而产生焊瘤。 （　）

177. 垂直固定管气焊时，若采用左焊法，需进行单层焊。 （　）

178. 气焊铝及铝合金时，整条焊缝尽可能一次焊完，不要中断。 （　）

179. 氧乙炔焊时，氧化火焰的内焰和外焰有游离状态氧、二氧化碳及水蒸气存在，整个火焰具有氧化性。 （　）

180. 氧乙炔焊碳化焰燃烧过程中过剩的乙炔分解为碳和氢气，呈游离状态的碳渗入到熔池中，使焊缝塑性提高。 （　）

（二）单项选择题（将正确答案的序号填入括号内）

1. 气焊高合金钢、铸铁和有色金属及其合金时，都要加入（　），其主要目的是保护熔池和脱氧。

A. 熔剂　　　　　　B. 合金元素　　　　　C. 合金剂　　　　　　D. 氧化物杂质

2. 氢的有害作用主要表现为：在焊缝金属中形成（　）；在熔合区和热影响区形成冷裂纹。

A. 热裂纹　　　　　B. 冷裂纹　　　　　　C. 气孔　　　　　　　D. 延迟裂纹

3. 采用气焊焊接厚度为（　）以下的工件时，所用的焊丝直径与工件的厚度基本相同。

A. 2mm　　　　　　B. 3mm　　　　　　　C. 4mm　　　　　　　D. 5mm

4. 易淬火钢的淬火区焊后冷却时很容易获得（　）组织。

A. 马氏体　　　　　B. 魏氏体　　　　　　C. 贝氏体　　　　　　D. 铁素体+珠光体

5. 气焊时焊嘴与工件之间要倾斜一定的角度。对于熔点高、导热性好的材料，角度要（　）。

A. 大些　　　　　　B. 小些　　　　　　　C. 垂直　　　　　　　D. 都可以

6. 低碳钢焊接热影响区正火区的加热温度范围为（　）。

A. 550～650℃　　　B. 700～900℃　　　　C. 900～1100℃　　　　D. 700～800℃

7. 在焊接碳素钢和合金钢时，常选用含（　）焊丝，这样能有效地脱氧。

A. Mn 与 Si　　　　B. Al 与 Ti　　　　　C. V 与 Mo　　　　　　D. Al 与 Mo

8. 焊缝金属中若存在体积分数为（　）的氢，就会对焊接接头质量产生严重的影响。

A. 1/1000　　　　　B. 1/10000　　　　　C. 1/100000　　　　　D. 1/100

9. 气焊低碳钢时采用（　）。

A. 中性焰　　　　　　B. 碳化焰　　　　　　C. 氧化焰　　　　　　D. 轻微氧化焰

10. 气焊时，火焰焰心尖端距离熔池表面一般是（　　）。

　　A. 2～4mm　　　　　B. 1～2mm　　　　　C. 6～7mm　　　　　D. 8～10mm

11. 气焊火焰中的中性焰，其氧乙炔混合比是（　　）。

　　A. <1　　　　　　　B. 1.0～1.2　　　　　C. >1.2　　　　　　D. 1.5～2

12. 气焊时，乙炔工作压力一般不得超过（　　）MPa。

　　A. 0.15　　　　　　B. 0.5　　　　　　　C. 1　　　　　　　　D. 1.5

13. 堆焊一般采用（　　）。

　　A. 碳化焰　　　　　B. 氧化焰　　　　　　C. 中性焰　　　　　　D. 氢化焰

14. 铸铁气焊应在焊缝温度处于（　　）时进行整形处理。

　　A. 熔化状态　　　　B. 半熔化状态　　　　C. 室温　　　　　　　D. 低温

15. 能使熔池内金属氧化物进行还原的物质称为（　　）。

　　A. 氧化剂　　　　　B. 还原剂　　　　　　C. 钎剂　　　　　　　D. 活化剂

16. 氢氧焰中的过氢焰呈（　　）。

　　A. 淡黄色　　　　　B. 蓝色　　　　　　　C. 浅红色　　　　　　D. 绿色

17. 气焊过程中，存在着熔池内的金属与母材金属中各种元素相互渗透和均匀化的过程，这种过程称为（　　）。

　　A. 扩散　　　　　　B. 飞溅　　　　　　　C. 浸润　　　　　　　D. 分离

18. 还原反应是指熔池内的金属氧化物被（　　）的过程。

　　A. 还原　　　　　　B. 脱氧　　　　　　　C. 碳化　　　　　　　D. 脱碳

19. 对于碳化焰，乙炔过剩，焊接时会增加焊缝含（　　）量。

　　A. 氢　　　　　　　B. 氧　　　　　　　　C. 铁　　　　　　　　D. 氮

20. 氧乙炔火焰生成的（　　）对熔化金属有一定的保护作用。

　　A. 氧气和氢气　　　B. 氢气和二氧化碳　C. 氧气和一氧化碳　D. 氢气和一氧化碳

21. 气焊热轧、正火钢的热输入过大时，其粗晶区将因晶粒长大或出现（　　）组织而降低韧性。

　　A. 马氏体　　　　　B. 魏氏体　　　　　　C. 托氏体　　　　　　D. 贝氏体

22. 厚度大于 30mm 的 Q355 钢焊接时的预热温一般为（　　）。

　　A. 250～300℃　　　B. 150～250℃　　　C. 100～150℃　　　D. 150～200℃

23. 焊接薄板时应采用（　　）。

　　A. 慢速、小的焊嘴倾角　　　　　　　　B. 快速、小的焊嘴倾角

　　C. 慢速、大的焊嘴倾角　　　　　　　　D. 快速、大的焊嘴倾角

24. （　　）是指乙炔过剩，火焰中有游离状态碳及过多的氢，焊接时会增加焊缝氢含量，焊低碳钢有渗碳现象。

　　A. 氧化焰　　　　　B. 中性焰　　　　　　C. 碳化焰　　　　　　D. 氢化焰

25. 铸铁气焊应在焊缝温度处于（　　）时进行整形处理。

　　A. 熔化状态　　　　B. 半熔化状态　　　　C. 室温　　　　　　　D. 炉温

26. 清除吸附于焊丝及工件坡口两侧表面的油脂、水分及其他杂质，是避免焊缝出现（　　）的最基本、最有效的工艺措施。

      A. 裂纹　　　　　　B. 未熔合　　　　　C. 气孔　　　　　　D. 夹渣

27. 铝及铝合金氧乙炔气焊时的火焰，应采用（　　）。
      A. 氧化焰　　　　　B. 中性焰　　　　　C. 碳化焰　　　　　D. 中性焰+碳化焰

28. 纯铜和青铜氧乙炔气焊时，火焰应严格要求使用（　　）。
      A. 氧化焰　　　　　B. 中性焰　　　　　C. 碳化焰　　　　　D. 中性焰+碳化焰

29. 黄铜氧乙炔气焊时，火焰应采用（　　）。
      A. 弱氧化焰　　　　B. 中性焰　　　　　C. 弱碳化焰　　　　D. 碳化焰

30. 气焊 8mm 以下铅板时，宜采用（　　）；气焊 8mm 以上铅板时，宜采用氧乙炔焰。
      A. 氧乙炔焰　　　　B. 氢氧焰　　　　　C. 煤气氧焰　　　　D. 液化气氧焰

31. 在铅板气焊供气系统的燃烧气体管路中必须安装（　　）。
      A. 过滤器　　　　　B. 调节开关　　　　C. 安全器　　　　　D. 电表

32. 去除铅板坡口及附近区域的氧化铅层，常采用（　　）方法。
      A. 砂轮打磨　　　　B. 专用刮刀　　　　C. 砂纸打磨　　　　D. 火焰预热

33. 对管道上水平固定不能转动的铅管的修复，可以采用（　　）的方法。
      A. 割盖焊　　　　　B. 压板固定焊　　　C. 挡模焊　　　　　D. 堵焊

34. 用氧乙炔焰钎焊黄铜时，为防止锌的蒸发，应采用（　　）。
      A. 碳化焰　　　　　B. 氧化焰　　　　　C. 中性焰　　　　　D. 氢化焰

35. （　　）是组成焊接结构的关键元件，它的性能与焊接结构的性能和安全有直接的关系。
      A. 焊缝　　　　　　B. 热影响区　　　　C. 焊接接头　　　　D. 融合区

36. 用较低的热输入进行单层焊时，焊缝金属的（　　）和硬度均升高。
      A. 强度　　　　　　B. 塑性　　　　　　C. 韧性　　　　　　D. 耐磨性

37. 低碳钢的脆化区在热影响区的 400~200℃ 之间；高强度钢的脆化区常在（　　）之间。
      A. 400~200℃　　　B. Ac_1~500℃　　　C. Ac_3~Ac_1　　　D. 300~200℃

38. 气焊较厚的焊件时，采用（　　）。
      A. 左焊法、大的焊嘴倾角　　　　　　B. 右焊法，大的焊嘴倾角
      C. 左焊法，小的焊嘴倾角　　　　　　D. 右焊法，小的焊嘴倾角

39. 在承受动载荷情况下，焊接接头的焊缝余高值应为（　　）。
      A. 0~3mm　　　　　B. 趋于零　　　　　C. 越高越好　　　　D. 4~6mm

40. 对焊缝强度要求较高的焊件，应选用硅锰含量（　　）的焊丝。
      A. 较高　　　　　　B. 较低　　　　　　C. 一般　　　　　　D. 随意

41. 薄板气焊时最容易产生的变形是（　　）。
      A. 角变形　　　　　B. 弯曲变形　　　　C. 波浪变形　　　　D. 凹凸变形

42. 当钢材的碳当量为（　　）时，就容易产生焊接冷裂纹。
      A. >0.45%　　　　B. 0.25%~0.45%　　C. <0.25%　　　　D. 0.25%~0.35%

43. 气焊过程中，焊缝出现气孔的主要原因是（　　）。
      A. 坡口钝边小　　　　　　　　　　　B. 焊接速度较慢
      C. 焊炬摆动快，摆动幅度大　　　　　D. 坡口钝边大

44. （　　）时氧与乙炔充分燃烧，没有氧与乙炔过剩，内焰具有一定还原性。
　　A. 氧化焰　　　　　B. 中性焰　　　　　C. 碳化焰　　　　　D. 氢化焰

45. 合金钢气焊时，最容易引起（　　）。
　　A. 焊缝热裂纹　　　B. 热影响区冷裂纹　C. 合金元素被氧化　D. 延迟裂纹

46. 气焊铸铁时经常会产生裂纹，通常把这种裂纹称为（　　）。
　　A. 冷裂纹　　　　　B. 热裂纹　　　　　C. 热应力裂纹　　　D. 延迟裂纹

47. 气焊火焰的加热，基本上都是采用（　　）加热法。
　　A. 点状　　　　　　B. 线状　　　　　　C. 三角形　　　　　D. 局部

48. 气焊 2~3mm 厚的钢板，应选用直径为（　　）mm 的焊丝。
　　A. 3 ~ 5　　　　　　B. 5 ~ 7　　　　　　C. 7 ~ 10　　　　　　D. 12

49. 在铸铁上堆黄铜时，焊前应预热并先用（　　）将堆焊表面加热至暗红色，然后熔化焊丝。
　　A. 中性焰　　　　　B. 碳化焰　　　　　C. 氧化焰　　　　　D. 氢化焰

50. 气焊过程中，熔池的平均结晶速度在数值上等于（　　）。
　　A. 火焰加热速度　　B. 焊丝填加速度　　C. 焊炬移动速度　　D. 以上都是

51. 有关焊接区氧的来源，下列叙述不正确的是（　　）。
　　A. 气体火焰中自由氧侵入熔池　　　　　B. 空气中的氧侵入熔池
　　C. 乙炔气体分解的产物　　　　　　　　D. 金属表面的油脂氧化物分解而成

52. 堆焊时可以不用熔剂的材料是（　　）。
　　A. 低碳钢　　　　　B. 铸铁　　　　　　C. 铝合金　　　　　D. 铜合金

53. 堆焊过程中为了防止裂纹的产生，以下措施正确的是（　　）。
　　A. 焊接过程中应快速加热和快速冷却　　B. 接头收尾时火焰应迅速移出熔池表面
　　C. 堆焊应间断进行，不可以连续作业　　D. 淬火零件

54. 氧乙炔堆焊时，每层的最佳堆焊厚度为（　　）mm。
　　A. 6　　　　　　　　B. 16　　　　　　　C. 36　　　　　　　D. 56

55. 氧乙炔堆焊时，一般焊丝与堆焊面的夹角为（　　）。
　　A. 15°　　　　　　　B. 25°　　　　　　　C. 45°　　　　　　　D. 60°

56. 焊件焊前预热的目的是（　　）。
　　A. 减慢加热速度　　B. 降低最高湿度　　C. 降低冷却速度　　D. 降低熔合深度

57. 气焊丝中含有多种化学元素，这对焊接过程和（　　）都有较大影响。
　　A. 焊缝性能　　　　B. 热影响区　　　　C. 焊接性　　　　　D. 可达性

58. 焊后立即将焊件保温缓冷称为（　　）。
　　A. 预热　　　　　　B. 热处理　　　　　C. 后热　　　　　　D. 保温

59. 低碳钢焊缝二次结晶后的组织大部分是铁素体加少量的（　　）。
　　A. 珠光体　　　　　B. 奥氏体　　　　　C. 马氏体　　　　　D. 贝氏体

60. 气焊中碳钢时，在焊缝金属中容易产生（　　），热影响区容易产生淬硬组织。
　　A. 冷裂纹　　　　　B. 延迟裂纹　　　　C. 热裂纹　　　　　D. 晶间裂纹

61. 为防止结晶裂纹的产生，应严格控制母材金属和焊丝中（　　）的含量。
　　A. Mn、Si、Ni　　　B. S、P　　　　　　C. C、Mn　　　　　　D. Al、Si

62. 气焊低碳钢薄板时，火焰选用（　　）。

A. 碳化焰   B. 中性焰   C. 氧化焰   D. 氢化焰

63. 钎焊时应将焊件和钎料加热到（   ）的温度。

     A. 等于钎料熔点但低于母材熔点   B. 高于钎料熔点但低于母材熔点

     C. 高于钎料熔点并等于母材熔点   D. 高于钎料熔点且高于母材熔点

64. 对于低温压力容器允许的焊缝咬边深度为（   ）。

     A. 0.5mm   B. 0.25mm   C. 0   D. 1mm

65. 对于厂区和车间的乙炔管道，乙炔的工作压力在 0.007～0.15MPa 时，其最大流速为（   ）。

     A. 4m/s   B. 8m/s   C. 12m/s   D. 6m/s

66. 氧气的工作压力为 0.6MPa 时，在碳素钢管道中其最大流速为（   ）。

     A. 5m/s   B. 10m/s   C. 20m/s   D. 15m/s

67. 气焊锡青铜时，应采用（   ）。

     A. 中性焰   B. 轻微氧化焰   C. 碳化焰   D. 氧化焰

68. 气焊低碳钢时，产生裂纹倾向是由于钢中（   ）较多。

     A. 氢含量   B. 硫、磷含量   C. 锰含量   D. 碳含量

69. 乙炔站室内温度不应低于 5℃，其采暖方式应为（   ）。

     A. 煤炉取暖   B. 空调取暖   C. 水暖或气暖   D. 电炉取暖

70. 自熔性合金粉末 F105-Fe 属于（   ）合金粉末。

     A. 镍基   B. 钴基   C. 铁基   D. 铜基

71. 一步法喷焊时，对工件的预热温度一般为（   ）。

     A. 100～150℃   B. 200～300℃   C. 350～400℃   D. 400～450℃

72. 二步法喷焊碳素钢、铸铁时的预热温度一般为（   ）。

     A. 100～150℃   B. 200～300℃   C. 300～350℃   D. 350～400℃

73. 容易氧化材料采用二步法喷焊时，一般应采用预保护方法，预保护层厚度约为（   ）。

     A. 0.1mm   B. 0.3mm   C. 0.5mm   D. 1mm

74. 马氏体铬不锈钢喷焊时，为防止产生裂纹，喷焊后必须立即在电炉或保护气氛炉内做（   ）。

     A. 等温处理   B. 消应力处理   C. 回火处理   D. 淬火处理

75. 喷焊刚度大、结构复杂的构件，特别是复杂的铸铁件（如缸头），应采用（   ）预热和缓冷，以避免产生裂纹。

     A. 局部   B. 整体   C. 高温   D. 低温

76. 基体金属表面上的凸点受高温金属粒子的碰撞加热，温度升高，并和高温颗粒熔合在一起，从而形成（   ）。

     A. 机械结合   B. 金属键结合   C. 微焊接   D. 微扩散焊接

77. 氧乙炔火焰喷涂时，其过渡层合金粉末中，（   ）放热反应激烈温度高；而铝包镍复合粉放热反应缓慢持续时间长。

     A. 铝包镍复合粉   B. 镍包铝复合粉   C. 单一粉   D. 多粉

78. 减少镍包铝复合粉末在喷涂过程中冒烟的措施是（   ）。

     A. 采用小的出粉量   B. 采用大的出粉量

     C. 采用慢速厚层喷涂法   D. 单一粉

79. QSH-2 型喷焊枪使用的氧气气体压力为（　　）MPa。

    A. 0.1～0.2　　　　B. 0.2～0.4　　　　C. 0.4～0.6　　　　D. 0.5～0.7

80. QSH-2 型喷涂枪使用的氧气气体压力为（　　）MPa。

    A. 0.1～0.3　　　　B. 0.4～0.7　　　　C. 0.7～1.0　　　　D. 0.4～0.6

81. 焊后焊件或接头进行消氢处理的加热温度为（　　），它可以降低或消除接头中扩散氢含量。

    A. Ac_3+（30～50）℃　　B. 300～400℃　　　C. 550～650℃　　　D. 650～700℃

82. （　　）仅适用于小件或中小件边角部位的补焊。

    A. 热焊法　　　　B. 加热减应区法　　C. 不预热气焊法　　D. 不预热氩弧焊法

83. 用氧乙炔火焰进行气焊时，一般氧气的消耗量要比乙炔消耗量大（　　）。

    A. 5%～10%　　　　B. 10%～20%　　　C. 20%～30%　　　D. 30%～40%

84. 氧化火焰的最高温度为（　　）℃。

    A. 2800～2850　　　B. 2700～3000　　　C. 3100～3300　　　D. 3300～3500

85. 氧乙炔火焰的中性焰内焰，主要的气体成分是（　　）。

    A. CO　　　　　　B. CO_2　　　　　C. CO+H_2　　　　D. H_2

86. 中性焰用于气焊（　　）碳钢。

    A. 低　　　　　　B. 中　　　　　　C. 高　　　　　　D. 都可以

87. 焊炬的作用是（　　）。

    A. 将乙炔和氧气按一定比例均匀混合，由焊嘴喷出，点火燃烧，产生气体火焰

    B. 截留回火气体，保证乙炔瓶的安全

    C. 将高压气体降为低压气体的调节装置

    D. 以上功能都是

88. 焊接低碳钢时，当焊件厚度是 1～3mm 时，焊嘴倾角是（　　）。

    A. 20°　　　　　　B. 30°　　　　　　C. 40°　　　　　　D. 50°

89. 气焊低碳钢和合金钢的结构时，要求使用（　　）。

    A. 氧化焰　　　　B. 碳化焰　　　　C. 中性焰　　　　D. 氢化焰

90. （　　）焊接时，应采用大的火焰能率。

    A. 导热性差的材料　B. 熔点高的材料　　C. 薄板　　　　　D. 小工件

91. 长焊缝（1m 以上）焊接时，焊接变形量最小的操作方式是（　　）。

    A. 直通焊　　　　　　　　　　B. 逐段跳焊

    C. 从中心向两端焊　　　　　　D. 从中心向两端逐段退焊

92. 焊丝选择正确的是（　　）。

    A. 打底比盖面粗　　　　　　　B. 立焊比横焊粗

    C. 左焊法比右焊法粗　　　　　D. 厚板比薄板粗

93. 气焊过程中，要正确调整焊接参数和掌握（　　），并控制熔池温度和焊接速度，防止产生未焊透、过热，甚至烧穿等缺陷。

    A. 操作方法　　　B. 安全规程　　　C. 设备构造　　　D. 环境湿度

94. 为了防止气孔的产生，堆焊前应将焊丝进行（　　）℃保温 2h 的去氢处理。

    A. 150　　　　　　B. 300　　　　　　C. 450　　　　　　D. 800

95. 低碳钢气焊接头热影响区中，宽度最大的是（　　）。

A. 熔合区　　　　　　B. 正火区　　　　　C. 不完全重结晶区　D. 过热区

96. 氧乙炔火焰喷焊，目前应用最多的自熔性合金粉末是（　　　）。

A. 镍基　　　　　　　B. 钴基　　　　　　C. 铁基　　　　　　D. 铜基

97. 金属表面的（　　　）将阻碍钎料与母材的直接接触，使润湿现象不容易发生。

A. 油脂　　　　　　　B. 污物　　　　　　C. 氧化物　　　　　D. 水分

98. 焊接过程中，若发现熔池突然变大，且有流动金属时，即表示焊件已（　　　）。

A. 有气孔　　　　　　B. 烧穿　　　　　　C. 有夹渣　　　　　D. 有裂纹

99. 采用气焊焊接低碳调质钢时，为保证接头的强度和韧性，焊后一定要重新进行（　　　）。

A. 正火处理　　　　　B. 退火处理　　　　C. 调质处理　　　　D. 淬火处理

100. 不易淬火钢焊接接头中综合性能最好的区域是（　　　）。

A. 不完全重结晶区　　　　　　　　　B. 相变重结晶区

C. 过热区　　　　　　　　　　　　　D. 正火区

101. 焊接性较好，焊接结构中应用最广的铝合金是（　　　）。

A. 防锈/铝（LF）B. 硬铝（LY）　　C. 锻铝（LD）　　　D. 压铸铝

102. 氢氧焰中的过氢焰呈（　　　），过氧焰呈浅红色。

A. 淡黄色　　　　　　B. 蓝色　　　　　　C. 浅红色　　　　　D. 黑色

103. 焊接操作最难的铅板横焊形式是（　　　）。

A. 搭接横焊　　　　　B. 对接横焊　　　　C. 倒口横焊　　　　D. 单边横焊

104. 管道上固定不能转动的铅管焊接时，可以采用（　　　）。

A. 割盖焊　　　　　　B. 挡模焊　　　　　C. 压板固定焊　　　D. 堵焊

105. 钢中对焊接性影响最大的元素是（　　　）。

A. 碳　　　　　　　　B. 锰、硅　　　　　C. 硫、磷　　　　　D. 铝

106. 根据经验，当碳当量的质量分数为（　　　）时，钢的焊接性良好，不需预热即可焊接。

A. ≤0.40%　　　　　B. 0.40%～0.60%　　C. ≥0.60%　　　　D. 0.70%～0.80%

107. 气焊就是利用（　　　）作为热源的一种焊接方法。

A. 气体火焰　　　　　B. 电源　　　　　　C. 电阻热　　　　　D. 电弧热

108. 气焊碳钢时，通常都不使用熔剂，这是由于气焊火焰中所含的 C、CO 和（　　　）作用的缘故。

A. C_2H_2　　　　　　B. H_2　　　　　　　C. O_2　　　　　　D. N_2

109. （　　　）的作用就是截留回火气体，保证乙炔瓶的安全。

A. 回火保险器　　　　B. 焊炬　　　　　　C. 减压器　　　　　D. 乙炔压力表

110. 多层焊时，（　　　）焊缝引起的收缩量最大。

A. 第一层　　　　　　B. 第二层　　　　　C. 第三层　　　　　D. 第四层

111. 既可防止焊接应力又可减小焊接变形的工艺措施是采取（　　　）。

A. 刚性固定法　　　　B. 反变形法　　　　C. 焊前预热　　　　D. 锤击法

112. 对板材进行立焊时，焊炬应（　　　），与焊件成60°夹角。

A. 向上倾斜　　　　　B. 向下倾斜　　　　C. 向前倾斜　　　　D. 向后倾斜

113. 火焰性质是根据母材金属的（　　　）及性能来选择的。

A. 种类　　　　　　　B. 厚度　　　　　　C. 硬度　　　　　　D. 塑性

114. 气焊低碳钢时，焊缝中的夹杂物主要有两类：一类是氧化物，另一类是（　　）。

  A. 碳化物   B. 硫化物   C. 磷化物   D. 氮化物

115. 气焊工艺规程的主要内容不包括（　　）。

  A. 确定焊接层次和焊接顺序   B. 确定运输措施

  C. 确定火焰的性质及焊炬的型号   D. 确定预热温度和后热温度

116. （　　）冷却时间，有利于减轻淬硬倾向，并有利于扩散氢的逸出，从而防止冷裂纹的产生。

  A. 延长   B. 不变   C. 减小   D. 大量

117. 氧乙炔气焊时，（　　）易使焊缝产生气孔。

  A. 氧化焰   B. 中性焰

  C. 碳化焰   D. 氧化焰、中性焰、碳化焰

118. 喷焊时，自熔性合金粉末中的（　　）元素能通过还原反应在合金表面形成保护膜，保护金属不被空气中的氧所氧化。

  A. 硼与锰   B. 硼与硅   C. 硼与镍   D. 硼与铝

119. （　　）实质上是固态金属被液态合金所溶解而相互结合的过程。

  A. 钎焊   B. 喷焊   C. 喷涂   D. 电焊

120. 气焊高合金钢、铸铁和有色金属及其合金时，都要加入（　　），其目的是为了保护熔池和脱氧。

  A. 熔剂   B. 合金元素   C. 合金剂   D. 焊丝

121. 采用气焊焊补灰铸铁时，宜选用的焊炬为（　　）。

  A. 较大型号   B. 特大型号   C. 较小型号   D. 中型

122. 焊补灰铸铁的火焰性质是（　　）。

  A. 弱氧化焰或中性焰   B. 中性焰或弱碳化焰

  C. 碳化焰   D. 氧化焰

123. 钎焊时，应选用（　　）加热焊件。

  A. 氧化焰   B. 碳化焰

  C. 中性焰   D. 轻微碳化焰的外焰

124. 焊补灰铸铁的火焰性质是（　　）。

  A. 弱氧化焰或中性焰   B. 中性焰或弱碳化焰

  C. 碳化焰   D. 氧化焰

125. 气焊纯铜时，要求使用（　　）。

  A. 中性焰   B. 碳化焰   C. 氧化焰   D. 弱氧化焰

126. 气焊黄铜时，要求使用（　　）。

  A. 中性焰   B. 碳化焰   C. 氧化焰   D. 弱氧化焰

127. 气焊管子时，一般使用（　　）接头。

  A. 对接   B. 角接   C. 卷边   D. 搭接

128. 一般管径<70mm 管子的气焊，定位焊应采用（　　）点。

  A. 1   B. 2   C. 3   D. 4

129. 水平固定管气焊时，焊嘴、焊丝与管子切线的夹角一般为（　　）。

  A. 35°   B. 40°   C. 45°   D. 50°

130. 铝及铝合金气焊时，一般宜采用（　　）。
　　A. 对接接头　　　B. 搭接接头　　　C. 角接接头　　　D. 卷边接头

131. 气焊铝时，预热温度可用蓝色粉笔法或黑色铅笔画线来判断，若线条颜色与铝比较（　　）时，即表示已达到预热温度。
　　A. 浅蓝　　　　　B. 相近　　　　　C. 深蓝　　　　　D. 纯蓝

132. 气焊 3mm 以下的铝板时，焊嘴的倾角为（　　）。
　　A. 10°～30°　　B. 20°～40°　　C. 30°～50°　　D. 40°～60°

133. 气焊铝及铝合金时，焊丝的填加与焊嘴的操作应密切配合，焊丝与焊嘴的夹角一般应控制在（　　）。
　　A. 20°～40°　　B. 40°～60°　　C. 60°～80°　　D. 80°～100°

134. 黄铜气焊时，为了减少黄铜中锌的蒸发，焊接火焰应采用（　　）。
　　A. 中性焰　　　　B. 轻微氧化焰　　C. 碳化焰　　　　D. 轻微碳化焰

135. 焊接铝青铜时，为了除去氧化铝膜，其熔剂应选择（　　）。
　　A. CJ201　　　　B. CJ301　　　　C. CJ401　　　　D. CJ224

136. 气焊纯铜时，焊嘴与焊件之间的夹角为（　　）左右。
　　A. 50°　　　　　B. 60°　　　　　C. 70°　　　　　D. 80°

137. 气焊铸铁时，应使用（　　）熔剂。
　　A. CJ401　　　　B. CJ301　　　　C. CJ201　　　　D. CJ101

138. 转动管焊接时，对于管壁较厚和开有坡口的管子，通常采用（　　）。
　　A. 水平焊　　　　B. 垂直焊　　　　C. 下坡焊　　　　D. 上坡焊

139. 当铸铁补焊件有一定刚度时，气焊时，可以利用（　　）方法避免产生裂纹。
　　A. 预热　　　　　B. 加热减应区法　C. 冷焊法　　　　D. 热焊

140. 氧乙炔气焊时，（　　）易使焊缝产生气孔。
　　A. 氧化焰　　　　B. 碳化焰　　　　C. 中性焰　　　　D. 轻微氧化焰

（三）多项选择题（将正确答案的序号填入括号内）

1. 气焊（　　）金属材料时必须使用熔剂。
　　A. 低碳钢　　　　B. 低合金高强度钢　C. 不锈钢
　　D. 耐热钢　　　　E. 铝及铝合金　　　F. 铜及铜合金

2. 采用氧乙炔火焰焊接铸铁，具有（　　）特点。
　　A. 温度低　　　　B. 热量不集中　　C. 加热速度缓慢
　　D. 工艺方法灵活　E. 可对焊缝整形　F. 焊接时可继续加热

3. 常用的灰铸铁气焊焊丝型号有（　　）。
　　A. RC FeC-4A　　B. RC FeC-5　　C. RC FeC-4
　　D. RC FeC-2　　　E. EC Fe-3　　　F. EC NiFe-CI

4. 铝及铝合金气焊的焊前准备工作有（　　）。
　　A. 焊前清理　　　　　　　　　　B. 准备垫板
　　C. 坡口及接头形式选择　　　　　D. 火焰能率的选择
　　E. 焊丝型号及焊丝直径选择　　　F. 熔剂的选择

5. 气焊铝及铝合金时，火焰能率应根据（　　）而决定。
　　A. 焊件厚度　　　B. 焊件大小　　　C. 坡口形式

D. 焊接位置　　　　　E. 焊丝直径

6. 气焊纯铜所获得的接头的力学性能比母材低，为了提高其力学性能，应采取（　　　）措施。

　　A. 冷态下锤击　　　　B. 250~350℃下锤击　　C. 均匀化处理

　　D. 固溶处理　　　　　E. 水韧处理　　　　　F. 淬火热处理

7. 焊接场地必须符合工作要求，必须无（　　　）等物品。

　　A. 易燃　　　　　　B. 灭火器　　　　　C. 易爆　　　　　D. 焊丝

8. 焊接场地（　　　）情况必须良好。

　　A. 密闭　　　　　　B. 照明　　　　　　C. 通风　　　　　D. 涂装

9. 焊接需用的各类（　　　）必须齐全、完好。

　　A. 零食　　　　　　B. 工具　　　　　　C. 仪表　　　　　D. 油管

10. 检查设备、附件及管路漏气，周围不准有（　　　）。

　　A. 明火　　　　　　B. 吸烟　　　　　　C. 汽油　　　　　D. 零食

11. 下列说法正确的是（　　　）。

　　A. 气焊火焰的温度较电弧焊的弧柱温度高

　　B. 气焊火焰具有加热均匀和缓慢的特点，适于焊接较薄件、低熔点材料以及有色
　　　金属及其合金

　　C. 熔池中由于存在着对流运动和搅拌运动，才能够使母材金属和焊丝金属的成分
　　　很好地混合

　　D. 不能用气焊来焊接需要预热和缓冷的工具钢、铸铁等

12. 氧气瓶及其（　　　）上禁止粘油。

　　A. 附件　　　　　　B. 胶管　　　　　　C. 工具　　　　　D. 手

13. 气焊丝的选用要求是（　　　）。

　　A. 焊丝的化学成分应基本与焊件母材的化学成分相匹配，并保证焊缝有足够的力
　　　学性能和其他性能

　　B. 焊丝的熔点应等于或略低于被焊金属的熔点

　　C. 焊丝应能保证必要的焊接质量，如不产生气孔、夹渣、裂纹等缺陷

　　D. 焊丝熔化时应平稳，不应有强烈的飞溅或蒸发

14. 乙炔瓶使用时要直立放置，防止瓶内丙酮流入（　　　），产生回火。

　　A. 皮管　　　　　　B. 减压器　　　　　C. 焊枪　　　　　D. 氧气管

15. 《气瓶安全监察规程》规定，运输和装卸气瓶时，必须佩戴好瓶帽（有防护罩的除
外）。轻装轻卸，严禁（　　　）。

　　A. 抛　　　　　　　B. 滑　　　　　　　C. 滚　　　　　　D. 碰

16. 在上层焊割，下层有易燃易爆物品时，必须把易燃易爆物品移开。一般的可燃物
质，也可用（　　　）遮盖，使焊割时火星不致飞溅到可燃物上，才能焊割。

　　A. 铁板　　　　　　B. 石棉被　　　　　C. 防火棉　　　　D. 阻燃物

17. 发现气焊焊嘴、割嘴堵塞时，只能用（　　　）进行疏通。

　　A. 铜丝　　　　　　B. 竹签　　　　　　C. 钢丝

　　D. 铅丝　　　　　　E. 棉签

18. 气焊时产生烧穿的原因有（　　　）。

A. 接头处间隙过大　B. 火焰能率太大　　C. 气焊速度过慢　　D. 钝边太薄

19. 气焊焊接参数通常包括（　　　）。

A. 焊丝的牌号和直径　　　　　　　　B. 熔剂类型

C. 火焰的性质与火焰能率　　　　　　D. 焊嘴的倾角

E. 焊接方向及焊接速度

20. 氧气胶管表面为红色，（　　　）；乙炔气胶管表面为绿色，内径 8mm、外径 16mm。两者不能混用。

A. 外径 16mm　　　　B. 外径 18mm　　　　C. 内径 6mm　　　　D. 内径 8mm

21. 气焊时，常常遇到的焊接位置是（　　　）。

A. 俯焊　　　　　　　B. 立焊　　　　　　　C. 横焊　　　　　　　D. 仰焊

22. 射吸式割炬是应用较为广泛的一种割炬，这种割炬适用于（　　　）乙炔。

A. 低压　　　　　　　B. 中压　　　　　　　C. 高压　　　　　　　D. 任何

23. 气焊、气割时的主要劳动保护措施是（　　　）。

A. 个人保护措施　　　B. 照明措施　　　　　C. 通风措施　　　　　D. 互保措施

24. 气焊、气割用的气瓶，主要包括（　　　）。

A. 氧气瓶　　　　　　B. 液化石油气瓶　　　C. 溶解乙炔气瓶　　　D. 氮气瓶

25. 气焊时的物理冶金过程有（　　　）。

A. 熔渣上浮　　　　　B. 气体逸出　　　　　C. 金属飞溅　　　　　D. 元素转换

26. 气焊时产生烧穿的主要原因有（　　　）。

A. 接头处间隙过小　　B. 接头处间隙过大　　C. 钝边太小　　　　　D. 气焊速度过快

27. 以下选项不属于钎剂选用原则的是（　　　）。

A. 钎剂熔点高于钎料熔点　　　　　　B. 钎剂应有较大的腐蚀性

C. 钎剂活性较强　　　　　　　　　　D. 钎剂沸点比钎焊温度高

28. 气焊焊接参数有（　　　）。

A. 焊丝直径　　　　　B. 火焰性质及能率　C. 焊嘴倾角　　　　　D. 焊接速度

29. 禁止使用焊割具的（　　　）、（　　　）做通风气源。

A. 严禁使用　　　　　B. 氧气　　　　　　　C. 火焰做照明　　　　D. 氧气乙炔混合气

30. 工作前应检查（　　　）是否完好。阀门及紧固牢靠，不准有松动漏气。

A. 氧气表　　　　　　B. 胶管　　　　　　　C. 驳口　　　　　　　D. 焊具

31. 钎焊时钎料与母材金属相互（　　　）的结果就形成了钎缝。

A. 熔化　　　　　　　B. 溶解　　　　　　　C. 扩散　　　　　　　D. 对流

32. 气割时，预热火焰应采用（　　　）。

A. 碳化焰　　　　　　B. 中性焰　　　　　　C. 氧化焰　　　　　　D. 轻微氧化焰

33. 火焰钎焊时钎剂的作用是（　　　）。

A. 清除钎料表面和母材金属表面的氧化物

B. 保护焊件和液态钎料在钎焊过程中免于氧化

C. 改善液态钎料对焊件的润湿性　　　D. 填充焊缝

34. 钎料按其熔点的不同可分为（　　　）。

A. 软钎料　　　　　　B. 硬钎料　　　　　　C. 高温钎料　　　　　D. 低温钎料

35. 气焊时，氢对焊缝金属的影响有（　　　）。

A. 引起氢脆　　　　　　　　　　　　　　　　　B. 易产生白点

C. 在焊缝和热影响区中易引起气孔和裂纹　　　D. 助熔池沸腾

36. 气焊冶金过程中发生的化学反应有（　　）。

A. 氧化　　　　　　B. 脱氢　　　　　　C. 碳化

D. 烧损　　　　　　E. 扩散

37. 气焊冶金过程中发生的物理反应有（　　）。

A. 熔池内气泡的生成与上浮　　　　　　B. 熔池内熔渣的生成与上浮

C. 熔池金属的飞溅　　　　　　　　　　D. 合金元素的蒸发

E. 焊缝的合金化

38. 气焊时，焊缝中氧的来源有（　　）。

A. 气体火焰焰心中的氧通过内焰侵入熔池

B. 气体火焰外焰中的 CO_2 和水蒸气也常常和熔池中的金属化合

C. 空气中的氧气侵入焊接区

D. 焊丝、焊剂和母材中溶解的氧以及表面的油脂等污物也会进入熔池中

39. 钎焊时钎料与母材金属的相互作用有（　　）。

A. 母材金属熔解于液态钎料中　　　　　B. 钎料向母材金属中扩散

C. 母材金属与钎料互相排斥　　　　　　D. 母材金属与钎料互相促进燃烧

40. 气焊丝的选用原则是（　　）。

A. 考虑母材金属的力学性能　　　　　　B. 考虑焊接性

C. 考虑焊件的特殊使用要求　　　　　　D. 考虑操作的便利性

41. 常用气焊接头形式有（　　）。

A. 对接接头　　　　B. 角接接头　　　　C. 卷边接头

D. 搭接接头　　　　E. T 形接头

42. 氮对焊缝金属的影响有（　　）。

A. 对力学性能的影响，降低塑性和韧性

B. 易形成气孔　　　　　　　　　C. 易引起焊缝时效脆化

D. 易产生热裂纹　　　　　　　　E. 易产生冷裂纹

43. 搭接接头的主要形式有（　　）。

A. 开槽焊　　　　　　B. 塞焊　　　　　　C. 锯齿焊　　　　　　D. T 形焊

44. 下列说法错误的是（　　）。

A. 焊接纯铜时，应选用氧化焰　　　　　B. 焊接纯铜时，应选用中性焰

C. 焊接纯铜时，应选用碳化焰　　　　　D. 焊接纯铜时，应选用轻微氧化焰

45. 焊嘴与焊件间的夹角称为焊嘴倾角，当焊接（　　）时焊嘴倾角就要大些。

A. 厚度较小的焊件　　　　　　　B. 厚度较大的焊件

C. 熔点较低的材料　　　　　　　D. 熔点较高的材料

E. 导热性好的焊件　　　　　　　F. 导热性差的焊件

46. 气割时，切割氧气压力过大会造成（　　）。

A. 浪费氧气　　　　　B. 节省氧气　　　　C. 切口表面光滑

D. 切口表面粗糙　　　E. 切口减小　　　　F. 切口加大

47. 目前气焊主要应用在（　　）。

A. 有色金属及铸铁的焊接与修复   B. 难熔金属的焊接

C. 大直径管道的安装与制造   D. 自动化焊接

E. 小直径管道的安装与制造   F. 碳钢薄板的焊接

48. 下列说法正确的是（   ）。

     A. 焊接铝合金时，应选用氧化焰   B. 焊接铝合金时，应选用中性焰

     C. 焊接铝合金时，应选用碳化焰   D. 焊接铝合金时，应选用轻微氧化焰

49. 下列气焊时须采用氧化焰的材料有（   ）。

     A. 低合金结构钢   B. 纯铜   C. 黄铜

     D. 铸铁   E. 高速钢   F. 镀锌薄钢板

50. 氧乙炔气割不能用于（   ）等材料的切割。

     A. 不锈钢   B. 铸铁   C. 铜   D. 铝

     E. 低碳钢   F. 低合金结构钢

51. 在气焊过程中，发生的强烈化学反应主要有（   ）。

     A. 氧化反应   B. 还原反应   C. 碳化反应   D. 加氧反应

52. 适用于氧乙炔喷焊的金属材料是（   ）。

     A. 纯铜   B. 12Cr18Ni9 不锈钢   C. 铝及铝合金   D. 灰铸铁

53. 下列说法错误的是（   ）。

     A. 焊接球墨铸铁时，焊接火焰必须选用氧化焰

     B. 焊接球墨铸铁时，焊接火焰必须选用中性焰或弱碳化焰

     C. 焊接球墨铸铁时，焊接火焰必须选用碳化焰

     D. 焊接球墨铸铁时，焊接火焰必须选用弱氧化焰

54. 气割时预热火焰不应采用（   ）。

     A. 轻微碳化焰   B. 碳化焰   C. 中性焰

     D. 轻微氧化焰   E. 氧化焰

55. 气割时预热火焰可以采用（   ）。

     A. 轻微碳化焰   B. 碳化焰   C. 中性焰

     D. 轻微氧化焰   E. 氧化焰

56. 焊嘴与焊件间的夹角称为焊嘴倾角，当焊嘴倾角大时则（   ）。

     A. 火焰分散   B. 火焰集中   C. 热量损失小

     D. 热量损失大   E. 工件升温慢   F. 工件升温快

57. 焊接热循环的 4 个主要参数是（   ）和冷却速度。

     A. 加热速度   B. 加热的最高温度

     C. 在相变温度以上停留时间   D. 加热宽度

58. 下列说法错误的是（   ）。

     A. 气焊低碳钢时，采用 H08Mn2SiA 焊丝与采用 H08A 焊丝相比，产生一氧化碳气孔的可能性大

     B. 气焊低碳钢时，采用 H08Mn2SiA 焊丝与采用 H08A 焊丝相比，产生一氧化碳气孔的可能性小

     C. 气焊低碳钢时，采用 H08Mn2SiA 焊丝与采用 H08A 焊丝相比，产生一氧化碳气孔的可能性相等

D. 气焊低碳钢时，采用 H08Mn2SiA 焊丝与采用 H08A 焊丝相比，产生一氧化碳气孔的可能性不确定

59. 产生未熔合缺陷的原因包括（　　）。
　　A. 火焰能率过高
　　B. 火焰偏向坡口一侧
　　C. 外部温度低，焊件散热太快
　　D. 坡口或前道焊缝表面有锈

60. 钎焊过程中裂纹的产生原因不包括（　　）。
　　A. 冷却时零件移动
　　B. 钎料结晶间隔大
　　C. 热膨胀系数的差别
　　D. 钎剂数量不足

61. 乙炔中的杂质主要有（　　）。
　　A. 磷化氢
　　B. 碳酸钙
　　C. 硫化氢
　　D. 硫化铝

62. 气焊有色金属时会产生（　　）有毒气体。
　　A. 氟化氢
　　B. 锰
　　C. 铅
　　D. 锌

63. 使用乙炔瓶时的注意事项有（　　）。
　　A. 乙炔瓶剩余压力为 0.15MPa
　　B. 乙炔瓶距离明火区 10m 以上
　　C. 乙炔瓶阀冻结时不能用明火烧烤
　　D. 乙炔瓶不要在烈日下暴晒

64. 在焊接（　　）时应采用较小的火焰能率。
　　A. 导热性差的材料
　　B. 熔点高的材料
　　C. 薄板
　　D. 小工件

65. 喷焊炬的基本功能包括（　　）。
　　A. 使火焰能稳定地燃烧
　　B. 不易回火
　　C. 提供能量较小的火焰
　　D. 送粉装置开闭灵敏、可靠

66. 低碳钢焊接热影响区一般分为（　　）。
　　A. 过热区
　　B. 正火区
　　C. 部分相变区
　　D. 回火区
　　E. 淬火区
　　F. 部分淬火区

67. 钢焊接接头中冷裂纹产生的主要因素有（　　）。
　　A. 较多扩散氢的存在和聚集
　　B. 钢种的淬硬组织倾向大
　　C. 低熔点共晶偏析
　　D. 氮的存在与聚集
　　E. 焊接接头存在较大的拘束应力

68. 焊缝金属中有害的气体元素有（　　）。
　　A. 硫
　　B. 磷
　　C. 氢
　　D. 氧
　　E. 氮
　　F. 氟

69. 焊剂按其制造方法的不同可分为（　　）和粘接焊剂 3 种。
　　A. 熔炼焊剂
　　B. 烧结焊剂
　　C. 酸性焊剂
　　D. 碱性焊剂

70. 气焊时须采用中性焰的有（　　）。
　　A. 低碳钢
　　B. 锰钢
　　C. 低合金钢
　　D. 黄铜
　　E. 纯铜
　　F. 铸铁

扫码看答案

理论模块3　焊接设备操作工

一、考核范围

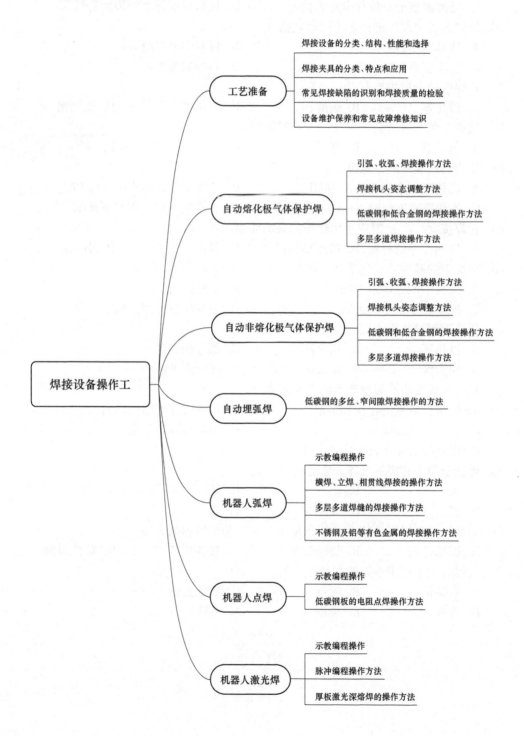

焊接设备操作工
- 工艺准备
  - 焊接设备的分类、结构、性能和选择
  - 焊接夹具的分类、特点和应用
  - 常见焊接缺陷的识别和焊接质量的检验
  - 设备维护保养和常见故障维修知识
- 自动熔化极气体保护焊
  - 引弧、收弧、焊接操作方法
  - 焊接机头姿态调整方法
  - 低碳钢和低合金钢的焊接操作方法
  - 多层多道焊接操作方法
- 自动非熔化极气体保护焊
  - 引弧、收弧、焊接操作方法
  - 焊接机头姿态调整方法
  - 低碳钢和低合金钢的焊接操作方法
  - 多层多道焊接操作方法
- 自动埋弧焊
  - 低碳钢的多丝、窄间隙焊接操作的方法
- 机器人弧焊
  - 示教编程操作
  - 横焊、立焊、相贯线焊接的操作方法
  - 多层多道焊缝的焊接操作方法
  - 不锈钢及铝等有色金属的焊接操作方法
- 机器人点焊
  - 示教编程操作
  - 低碳钢板的电阻点焊操作方法
- 机器人激光焊
  - 示教编程操作
  - 脉冲编程操作方法
  - 厚板激光深熔焊的操作方法

二、考核要点详解

知识点（自动熔化极气体保护焊）示例 1：

概念	将控制设备、驱动设备、工装和熔化极气体保护焊设备组合，实现焊接设备沿指定路线进行焊接的一种自动化焊接方法
特点	利用焊接夹具将工件固定在工作台上，通过对设备提前设定焊枪的行走路线、焊接参数、机头的姿态等，最终实现对工件的全自动焊接。适用于全位置焊接
用途	适用于工业化大批量生产

知识点（自动非熔化极气体保护焊）示例 2：

概念	将控制设备、驱动设备、工装和非熔化极气体保护焊设备组合，实现焊接设备沿指定路线进行焊接的一种自动化焊接方法
特点	利用焊接夹具将工件固定在工作台上，通过对设备提前设定焊枪的行走路线、焊接参数、机头的姿态等，最终实现对工件的全自动焊接
用途	适用于工业化大批量生产

知识点（自动埋弧焊）示例 3：

概念	埋弧焊（含埋弧堆焊及电渣堆焊等）是一种电弧在焊剂层下燃烧进行焊接的方法。自动埋弧焊机是指采用熔剂层下自动焊接的设备。自动埋弧焊机的机体由输送焊丝和移动电弧机构、保护介质（Ar、CO_2、焊药等）的输送、回收以及冷却系统等组成
特点	1. 焊接电源采用双反星形晶闸管整流，输出功率大，100%负载持续率 2. 触发时序功能采用厚膜电路，且主、控回路光电隔离，电路简化，可靠性高 3. 送丝电动机双反馈控制，输出力矩大且平稳 4. 行走小车机械调节方便，行走稳定，适用多种条件 5. 焊接电源根据需要亦可配备硅整流电源 6. 开坡口或不开坡口对接，角接自动焊接
用途	适用于碳素钢、低合金钢、不锈钢、耐热钢及复合钢材，钢板结构有无坡口的对接、角接、环缝、纵缝的焊接生产。广泛应用于锅炉、压力容器、造船、钢结构、石化等领域

知识点（机器人弧焊）示例 4：

概念	利用工业机器人操作焊接设备进行自动弧焊。弧焊机器人系统基本组成包括：机器人本体、控制系统、示教器、焊接电源、焊枪、焊接夹具、安全防护设施
特点	1. 稳定和提高焊接质量，保证其均一性。采用机器人焊接时，对于每条焊缝的焊接参数都是恒定的，焊缝质量受人为的因素影响较小，降低了对工人操作技术的要求，因此焊接质量是稳定的。而人工焊接时，焊接速度、干伸长等都是变化的，因此很难做到质量的均一性 2. 改善了工人的劳动条件。采用机器人焊接，工人只是用来装卸工件，远离了焊接弧光、烟雾与飞溅等 3. 提高劳动生产率。机器人没有疲劳，一天可 24h 连续生产，另外随着高速高效焊接技术的应用，使用机器人焊接，效率提高的更加明显 4. 产品周期明确，容易控制产品产量。机器人的生产节拍是固定的，因此安排生产计划非常明确 5. 可缩短产品换代的周期，减少相应的设备投资。可实现小批量产品的焊接自动化。机器人与专机的最大区别就是机器人可以通过修改程序以适应不同工件的生产
用途	适用于碳素钢、低合金钢、不锈钢、耐热钢及复合钢材，钢板结构有无坡口的对接、角接、环缝、纵缝的焊接生产。广泛应用于锅炉、压力容器、造船、钢构、石化等领域

知识点（机器人点焊）示例5：

概念	利用工业机器人操作焊接设备进行点焊自动作业。点焊机器人由机器人本体、计算机控制系统、示教盒和点焊焊接系统几部分组成。为了适应灵活动作的工作要求，通常电焊机器人选用关节式工业机器人的基本设计，一般具有六个自由度：腰转、大臂转、小臂转、腕转、腕摆及腕捻
特点	1. 稳定和提高焊接质量，保证其均一性。采用机器人焊接时，对于每条焊缝的焊接参数都是恒定的，焊缝质量受人为因素的影响较小，降低了对工人操作技术的要求，因此焊接质量是稳定的 2. 改善了工人的劳动条件 3. 提高劳动生产率。机器人没有疲劳，一天可24h连续生产，另外随着高速高效焊接技术的应用，使用机器人焊接，效率提高的更加明显 4. 产品周期明确，容易控制产品产量。机器人的生产节拍是固定的，因此安排生产计划非常明确 5. 可缩短产品换代的周期，减少相应的设备投资。可实现小批量产品的焊接自动化
用途	目前主要用于汽车和轨道交通车辆车体的制造

知识点（机器人激光焊）示例6：

概念	利用工业机器人操作半导体激光器进行自动化焊接作业。激光焊是利用光能（可见光或紫外线）作为热源熔化并连接工件的焊接方法。设备主要由激光器、导光系统、控制系统、工件装夹及运动系统等主要部件和光学元件的冷却系统、光学系统的保护装置、过程与质量的监控系统、工件上下料装置及安全装置等外围设备组成
特点	1. 具有非接触性，激光形成的点径最小可以到0.1mm，送锡装置最小可以到0.2mm，可实现微间距封装（贴装）元件的焊接 2. 因为是短时间的局部加热，对基板与周边零件的热影响很小，焊点质量良好 3. 同钎焊相比，无烙铁头消耗，不需更换加热器，连续作业时，具有很高的工作效率 4. 进行无铅焊接时，不易发生焊点裂纹 5. 对焊料的表面温度用非接触测定方式，不能用实际接触头的温度测定方法
用途	广泛地被应用于手机、便携式计算机等电子设备的摄像头零件、LCD零件及微型电动机、微型变压器等零部件的焊接，还可用于液晶TV、高端数码照相机、航空航天、军工制造、高端汽车零件制造等领域

三、练习题

（一）判断题（对画√，错画×）

1. 我们称作的 NC 系统和 CNC 系统含义是一样的。 （   ）

2. 计算机控制机床，也可称为 CNC 机床。 （   ）

3. 不熟悉数控设备的人员不可以上机操作。 （   ）

4. 工作坐标系原点的选择一般不一定非得考虑编程和测量的方便。 （   ）

5. 数控设备的定位精度和重复定位精度是同一个概念。 （   ）

6. 数控设备的坐标系采用右手笛卡儿坐标，在确定具体坐标时，先确定 X 轴，再根据右手法则定 Z 轴。 （   ）

7. 全闭环数控设备的检测装置，通常安装在伺服电动机上。 （   ）

8. 在数控程序中，绝对坐标与增量坐标可单独使用，也可交叉使用。 （   ）

9. 断面图中，当剖切平面通过非圆孔，会导致出现完全分离的两个剖面时，这些结构应按断面图绘制。 （   ）

10. 截平面与圆柱轴线倾斜时截交线的形状是圆。 （   ）

11. 尺寸公差中的极限偏差是指极限尺寸减偏差尺寸所得的代数差。　　　　　（　　）

12. 国家制图标准规定，各种图线的粗细相同。　　　　　（　　）

13. 空间直角坐标轴在轴测投影中，其直角的投影一般已经不是直角了。　　　　　（　　）

14. 图样中书写汉字的字体，应为长仿宋体。　　　　　（　　）

15. 粗糙度符号表示用去除材料的方法获得。　　　　　（　　）

16. 不锈钢与不锈钢焊接时的焊丝牌号应采用 E309L。　　　　　（　　）

17. 奥氏体不锈钢的热导率大约只有低碳钢的一半，而线胀系数却大得多，所以焊后会在焊接接头中产生强大的焊接内应力。　　　　　（　　）

18. 冷裂纹的断面上，无明显的氧化色彩，断口发亮。　　　　　（　　）

19. 退火或正火，可以消除毛坯制造时的内应力，但不能改善切削性能。　　　　　（　　）

20. 布氏硬度主要用于测量较硬的金属材料及半成品。　　　　　（　　）

21. 过冷奥氏体在低于 Ms 点时，将发生马氏体转变。这种转变虽然有孕育期，但是转变速度极快，转变量随温度降低而增加，直到 Mf 点才停止转变。　　　　　（　　）

22. 硬质合金中，碳化物含量越高，钴含量越低，其强度及韧性越高。　　　　　（　　）

23. 正弦交流电的周期与角频率的关系是互为倒数。　　　　　（　　）

24. 纯电阻单相正弦交流电路中的电压与电流，其瞬间比值遵循欧姆定律。　　　　　（　　）

25. 如果把一个 24V 的电源正极接地，则负极的电位是−24V。　　　　　（　　）

26. 若干电阻串联时，其中阻值越小的电阻，通过的电流也越小。　　　　　（　　）

27. 铁心内部的环流称为涡流，涡流所消耗的电功率，称为涡流损耗。　　　　　（　　）

28. 三相电动势达到最大值的先后次序叫相序。　　　　　（　　）

29. 从中性点引出的导线叫中性线，当中性线直接接地时称为零线，又叫地线。（　　）

30. 游标深度卡尺的规格有 50mm 和 300mm。　　　　　（　　）

31. 绝对值大的误差比绝对值小的误差出现的机会多。　　　　　（　　）

32. 在相同观测条件下，对某量进行一系列观测，如误差出现符号和大小均相同或按一定的规律变化，这种误差称为系统误差。　　　　　（　　）

33. 测量误差对于任何测量过程都是不可避免的。　　　　　（　　）

34. 安全规程具有法律效应，对严重违章而造成损失者给以批评教育、行政处分或诉诸法律处理。　　　　　（　　）

35. 对于机械伤害的防护，最根本的方法是将其全部运动零件进行遮拦，从而消除身体的任何部位与之接触的可能性。　　　　　（　　）

36. 危险预知活动的目的是预防事故，它是一种群众性的"自我管理"。　　　　　（　　）

37. 对于误操作的纠正方法是单击"撤销"按钮。　　　　　（　　）

38. 计算机硬件系统的五大功能部件是输入设备、运算器、控制器、存储器、输出设备。　　　　　（　　）

39. CPU 的中文译名是控制器。　　　　　（　　）

40. I/O 设备的含义是通信设备。　　　　　（　　）

41. 间隙或过盈配合决定了孔和轴结合的松紧程度。　　　　　（　　）

42. 间隙配合必须是孔的下极限偏差大于轴的上极限偏差。　　　　　（　　）

43. 机械性能又称力学性能。　　　　　（　　）

44. 工件最多只能有 5 个自由度。　　　　　　　　　　　　　　　　（　　）

45. 在潮湿、窄小、金属容器、矿井、隧道、提灯等触电危险性较大的环境中，安全电压为 24V。　　　　　　　　　　　　　　　　　　　　　　　　　　　（　　）

46. 经钝化处理后的不锈钢，具有较好的化学性能。　　　　　　　　（　　）

47. 奥氏体不锈钢在加热和冷却过程中不发生相变，所以晶粒长大以后，可以通过热处理的方法细化。　　　　　　　　　　　　　　　　　　　　　　　　（　　）

48. 焊缝的余高越高，连接强度越高，因此余高越高越好。　　　　　（　　）

49. 焊接电流越大，熔深越大，因此焊缝成形系数越小。　　　　　　（　　）

50. 电弧电压主要影响焊缝的熔深。　　　　　　　　　　　　　　　　（　　）

51. 焊缝余高太高，易在焊趾处产生应力集中，所以余高不能太高，但也不能低于母材金属。　　　　　　　　　　　　　　　　　　　　　　　　　　　　（　　）

52. 焊接平焊缝用的焊接电流应比焊接立焊缝用的焊接电流大。　　　（　　）

53. 两块工件装配成 V 形坡口的对接接头，其装配间隙两端尺寸都一样。　（　　）

54. 装配 T 形接头时应在腹板与平板之间预留间隙，以增加熔深。　　（　　）

55. 焊接完毕，收弧时应将熔池填满后再灭弧。　　　　　　　　　　　（　　）

56. 焊前对施焊部位进行除污、除锈等是为了防止产生夹渣、气孔等焊接缺陷。（　　）

57. 在进行立焊、仰焊时应选择小的焊接电流。　　　　　　　　　　　（　　）

58. 焊接热输入随焊接速度的增大而增大。　　　　　　　　　　　　　（　　）

59. 同样厚度的焊件，多层多道焊时产生的纵向收缩变形量比单层少。（　　）

60. 分段退焊法虽然可以减小焊接残余变形，但同时会增加焊接残余应力。（　　）

61. 焊缝和热影响区的冷裂纹是在一次结晶过程中产生的。　　　　　（　　）

62. 焊缝中夹杂物的危害性较大，是在焊缝中引起夹渣和形成热裂纹的主要原因之一。
　　　　　　　　　　　　　　　　　　　　　　　　　　　　　　　（　　）

63. CLOOS 焊接机器人由六个自由度和三个定位自由度组合而成。　（　　）

64. IGM 焊接机械手的编程语言是 CAROLA。　　　　　　　　　　　（　　）

65. 当操作错误时，"Power off，MAL FUNCTION"灯会亮。　　　（　　）

66. 在 T1、T2 状态下执行程序，只有按释放开关才会执行动作。　　（　　）

67. 示教器存储点用 Mem 和 P 两个键。　　　　　　　　　　　　　　（　　）

68. 示教器速度选择键有两种速度选择方式。　　　　　　　　　　　　（　　）

69. 使用电弧跟踪功能时，应尽可能避免高频摆动。　　　　　　　　　（　　）

70. 编制圆弧时至少需要 5 个点。　　　　　　　　　　　　　　　　　（　　）

71. 电弧控制由点火监控、焊接过程监控、最终监控三部分组成。　　（　　）

72. CLOOS 机器人使用变量时，每个变量名最多分配 2 个字符。第一个字符必须是字母。
　　　　　　　　　　　　　　　　　　　　　　　　　　　　　　　（　　）

73. CLOOS 机器人使用变量时，每个变量名第一个字符必须是字母。（　　）

74. 在示教板的主菜单中，用 DELPROG 和 DELALL 功能可以删除个别和所有程序。
　　　　　　　　　　　　　　　　　　　　　　　　　　　　　　　（　　）

75. 列表撤销不需用命令"E"退出。　　　　　　　　　　　　　　　　（　　）

76. 在格式化时，现有的可能是重要的数据将被删除。　　　　　　　（　　）

77. 在 IGM 设备进行编程操作时，标志域既可以嵌套又可以重叠。　　　（　　）

78. 在 IGM 设备中应用了 5 种工作站。　　　（　　）

79. IGM 在操作时只需输入一个新程序名就可以创建一个新的程序。　　　（　　）

80. 在机器人进行维修工作的时候，为了保护服务和维修人员，操作方式应选择 AUTO。
　　　（　　）

81. STP 指令为工具中心点。　　　（　　）

82. 圆弧摆动程序最少由 5 点组成。　　　（　　）

83. 引起机器人轴机械迟缓可能的原因是制动释放。　　　（　　）

84. IGM 焊接机械手的外部轴认证过程是通过编程定义点、同步的定义、外部轴运动链的定义来实现的。

85. CLOOS 焊接机械手的外部轴认证是在工作站菜单中认证页进行的。　　　（　　）

86. IGM 焊接机械手的外部轴坐标系必须在步点程序中定义。　　　（　　）

87. IGM 焊接机械手由于定义的需要，须在外部轴上选择一个度量点和三个独立的外部轴旋转位，约 120°间隔，且机器人 TCP 点都要到达这三个位置。　　　（　　）

88. 在 CLOOS 焊接机械手中，如果没有新的 SSPD 命令输入，则 SSPD 命令对于一个程序中的所有焊缝有效。　　　（　　）

89. 点位控制（PTP）只控制机器人操作手运动所达到的位置和姿态，而不控制其路径。
　　　（　　）

90. 连续路径控制（CP）不仅要控制运动行程的起点和终点，而且要控制其路径。
　　　（　　）

91. 激光焊的激光功率和功率密度成正比。　　　（　　）

92. 激光焊功率密度与光斑直径的平方成反比。　　　（　　）

93. 搅拌摩擦焊的接头需开坡口进行焊接。　　　（　　）

94. 焊接结构的破坏主要包括塑性破坏、脆性破坏和疲劳断裂。　　　（　　）

95. 弧焊机械手的电弧跟踪方法是采用传感器测量电弧长度的变化来反馈焊接电流的变化。　　　（　　）

96. 碳当量法是用来判断材料焊接性的一种直接试验方法。　　　（　　）

97. 奥氏体不锈钢抗腐蚀能力与焊缝表面的粗糙度无关。　　　（　　）

98. 焊接机器人根据圆弧插补计算一段圆弧，并沿圆弧移动。　　　（　　）

99. 对于由三个圆弧插补点决定的圆弧路径，如果两个点彼此靠太近，其中任意一点的位置发生微小变化，形状不会发生变化。　　　（　　）

100. 对于 T 形接头，开坡口进行焊接可以减小应力集中系数。　　　（　　）

101. 承受动载的重要结构，可用增大焊缝余高来提高其疲劳强度。　　　（　　）

102. 影响焊接接头冲击韧度的因素，一律作为焊接工艺评定的重要因素。　　　（　　）

103. 提高加载速度能促使材料脆性破坏，其作用相当于提高温度。　　　（　　）

104. 焊接缺陷返修次数增加会使焊接应力减小。　　　（　　）

105. 00Cr18Ni1Ti 奥氏体不锈钢与 Q235 焊接时，如果采用焊条电弧焊，在焊缝中要避免产生马氏体是不可能的。　　　（　　）

106. 异种钢焊后热处理的目的主要是改变焊缝金属的组织以提高焊缝的塑性，减小焊

接残余应力。 （ ）

    107. 预防脆断必须正确选用材料和采用合理的焊接结构设计。 （ ）

    108. 焊接结构在长期高温应力作用下，也容易产生脆性断裂。 （ ）

    109. 异种金属焊接时，原则上希望熔合比越小越好，所以一般开较小的坡口。 （ ）

    110. 不论是焊缝表面的缺陷，还是焊缝内部的缺陷，磁粉检测都是非常灵敏的。

（ ）

    111. 马氏体不锈钢焊接的主要问题是有强烈的淬硬倾向，残余应力大，易产生冷裂纹。

（ ）

    112. 当铝合金中铁的含量达到 1.8%（质量分数）时，会形成又脆又硬的 $Al+FeAl_3$ 共晶体。

    113. 丁字形接头根据载荷的形式和相对焊缝的位置，分成载荷平行于焊缝丁字形接头和弯矩垂直于板面的丁字形接头。 （ ）

    114. 圆弧插补是机器人能够以一定的振幅，摆动运动通过一段圆弧。 （ ）

    115. 珠光体耐热钢焊接时的主要工艺措施是预热、焊后缓冷、焊后热处理，采用这些措施主要是防止发生冷裂纹。 （ ）

    116. 在焊接工艺评定时，一般将焊后热处理及其参数作为重要参数进行评定。 （ ）

    117. 异种钢焊接时，预热温度应根据合金成分高的一侧或焊接性差的一侧进行选择。

（ ）

    118. 一个圆弧路径要由至少三个连续的圆弧命令插补点才能决定。 （ ）

    119. 造成焊接电弧产生偏吹的主要原因有焊条偏心度过大、电弧周围气流的干扰、直流焊时的磁偏吹等。 （ ）

    120. 由于过冷程度不同，焊缝组织大致可出现平面结晶、胞状结晶、胞状树枝结晶、树枝状和等轴结晶五种不同的结晶形态。 （ ）

    121. 在搭接接头中，侧面角焊缝应力集中系数随焊缝长度的增加而增大。 （ ）

    122. 塑性破坏的应力远大于结构所能承受的应力。 （ ）

    123. 碳素钢焊丝和某些低合金钢焊条的选择一般是按焊缝与母材的等强度原则来选用。

（ ）

    124. 奥氏体不锈钢焊后热处理的目的是增加其冲击韧度和强度。 （ ）

    125. 焊接残余变形在焊接时是必然要产生的，是无法避免的。 （ ）

    126. 焊接铬镍奥氏体不锈钢时，为了提高耐腐蚀性，焊前应进行预热。 （ ）

    127. 激光焊是利用激光器使工作物质受激而产生一种双色性高、方向性强及亮度高的光束，通过聚焦后集中成一个小斑点。 （ ）

    128. 气体激光器主要是 YAG 激光器。 （ ）

    129. 聚光器（气体激光器特有的），能够使光泵浦的光能量最大限度地照射到激光工作物质上，提高泵浦光的利用率。 （ ）

    130. 激光能被反射、透射，能在空间传播很远的距离而衰减很小，可进行远距离或难以接近部位的焊接。 （ ）

    131. 激光焊焊接的厚度比电子束焊小。 （ ）

    132. 连续 CO_2 激光焊的焊接参数主要有四个，即激光功率、焊接速度、光斑直径、保

护气体。　　　　　　　　　　　　　　　　　　　　　　　　　　　　（　　）

133. 用激光焊焊接钢件时，未形成小孔的焊件表面，火焰是橘红色或白色的，一旦小孔形成，火焰将变成蓝色并伴有爆裂声。　　　　　　　　　　　　　（　　）

134. 人工控制是通过提高人的眼、脑、手来实现的，工作单调、劳动强度小。（　　）

135. 在焊接过程中，不论是人工控制还是自动控制，都是"检测偏差、纠正偏差"的过程。　　　　　　　　　　　　　　　　　　　　　　　　　　　　（　　）

136. 在自动控制系统的框图中，进入环节的信号称为该环节的"输入量"，环节的输入量是引起该环节发生运动的原因。　　　　　　　　　　　　　　　（　　）

137. 开环控制系统，是指组成系统的控制装置与被控制对象之间，只有反向作用而没有顺向联系的控制。　　　　　　　　　　　　　　　　　　　　　（　　）

138. 开环控制系统的特点是：系统输出量受输入量的控制，但不能反过来去影响输入量。　　　　　　　　　　　　　　　　　　　　　　　　　　　（　　）

139. 在闭环控制系统中，当反馈量使系统偏差增加，即为负反馈。　　　（　　）

140. 自动控制系统的性能指标主要有动态性能指标和稳态性能指标两个。（　　）

141. 搅拌摩擦焊插入深度是指搅拌头的插入深度。　　　　　　　　　（　　）

142. 搅拌摩擦焊可以焊接 T 形接头焊缝。　　　　　　　　　　　　　（　　）

143. 搅拌摩擦焊不需要保护气体。　　　　　　　　　　　　　　　　（　　）

144. 焊缝黑线是搅拌摩擦焊中最隐蔽和致命的一种缺陷。　　　　　　（　　）

145. 搅拌摩擦焊的冷规范可以焊接 2 系和 7 系的铝合金。　　　　　　（　　）

146. 铝及铝合金焊接时产生的气孔是氢气孔。　　　　　　　　　　　（　　）

147. 自动编程是利用微型计算机及专用的自动编程软件，以人机对话的方式确定加工对象和加工条件，自动进行运算和生成指令。　　　　　　　　　　　（　　）

148. 在进行弧焊机器人示教工作方式时，限制机器人的最高移动速度和按急停按键会提高安全性。　　　　　　　　　　　　　　　　　　　　　　　（　　）

149. 电弧电压是决定焊缝厚度的主要因素，焊接电流是影响焊缝宽度的主要因素。　　　　　　　　　　　　　　　　　　　　　　　　　　　　　（　　）

150. 定位焊缝焊接时，应采用与正式焊缝焊接时相同的预热温度。　　（　　）

151. 焊接结构的预热温度可以用碳当量来确定。　　　　　　　　　　（　　）

152. 电弧磁偏吹仅与导线接线位置有关，与电流的大小无关。　　　　（　　）

153. 搅拌摩擦焊是一种典型的熔焊方法。　　　　　　　　　　　　　（　　）

154. 焊缝偏离结构中性轴越远越不容易产生弯曲变形。　　　　　　　（　　）

155. 选用热源能量比较集中的焊接方法，有利于控制复杂构件的焊接变形。（　　）

156. 碳素钢和奥氏体不锈钢焊接时，由于焊接性好，焊缝不易产生裂纹。（　　）

157. 焊接工艺评定的目的是测定材料焊接性能的好坏。　　　　　　　（　　）

158. 对弧焊和切割机器人，其轨迹重复精度应小于焊丝直径或切孔直径的 1/2，一般要达到 0.3~0.5mm。　　　　　　　　　　　　　　　　　　　（　　）

159. 要求预热的焊接材料，多层焊时层间温度应等于或略高于预热温度。（　　）

160. 铝及铝合金焊接时，常在坡口下面放置垫板，以保证背面焊缝可以成形良好。　　　　　　　　　　　　　　　　　　　　　　　　　　　　　（　　）

161. 焊缝成形系数中熔宽值过大时，焊缝形状窄而深，容易产生气孔、夹渣、裂纹等缺陷。 （   ）

162. 焊接接头热影响区组织主要取决于焊接热输入，过大的焊接热输入则会造成晶粒粗大和脆化，降低焊接接头的韧性。 （   ）

163. 焊接大厚度铝及铝合金时，采用 Ar+He 混合气体可以改善焊缝熔深，减少气孔和提高生产率。 （   ）

164. 如果圆弧中间点超过一个，从当前点到下一点的圆弧形成将由当前点和其后的两个示教点决定。 （   ）

165. 埋弧焊的焊缝成形系数，一般以 0.5~1 为宜。 （   ）

166. 埋弧焊过程，若其他条件不变，随着电弧电压的增高，熔宽显著增加，而熔深和余高量略有减小。 （   ）

167. 埋弧焊过程中，当电弧电压低或焊接速度高时，熔滴大部分通过空间过渡，只有少部分通过渣壁过渡。 （   ）

168. 埋弧焊直流反接时，熔滴以小颗粒状过渡，每秒几十滴。 （   ）

169. 埋弧焊直流正接时，熔滴以大颗粒状过渡，每秒 10 滴左右。 （   ）

170. 埋弧焊时，焊缝含氧量随焊接参数的变化而变化。 （   ）

171. 埋弧焊的熔池存在时间较长，冶金反应接近平衡，所以焊接速度的降低有利于氧化物的析出，而使含氧量增高。 （   ）

172. 埋弧焊时，由于采用了较大的焊接电流和焊接速度，因而减少了生成气孔的倾向。

（   ）

173. 埋弧焊时，焊丝前倾角小，则焊缝熔宽大，熔深浅。 （   ）

174. 埋弧焊设备运行时，小车轨道不平直，会造成焊缝偏离中心的缺陷。 （   ）

175. 焊缝根部的缺陷主要用渗透检测的方法来检验。 （   ）

176. 荧光检测是用来发现各种焊接接头的内部缺陷。 （   ）

177. 射线检测易于显示出缺陷在焊缝内部的形状、位置和大小。 （   ）

178. 着色检测是用来发现各种材料的焊接接头，特别是磁性材料的各种内部缺陷。

（   ）

179. 磁粉检测只能呈现磁性金属表面及表层缺陷。 （   ）

180. 焊缝的内部缺陷主要用 X 射线检测方法来检验。 （   ）

181. 铸铁件、低合金钢件、钛及钛合金件、铝及铝合金件等，都可以用磁粉检测进行质量检验。 （   ）

182. 用渗透检测法可以发现焊件的表面裂纹。 （   ）

183. 射线照相底片上表面气孔的特征是：黑度值不太高的圆形黑点，其黑度是中心较小并均匀向边缘加大。 （   ）

184. 纵向裂纹在射线照相底片上的特征：中间稍宽、两端较尖细的波浪状或直线状的黑色条纹，与焊缝方向是一致的。 （   ）

185. 横向裂纹在射线照相底片上的特征：中间稍宽、两端较尖细的波浪形或直线形的黑色条纹。 （   ）

186. 焊接接头拉伸试验用的试样应保留焊后原始状态，不应加工掉焊缝余高。 （   ）

187. 焊接接头的硬度试验是用来测定焊接接头的洛氏硬度、布氏硬度、维氏硬度。

（　　）

188. 焊接接头拉伸试验用的样坯应从焊接试件上平行于焊缝轴线方向截取。（　　）

189. 焊接接头的弯曲试验是用来检验接头拉伸面上的塑性及显示缺陷。（　　）

190. 焊接接头常温拉伸试验的合格标准是焊接接头的抗拉强度不低于母材抗拉强度规定值的上限。（　　）

191. 通过焊接接头拉伸试验，可以测定焊缝金属及焊接接头的抗拉强度、屈服强度、伸长率和断面收缩率。（　　）

192. 试样弯曲后，其正面成为弯曲后的拉伸面的弯曲试验叫背弯。（　　）

193. 生产管理的基本任务是使生产过程中的劳动力、劳动手段和劳动对象得到最优的组合。（　　）

194. 生产过程中必须坚持质量是效益、质量是企业生命的方针。（　　）

（二）单项选择题（将正确答案的序号填入括号内）

1. PLC 控制程序可变，在生产流程改变的情况下，不必改变（　　），就可以满足要求。

A. 硬件　　　　　B. 数据　　　　　C. 程序　　　　　D. 汇编语言

2. PLC 是一种功能介于继电器控制和（　　）控制之间的自动控制装置。

A. 计算机　　　　B. 顺序　　　　　C. P10　　　　　D. 逻辑

3. 数控设备编程时，常用的有几种坐标系，下面错误的是（　　）。

A. 机床坐标系　　B. 工件坐标系　　C. 参考点坐标系　　D. 极坐标系

4. I/O 设备的含义是（　　）。

A. 输入输出设备　B. 通信设备　　　C. 网络设备　　　D. 控制设备

5. 数控设备以工作速度运转时，主要零部件的几何精度叫（　　）。

A. 制造精度　　　B. 运动精度　　　C. 传动精度　　　D. 动态精度

6. CNC 装置只要改变相应的（　　）就可改变和扩展功能，来满足用户使用上的不同需要。

A. 外部硬件　　　B. 感应装置　　　C. 控制软件　　　D. 操作过程

7. 两曲面立体相交，其表面交线称为（　　）。

A. 相贯线　　　　B. 截交线　　　　C. 平面曲线　　　D. 空间曲线

8. 在机器或部件设计过程中，一般先画出（　　）。

A. 零件图　　　　B. 主视图　　　　C. 装配图　　　　D. 三视图

9. 点的正面投影与水平投影的连线垂直于（　　）轴。

A. Y　　　　　　B. X　　　　　　C. Z　　　　　　D. W

10. 空间直线与投影面的相对位置关系有（　　）、投影面垂直线和投影面平行线 3 种。

A. 倾斜线　　　　B. 水平线　　　　C. 正垂线　　　　D. 一般位置直线

11. 同心圆法是已知椭圆长短轴作（　　）的精确画法。

A. 圆锥　　　　　B. 圆柱　　　　　C. 椭圆　　　　　D. 圆球

12. 物体由前向（　　）投影，在正投影面得到的视图，称为主视图。

A. 后　　　　　　B. 右　　　　　　C. 左　　　　　　D. 下

13. 平面与圆锥相交且平面平行于圆锥轴线时，截交线形状为（　　）。
    A. 圆　　　　　　　　B. 椭圆　　　　　　　C. 抛物线　　　　　　D. 双曲线

14. 日本牌号的不锈钢 SU304 相当于我国不锈钢牌号（　　）。
    A. 07Cr18Ni11Nb　　B. 06Cr19Ni10　　C. 06Cr13AC　　　　D. 022Cr12

15. 当奥氏体不锈钢形成（　　）双相组织时，其抗晶间腐蚀能力将大大提高。
    A. 奥氏体+珠光体　　　　　　　　　　B. 珠光体+铁素体
    C. 奥氏体+马氏体　　　　　　　　　　D. 奥氏体+铁素体

16. 将钢加热到 Ar_3 或 Ar_{cm} 线以上 30~50℃，保温一段时间后在空气中冷却的热处理方法叫（　　）。
    A. 退火　　　　　　　B. 正火　　　　　　　C. 时效　　　　　　　D. 回火

17. 铁碳合金相图上的共析线是（　　）。
    A. ACD　　　　　　　B. ECF　　　　　　　C. PSK　　　　　　　D. PDF

18. （　　）是指一定成分的液态合金，在一定的温度下同时结晶出两种不同相的转变。
    A. 匀晶　　　　　　　B. 共晶　　　　　　　C. 共析　　　　　　　D. 偏析

19. 软件系统主要由（　　）。
    A. 操作系统和数据库管理系统组成　　　B. 系统软件和应用软件组成
    C. 应用软件和操作系统组成　　　　　　D. 系统软件和操作系统组成

20. 铝合金没有同素异构转变，不能像钢那样可以靠重新加热产生重结晶来（　　）。
    A. 细化晶粒　　　　　B. 使晶粒长大　　　　C. 合并晶粒　　　　　D. 分化晶粒

21. 一个"12V6W"的灯泡，接到 6V 电路中，通过灯丝的电流是（　　）。
    A. 1A　　　　　　　　B. 0.5A　　　　　　　C. 0.25A　　　　　　D. 0.2A

22. 运动导体在切割磁力线而产生最大感生电动势时，导体与磁力线的夹角 α 为（　　）。
    A. 0°　　　　　　　　B. 45°　　　　　　　　C. 90°　　　　　　　D. 60°

23. 三相四线制供电电路中，相电压为 220V，则相线与相线间的电压为（　　）。
    A. 220V　　　　　　　B. 311V　　　　　　　C. 380V　　　　　　　D. 300V

24. 某用户有 90W 电冰箱一台、100W 洗衣机一台、40W 电视机一台、60W 电灯四盏。若所有电器同时使用，则他家应至少选用（　　）的电表。
    A. 1A　　　　　　　　B. 3A　　　　　　　　C. 5A　　　　　　　　D. 6A

25. 一个内阻为 3kΩ，量程为 3V 的电压表，现要扩大它的量程为 18V，则需要连接的电阻为（　　）。
    A. 21kΩ　　　　　　　B. 18kΩ　　　　　　　C. 15kΩ　　　　　　　D. 6kΩ

26. 两种或两种以上物质生成一种新物质的反应称（　　）反应。
    A. 分解　　　　　　　B. 化合　　　　　　　C. 置换　　　　　　　D. 中和

27. 夏天工作时，出汗多，更应注意做好的防护是（　　）。
    A. 防止触电　　　　　B. 防止烫伤　　　　　C. 防止中毒　　　　　D. 防止打眼睛

28. 长 V 形铁定位限制（　　）个自由度。
    A. 2　　　　　　　　　B. 3　　　　　　　　　C. 4　　　　　　　　　D. 5

29. 工件定位作用就是通过各种定位元件（　　）工件的自由度。

A. 限制　　　　　　　B. 确定　　　　　　　C. 保证　　　　　　　D. 调节

30. 工件在机床上或在夹具中定位，若定位支撑点数少于工序加工要求应予以限制的自由度数，则工件定位不足，称为（　　）。

A. 完全定位　　　　　B. 部分定位　　　　　C. 欠定位　　　　　　D. 无定位

31. 有一表头，满刻度电流 $I = 50A$，内阻 $r = 3k\Omega$。若把它改装成量程为 10V 的电压表，应并联（　　）的电阻。

A. 197$k\Omega$　　　　　B. 300$k\Omega$　　　　　C. 100$k\Omega$　　　　　D. 50$k\Omega$

32. （　　）不属于安全规程。

A. 安全技术操作规程　　　　　　　　B. 产品质量检验规程

C. 工艺安全操作规程　　　　　　　　D. 岗位责任制和交接班制

33. 下列哪些材料是热处理强化铝合金（　　）

A. Al-Mg-Si 合金　　　　　　　　　B. 铝锰合金

C. Mg≤1.5%（质量分数）的铝镁合金　D. 杂质≤1%（质量分数）的纯铝

34. 尺寸线终端形式有（　　）两种形式。

A. 箭头和圆点　　　B. 箭头和斜线　　　C. 圆圈和圆点　　　D. 粗线和细线

35. 尺寸线不能用其他图线代替，一般也（　　）与其他图线重合或画在其延长线上。

A. 不得　　　　　　　B. 可以　　　　　　　C. 允许　　　　　　　D. 必须

36. 线性尺寸数字一般注在尺寸线的上方或中断处，同一张图样上尽可能（　　）数字注写方法。

A. 采用第一种　　　B. 采用第二种　　　C. 混用两种　　　　D. 采用一种

37. 奥氏体不锈钢与腐蚀介质接触的一面放在（　　）焊接。

A. 最先　　　　　　　B. 中间　　　　　　　C. 最后　　　　　　　D. 最先或最后

38. S 能形成 FeS，其熔点为 989℃，钢件在大于 1000℃的热加工温度时 FeS 会熔化，所以易产生（　　）。

A. 冷脆　　　　　　　B. 热脆　　　　　　　C. 瞬时脆断　　　　　D. 疲劳脆断

39. 40CrNiMo 钢由于含有提高淬透性的元素（　　），而且又使多元复合作用更大，所以钢的淬透性很好，在正火条件下也会有大量的马氏体产生。

A. Cr、Mn、Mo　　B. Mn、Ni、Mo　　C. Cr、Ni、Mo　　D. Cr、Cr、Mo

40. 137 代表（　　）焊接。

A. 惰性气体保护的药心焊丝电弧焊　　B. 非惰性气体保护药心焊丝电弧焊

C. 熔化极非惰性气体保护焊　　　　　D. 熔化极惰性气体保护焊

41. 纯奥氏体不锈钢中由于存在具有明显方向性的粗大柱状晶，因此，焊缝金属的（　　）裂纹倾向很大。

A. 冷　　　　　　　　B. 热　　　　　　　　C. 再热　　　　　　　D. 应力腐蚀

42. 焊缝结晶后，晶粒越粗大，柱状晶的方向越明显，则产生结晶裂纹的倾向就（　　）。

A. 越小　　　　　　　B. 不变　　　　　　　C. 越大　　　　　　　D. 为零

43. 通常，热轧钢或正火钢焊后（　　）热处理。

A. 需要　　　　　　　B. 很需要　　　　　　C. 必须　　　　　　　D. 不需要

44. 焊缝表面上的应力腐蚀裂纹多以（　　）裂纹出现。

A. 纵向　　　　　　B. 横向　　　　　　C. 斜向　　　　　　D. 龟裂

45. 碳当量可以用来评定材料的（　　）。

A. 耐腐蚀性　　　　B. 焊接性　　　　　C. 硬度　　　　　　D. 塑性

46. 钢材的碳当量越大，则其（　　）敏感性也越大。

A. 热裂　　　　　　B. 冷裂　　　　　　C. 抗气孔　　　　　D. 层状撕裂

47. 国际焊接学会推荐的碳当量计算公式适用于（　　）。

A. 一切钢材　　　　　　　　　　　B. 奥氏体不锈钢

C. 500~600MPa 级的非调质高强度钢　　D. 硬质合金

48. 焊接接头热影响区的最高硬度可用来判断钢材的（　　）。

A. 焊接性　　　　　B. 耐蚀性　　　　　C. 抗气孔性　　　　D. 应变时效

49. 弧焊机器人点到点方式移动速度可达 60m/min 以上，其轨迹重复精度可达（　　）。

A. 1mm　　　　　　B. 0.5mm　　　　　C. 0.1mm　　　　　D. 0.05mm

50. 从工艺要求出发，点焊机器人的精度应达到焊钳电极直径（　　）。

A. 1/2　　　　　　B. 1/3　　　　　　C. 2/3　　　　　　D. 1/4

51. 当温度为 20℃ 时，金属材料对激光的吸收率一般为（　　）以下。

A. 10%　　　　　　B. 20%　　　　　　C. 30%　　　　　　D. 35%

52. 大多数金属的反射率是随激光束波长的增加而（　　）的。

A. 增加　　　　　　B. 不变　　　　　　C. 减少　　　　　　D. 波动

53. 激光焊时，被焊材料的表面粗糙度如果较低，则其反射率就（　　）。

A. 低　　　　　　　B. 较低　　　　　　C. 高　　　　　　　D. 为零

54. 激光焊时，如果激光焦点上的光斑最小，则能量密度就会（　　）。

A. 小　　　　　　　B. 最小　　　　　　C. 最大　　　　　　D. 忽大忽小

55. 高功率激光焊时的等离子体效应，将会使焊接能力（　　）。

A. 显著增加　　　　B. 忽大忽小　　　　C. 下降　　　　　　D. 显著下降

56. 在摩擦焊过程中，当变形层较厚时，制动时间要（　　），以免出现过大的峰值力矩扭伤焊件。

A. 长些　　　　　　B. 尽量长些　　　　C. 短些　　　　　　D. 忽长忽短

57. 摩擦焊的顶锻力约为摩擦压力的（　　）倍。

A. 1~2　　　　　　B. 2~3　　　　　　C. 3~4　　　　　　D. 4~5

58. 在（　　）的焊接过程中，焊缝处不易形成未熔合、气孔、夹渣、裂纹及其他的金属微观缺陷。

A. 真空电子束焊　　B. 电阻焊　　　　　C. 摩擦焊　　　　　D. 钎焊

59. 焊件硬度越高，产生应力腐蚀裂纹的临界应力（　　）。

A. 越高　　　　　　B. 较高　　　　　　C. 越低　　　　　　D. 不变

60. 熔化极气体保护焊的熔滴以喷射形式过渡时，焊缝的中心部分往往熔深很大，形成"指状"焊缝，这是（　　）作用的结果。

A. 重力　　　　　　B. 电磁收缩力　　　C. 等离子流力　　　D. 斑点作用力

61. 采用钨极氩弧焊焊接铝及铝合金时，采用交流焊的原因是（　　）。

A. 飞溅小　　　　　　　　　　　　B. 成本低

C. 设备简单　　　　　　　　　　D. 有阴极破碎作用和防止钨极熔化

62. 异种钢焊接时，焊缝如果在焊后进行回火处理或长期在高温下运行，会发生明显的（　　）现象。

　　A. 凝固过渡层　　B. 碳迁移　　　　C. 马氏体　　　　D. 魏氏体

63. 焊接接头热影响区内强度高、塑性低的区域是（　　）。

　　A. 熔合区　　　　　　　　　　　B. 正火区

　　C. 加热在1200℃的粗晶区　　　　D. 整个热影响区

64. 低碳钢热影响区的脆化区是指加热温度在（　　）的区域。

　　A. 200~400℃　　B. ≥400℃　　　C. ≤200℃　　　D. 熔合区

65. 高强度钢热影响区的脆化区是指加热温度在（　　）的区域。

　　A. ≥1200℃　　B. $Ac_1 \sim Ac_3$　　C. ≥Ac_3　　　D. ≤Ac_1

66. 低合金结构钢中，含有较多的（　　）时，极易发生热应变脆化现象。

　　A. H　　　　　　B. O　　　　　　C. Mn　　　　　D. N

67. 承受动载荷的角焊缝，其截面形状以（　　）承载能力最低。

　　A. 凹形　　　　　B. 凸形　　　　　C. 等腰平形　　　D. 不等腰平形

68. 对接接头进行强度计算时，（　　）接头上的应力集中。

　　A. 应该考虑　　B. 载荷大时要考虑　C. 不需考虑　　　D. 精确计算时要考虑

69. 对接接头进行强度计算时，（　　）焊缝的余高。

　　A. 应该考虑　　B. 载荷大时要考虑　C. 不需考虑　　　D. 精确计算时要考虑

70. 可以减少或防止焊接电弧磁偏吹的方法是（　　）。

　　A. 采用挡风板　　　　　　　　　B. 在管子焊接时，将管口堵住

　　C. 适当改变焊件上的接地线位置　D. 选用偏心度小的焊条

71. 减少或防止焊接电弧偏吹不正确的方法是（　　）。

　　A. 采用短弧焊　　　　　　　　　B. 适当调整焊条角度

　　C. 采用较小的焊接电流　　　　　D. 采用直流电源

72. 为减小焊接应力应先焊（　　）焊缝。

　　A. 平　　　　　　B. 立　　　　　　C. 仰　　　　　　D. 船形

73. 为减小焊接应力应先焊收缩量（　　）的焊缝。

　　A. 最小　　　　　B. 最大　　　　　C. 中等　　　　　D. 最小或中等

74. 采用（　　）方法焊接直、长焊缝的焊接变形最小。

　　A. 直通焊　　　　　　　　　　　B. 从中段向两端焊

　　C. 从中段向两端逐步退焊　　　　D. 从一端向另一端逐步退焊

75. 焊接热输入越大，晶界低熔相的熔化就越严重，所以，液化裂纹的倾向就（　　）。

　　A. 越大　　　　　B. 越小　　　　　C. 为零　　　　　D. 不变

76. 用锤击焊缝法来减少焊接变形和应力时，对底层和表面焊道一般（　　），以免金属表面冷作硬化。

　　A. 用锤轻击　　B. 用锤重击　　　C. 不锤击　　　　D. 可轻可重

77. 相对弯曲半径和相对壁厚值越小，那么变形就（　　）。

　　A. 越大　　　　　B. 越小　　　　　C. 不变　　　　　D. 越大或越小

78. 弧焊机器人的实际焊缝位置偏向右侧，机器人轨迹（　　）修正。
    A. 向左方　　　　　　B. 向右方　　　　　　C. 向后方　　　　　　D. 不需要

79. （　　）会影响焊接参数在整个焊接过程中的稳定性。
    A. 空气流动速度　　B. 环境温度　　　　C. 空气湿度　　　　D. 电网电压

80. 焊接变位机是通过（　　）的旋转和翻转运动，使所有的焊缝处于最理想的位置进行焊接。
    A. 工件　　　　　　B. 工作台　　　　　　C. 操作者　　　　　　D. 焊机

81. 多层焊时，逐层锤击可以使焊缝产生塑性变形而降低残余应力。因此，锤击焊道表面可以提高焊缝金属的力学性能，特别是（　　）。
    A. 抗拉强度　　　　B. 冲击韧度　　　　C. 屈服强度　　　　D. 弯曲角度

82. 为防止平板对接接头的角变形，可采用（　　）防止变形。
    A. 增加板厚　　　　B. 反变形法　　　　C. 增加根部间隙　　D. 增加坡口角度

83. 改善焊件结构设计，以降低焊接接头的拘束应力，在设计时尽可能地消除应力集中，并且焊前采取预热措施，可有助于防止焊缝（　　）的产生。
    A. 气孔　　　　　　B. 夹渣　　　　　　C. 冷裂纹　　　　　　D. 咬边

84. T形接头降低应力集中的重要措施是（　　）。
    A. 减小焊脚尺寸　　B. 增大焊脚尺寸　　C. 开坡口保证焊透　D. 采用碱性焊条

85. 搭接接头增加正面角焊缝会使（　　）。
    A. 侧面角焊缝的应力集中增加　　　　B. 侧面角焊缝应力集中减小
    C. 对应力集中无影响　　　　　　　　D. 以上都是

86. 应力集中对结构的（　　）影响不大。
    A. 疲劳强度　　　　B. 动载强度　　　　C. 静载强度　　　　D. 以上都是

87. 焊接结构的失效大部分是由（　　）引起的。
    A. 气孔　　　　　　B. 裂纹　　　　　　C. 夹渣　　　　　　D. 咬边

88. 当焊接结构承受（　　）时，容易产生脆性断裂。
    A. 单向拉伸应力　　B. 双向拉伸应力　　C. 三向拉伸应力　　D. 压应力

89. 焊接结构上的缺口处往往会形成局部（　　），导致脆性断裂。
    A. 单向拉伸应力　　B. 双向拉伸应力　　C. 三向拉伸应力　　D. 压应力

90. 低合金结构钢焊接时，过大的焊接热输入会降低接头的（　　）。
    A. 硬度　　　　　　B. 抗拉强度　　　　C. 冲击韧度　　　　D. 疲劳强度

91. 焊接接头中的角变形和错边都会引起附加（　　），因此对结构脆性破坏有影响。
    A. 拉伸应力　　　　B. 压应力　　　　　C. 弯曲应力　　　　D. 以上都是

92. 对于要求抗脆性断裂的材料，通常用（　　）值作为材料的验收指标。
    A. 抗拉强度　　　　B. 屈服强度　　　　C. 硬度　　　　　　D. 冲击韧度

93. 焊接结构承受（　　）时，容易产生疲劳断裂。
    A. 较大的拉伸应力　B. 较大的压应力　　C. 较大的弯曲应力　D. 交变应力

94. 焊接接头的应力集中将显著降低接头的（　　）。
    A. 抗拉强度　　　　B. 冲击韧度　　　　C. 疲劳强度　　　　D. 抗弯强度

95. 焊后消除应力的方法是（　　）。

A. 退火　　　　　　B. 正火　　　　　　C. 淬火　　　　　　D. 后热

96. 关闭主开关，程序运行和焊接时间是（　　）的。

A. 不复位　　　　　B. 复位　　　　　　C. 程序运行复位　　D. 焊接时间复位

97. 焊接残余拉伸应力的危害在于（　　）。

A. 可能引起热裂纹和冷裂纹　　　　　B. 可能引起热裂纹

C. 可能引起冷裂纹　　　　　　　　　D. 可能引起层状撕裂

98. 防止冷裂纹的有效措施是（　　）。

A. 焊前预热　　　　B. 填满弧坑　　　　C. 采用酸性焊条　　D. 焊后快冷

99. 在焊接接头中，熔深较大的对接接头和各种角接接头，其抗裂性（　　）。

A. 较强　　　　　　B. 很强　　　　　　C. 较差　　　　　　D. 一般

100. 用熔化极气体保护焊焊接低碳钢薄板结构时，一般采用（　　），电弧稳定，飞溅小，成形较好，熔深大。

A. 直流反接　　　　B. 直流正接　　　　C. 正反接均可　　　D. 交流

101. 脉冲氩弧焊时，基值电流起（　　）作用。

A. 熔化金属形成熔池　　　　　　　　B. 预热母材

C. 维持电弧燃烧和预热母材　　　　　D. 维持电弧燃烧

102. 钨极氩弧焊熄弧时，采用电流衰减方法的目的是防止产生（　　）。

A. 未焊透　　　　　B. 弧坑裂纹　　　　C. 内凹　　　　　　D. 飞溅

103. 在焊接机器人操作过程中，最简单的编程方法是（　　）编程法。

A. 脱机　　　　　　B. 示教　　　　　　C. 模拟复位　　　　D. 编程台

104. 机器人移动到记忆点有几种方式（　　）。

A. G、GP、PTP　　B. GP　　　　　　C. PTP、GP、GL　　D. GL、GP

105. 编好的程序如需改点位置，经常要进入（　　）状态下操作。

A. 示教　　　　　　B. 点编辑器　　　　C. 自动　　　　　　D. 编辑

106. 命令 ESC 表示（　　）。

A. 调到下一菜单　　　　　　　　　　B. 返回上一级菜单

C. 开始执行选择的开始行到结束行　　D. 取消当前任务

107. 在机器人进行维修工作的时候，为了保护服务和维修人员，操作方式应选择（　　）。

A. OFF　　　　　　B. T1　　　　　　　C. T2　　　　　　　D. AUTO

108. 通过示教板进行工件坐标系定义时需要定义（　　）点。

A. 3 点　　　　　　B. 4 点　　　　　　C. 5 点　　　　　　D. 6 点

109. 整圆命令 CIR(3，4，5，50) 中 50 为（　　）。

A. 圆的直径　　　　B. 圆的周长　　　　C. 圆的半径　　　　D. 过焊量

110. 如果 ROF 命令没有在程序中使用，计算机会自动使用（　　）。

A. ROF(1)　　　　　B. ROE(1)　　　　　C. ROF(2)　　　　　D. ROF(3)

111. 程序名最大能包含（　　）位阿拉伯数字。

A. 七　　　　　　　B. 八　　　　　　　C. 九　　　　　　　D. 十

112. 在双丝焊机械手中，一丝代号是（　　）。

A. 211　　　　　　　B. 212　　　　　　　C. 213　　　　　　　D. 214

113. IGM 焊接机械手从喷嘴喷出的气体流量应达到（　　）。

A. 5L/min　　　　B. 10L/min　　　　C. 20L/min　　　　D. 40L/min

114. 在 IGM 设备使用时，常运用的模式有（　　）。

A. 2 种　　　　　B. 3 种　　　　　　C. 4 种　　　　　　D. 5 种

115. 在 IGM 设备使用时，下列各按键中，（　　）键能完成"在焊接或空走时起到停止该动作的操作"。

A. GETSTEP　　　　B. GOTOSTEP　　　　C. STOP　　　　　D. DRIVES

116. 在 IGM 设备编程操作时，一个子程序可以调用另一个子程序，通常最大的嵌套个数是（　　）。

A. 8 个　　　　　B. 6 个　　　　　　C. 10 个　　　　　D. 12 个

117. IGM 机械手的速度调节共有（　　）方式。

A. 3 种　　　　　B. 4 种　　　　　　C. 5 种　　　　　　D. 6 种

118. 在 IGM 设备中应用了（　　）工作站。

A. 1 种　　　　　B. 2 种　　　　　　C. 3 种　　　　　　D. 4 种

119. 点焊时，焊件与焊件之间的接触电阻（　　）。

A. 越大越好　　　B. 越小越好　　　　C. 正常为好　　　D. 不要过大

120. 点焊不同厚度钢板的主要困难是（　　）。

A. 分流太大　　　B. 产生缩孔　　　　C. 焊核偏移　　　D. 容易错位

121. 在点焊设备焊接过程中，如为了控制熔合偏移，应使用（　　）的规范进行焊接。

A. 大电流、短通电时间　　　　　　　B. 大电流、长通电时间

C. 小电流、短通电时间　　　　　　　D. 小电流、长通电时间

122. 点焊设备自动操作时，如遇到紧急情况时应按（　　）键。

A. 电源开关键　　B. 紧急停止键　　　C. 手动键　　　　D. 锁紧键

123. 点焊设备上汉语"焊接"一词的英语单词是（　　）。

A. TEACH　　　　B. ERROR　　　　　C. DELETE　　　　D. WELD

124. 利用激光器使工作物质受激而产生一种单色性高、方向性强及亮度高的光束，通过聚焦后集中成一小斑点，聚焦后光束功率（　　）极高。

A. 能量　　　　　B. 密度　　　　　　C. 值　　　　　　　D. 效率

125. 按激光工作物质的状态，激光可分为（　　）。

A. 固体　气体　　B. 气体　液体　　　C. 气体　晶体　　D. 固体　YAG

126. CO_2 激光器工作气体的主要成分是（　　）。

A. CO_2、N_2、Ar　B. CO_2、O_2、He　C. CO_2、N_2、He　D. CO_2、O_2、Ar

127. CO_2 激光器中的 CO_2（　　）是产生激光的粒子。

A. 分子　　　　　B. 原子　　　　　　C. 离子　　　　　　D. 中子

128. 激光加热的范围小，约小于 1（　　），在同样焊接厚度的条件下，焊接速度更高。

A. mm　　　　　B. cm　　　　　　　C. μm　　　　　　D. ηm

129. 按激光聚焦后光斑上功率密度的不同，激光焊可分为（　　）焊和深熔焊。

　　　A. 脉冲　　　　　　B. 传热　　　　　　C. 连续　　　　　　D. 断续

130. 用激光焊接较厚的板材时，采用适当的（　　）离焦量，可以获得最大的熔深。

　　　A. 正　　　　　　　B. 负　　　　　　　C. 大　　　　　　　D. 小

131. 奥氏体不锈钢与珠光体耐热钢焊接时，应选择（　　）型的焊接材料。

　　　A. 珠光体耐热钢　　　　　　　　　　　　　　B. 低碳钢

　　　C. 含镍大于12%（质量分数）的奥氏体不锈钢　　D. 铁素体不锈钢

132. 每层焊缝厚度过大时，对焊缝金属的（　　）有不利影响。

　　　A. 强度　　　　　　B. 韧性　　　　　　C. 塑性　　　　　　D. 硬度

133. 在弧焊机械手焊接过程中，为了保证适当的焊缝宽度，还应进行适当的（　　）。

　　　A. 压低点焊　　　B. 横向摆动　　　C. 纵向摆动　　　D. 抬高弧长

134. 弧焊机械手使用 CO_2 气体保护焊的主要问题之一是（　　）。

　　　A. 裂纹　　　　　　B. 飞溅　　　　　　C. 未熔合　　　　　D. 夹渣

135. CO_2 气体保护焊采用直流负极性的飞溅比直流正极性的飞溅（　　）。

　　　A. 大　　　　　　　B. 小　　　　　　　C. 一样大　　　　　D. 大小不确定

136. 实心焊丝型号的开头字母是大写字母（　　）。

　　　A. E　　　　　　　B. H　　　　　　　C. ER　　　　　　　D. HR

137. 反射率是决定激光焊时所需能量的重要参数。所以，在激光焊接过程开始的瞬间，要（　　）光束功率。

　　　A. 相应提高　　　B. 不改变　　　　C. 降低　　　　　　D. 消除

138. 不锈钢切割下料的方式宜选择（　　）。

　　　A. 氧乙炔焰切割　　B. 等离子弧切割　　C. 剪板机下料　　D. 锯削

139. 厚板对接接头时，为了控制焊接变形，宜选用的坡口形式是（　　）。

　　　A. V 形　　　　　　B. X 形　　　　　　C. K 形　　　　　　D. 以上选项均可

140. 下列焊接方法中，（　　）的焊接变形最小。

　　　A. 焊条电弧焊　　B. 埋弧焊　　　　C. CO_2 气体保护焊　D. 电渣焊

141. 薄板焊接易产生（　　）。

　　　A. 波浪变形　　　B. 角变形　　　　C. 弯曲变形　　　　D. 收缩变形

142. 厚板焊接后易出现的情况是（　　）。

　　　A. 焊接变形小，残余应力小　　　　B. 焊接变形小，残余应力大

　　　C. 焊接变形大，残余应力大　　　　D. 焊接变形大，残余应力小

143. 焊接前通常将工件或试板做反变形，其目的是控制（　　）。

　　　A. 扭曲变形和弯曲变形　　　　　　B. 角变形和波浪变形

　　　C. 波浪变形和弯曲变形　　　　　　D. 角变形和弯曲变形

144. 焊接前须对坡口表面及其附近进行清理，如表面有油污，应采用的清理方法是（　　）。

　　　A. 用抹布擦拭　　B. 酸洗　　　　　C. 碱洗　　　　　　D. 火烤

145. 厚板焊接预防冷裂纹的措施是（　　）。

　　　A. 预热　　　　　B. 使用大电流　　C. 降低焊接速度　　D. 焊后热处理

146. 对于承受动载荷的接头不宜采用（　　）。

A. 对接接头　　　　B. T 形接头　　　　C. 搭接接头　　　　D. 角接接头

147. 氧在焊缝金属中的存在形式主要是（　　　）。

A. FeO 夹杂物　　B. SiO_2 夹杂物　　C. MnO 夹杂物　　D. CaO 夹杂物

148. 为了减小焊件的焊接残余变形，选择合理焊接顺序的原则之一是（　　　）。

A. 先焊收缩量大的焊缝　　　　　　B. 对称焊

C. 尽可能考虑焊缝能自由收缩　　　D. 先焊收缩量小的焊缝

149. 焊接时，弧焊电源发热取决于（　　　）。

A. 焊接电流的大小　　　　　　　　B. 焊接电压的大小

C. 焊钳大小　　　　　　　　　　　D. 焊接电流的负载状态

150. 防止弧坑的措施不包括（　　　）。

A. 提高焊工操作技能　　　　　　　B. 适当摆动焊条以填满凹陷部分

C. 在收弧时做几次环形运条　　　　D. 适当加快熄弧

151. 由于电阻率大，热导率小，奥氏体不锈钢焊丝的熔化系数比结构钢焊丝（　　　）。

A. 大得多　　　　B. 小得多　　　　C. 略小　　　　D. 相近

152. TIG 焊熄弧时，采用电流衰减的目的是防止产生（　　　）。

A. 未焊透　　　　B. 内凹　　　　C. 弧坑裂纹　　　　D. 烧穿

153. 缝焊机的滚轮电极为主动时，用于（　　　）。

A. 圆形焊缝　　　　B. 不规则焊缝　　　　C. 横向焊缝　　　　D. 纵向焊缝

154. 异种钢焊接时，选择焊接参数主要考虑的原则是（　　　）。

A. 减小熔合比　　　B. 增大熔合比　　　C. 焊接效率高　　　D. 焊接成本低

155. 电弧挺度对焊接操作十分有利，可以利用它来控制（　　　），吹去覆盖在熔池表面过多的熔渣。

A. 焊缝的成分　　　B. 焊缝的组织　　　C. 焊缝的结晶　　　D. 焊缝的成形

156. 为了保证低合金钢焊缝与母材有相同的耐热、耐腐蚀等性能，应选用与母材（　　　）相同的焊丝。

A. 抗拉强度　　　　B. 屈服强度　　　　C. 成分　　　　D. 塑性

157. 焊接接头热影响区的最高硬度值可以用来间接判断材料（　　　）。

A. 强度　　　　B. 塑性　　　　C. 韧性　　　　D. 焊接性

158. 工件表面的锈蚀未清除干净会引起（　　　）。

A. 热裂纹　　　　B. 冷裂纹　　　　C. 咬边　　　　D. 弧坑

159. 焊条电弧焊时，由于冶金反应在熔滴和熔池内部会产生（　　　）气体，因此引起飞溅现象。

A. CO　　　　B. N_2　　　　C. H_2　　　　D. CO_2

160. 铝及铝合金焊接时产生的裂纹一般是（　　　）。

A. 冷裂纹　　　　B. 热裂纹　　　　C. 再热裂纹　　　　D. 层状撕裂

161. 异种钢接头的焊缝是母材和填充金属混合而成，其稀释的程度由（　　　）熔入焊缝的百分比来决定。

A. 母材　　　B. 填充材料　　　C. 母材+填充材料　　　D. 母材性质

162. 当两种金属的（　　　）相差很大时，焊接后最易导致焊缝成形不良。

　　A. 线胀系数　　　　B. 电磁性　　　　　C. 导热性能　　　　D. 比热容

163. （　　）方法可以确定机器人的 TCP 值。

　　A. 通过测量或程序点　　　　　　　B. 通过程序点

　　C. 通过目测　　　　　　　　　　　D. 通过估值

164. 焊接结构的应变时效会导致（　　）下降。

　　A. 抗拉强度　　　B. 屈服强度　　　C. 硬度　　　　　D. 冲击韧性

165. 中厚板焊接采用多层焊和多层多道焊有利于提高焊接接头的（　　）。

　　A. 耐腐蚀性　　　B. 导电性　　　　C. 强度和硬度　　D. 塑性和韧性

166. 常用来焊接除铝镁合金以外的铝合金的通用焊丝是（　　）。

　　A. 纯铝焊丝　　　B. 铝镁焊丝　　　C. 铝硅焊丝　　　D. 铝锰焊丝

167. 埋弧焊焊缝的自动跟踪系统通常是指电极对准焊缝的（　　）。

　　A. 左棱边　　　　B. 右棱边　　　　C. 中心　　　　　D. 左、右棱边

168. 埋弧焊焊缝自动跟踪传感器的性能，除了通常的指标外，还要能抵抗电弧的（　　）。

　　A. 电磁干扰　　　B. 辐射　　　　　C. 弧光　　　　　D. 烟尘

169. 下列检验方法属于表面检测的是（　　）。

　　A. 金相检测　　　B. 硬度检测　　　C. 磁粉检测　　　D. 致密性检测

170. 检查焊缝中气孔、夹渣等立体状缺陷最好的方法是（　　）检测。

　　A. 磁粉　　　　　B. 射线　　　　　C. 渗透　　　　　D. 超声波

171. 磁粉检测可用来发现焊缝缺陷的位置是（　　）。

　　A. 焊缝深处的缺陷　　　　　　　　B. 表面或近表面的缺陷

　　C. 焊缝的内部缺陷　　　　　　　　D. 夹渣等

172. 渗透检测主要用来探测非铁磁性材料的（　　）的焊接缺陷。

　　A. 焊缝根部　　　B. 表面和近表面　C. 焊层与焊件　　D. 热影响区

173. 对于（　　）材料，磁粉检测将无法应用。

　　A. 低碳素钢　　　B. 低合金结构钢　C. 铁磁性材料　　D. 非铁磁性材料

174. 当检测厚度小于 50mm 的焊缝时，应采用（　　）。

　　A. X 射线检测　　B. γ 射线检测　　C. 超声波检测　　D. 磁粉检测

175. （　　）包括荧光检测和着色检测两种方法。

　　A. 超声波检测　　B. X 射线检测　　C. 磁力检测　　　D. 渗透检测

176. 在胶片上显示出呈略带曲折的、波浪状的黑色细条纹，有时也呈直线状，轮廓较分明，两端较尖细中部稍宽的缺陷属于（　　）。

　　A. 气孔　　　　　B. 裂纹　　　　　C. 夹渣　　　　　D. 未焊透

177. X 光射线检测方法主要用来检验（　　）。

　　A. 焊缝尺寸不符合要求　　　　　　B. 焊瘤及烧穿

　　C. 焊缝的内部缺陷　　　　　　　　D. 焊缝背面凹坑

178. 能正确发现焊缝内部缺陷类型和形状大小的检测方法是（　　）检测。

　　A. 超声波　　　　B. 射线　　　　　C. 磁粉　　　　　D. 着色

179. 着色检测是用来发现各种材料的焊接接头的焊接缺陷，特别是非磁性材料的（　　）。

A. 深层缺陷　　　　B. 表面缺陷　　　　C. 内部缺陷　　　　D. 组织缺陷

180. 测定焊接接头塑性大小的试验是（　　　）。

A. 拉伸试验　　　　B. 金相试验　　　　C. 弯曲试验　　　　D. 冲击试验

181. 焊接接头拉伸试验的目的是测定焊接接头的（　　　）。

A. 抗拉强度　　　　B. 屈服强度　　　　C. 伸长率　　　　D. 断面收缩率

182. 焊接接头弯曲试验的目的是检验焊接接头拉伸面上的（　　　）。

A. 抗拉强度　　　　B. 塑性　　　　C. 韧性　　　　D. 硬度

183. 试样弯曲后，其正面成为弯曲的拉伸面，叫（　　　）。

A. 面弯　　　　B. 背弯　　　　C. 侧弯　　　　D. 纵弯

184. 试样弯曲后，其背面成为弯曲的拉伸面，叫（　　　）。

A. 面弯　　　　B. 背弯　　　　C. 侧弯　　　　D. 纵弯

185. 冲击试验试样的缺口形状均为（　　　）。

A. V 形　　　　B. U 形　　　　C. X 形　　　　D. Y 形

186. 下列试验方法中属于破坏性检验的是（　　　）。

A. 气密性试验　　　　B. 水压试验　　　　C. 沉水试验　　　　D. 弯曲试验

187. 下列试验方法不属于非破坏性检验的方法是（　　　）。

A. 煤油试验　　　　B. 水压试验　　　　C. 氨气试验　　　　D. 疲劳试验

188. Movel 指的是机器人的（　　　）。

A. 直线运动　　　　B. 关节轴运动　　　　C. 圆周运动　　　　D. 以上答案都不对

（三）多项选择题（将正确答案的序号填入括号内）

1. 独立型 PLC 具有的基本功能结构有 CPU 及其控制电路、（　　　）、编程机等外部设备通信的接口和电源。

A. 系统程序存储器　　　　　　　　　B. 用户程序存储器

C. 内部程序存储器　　　　　　　　　D. 输入/输出接口电路

2. 下列选项中可编程序控制器的特点有（　　　）。

A. 可靠性高　　　　　　　　　　　　B. 体积小、重量轻

C. 价格低廉　　　　　　　　　　　　D. 控制程序一经编写不能更改

3. 现代 CNC 机床是由软件程序、伺服驱动、机床本体、（　　　）等几部分组成。

A. 输入输出设备　　　B. 信息存储装置　　　C. 机电接口　　　D. 运算及控制装置

4. 下列选项中（　　　）属于机床的运动精度？

A. 工作台面对所有坐标方向移动的平行度

B. 工作台面对所有坐标方向移动的垂直度

C. 运动部件沿各坐标方向移动的精度　　　D. 回转工作台面的端面圆跳动

5. 每一个程序都是由（　　　）几部分组成。

A. 程序名　　　　B. 程序开始　　　　C. 程序内容　　　　D. 程序结束

6. 数控系统的发展方向有加工高精化、运行高度化、（　　　）、体系开放化。

A. 控制智能化　　　B. 功能复合化　　　C. 交互网络化　　　D. 人工智能化

7. 尺寸在零件图中所起的作用可分为（　　　）。

A. 确定零件形状的定形尺寸　　　　　　B. 确定零件上各表面平行度尺寸

　　　C. 确定零件上各种工艺结构相互位置的定位尺寸

　　　D. 确定零件所处位置的位置尺寸

8. 一张完整的零件图，除了基本视图和辅助视图外，还要注明制造和检验零件的全部技术要求，这些技术要求包括：尺寸公差、（　　　）、表面接触质量等。

　　　A. 形状和位置公差　　　　　　　　B. 表面粗糙度

　　　C. 热处理及表面装饰　　　　　　　D. 材料晶体结构

9. 微型计算机的主机是指（　　　）。

　　　A. 外存储器　　　　B. CPU　　　　C. 内存储器　　　　D. 电源和软驱

10. Windows 操作系统中，下列关于"关闭窗口"的叙述，正确的是（　　　）。

　　　A. 用控制菜单中的"关闭"命令可关闭窗口

　　　B. 关闭应用程序窗口，将导致其对应的应用程序运行结束

　　　C. 关闭应用程序窗口，则任务栏上其对应的任务按钮将从凹变凸

　　　D. 按〈Alt+F4〉键，可关闭应用程序窗口

11. 完整的测量过程包括（　　　）。

　　　A. 被测对象　　　　B. 计量单位　　　　C. 测量方法　　　　D. 测量精度

12. 量规的分类是（　　　）。

　　　A. 工作量规　　　　B. 验收量规　　　　C. 校对量规　　　　D. 试验量规

13. 被测对象的几何量，包括（　　　）等。

　　　A. 长度、角度　　　　　　　　　　B. 表面粗糙度

　　　C. 形状、位置　　　　　　　　　　D. 其他复杂零件中的几何参数

14. 以下说法正确的是（　　　）。

　　　A. 如果工件上有不需要加工的表面时，应选择不需要加工的表面作为粗基准

　　　B. 如果工件有较多的表面需要加工时，应选择余量小、加工要求高的表面作为粗基准

　　　C. 应选择平整、光洁、制造比较可靠、没有飞边、毛刺及浇冒口等缺陷的表面作为粗基准

　　　D. 粗基准不能重复使用

15. 下列叙述正确的是（　　　）。

　　　A. 图形的轮廓线可作尺寸界线　　　B. 图形的轴线可作尺寸界线

　　　C. 图形的剖面线可作尺寸界线　　　D. 图形的对称中心线可作尺寸界线

16. 在熔化焊过程中，可能产生的对人体有害的气体主要有（　　　）。

　　　A. 臭氧　　　　B. 一氧化碳　　　　C. 二氧化碳　　　　D. 氮氧化合物

17. 以下选项中，可以提高钢的韧性的有（　　　）。

　　　A. 加入 Ti、V、W、Mo 等强碳化物形成元素

　　　B. 提高回火稳定性　　C. 改善基体韧性　　D. 细化碳化物

18. 弧光中的紫外线可造成对人眼睛的伤害，引起（　　　）。

　　　A. 畏光　　　　B. 眼睛剧痛　　　　C. 白内障　　　　D. 电光性眼炎

19. 衡量构件承载能力的因素有（　　　）。

　　　A. 构件具有足够的强度　　　　　　B. 构件具有足够的刚度

  C. 对于细长杆具有足够的稳定性   D. 构件具有足够的弹性变形量

20. 焊接工作前，焊接机械手操作工应对焊工防护鞋进行安全检查，下列属于安全检查内容的是（   ）。

  A. 鞋底是否用绝缘橡胶制作   B. 鞋底不应有破损，不能有铁钉

  C. 绝缘鞋不能潮湿   D. 新旧程度

21. 正弦交流电的三要素包括（   ）。

  A. 最大值   B. 频率   C. 相位   D. 最小值

22. 常用的单一热处理工艺方法有（   ）。

  A. 淬火   B. 回火   C. 调质   D. 退火

23. 下列保证电焊设备安全使用的技术数据有（   ）。

  A. 输入电压   B. 额定电流   C. 空载电压   D. 额定负载持续率

24. 通过低碳钢拉伸破坏试验可测定（   ）。

  A. 屈服强度   B. 强度极限   C. 伸长率   D. 断面收缩率

25. 所有脆性材料与塑性材料相比，以下说法错误的是（   ）。

  A. 强度低，对应力集中不敏感   B. 相同拉力作用下变形小

  C. 断裂前几乎没有塑性变形   D. 应力-应变关系严格遵循胡克定律

26. 关于刀具补偿，下列说法正确的是（   ）。

  A. 编程时需要考虑刀具半径或长度，不能直接按照图样尺寸编程

  B. 由于刀具磨损、更换等原因引起的刀具相关尺寸变化不必重新编写程序，只需修改相应的刀补参数

  C. 对于同一个零件的粗精加工等多道工序，可使用同一程序，只需将各工序预留的加工余量加入刀补参数即可

  D. 更换刀具时，不需改变刀具补偿参数

27. 国家标准中规定表面粗糙度的主要评定参数有（   ）。

  A. Re B. Ry C. Rz D. Ra

28. 对于径向全跳动公差，下列论述正确的有（   ）。

  A. 属于形状公差   B. 属于位置公差   C. 属于跳动公差

  D. 当径向全跳动误差不超差时，圆柱度误差也肯定不超差

29. 对于尺寸链封闭环的确定，下列论述正确的有（   ）。

  A. 图样中未注尺寸的那一环   B. 在装配过程中最后形成的一环

  C. 精度最高的那一环   D. 在零件加工过程中最后形成的一环

30. 下列配合零件，应选用过盈配合的有（   ）。

  A. 需要传递足够大的转矩   B. 不可拆连接

  C. 有轴向运动   D. 承受较大的冲击负荷

31. 画半剖视图时必须注意的问题有（   ）。

  A. 半剖视图中，因机件的内部形状已由半个剖视图表达清楚，所以在不剖的半个外形视图中，表达内部形状的虚线，应省去不画

  B. 画半剖视视图，不影响其他视图的完整性

  C. 半剖视图中间应画细点画线，不应画成粗实线

D. 半剖视图的标注方法与全剖视图的标注方法相同

32. 槽钢的变形有（　　）。
    A. 扭曲　　　　　　B. 弯曲　　　　　　C. 翼板局部变形　　D. 角变形

33. 按脱氧程度分类，可将钢分为（　　）。
    A. 镇静钢　　　　　B. 半镇静钢　　　　C. 半沸腾钢　　　　D. 沸腾钢

34. 在焊接过程中，产生的物理有害因素包括（　　）。
    A. 焊接弧光　　　　B. 焊接烟尘　　　　C. 有害气体　　　　D. 高频电磁波

35. 根据加热、冷却方法的不同，热处理可分为（　　）。
    A. 退火　　　　　　B. 正火　　　　　　C. 淬火　　　　　　D. 回火

36. 力学性能包括（　　）和疲劳强度等。
    A. 强度　　　　　　B. 塑性　　　　　　C. 硬度　　　　　　D. 韧性

37. 铁碳平衡相图是表示在缓慢加热（或冷却）条件下，铁碳合金（　　）之间的关系。
    A. 成分　　　　　　B. 性能　　　　　　C. 温度　　　　　　D. 组织

38. 氩弧焊影响人体的有害因素主要是（　　）。
    A. 放射性　　　　　B. 高频电磁　　　　C. 有害气体　　　　D. 飞溅灼伤

39. 金属材料常用的力学性能指标有（　　）。
    A. 密度　　　　　　B. 塑性　　　　　　C. 强度　　　　　　D. 硬度

40. 矫正的方法有（　　）。
    A. 机械矫正　　　　B. 手工矫正　　　　C. 火焰矫正　　　　D. 高频热度矫正

41. 常用的钢的硬度指标有布氏（　　）三种。
    A. 洛氏　　　　　　B. 维氏　　　　　　C. 贝氏体　　　　　D. 魏氏体

42. 以下选项中非手动夹具有（　　）。
    A. 气动夹具　　　　B. 液压夹具　　　　C. 电力夹具　　　　D. 磁力夹具

43. 电容器的主要性能指标是（　　）。
    A. 标称容量　　　　B. 允许误差　　　　C. 额定工作电压　　D. 额定电流

44. 焊接烟尘的危害与（　　）相关。
    A. 工件金属材质　　B. 焊丝　　　　　　C. 药皮　　　　　　D. 清洗剂或除脂剂

45. 产生系统误差的原因有（　　）。
    A. 仪器误差　　　　B. 方法误差　　　　C. 环境误差　　　　D. 读数误差

46. 偶然误差的规律性有（　　）。
    A. 绝对值相等的正的误差和负的误差出现的机会相同
    B. 绝对值小的误差比绝对值大的误差出现的机会多
    C. 超出一定范围的误差基本不出现　　D. 测量数值呈正态分布

47. 下列焊接方法属于电阻焊有（　　）。
    A. 21　　　　　　　B. 22　　　　　　　C. 156　　　　　　　D. 181

48. 目前 PLC 编程主要采用的编程工具有（　　）。
    A. 计算机　　　　　B. 闪存　　　　　　C. 手持编程器　　　D. 数控设备

49. 异步串行通信接口有（　　）。

A. RS232   B. RS48   C. RS422   D. RS486

50. 工厂自动化控制的实现方式有（　　　）。

    A. 单片机   B. 继电控制系统   C. PLC   D. 工控机

51. 焊缝检验尺通常用来检测（　　　）。

    A. 焊前坡口尺寸   B. 坡口间隙   C. 错边   D. 夹渣长度

52. 焊接过程中，控制氧的措施主要有（　　　）等。

    A. 钝化焊接材料   B. 控制焊接参数   C. 压弧焊接   D. 脱氧

53. 根据搅拌头的旋转速度，搅拌摩擦焊接规范可以分为（　　　）。

    A. 热规范   B. 冷规范   C. 弱规范   D. 强规范

54. 搅拌摩擦焊接主要有（　　　）等焊接缺陷。

    A. 未焊透   B. 孔洞   C. 黑线   D. 咬边

55. CO_2 激光器工作气体的主要成分是（　　　）。

    A. CO_2 B. N_2 C. CO   D. He

56. 脉冲激光焊的焊接参数主要有（　　　）。

    A. 脉冲能量   B. 脉冲宽度   C. 功率密度   D. 离焦量

57. 连续 CO_2 激光焊的焊接参数主要有（　　　）。

    A. 激光功率   B. 焊接速度   C. 光斑直径   D. 离焦量

58. 对自动控制系统性能的基本要求有（　　　）。

    A. 稳定性   B. 快速性   C. 准确性   D. 振动性

59. 按控制系统的基本结构可分为（　　　）等控制系统。

    A. 开环   B. 闭环   C. 恒值   D. 随动

60. 机械手是焊接机器人的执行机构，它主要由（　　　）等组成。

    A. 驱动器   B. 传动机构   C. 关节   D. 编码盘

61. 焊接接头的基本属性是（　　　）。

    A. 不均匀性   B. 强度低   C. 应力集中   D. 缺陷多

62. 熔焊焊接接头的组成部分包括（　　　）。

    A. 焊缝金属   B. 熔合区   C. 热影响区   D. 母材金属

63. 易使焊接接头产生应力集中的因素有（　　　）。

    A. 余高过大   B. 未焊透   C. 咬边   D. 裂纹

64. 易诱发焊接结构产生疲劳破坏的因素有（　　　）。

    A. 残余拉伸应力   B. 应力集中

    C. 残余压应力   D. 焊缝表面的强化处理

65. 焊接过程中检查的项目有（　　　）。

    A. 焊工证书的有效性   B. 坡口制备的正确性

    C. 主要焊接参数   D. 焊接材料的正确使用

66. 焊接结构进行焊后热处理的目的有（　　　）。

    A. 消除或降低焊接残余应力   B. 提高焊接接头的韧性

    C. 防止焊接区扩散氢的聚集   D. 减少焊接变形

67. 以下选项中对插补的描述正确的有（　　　）。

A. 示教点间的插补类型就是运动方式

B. 插补类型只有直线插补和圆弧插补两类

C. 在圆弧插补中，如果示教并保存的点少于三个连续的点，示教点的动作轨迹将自动变为直线

D. 直线插补适用于圆弧起始点

68. 焊接生产中使用工装的目的是（　　）。

    A. 改善施焊位置　　　B. 减少焊接变形　　　C. 增加成本　　　D. 对工人技术要求高

69. 焊接生产中降低应力集中的措施有（　　）。

    A. 合理的结构形式　　　　　　　　B. 多采用对接接头

    C. 避免焊接缺陷　　　　　　　　　D. 对焊缝表面进行强化处理

70. 常用的消除焊接残余应力的方法有（　　）。

    A. 热处理法　　　B. 机械拉伸法　　　C. 振动法　　　D. 锤击法

71. 焊接生产中，常用的控制焊接变形的工艺措施有（　　）。

    A. 残余量法　　　B. 反变形法　　　C. 减少焊缝的数量　　　D. 刚性固定法

72. 防止脆断的合理焊接结构设计原则为（　　）。

    A. 减少应力集中　　　B. 增大结构刚性　　　C. 采用大厚度截面　　　D. 重视次要焊缝设计

73. 以下关于弧焊机械手的直线摆动插补描述正确的有（　　）。

    A. 直线摆动插补应设定摆动的幅度和频率

    B. 直线摆动应设定摆动的形式

    C. 直线摆动应设定摆动的主运动轨迹方向上的运动速度

    D. 直线摆动只需要保存 4 个示教点

74. 焊接结构经过检验，当（　　）时，均需进行返修。

    A. 焊缝内部有超过无损检测标准的缺陷　　　B. 焊缝表面有裂纹

    C. 焊缝表面有气孔　　　　　　　　　　　　D. 焊缝收尾处有大于 0.5mm 深的坑

75. 增加熔滴温度会产生（　　）。

    A. 增加金属的表面张力系数　　　　　　B. 减小金属表面张力系数

    C. 增加熔滴尺寸　　　　　　　　　　　D. 减小熔滴尺寸

76. 氢对焊缝金属的影响有（　　）。

    A. 强度严重下降　　　　　　　　　　　B. 塑性严重下降

    C. 产生气孔和裂纹　　　　　　　　　　D. 拉伸试样的端面上形成白点

77. 为增加奥氏体不锈钢焊件的耐蚀性，焊后表面应进行处理，处理的方法有（　　）。

    A. 抛光　　　B. 固化　　　C. 钝化　　　D. 净化

78. 焊接残余应力有（　　）。

    A. 点应力　　　B. 线应力　　　C. 平面应力　　　D. 体积应力

79. 交流氩弧焊时，矩形波与正弦波相比（　　）。

    A. 电流增长快　　　B. 电流增长慢　　　C. 再引燃容易　　　D. 再引燃难

80. 铝合金焊接时防止气孔的主要措施是（　　）。

    A. 严格清理焊件和焊丝表面　　　　　　B. 预热时降低冷却速度

    C. 选用 Si 含量为 5%（质量分数）的铝硅焊丝

D. 氩气纯度应大于 99.99%（体积分数）

81. 奥氏体不锈钢的焊后处理方法有（　　）。

    A. 抛光　　　　　　　B. 喷丸　　　　　　　C. 钝化　　　　　　　D. 回火

82. 在结构设计和焊接方法确定的情况下，采用（　　）方法能够减小焊接应力。

    A. 采用合理的焊接顺序和方向　　　　　B. 采用较小的焊接热输入

    C. 采用整体预热　　　　　　　　　　　D. 锤击焊缝金属

83. 低温消除应力处理，适用的情况是（　　）。

    A. 大型结构无法整体热处理　　　　　　B. 焊接件的板厚在 50mm 以上

    C. 材料和焊缝的屈服强度在 400MPa 以上

    D. 补焊后的焊接接头

84. 焊丝表面进行镀铜处理，其目的主要是（　　）。

    A. 提高焊丝的导电性　　　　　　　　　B. 提高焊丝的传热性

    C. 提高焊丝的导磁性　　　　　　　　　D. 有利于焊丝的润滑

85. 所有脆性材料与塑性材料相比，以下说法错误的是（　　）。

    A. 强度低，对应力集中不敏感　　　　　B. 相同拉力作用下变形小

    C. 断裂前几乎没有塑性变形　　　　　　D. 应力-应变关系严格遵循胡克定律

86. 交流电弧中断后再引燃的难易程度，主要决定于（　　）。

    A. 阳极区的电流强弱　　　　　　　　　B. 阴极区发射电子的能力

    C. 弧柱的导电能力　　　　　　　　　　D. 焊接材料

87. 属于焊接结构特点的是（　　）。

    A. 减轻结构重量　　　　　　　　　　　B. 刚性小

    C. 存在残余应力和变形　　　　　　　　D. 节省制造工时

88. 焊前检验通常包括（　　）等。

    A. 焊工资格确认　　B. 焊接材料确认　　C. 装配质量检验　　D. 预热温度检测

89. 焊接热循环的主要参数有加热速度、（　　）、相变停留时间等。

    A. 加热最高温度　　B. 冷却速度　　　　C. 热输入量　　　　D. 加热最低温度

90. 材料对脆性断裂影响包括（　　）。

    A. 厚度　　　　　　B. 晶粒度　　　　　C. 强度　　　　　　D. 化学成分

91. 以下选项中关于机器人的工具补偿 TCP 描述正确的有（　　）。

    A. 工具补偿即确定工具中心点 TCP 的位置

    B. 如果工具补偿设置的 TCP 不正确，机器人将不能正确控制工具尖端的运动速度
或不能正确地进行运动轨迹插补

    C. 在工具坐标系中手动操作机器人时，如果工具补偿 TCP 不正确，将会造成机器
人运动异常

    D. 机器人根据所设置的补偿值来计算它控制点的位置及工具的运动方向

92. 对焊接电缆的要求是（　　）。

    A. 要有足够的导电截面面积　　　　　　B. 柔软性好

    C. 导体电阻必须很小　　　　　　　　　D. 绝缘良好

93. 以下选项中关于机器人原点调整的描述正确的有（　　）。

A. 原点调整是机器人各个轴的原点进行初始零位调整

B. 原点调整的目的是焊接机器人重复精度的保证，是以初始位置的零位作为基准的

C. 可以通过示教操作调整主轴或外部轴的原点

D. 机器人在初次使用时，可以不用原点调整

94. 根据破坏事故的现场分析，焊接缺陷中危害最大的是（　　　）。
    A. 气孔　　　　　　B. 咬边　　　　　　C. 夹渣　　　　　　D. 未焊透

95. 电阻焊的接触电阻大小与（　　　）有关。
    A. 焊接电流　　　　B. 焊接电压　　　　C. 电极压力　　　　D. 材料性质

96. 钨极氩弧焊时，通常要求钨极具有（　　　）等特性。
    A. 电流容量大　　　B. 脱氧　　　　　　C. 施焊损耗小　　　D. 引弧性好

97. CO_2 气体保护焊，焊接回路中串联电感，可以调节（　　　），达到控制熔深的目的。
    A. 电弧燃烧时间　　　　　　　　　　B. 短路电流增长速度
    C. 焊接电流　　　　　　　　　　　　D. 焊接速度

98. 焊接过程中，与氮气发生作用的金属，如（　　　），要特别注意防止焊缝金属的氮化。
    A. 铜　　　　　　　B. 镍　　　　　　　C. 铁　　　　　　　D. 钛

99. 以下选项中关于机器人在平角圆周焊示教时描述正确的有（　　　）。
    A. 示教开始位置要从离机器人较近的位置开始
    B. 工件的位置和高度不能影响手腕轴的正常旋转
    C. 开始位置用低电流，搭接位置加大规范
    D. 应保持干伸长和焊枪角度

100. 防止未熔合的措施主要有（　　　）。
    A. 焊条和焊炬的角度要合适　　　　B. 焊条和焊剂要严格烘干
    C. 认真清理焊件坡口和焊缝上的脏物　D. 防止电弧偏吹

101. 焊接应力对结构的影响主要有（　　　）。
    A. 引起裂纹
    B. 促使发生应力腐蚀
    C. 降低结构的承载能力
    D. 产生变形，影响构件机械加工精度和外形尺寸的稳定性

102. 恰当地选择装配次序、焊接次序是控制焊接结构（　　　）的有效措施之一。
    A. 应力　　　　　　B. 硬度　　　　　　C. 塑性　　　　　　D. 变形

103. 熔合比的大小取决于（　　　）、接头形式、母材性质等因素。
    A. 焊接方法　　　　B. 焊接规范　　　　C. 热处理条件　　　D. 合金元素

104. 淬火的目的是得到（　　　）组织。
    A. 奥氏体　　　　　B. 马氏体　　　　　C. 贝氏体　　　　　D. 渗碳体

105. 刚性固定法，反变形法主要用来预防焊接梁后产生的（　　　）。
    A. 弯曲变形　　　　B. 角变形　　　　　C. 波浪变形　　　　D. 扭曲变形

106. 对于同一种焊接方法，施焊时采用的热输入越大，则（　　　）。

A. 高温下停留的时间越长   B. 过热越严重

C. 奥氏体晶体长的越细   D. 越容易得到魏氏体组织

107. 对焊接区域碱性保护的目的是（   ）。

     A. 减少焊缝金属中氮的含量   B. 减少焊缝金属中氢的含量

     C. 减少焊缝金属中硫的含量   D. 减少焊缝金属中氧的含量

108. 钢材选择焊后热处理的温度时，以下正确的选择是（   ）。

     A. 一般应在 A_1 线以下 $30 \sim 50$℃   B. 一般应在 A_1 线以上 $30 \sim 50$℃

     C. 对调质钢，应高于调质处理时的回火温度

     D. 对异种钢，按合金成分低一侧钢材的 A_1 线选择

109. 对有冷裂纹倾向的钢，如果焊接中断，则（   ）。

     A. 不论焊件是否焊完，只要焊后不立即进行焊后热处理，均应在焊接停止后立即后热

     B. 不论焊件是否焊完，只要焊后立即进行后热，即可冷却到室温

     C. 下次焊接时，应提高预热温度

     D. 下次焊接时，必须重新预热

110. 磷在钢中也是有害元素，它在钢中主要以（   ）形式存在。

     A. FeP   B. Fe_2P C. Fe_3P D. Fe_4P

111. 克服磁偏吹的方法有（   ）。

     A. 改变接地线位置   B. 调整焊条角度

     C. 减少焊条偏心   D. 增加焊接电流

112. 退火的目的是（   ）。

     A. 降低钢硬度   B. 提高塑性   C. 利于切削加工   D. 提高强度

113. 在弧焊机器人焊接时，缩短焊接节拍的方法有（   ）。

     A. 减少起、收弧时间   B. 提前起弧

     C. 提前收弧   D. 增大电压

114. 焊缝金属常用的脱氧方法有（   ）。

     A. 气化脱氧   B. 扩散脱氧   C. 碳化脱氧   D. 脱氧剂脱氧

115. 焊接过程中影响温度场的因素有（   ）。

     A. 热源性质   B. 焊接热输入

     C. 被焊金属热物理性能   D. 焊件板厚及形状

116. 电弧产生磁偏吹与（   ）无关。

     A. 采用交流电源   B. 采用直流电源   C. 接地线位置   D. 焊条偏心度过大

117. 以下选项中关于机器人焊枪的指向位置描述正确的有（   ）。

     A. 焊枪的指向位置对焊缝成形没有影响

     B. 焊接薄板时原则上指向焊缝

     C. 板厚不同时，焊丝指向较薄板

     D. 有焊接间隙时，焊丝应指向离焊枪较近的一块板

118. 以下选项中关于机器人焊枪的移动方向描述正确的有（   ）。

     A. 焊枪的移动方向对焊缝成形没有影响

     B. 一般在平角焊和薄板焊接时采用左焊法

C. 左焊法容易观察焊缝，气体保护效果不好，熔深大

D. 右焊法焊道较窄，余高较高，熔深较深

119. 选择低合金结构钢焊接材料时，应按"等强度原则"选择与母材强度相当的焊接材料，并综合考虑焊缝金属的（　　　）等。

  A. 韧性　　　　　　B. 塑性　　　　　　C. 抗裂性能　　　　D. 硬度

120. 以下选项中影响焊接的主要因素有（　　　）和条件因素。

  A. 材料因素　　　B. 工艺因素　　　C. 结构因素　　　D. 保护气体

121. 影响焊接的工艺因素有（　　　）、坡口形式和加工质量等。

  A. 焊接方法　　　B. 预热、后热措施　C. 层间温度控制　D. 工作温度高低

122. 以下选项中对弧焊机械手的焊接电压描述正确的有（　　　）。

  A. 焊接电压又称电弧电压，用于提供焊接能量

  B. 焊接电压越高，焊接能量越大，焊丝熔化速度越快

  C. 在参数设置时，焊接电流与焊接电压不存在匹配关系

  D. 焊接电压对焊接的热输入有影响

123. 有色金属焊接时适宜的焊接方法有（　　　）。

  A. 熔化极气体保护焊　　　　　　　B. 钨极氩弧焊

  C. CO_2 气体保护焊　　　　　　　　D. 电子束焊

124. 在焊接材料选择时需考虑（　　　）等因素。

  A. 焊接性　　　　　B. 工艺性　　　　　C. 经济性　　　　D. 母材的化学成分

125. 消除焊接应力的方法有（　　　）。

  A. 高温回火法　　B. 拉伸法　　　　C. 振动法　　　　D. 爆炸法

126. 焊瘤不仅影响焊缝的成形，而且在焊瘤的部位，往往还存在（　　　）缺陷。

  A. 裂纹　　　　　　B. 夹渣　　　　　　C. 未焊透　　　　D. 穿晶

127. 调质处理的钢与正火处理的钢相比，不仅强度高，而且（　　　）也远高于正火钢。

  A. 比重　　　　　　B. 体积　　　　　　C. 塑性　　　　　D. 韧性

128. 合金过渡的目的是（　　　）。

  A. 补偿合金元素的损失　　　　　　B. 消除焊接缺陷

  C. 改善焊缝金属的组织和性能　　　D. 保护母材

129. 能提高钢与镍及其合金焊接时抗气孔能力的元素是（　　　）。

  A. Mn　　　　　　B. Ti　　　　　　C. Al　　　　　　D. Cu

130. 弧焊机器人起弧不良会引起（　　　）。

  A. 大颗粒飞溅　　B. 引弧部位无焊道　C. 熔深不足　　　D. 焊穿

131. 控制复杂结构件焊接变形的焊后热处理方法是（　　　）。

  A. 正火　　　　　　B. 淬火　　　　　　C. 退火　　　　　D. 高温回火

132. 低碳钢焊缝二次结晶后的组织是（　　　）。

  A. 奥氏体　　　　B. 铁素体　　　　C. 珠光体　　　　D. 渗碳体

133. 对电焊机供电装置的要求是可输出（　　　）。

  A. 大电流，高电压　B. 大电流　　　　C. 低电压　　　　D. 小电流

134. 引起点焊飞溅的因素有（　　　）。

　　A. 焊接电流　　　　B. 焊接压力　　　　C. 电极表面状态　　D. 母材表面状态

135. 以下针对弧焊机器人的焊接节拍，说法正确的有 （　　　）。

　　A. 删除多余的示教点可以缩短弧焊机器人的焊接节拍

　　B. 提高焊接速度增大电流、调整波形可以缩短弧焊机器人的焊接节拍

　　C. 上坡焊接缩短弧焊机器人的焊接节拍

　　D. 下坡焊接缩短弧焊机器人的焊接节拍

136. 为 （　　　） 所采用的夹具叫做焊接夹具。

　　A. 保证焊件尺寸　　B. 提高焊接效率　　C. 提高装配效率　　D. 防止焊接变形

137. CLOOS 焊接机械手使用 QUINTO503 焊机主要参数值是 （　　　）。

　　A. 焊接速度和送丝速度　　　　　　　B. 脉冲频率、脉冲适配及脉冲宽度

　　C. 摆动频率、摆动幅度　　　　　　　D. 焊枪高度

138. 以下点焊缺陷属于内部缺陷的是 （　　　）。

　　A. 裂纹　　　　　　　B. 缩孔　　　　　　C. 溢出　　　　　　D. 核心偏移

139. 弧焊和点焊机器人，都应具有 （　　） 功能。

　　A. 直线插补　　　　B. 圆周插补　　　　C. 圆弧插补　　　　D. 曲线插补

140. 按受力情况不同焊接可分为 （　　　）。

　　A. 工作焊缝　　　　B. 联系焊缝　　　　C. 点焊缝　　　　　D. 断续焊缝

141. 确定工装夹具的结构时，应注意 （　　　）。

　　A. 工装夹具应具有足够的强度和刚度

　　B. 焊接操作灵活

　　C. 产品在装配、定位焊或焊接后能够从工装夹具中顺利取出

　　D. 应具有良好的工艺性

142. 焊接工艺性研究的主要内容有 （　　　）。

　　A. 焊接接头设计　　B. 焊接材料　　　　C. 焊前预热　　　　D. 层间温度

143. 机器人的焊接节拍包括 （　　　）。

　　A. 焊接时间　　　　B. 机器人移动时间　C. 起弧时间　　　　D. 收弧时间

144. 在弧焊机械手的其他参数不变时，以下对焊接速度的描述正确的有 （　　　）。

　　A. 焊接速度过快，熔深变浅　　　　　B. 焊接速度过快，焊道宽变宽

　　C. 焊接速度过快，熔深变深　　　　　D. 焊接速度过快，焊道宽变窄

145. 在弧焊机械手的其他参数不变时，以下对焊接速度的描述正确的有 （　　　）。

　　A. 焊接速度过慢，余高会变高　　　　B. 焊接速度过慢，余高会变低

　　C. 焊接速度过慢，容易产生咬边　　　D. 焊接速度过慢，很难产生咬边

146. 以下对弧焊机械手焊丝干伸长度的描述正确的有 （　　　）。

　　A. 焊丝干伸长度过短，焊接熔深变深　B. 焊丝干伸长度过长，气体保护效果不好

　　C. 焊丝干伸长度过短，容易产生气孔　D. 焊丝干伸长度过长，电弧稳定性差

147. 焊接过程中促使焊缝热裂的化学元素有 （　　　）。

　　A. C　　　　　　　　B. Mn　　　　　　C. Mo　　　　　　　D. S

148. IGM 焊接机械手使用 FRONIUS 焊机主要参数值是 （　　）。
　　A. 焊接功率　　　　B. 弧长修正　　　　C. 摆动频率　　　　D. 摆宽及摆高

149. 钨极氩弧焊采用直流反接时，会（　　）。
　　A. 提高电弧稳定性　　　　　　　　B. 产生阴极破碎作用
　　C. 使焊缝夹钨　　　　　　　　　　D. 使钨极熔化

150. 点焊间距与（　　）等因素有关。
　　A. 被焊件的厚度　　B. 焊核直径　　　　C. 装配间隙　　　　D. 母材

151. 防止咬边的方法包括（　　）。
　　A. 正确的操作方法和角度　　　　　B. 选择合适的焊接电流
　　C. 装配间隙不合适　　　　　　　　D. 电弧不能过长

152. 搅拌摩擦焊的焊接压力与（　　）有关。
　　A. 工件的强度　　B. 搅拌头的形状　　C. 接头形式　　　　D. 工件的刚度

153. 搅拌摩擦焊的插入速度与（　　）有关。
　　A. 工件的强度　　B. 搅拌针的类型　　C. 板材厚度　　　　D. 工件的刚度

154. 搅拌头的旋转速度与（　　）有关。
　　A. 焊接速度　　　　B. 焊接材料特性　　C. 搅拌针的类型　　D. 接头形式

155. 搅拌针的类型有（　　）。
　　A. 锥形　　　　　　B. 柱形　　　　　　C. 方形　　　　　　D. T 形

156. 搅拌摩擦焊可以焊接的金属材料有（　　）。
　　A. 铝合金　　　　　B. 镁合金　　　　　C. 铜合金　　　　　D. 钛合金

157. 在（　　）焊接方法中，阳极温度大于阴极温度。
　　A. 焊条电弧焊　　　　　　　　　　B. 埋弧焊
　　C. 二氧化碳气体保护焊　　　　　　D. 钨极氩弧焊

158. 焊接机器人按结构坐标系特点可分为（　　）机器人。
　　A. 直角坐标系　　B. 圆柱坐标系　　　C. 球坐标系　　　　D. 全关节型机器人

159. 在（　　）焊接方法中，阴极温度大于阳极温度。
　　A. 钨极氩弧焊　　B. 埋弧焊　　　　　C. CO_2 气体保护焊　D. 熔化极氩弧焊

160. 产生焊瘤的原因有（　　）。
　　A. 焊接电流过大　　B. 焊接电流过小　　C. 焊速太快　　　　D. 焊速太慢

161. 焊接工艺规程以焊接工艺评定报告为依据，一般有（　　）等形式。
　　A. 说明细则　　　　B. 焊接工艺流程　　C. 焊接工艺卡　　　D. 焊接工艺守则

162. 焊接工艺评定应该包括（　　）等过程。
　　A. 拟定焊接工艺评定任务书　　　　B. 编写焊接工艺评定报告
　　C. 评定焊接缺陷对结构的影响　　　D. 编制焊接工艺规程

163. 点焊焊接参数的选择就是确定出焊接每个焊点所需的（　　）。
　　A. 电极直径　　　　B. 焊接电流　　　　C. 通电时间　　　　D. 焊接压力

164. 影响点焊分流的因素有（　　）。

  A. 点焊间距   B. 焊接电流   C. 焊件表面状态 D. 焊接压力

165. 以下的选项中会产生焊核偏移的有（ ）。

  A. 焊接的板厚不同   B. 焊接两种导电性不同的材料

  C. 焊接两种导热性不同的材料   D. 焊接表面状态不同

166. 以下选项中关于点焊的焊核偏移描述正确的有（ ）。

  A. 焊接的板厚不同时，焊核偏向厚板侧

  B. 采用强规范可以减小焊核偏移

  C. 焊核偏向导热性差、电阻率大的一侧

  D. 增加电极压力可以克服焊核偏移

167. 以下选项中关于点焊分流描述正确的有（ ）。

  A. 焊接时不通过焊接区而流经焊件其他部分的电流为分流

  B. 增大焊接电流，可以补偿分流

  C. 为了避免点焊分流，点焊间距越小越好

  D. 分流对单面双点焊接影响较小

168. 超声波检测具有（ ）等优点。

  A. 对平面形缺陷灵敏度高   B. 检测周期短

  C. 直观性强   D. 对缺陷尺寸判断准确

169. 射线检测可以利用照相法，将焊缝内部焊接缺陷的（ ）清晰地呈现在底片上，作为评定焊缝质量依据。

  A. 尺寸大小   B. 相对位置   C. 数量   D. 形状

170. 渗透检测不包括（ ）方法。

  A. 着色检测   B. 磁粉检测   C. 荧光检测   D. γ射线检测

171. 下面不能检查非磁性材料焊接接头表面缺陷的有（ ）。

  A. X射线检测 B. 超声波检测 C. 荧光检测   D. 磁粉检测

172. 按检验制度分类，焊接检验主要包括（ ）。

  A. 监督检验   B. 自检   C. 互检   D. 专检

173. 通过焊接性试验，可以用来（ ）。

  A. 选定适合母材的焊接材料   B. 确定合适的焊接参数

  C. 确定焊接接头的抗拉强度   D. 确定合适的热处理参数

174. 焊接检验的目的是（ ）。

  A. 发现焊接缺陷   B. 检验焊接接头的性能

  C. 测定焊接残余应力   D. 确保产品的安全使用

175. 焊接结构进行密封性试验的方法有（ ）。

  A. 气密性试验 B. 弯曲试验 C. 煤油试验   D. 沉水试验

176. 根据试样的缺口形式，冲击韧性试验可分为（ ）两种。

  A. T形缺口   B. X形缺口   C. U形缺口   D. V形缺口

177. 焊接接头的弯曲试验标准规定了金属材料焊接接头的（ ），用以检验接头拉伸面上的塑性及显示缺陷。

A. 横向正弯试验　　B. 横向侧弯试验　　C. 横向背弯试验　　D. 纵向正弯试验

178. 用低碳钢标准试件在做拉伸实验过程中，将会出现（　　）等极限应力。

A. 比例极限　　　　B. 弹性极限　　　　C. 屈服强度　　　　D. 强度极限

179. 拉伸试验是为了测定焊接接头或焊缝金属的（　　）、延伸率和断面收缩率等力学性能指标。

A. 冲击韧性　　　　B. 屈服强度　　　　C. 抗拉强度　　　　D. 硬度

180. 熔敷金属力学性能试验包括（　　）。

A. 拉伸试验　　　　B. 焊接试验　　　　C. 硬度试验　　　　D. 冲击试验

181. 焊接接头硬度试验的目的是（　　）。

A. 测定接头各部位的硬度分布　　　　B. 测定接头强度

C. 了解近缝区的淬硬倾向　　　　　　D. 了解区域偏析

182. 焊接检验方法中的破坏性检验包括（　　）。

A. 力学性能试验　　　　　　　　　　B. 化学分析与试验

C. 金相与断口的分析试验　　　　　　D. 致密性试验

183. 拉伸试验的目的是测定焊缝金属或焊接接头的（　　），并且可以发现断口上某些缺陷。

A. 强度　　　　　　B. 韧性　　　　　　C. 硬度　　　　　　D. 塑性

184. 检查焊缝金属的（　　）时，常进行焊接接头的断口检验。

A. 强度　　　　　　B. 内部缺陷　　　　C. 冲击韧度　　　　D. 致密性

185. 埋弧焊可焊接（　　）。

A. 低碳钢　　　　　B. 低合金钢　　　　C. 调质钢　　　　　D. 奥氏体不锈钢

186. 埋弧焊机控制系统测试的主要内容是（　　）。

A. 测试送丝速度　　　　　　　　　　B. 测试引弧操作是否有效和可靠

C. 电流和电压的调节范围　　　　　　D. 测试小车行走速度

187. 埋弧自动焊设备运行时，导电电缆供电不良会造成（　　）。

A. 焊偏　　　　　　B. 未焊透　　　　　C. 焊接中断　　　　D. 气孔

188. 焊接结构生产准备的主要内容包括（　　），进行工艺分析。

A. 了解技术要求　　　　　　　　　　B. 分析进度、了解施工图样

C. 施工技术指导　　　　　　　　　　D. 审查、熟悉施工图样

189. 焊接生产过程控制的特点有（　　）。

A. 被控制对象的多样性　　　　　　　B. 对象存在滞后

C. 对象特性非线性　　　　　　　　　D. 控制系统比较复杂

190. 焊接生产管理的目的有（　　）。

A. 有利于增加产品产量和品种规格　　B. 有利于提高产品质量

C. 缩短生产周期　　　　　　　　　　D. 提高劳动生产率和降低生产成本

扫码看答案

第3部分

操作技能考核指导

实训模块1　低碳钢或低合金钢板 V 形坡口对接仰焊的焊条电弧焊

1. 考件图样（见图 1-1）

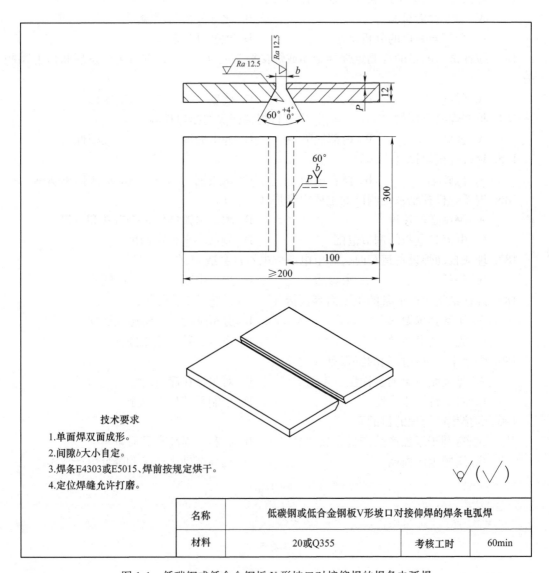

技术要求

1.单面焊双面成形。

2.间隙 b 大小自定。

3.焊条 E4303 或 E5015、焊前按规定烘干。

4.定位焊缝允许打磨。

名称	低碳钢或低合金钢板 V 形坡口对接仰焊的焊条电弧焊		
材料	20 或 Q355	考核工时	60min

图 1-1　低碳钢或低合金钢板 V 形坡口对接仰焊的焊条电弧焊

2. 焊前准备

（1）考件材质 20 或 Q355 钢板，规格为 300mm×100mm×12mm，坡口面角度 $30°^{+2°}_{0°}$，数量 2 件，如图 1-1 所示。

（2）焊接材料　焊条 E4303 或 E5015，直径为 $\phi3.2 \sim \phi4.0mm$ 自选，焊条焊前烘干温度为 350 ~ 400℃，保温 1 ~ 2h。

（3）焊接设备　直流弧焊机、弧焊整流器、逆变弧焊机均可，设备型号根据实际情况自定。

（4）工具、量具　钢丝钳、锤子、钢丝刷、锉刀、活扳手、角向磨光机、焊条保温筒、钢直尺、扁铲、砂布等。

（5）考件坡口两端不得安装引弧板、引出板。

3. 操作要求

（1）焊接方法　焊条电弧焊。

（2）焊接位置　对接仰焊。

（3）坡口形式　V 形坡口，坡口角度为 $60°^{+4°}_{0°}$。

（4）焊接要求　单面焊双面成形。

（5）焊前清理　将坡口及坡口边缘 15 ~ 20mm 范围内的油、污、锈、垢清除干净。

（6）装配、定位焊　按图样组装，采用与焊接正式焊缝相同的焊条进行定位焊；定位焊缝位于考件两端坡口内，长度 10 ~ 15mm。定位装配后，应预置反变形。允许使用打磨工具对定位焊焊缝做适当打磨。

（7）焊接过程中　劳保用品穿戴整齐；焊接参数选择正确，焊后焊件保持原始状态。

（8）考件焊完后　关闭焊机，工具摆放整齐，场地清理干净，并仔细清理焊缝焊渣并保持原始状态。

4. 考核内容

（1）考核要求

1）焊前准备。考核考件清理程度（坡口两侧 15 ~ 20mm 清除油、污、锈、垢）、定位焊正确与否，考件定位焊后必须在操作架上焊接全缝，不得任意更换和改变焊接位置，焊接参数选择正确与否。

2）焊缝外观质量。考核焊缝余高、余高差、焊缝宽度、焊缝宽度差、直线度、角变形、错边、咬边、熔合不良、背面超高或凹坑等。

（2）时间定额　准备时间 20min；正式焊接时间 60min（超时 1min 扣总分 1 分，超时 10min，记为 0 分）。

（3）安全文明生产　考核现场劳保用品的穿戴情况；焊接过程中正确执行安全操作规程；焊完后，场地清理干净，工具、焊件摆放整齐。

5. 配分、评分标准（见表 1-1）

表 1-1　低碳钢或低合金钢板 V 形坡口对接仰焊的焊条电弧焊评分表

焊工考件编号				考试超时扣总分		
序号	考核要求	配分	评分标准		扣分	得分
1	焊前准备	5	焊件清理不干净，定位焊不正确扣 1~5 分			
		5	焊接参数调整不正确扣 1~5 分			
2	焊缝外观质量	4	焊缝余高 1~3mm 满分；≥3mm，≤4mm，扣 2 分；>4mm 或 ≤0mm 扣 4 分			
		4	焊缝余高差≤2mm 满分；>2mm 扣 4 分			
		4	焊缝宽度≤22mm 满分；>22mm 扣 4 分			
		4	焊缝宽度差≤2mm 满分；>2mm 扣 4 分			
		4	背面焊道余高≤3mm 满分；>3mm 扣 2 分。背面凹坑深度 ≤1.2mm 满分；>1.2mm 或长度>26mm 扣 2 分			
		4	焊缝直线度≤2mm 满分；>2mm 扣 4 分			
		4	角变形≤3°得 2 分；>3°扣 2 分。无错边得 2 分；错边≥1.2mm 扣 2 分			
		6	无咬边满分；咬边深度≤0.5mm，累计长度每 5mm 扣 1 分；咬边深度>0.5mm 或累计长度>26mm 扣 6 分			
		5	起头、收尾平整，无流淌、缺口或超高得 3 分；有上述缺陷 1 处扣 1~2 分。接头平整得 2 分；有不平整、超高、脱节缺陷 1 处扣 1~2 分			
		6	焊缝波纹细腻，成形美观，平整，宽窄一致，表面无缺陷满分；波纹较细腻，成形较好扣 2 分；波纹粗糙，焊缝成形较差扣 2 分；焊缝成形差，超高或脱节扣 5 分。焊缝表面有电弧擦伤，1 处扣 1 分			
		否定项	焊缝表面不是原始状态，有加工、补焊、返修等现象或有裂纹、气孔、夹渣、未焊透、未熔合、未焊满等任何一项缺陷存在，此项考试按不合格论			
			焊缝外观质量得分低于 27 分，此项考试按不合格论			
3	焊缝内部质量	40	射线检测后按 NB/T 47013.2—2015 评定焊缝质量： 焊缝质量Ⅰ级，满分 焊缝质量Ⅱ级，扣 10 分 焊缝质量Ⅲ级，此项考试按不合格论			
4	安全文明生产	5	劳保用品穿戴不全扣 1 分			
			焊接过程中有违反安全操作规程的现象，根据情况扣 1~3 分			
			焊完后，场地清理不干净，工具、量具、考件等码放不整齐扣 1 分			
	合计得分					

评分人：　　　　　　　　　　年　月　日　　　核分人：　　　　　　　　　年　月　日

实训模块 2　低碳钢或低合金钢管对接垂直固定加障碍焊的焊条电弧焊

1. 考件图样（见图 1-2）

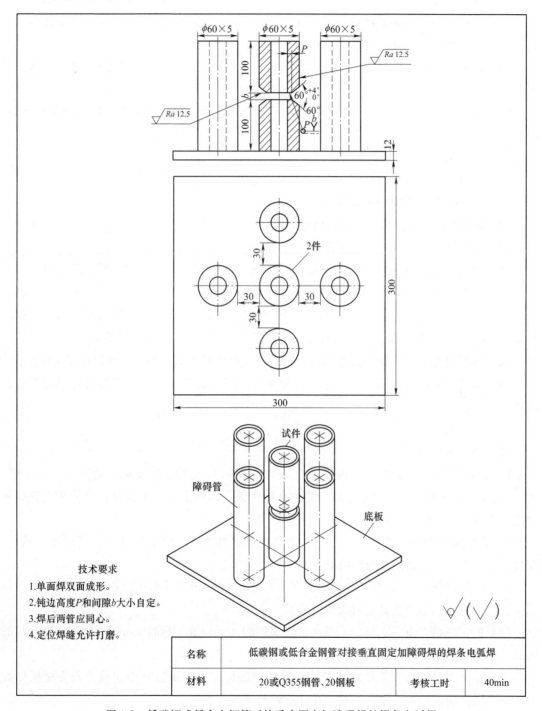

技术要求

1. 单面焊双面成形。
2. 钝边高度 P 和间隙 b 大小自定。
3. 焊后两管应同心。
4. 定位焊缝允许打磨。

名称	低碳钢或低合金钢管对接垂直固定加障碍焊的焊条电弧焊		
材料	20或Q355钢管、20钢板	考核工时	40min

图 1-2　低碳钢或低合金钢管对接垂直固定加障碍焊的焊条电弧焊

2. 焊前准备

（1）考件材质　20 或 Q355 钢管，规格为 $\phi 60mm \times 5mm$，$L = 100mm$，坡口面角度为 $30^{\circ}{}^{+2^{\circ}}_{0}$，数量 2 件；$\phi 60mm \times 5mm$，$L = 200mm$，数量 4 件；20 钢板规格为 $300mm \times 300mm \times 12mm$，数量 1 件，如图 1-2 所示。

（2）焊接材料　焊条 E4303 或 E5015，直径为 $\phi 2.5mm$ 或 $\phi 3.2mm$ 任选。焊条焊前烘干温度为 $350 \sim 400℃$，保温 $1 \sim 2h$。

（3）焊接设备　直流弧焊机、弧焊整流器、弧焊逆变机均可，设备型号根据实际情况自定。

（4）工具、量具　钢丝钳、锤子、钢丝刷、锉刀、活扳手、角向磨光机、焊条保温筒、钢直尺、扁铲、砂布等。

3. 操作要求

（1）焊接方法　焊条电弧焊。

（2）焊接位置　垂直固定加障碍焊。

（3）坡口形式　V 形坡口，坡口角度 $60^{\circ}{}^{+4^{\circ}}_{0}$。

（4）焊接要求　单面焊双面成形。

（5）焊前清理　将坡口端面及侧面 $15 \sim 20mm$ 范围内的油、污、锈、垢清除干净。

（6）装配、定位焊　按图样组装，应保证障碍管与焊管的间隙，采用与焊接正式焊缝相同的焊条进行定位焊；定位焊焊 2 点，位于相当于时钟 10 点与 2 点处的坡口内，定位焊缝长度 $10 \sim 15mm$。定位装配后，允许使用打磨工具对定位焊焊缝进行适当打磨。

（7）焊接过程中　劳保用品穿戴整齐；焊接参数选择正确，焊后焊件保持原始状态。

（8）考件焊完后　关闭焊机，工具摆放整齐，场地清理干净，并仔细清理焊缝焊渣并保持原始状态。

4. 考核内容

（1）考核要求

1）焊前准备。考核考件清理程度（坡口面及坡口边缘 $15 \sim 20mm$ 清除油、污、锈、垢）、定位焊正确与否，考件定位焊后必须在操作架上焊接全缝，不得任意更换和改变焊接位置，焊接参数选择正确与否。

2）焊缝外观质量。考核焊缝余高、余高差、焊缝宽度、焊缝宽度差、直线度、错边、咬边、熔合不良、背面超高或凹坑等。

3）焊缝内部质量。射线检测后，按 NB/T 47013.2—2015《承压设备无损检测　第 2 部分：射线检测》标准要求评定焊缝内部质量。

（2）时间定额　准备时间 30min；正式焊接时间 40min（超时 1min 扣总分 1 分，超时 10min，记为 0 分）。

（3）安全文明生产　考核现场劳保用品的穿戴情况；焊接过程中正确执行安全操作规程；焊完后，场地清理干净，工具、焊件摆放整齐。

5. 配分、评分标准（见表 1-2）

表 1-2　低碳钢或低合金钢管对接垂直固定加障碍焊的焊条电弧焊评分表

焊工考件编号				考试超时扣总分		
序号	考核要求	配分	评分标准		扣分	得分
1	焊前准备	5	焊件清理不干净，定位焊不正确扣 1~5 分			
		5	焊接参数调整不正确扣 1~5 分			
2	焊缝外观质量	4	焊缝余高 1~3mm 满分；≥3mm，≤4mm 扣 2 分；>4mm 或 ≤0mm 扣 4 分			
		4	焊缝余高差≤2mm 满分；>2mm 扣 4 分			
		4	焊缝宽度≤14mm 满分；>14mm 扣 4 分			
		4	焊缝宽度差≤2mm 满分；>2mm 扣 4 分			
		4	背面焊道余高≤3mm 得 2 分；>3mm 扣 2 分。背面凹坑深度≤1mm 得 2 分；>1mm 或长度>18mm 扣 2 分			
		2	焊缝直线度≤2mm 满分；>2mm 扣 2 分			
		4	两管同心得 2 分；同心度>1°扣 2 分。无错位得 2 分；错位≥0.5mm 扣 2 分			
		6	无咬边满分；咬边深度≤0.5mm，累计长度每 5mm 扣 1 分；咬边深度>0.5mm 或累计长度≥18mm 扣 6 分			
		5	起头、收尾平整，无流淌、缺口或超高满分；有上述缺陷 1 处扣 1~2 分。接头平整满分；有不平整、超高、脱节缺陷 1 处扣 2 分			
		2	无电弧擦伤满分；有 1 处扣 2 分			
		6	焊缝波纹细腻，成形美观，平整，宽窄一致，表面无缺陷满分；波纹较细腻，成形较好扣 1 分；波纹粗糙，焊缝成形较差扣 2 分；焊缝成形差，超高或脱节扣 6 分			
		否定项	焊缝表面不是原始状态，有加工、补焊、返修等现象或有裂纹、气孔、夹渣、未焊透、未熔合、未焊满等任何一项缺陷存在，此项考试按不合格论			
			焊缝外观质量得分低于 27 分，此项考试按不合格论			
3	焊缝内部质量	40	射线检测后按 NB/T 47013.2—2015 评定焊缝质量：焊缝质量Ⅰ级，满分　焊缝质量Ⅱ级，扣 10 分　焊缝质量Ⅲ级，此项考试按不合格论			
4	安全文明生产	5	劳保用品穿戴不全，扣 1 分			
			焊接过程中有违反安全操作规程的现象，根据情况扣 1~3 分			
			焊完后，场地清理不干净，工具、考件等码放不整齐扣 1 分			
	合计得分					

评分人：　　　　　　　　年　月　日　　　核分人：　　　　　　　　年　月　日

实训模块3 低碳钢或低合金钢管对接水平固定加障碍焊的焊条电弧焊

1. 考件图样（见图 1-3）

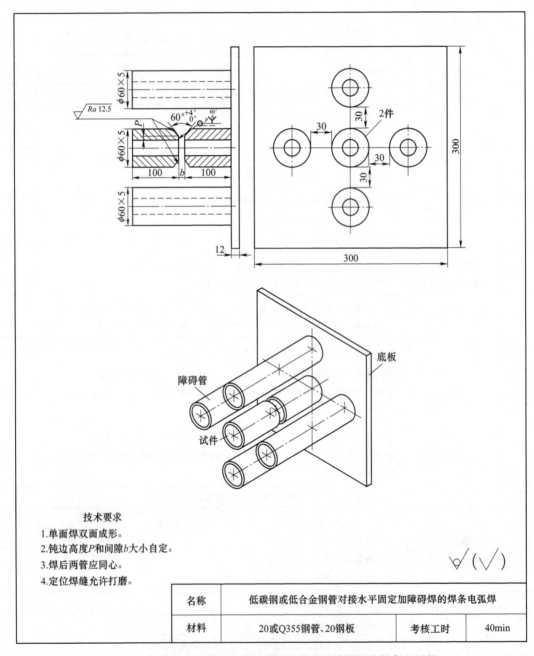

技术要求
1.单面焊双面成形。
2.钝边高度P和间隙b大小自定。
3.焊后两管应同心。
4.定位焊缝允许打磨。

名称	低碳钢或低合金钢管对接水平固定加障碍焊的焊条电弧焊		
材料	20或Q355钢管、20钢板	考核工时	40min

图 1-3 低碳钢或低合金钢管对接水平固定加障碍焊的焊条电弧焊

2. 焊前准备

（1）考件材质　20 或 Q355 钢管，规格为直径 $\phi 60mm \times 5mm$，$L = 100mm$，坡口面角度为 $30°^{+2°}_{0°}$，数量 2 件；$\phi 60m \times 5mm$，$L = 200mm$，数量 4 件；20 钢板，规格为 300mm×300mm×12mm，数量 1 件，如图 1-3 所示。

（2）焊接材料　焊条 E4303 或 E5015，直径为 $\phi 2.5mm$ 或直径为 $\phi 3.2mm$ 任选。焊条焊前烘干温度为 350~400℃，保温 1~2h。

（3）焊接设备　直流弧焊机、弧焊整流器、弧焊逆变机均可，设备型号根据实际情况自定。

（4）工具、量具　钢丝钳、锤子、钢丝刷、锉刀、活扳手、角向磨光机、焊条保温筒、钢直尺、扁铲、砂布等。

3. 操作要求

（1）焊接方法　焊条电弧焊。

（2）焊接位置　水平固定加障碍焊。

（3）坡口形式　V 形坡口，坡口角度 $60°^{+4°}_{0°}$。

（4）焊接要求　单面焊双面成形。

（5）焊前清理　将坡口端面及侧面 15~20mm 范围内的油、污、锈、垢清除干净。

（6）装配、定位焊　按图样组装，应保证障碍管与焊管的间隙，采用与焊接正式焊缝相同的焊条进行定位焊；定位焊焊 2 点，位于相当于时钟 10 点与 2 点处的坡口内，定位焊缝长度 10~15mm。定位装配后，允许使用打磨工具对定位焊焊缝进行适当打磨。

（7）焊接过程中　劳保用品穿戴整齐；焊接参数选择正确，焊后焊件保持原始状态。

（8）考件焊完后　关闭焊机，工具摆放整齐，场地清理干净，并仔细清理焊缝焊渣并保持原始状态。

4. 考核内容

（1）考核要求

1）焊前准备。考核考件清理程度（坡口面及坡口边缘 15~20mm 清除油、污、锈、垢）、定位焊正确与否，考件定位焊后必须在操作架上焊接全缝，不得任意更换和改变焊接位置，焊接参数选择正确与否。

2）焊缝外观质量。考核焊缝余高、余高差、焊缝宽度、焊缝宽度差、直线度、错边、咬边、熔合不良、背面超高或凹坑等。

3）焊缝内部质量。射线检测后，按 NB/T 47013.2—2015《承压设备无损检测　第 2 部分：射线检测》标准要求评定焊缝内部质量。

（2）时间定额　准备时间 20min；正式焊接时间 40min（超时 1min 扣总分 1 分，超时 10min，记为 0 分）。

（3）安全文明生产　考核现场劳保用品的穿戴情况；焊接过程中正确执行安全操作规程；焊完后，场地清理干净，工具、焊件摆放整齐。

5. 配分、评分标准（见表1-3）

表1-3　低碳钢或低合金钢管对接水平固定加障碍焊的焊条电弧焊评分表

焊工考件编号				考试超时扣总分			
序号	考核要求	配分	评分标准			扣分	得分
1	焊前准备	5	焊件清理不干净，定位焊不正确扣1~5分				
		5	焊接参数调整不正确扣1~5分				
2	焊缝外观质量	4	焊缝余高1~3mm满分；≥3mm，≤4mm扣2分；>4mm或≤0mm扣4分				
		4	焊缝余高差≤2mm满分；>2mm扣4分				
		4	焊缝宽度≤14mm满分；>14mm扣4分				
		4	焊缝宽度差≤2mm满分；>2mm扣4分				
		4	背面焊道余高≤3mm得2分；>3mm扣2分。背面凹坑深度≤1mm得2分；>1mm或长度>18mm扣2分				
		2	焊缝直线度≤2mm满分；>2mm扣2分				
		4	两管同心得2分；同心度>1°扣2分。无错位得2分；错位>0.5mm扣2分				
		6	无咬边满分；咬边深度≤0.5mm，累计长度每5mm扣1分；咬边深度>0.5mm或累计长度≥18mm扣6分				
		5	起头、收尾平整，无流淌、缺口或超高满分；有上述缺陷1处扣1~2分。接头平整满分；有不平整、超高、脱节缺陷1处扣2分				
		?	无电弧擦伤满分；有1处扣2分				
		6	焊缝波纹细腻，成形美观，平整，宽窄一致，表面无缺陷满分；波纹较细腻，成形较好扣1分；波纹粗糙，焊缝成形较差扣2分；焊缝成形差，超高或脱节扣6分				
		否定项	焊缝表面不是原始状态，有加工、补焊、返修等现象或有裂纹、气孔、夹渣、未焊透、未熔合、未焊满等任何一项缺陷存在，此项考试按不合格论				
			焊缝外观质量得分低于27分，此项考试按不合格论				
3	焊缝内部质量	40	射线检测后按NB/T 47013.2—2015评定焊缝质量：焊缝质量Ⅰ级，满分　焊缝质量Ⅱ级，扣10分　焊缝质量Ⅲ级，此项考试按不合格论				
4	安全文明生产	5	劳保用品穿戴不全，扣1分				
			焊接过程中有违反安全操作规程的现象，根据情况扣1~3分				
			焊完后，场地清理不干净，工具、考件等码放不整齐扣1分				
	合计得分						

评分人：　　　　　　　　　年　月　日　　　核分人：　　　　　　　　　年　月　日

实训模块 4　低碳钢或低合金钢管对接 45°固定加障碍焊的焊条电弧焊

1. 考件图样（见图 1-4）

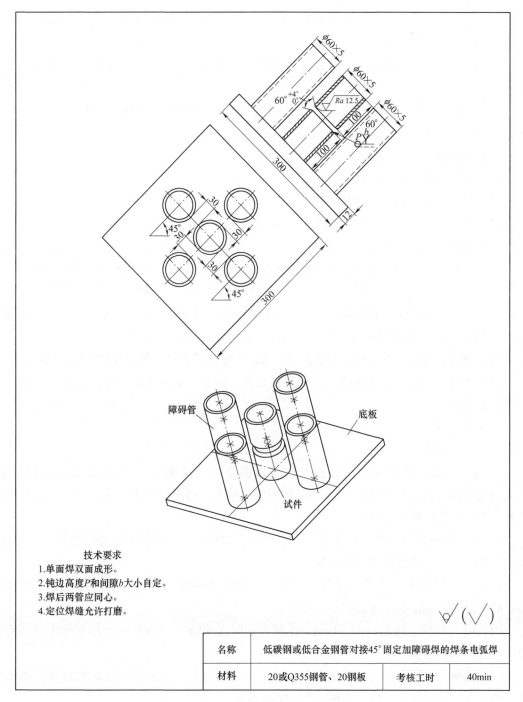

技术要求

1. 单面焊双面成形。
2. 钝边高度 P 和间隙 b 大小自定。
3. 焊后两管应同心。
4. 定位焊缝允许打磨。

名称	低碳钢或低合金钢管对接 45°固定加障碍焊的焊条电弧焊		
材料	20 或 Q355 钢管、20 钢板	考核工时	40min

图 1-4　低碳钢或低合金钢管对接 45°固定加障碍焊的焊条电弧焊

2. 焊前准备

（1）考件材质　20 或 Q355 钢管，规格为 $\phi 60 \text{mm} \times 5 \text{mm}$，$L = 100 \text{mm}$，坡口面角度为 $30^{\circ}{}^{+2^{\circ}}_{0}$，数量 2 件；$\phi 60 \text{mm} \times 5 \text{mm}$，$L = 200 \text{mm}$，数量 4 件；20 钢板，规格为 $12 \text{mm} \times 300 \text{mm} \times 300 \text{mm}$，数量 1 件，如图 1-4 所示。

（2）焊接材料　焊条 E4303 或 E5015，直径为 $\phi 2.5 \text{mm}$ 或 $\phi 3.2 \text{mm}$ 任选。焊条焊前烘干温度为 $350 \sim 400 ℃$，保温 $1 \sim 2 \text{h}$。

（3）焊接设备　直流弧焊机、弧焊整流器、弧焊逆变机均可，设备型号根据实际情况自定。

（4）工具、量具　钢丝钳、锤子、钢丝刷、锉刀、活扳手、角向磨光机、焊条保温筒、钢直尺、扁铲、砂布等。

3. 操作要求

（1）焊接方法　焊条电弧焊。

（2）焊接位置　45°固定加障碍焊

（3）坡口形式　V 形坡口，坡口角度 $60^{\circ}{}^{+4^{\circ}}_{0}$。

（4）焊接要求　单面焊双面成形。

（5）焊前清理　将坡口端面及侧面 $15 \sim 20 \text{mm}$ 范围内的油、污、锈、垢清除干净。

（6）装配、定位焊　按图样组装，应保证障碍管与焊管的间隙，采用与焊接正式焊缝相同的焊条进行定位焊；定位焊焊 2 点，位于相当于时钟 10 点与 2 点处的坡口内，定位焊缝长度 $10 \sim 15 \text{mm}$。定位装配后，允许使用打磨工具对定位焊焊缝进行适当打磨。

（7）焊接过程中　劳保用品穿戴整齐；焊接参数选择正确，焊后焊件保持原始状态。

（8）考件焊完后　关闭焊机，工具摆放整齐，场地清理干净，并仔细清理焊缝焊渣并保持原始状态。

4. 考核内容

（1）考核要求

1）焊前准备。考核考件清理程度（坡口面及坡口边缘 $15 \sim 20 \text{mm}$ 清除油、污、锈、垢）、定位焊正确与否，考件定位焊后必须在操作架上焊接全缝，不得任意更换和改变焊接位置，焊接参数选择正确与否。

2）焊缝外观质量。考核焊缝余高、余高差、焊缝宽度、焊缝宽度差、直线度、错边、咬边、熔合不良、背面超高或凹坑等。

3）焊缝内部质量。射线检测后，按 NB/T 47013.2—2015《承压设备无损检测　第 2 部分：射线检测》标准要求评定焊缝内部质量。

（2）时间定额　准备时间 20min；正式焊接时间 40min（超时 1min 扣总分 1 分，超时 10min，记为 0 分）。

（3）安全文明生产　考核现场劳保用品的穿戴情况；焊接过程中正确执行安全操作规程；焊完后，场地清理干净，工具、焊件摆放整齐。

5. 配分、评分标准（见表 1-4）

表 1-4　低碳钢或低合金钢管对接 45°固定加障碍焊的焊条电弧焊评分表

焊工考件编号			考试超时扣总分		
序号	考核要求	配分	评分标准	扣分	得分
1	焊前准备	5	焊件清理不干净，定位焊不正确扣 1~5 分		
		5	焊接参数调整不正确扣 1~5 分		
2	焊缝外观质量	4	焊缝余高 1~3mm 满分；≥3mm，≤4mm 扣 2 分；>4mm 或 ≤0mm 扣 4 分		
		4	焊缝余高差≤2mm 满分；>2mm 扣 4 分		
		4	焊缝宽度≤14mm 满分；>14mm 扣 4 分		
		4	焊缝宽度差≤2mm 满分；>2mm 扣 4 分		
		4	背面焊道余高≤3mm 得 2 分；>3mm 扣 2 分。背面凹坑深度≤1mm 得 2 分；>1mm 或长度≥18mm 扣 2 分		
		2	焊缝直线度≤2mm 满分；>2mm 扣 2 分		
		4	两管同心得 2 分；同心度>1°扣 2 分。无错位得 2 分；错位>0.5mm 扣 2 分		
		6	无咬边满分；咬边深度≤0.5mm，累计长度每 5mm 扣 1 分；咬边深度>0.5mm 或累计长度≥18mm 扣 6 分		
		5	起头、收尾平整，无流淌、缺口或超高满分；有上述缺陷 1 处扣 1~2 分。接头平整满分；有不平整、超高、脱节缺陷 1 处扣 2 分		
		2	无电弧擦伤满分；有 1 处扣 2 分		
		6	焊缝波纹细腻，成形美观，平整，宽窄一致，表面无缺陷满分；波纹较细腻，成形较好扣 1 分；波纹粗糙，焊缝成形较差扣 2 分；焊缝成形差，超高或脱节扣 6 分		
		否定项	焊缝表面不是原始状态，有加工、补焊、返修等现象或有裂纹、气孔、夹渣、未焊透、未熔合、未焊满等任何一项缺陷存在，此项考试按不合格论		
			焊缝外观质量得分低于 27 分，此项考试按不合格论		
3	焊缝内部质量	40	射线检测后按 NB/T 47013.2—2015 评定焊缝质量：焊缝质量Ⅰ级，满分 焊缝质量Ⅱ级，扣 10 分 焊缝质量Ⅲ级，此项考试按不合格论		
4	安全文明生产	5	劳保用品穿戴不全，扣 1 分		
			焊接过程中有违反安全操作规程的现象，根据情况扣 1~3 分		
			焊完后，场地清理不干净，工具、考件等码放不整齐扣 1 分		
	合计得分				

评分人：　　　　　　　　　年　月　日　　核分人：　　　　　　　　　年　月　日

实训模块5　不锈钢管对接水平固定焊的焊条电弧焊

1. 考件图样（见图 1-5）

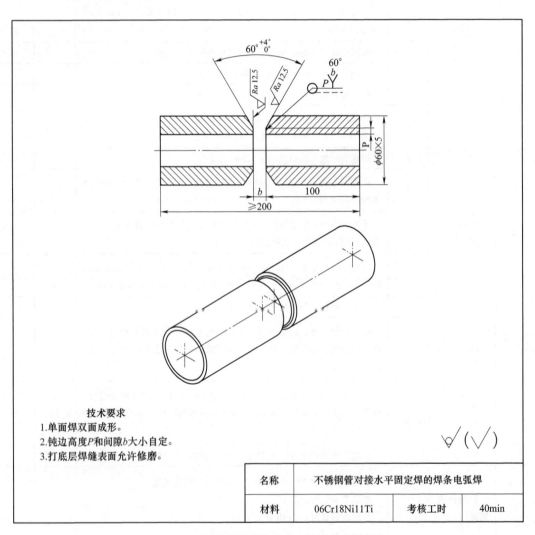

技术要求

1. 单面焊双面成形。
2. 钝边高度 P 和间隙 b 大小自定。
3. 打底层焊缝表面允许修磨。

名称	不锈钢管对接水平固定焊的焊条电弧焊		
材料	06Cr18Ni11Ti	考核工时	40min

图 1-5　不锈钢管对接水平固定焊的焊条电弧焊

2. 焊前准备

（1）考件材质　06Cr18Ni11Ti 不锈钢管，规格为直径 $\phi60mm \times 5mm$，$L = 100mm$，一端加工 $30°^{+2°}_{0}$ 坡口，数量 2 件，如图 1-5 所示。

（2）焊接材料　焊条 E347-16，直径 $\phi2.5mm$ 或 $\phi3.2mm$ 任选。

（3）焊接设备　弧焊整流器。设备型号根据实际情况自定。

（4）工具、量具　钢丝钳、锤子、钢丝刷、锉刀、活扳手、角向磨光机、焊条保温筒、钢直尺、扁铲、砂布等。

3. 操作要求

（1）焊接方法　焊条电弧焊。

（2）焊接位置　水平固定焊。

（3）坡口形式　V 形坡口，坡口角度 $60°^{+4°}_{0°}$。

（4）焊接要求　单面焊双面成形。

（5）焊前清理　将坡口端面及侧面 15~20mm 范围内的油、污、锈、垢清除干净。

（6）装配、定位焊　按图样组装，采用与焊接正式焊缝相同的焊条进行定位焊；定位焊焊 2 点，位于相当于时钟 10 点与 2 点处的坡口内。定位焊缝长度 10~15mm。定位装配后，允许使用打磨工具对定位焊焊缝进行适当打磨。

（7）焊接过程中　劳保用品穿戴整齐；焊接参数选择正确，焊后焊件保持原始状态。

（8）考件焊完后　关闭焊机，工具、量具摆放整齐，场地清理干净，并仔细清理焊缝焊渣并保持原始状态。

4. 考核内容

（1）考核要求

1）焊前准备：考核考件清理程度（坡口面及坡口边缘 15~20mm 清除油、污、锈、垢）、定位焊正确与否，考件定位焊后必须在操作架上焊接全缝，不得任意更换和改变焊接位置，焊接参数选择正确与否。

2）焊缝外观质量：考核焊缝余高、余高差、焊缝宽度、焊缝宽度差、直线度、错边、咬边、熔合不良、背面超高或凹坑等。

3）焊缝内部质量：射线检测后，按 NB/T 47013.2—2015《承压设备无损检测　第 2 部分：射线检测》标准要求评定焊缝内部质量。

（2）时间定额　准备时间 20min；正式焊接时间 40min（超时 1min 扣总分 1 分，超时 10min，记为 0 分）。

（3）安全文明生产　考核现场劳保用品的穿戴情况；焊接过程中正确执行安全操作规程；焊完后，场地清理干净，工具、量具、焊件摆放整齐。

5. 配分、评分标准（见表 1-5）

表 1-5　不锈钢管对接水平固定焊的焊条电弧焊评分表

焊工考件编号			考试超时扣总分		
序号	考核要求	配分	评分标准	扣分	得分
1	焊前准备	5	焊件清理不干净，定位焊不正确扣 1~5 分		
		5	焊接参数调整不正确扣 1~5 分		

（续）

序号	考核要求	配分	评分标准	扣分	得分
2	焊缝外观质量	4	焊缝余高 1~3mm 满分；≥3mm，≤4mm 扣 2 分；>4mm 或 ≤0mm 扣 4 分		
		4	焊缝余高差≤2mm 满分；>2mm 扣 4 分		
		4	焊缝宽度≤14mm 满分；>14mm 扣 4 分		
		4	焊缝宽度差≤2mm 满分；>2mm 扣 4 分		
		4	背面焊道余高≤3mm 得 2 分；>3mm 扣 2 分。背面凹坑深度≤1mm 得 2 分；>1mm 或长度≥18mm 扣 2 分		
		2	焊缝直线度≤2mm 满分；>2mm 扣 2 分		
		4	两管同心得 2 分；同心度>1° 扣 2 分。无错位得 2 分；错位>0.5mm 扣 2 分		
		6	无咬边满分；咬边深度≤0.5mm，累计长度每 5mm 扣 1 分；咬边深度>0.5mm 或累计长度>18mm 扣 6 分		
		5	起头、收尾平整，无流淌、缺口或超高满分；有上述缺陷 1 处扣 1~2 分。接头平整满分；有不平整、超高、脱节缺陷 1 处扣 2 分		
		2	无电弧擦伤满分；有 1 处扣 2 分		
		6	焊缝波纹细腻，成形美观，平整，宽窄一致，表面无缺陷满分；波纹较细腻，成形较好扣 1 分；波纹粗糙，焊缝成形较差扣 2 分；焊缝成形差，超高或脱节扣 6 分		
		否定项	焊缝表面不是原始状态，有加工、补焊、返修等现象或有裂纹、气孔、夹渣、未焊透、未熔合、未焊满等任何一项缺陷存在，此项考试按不合格论		
			焊缝外观质量得分低于 27 分，此项考试按不合格论		
3	焊缝内部质量	40	射线检测后按 NB/T 47013.2—2015 评定焊缝质量： 焊缝质量Ⅰ级，满分 焊缝质量Ⅱ级，扣 10 分 焊缝质量Ⅲ级，此项考试按不合格论		
4	安全文明生产	5	劳保用品穿戴不全，扣 1 分		
			焊接过程中有违反安全操作规程的现象，根据情况扣 1~3 分		
			焊完后，场地清理不干净，工具、考件等码放不整齐扣 1 分		
	合计得分				

评分人：　　　　　　　　年　月　日　　　核分人：　　　　　　　　年　月　日

实训模块6　不锈钢管对接垂直固定焊的焊条电弧焊

1. 考件图样（见图1-6）

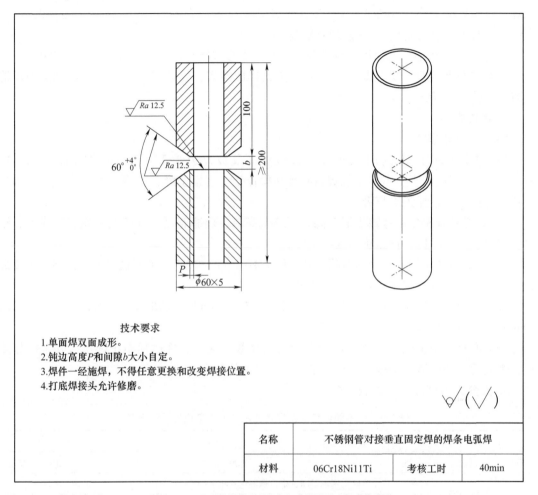

技术要求

1. 单面焊双面成形。
2. 钝边高度P和间隙b大小自定。
3. 焊件一经施焊，不得任意更换和改变焊接位置。
4. 打底焊接头允许修磨。

名称	不锈钢管对接垂直固定焊的焊条电弧焊		
材料	06Cr18Ni11Ti	考核工时	40min

图1-6　不锈钢管对接垂直固定焊的焊条电弧焊

2. 焊前准备

（1）考件材质　06Cr18Ni11Ti钢管，规格为$\phi60mm×5mm$，$L=100mm$，坡口面角度为$30^{\circ}{}^{+2^{\circ}}_{0}$，数量2件，如图1-6所示。

（2）焊接材料　焊条E347-16，直径$\phi2.5mm$或$\phi3.2mm$任选。

（3）焊接设备　弧焊整流器。设备型号根据实际情况自定。

（4）工具、量具　钢丝钳、锤子、钢丝刷、锉刀、活扳手、角向磨光机、焊条保温筒、钢直尺、扁铲、砂布等。

3. 操作要求

（1）焊接方法　焊条电弧焊。

（2）焊接位置　垂直固定焊。

（3）坡口形式　V 形坡口，坡口角度 $60°^{+4°}_{0°}$。

（4）焊接要求　单面焊双面成形。

（5）焊前清理　将坡口端面及侧面 15~20mm 范围内的油、污、锈、垢清除干净。

（6）装配、定位焊　按图样组装，采用与焊接正式焊缝相同的焊条进行定位焊；定位焊焊 2 点，位于相当于时钟 10 点与 2 点处坡口内，定位焊缝长度 10~15mm。定位装配后，允许使用打磨工具对定位焊焊缝进行适当打磨。

（7）焊接过程中　劳保用品穿戴整齐；焊接参数选择正确，焊后焊件保持原始状态。

（8）考件焊完后　关闭焊机，工具、量具摆放整齐，场地清理干净，并仔细清理焊缝焊渣并保持原始状态。

4. 考核内容

（1）考核要求

1）焊前准备：考核考件清理程度（坡口面及坡口边缘 15~20mm 清除油、污、锈、垢）、定位焊正确与否，考件定位焊后必须在操作架上焊接全缝，不得任意更换和改变焊接位置，焊接参数选择正确与否。

2）焊缝外观质量：考核焊缝余高、焊缝余高差、焊缝宽度、焊缝宽度差、直线度、错边、咬边、熔合不良、背面超高或凹坑等。

3）焊缝内部质量：射线检测后，按 NB/T 47013.2—2015《承压设备无损检测　第 2 部分：射线检测》标准要求评定焊缝内部质量。

（2）时间定额　准备时间 20min；正式焊接时间 40min（超时 1min 扣总分 1 分，超时 10min，记为 0 分）。

（3）安全文明生产　考核现场劳保用品的穿戴情况；焊接过程中正确执行安全操作规程；焊完后，场地清理干净，工具、量具、焊件摆放整齐。

5. 配分、评分标准（见表 1-6）

表 1-6　不锈钢管对接垂直固定焊的焊条电弧焊评分表

焊工考件编号				考试超时扣总分		
序号	考核要求	配分	评分标准		扣分	得分
1	焊前准备	5	焊件清理不干净，定位焊不正确扣 1~5 分			
		5	焊接参数调整不正确扣 1~5 分			
2	焊缝外观质量	4	焊缝余高 1~3mm 满分；≥3mm，≤4mm 扣 2 分；>4mm 或 ≤0mm 扣 4 分			
		4	焊缝余高差≤2mm 满分；>2mm 扣 4 分			
		4	焊缝宽度≤14mm 满分；>14mm 扣 4 分			
		4	焊缝宽度差≤2mm 满分；>2mm 扣 4 分			
		4	背面焊道余高≤3mm 得 2 分；>3mm 扣 2 分。背面凹坑深度≤1mm 得 2 分；>1mm 或长度>18mm 扣 2 分			
		2	焊缝直线度≤2mm 满分；>2mm 扣 2 分			
		4	两管同心得 2 分；同心度>1° 扣 2 分。无错位得 2 分；错位>0.5mm 扣 2 分			

（续）

序号	考核要求	配分	评分标准	扣分	得分
2	焊缝外观质量	6	无咬边满分；咬边深度≤0.5mm，累计长度每5mm扣1分；咬边深度>0.5mm或累计长度>18mm扣6分		
		5	起头、收尾平整，无流淌、缺口或超高满分；有上述缺陷1处扣1~2分。接头平整满分；有不平整、超高、脱节缺陷1处扣2分		
		2	无电弧擦伤满分；有1处扣2分		
		6	焊缝波纹细腻，成形美观，平整，宽窄一致，表面无缺陷满分；波纹较细腻，成形较好扣1分；波纹粗糙，焊缝成形较差扣2分；焊缝成形差，超高或脱节扣6分		
		否定项	焊缝表面不是原始状态，有加工、补焊、返修等现象或有裂纹、气孔、夹渣、未焊透、未熔合、未焊满等任何一项缺陷存在，此项考试按不合格论		
			焊缝外观质量得分低于27分，此项考试按不合格论		
3	焊缝内部质量	40	射线检测后按NB/T 47013.2—2015评定焊缝质量：焊缝质量Ⅰ级，满分　焊缝质量Ⅱ级，扣10分　焊缝质量Ⅲ级，此项考试按不合格论		
4	安全文明生产	5	劳保用品穿戴不全，扣1分		
			焊接过程中有违反安全操作规程的现象，根据情况扣1~3分		
			焊完后，场地清理不干净，工具、考件等码放不整齐扣1分		
合计得分					

评分人：　　　　　　　年　月　日　　　核分人：　　　　　　　年　月　日

实训模块7　不锈钢管对接45°固定焊的焊条电弧焊

1. 考件图样（见图1-7）

2. 焊前准备

（1）考件材质　06Cr18Ni11Ti钢管，规格为$\phi60mm×5mm$，$L=100mm$，坡口面角度为$30°^{+2°}_{0°}$，数量2件，如图1-7所示。

（2）焊接材料　焊条E347-16，直径$\phi2.5mm$或$\phi3.2mm$任选。

（3）焊接设备　弧焊整流器。设备型号根据实际情况自定。

（4）工具、量具　钢丝钳、锤子、钢丝刷、锉刀、活扳手、角向磨光机、焊条保温筒、钢直尺、扁铲、砂布等。

3. 操作要求

（1）焊接方法　焊条电弧焊。

（2）焊接位置　45°固定焊。

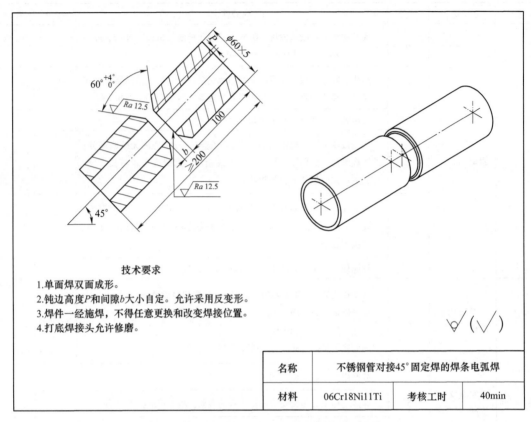

图 1-7　不锈钢管对接 45°固定焊的焊条电弧焊

（3）坡口形式　V 形坡口，坡口角度 $60^{\circ}{}^{+4^{\circ}}_{0^{\circ}}$。

（4）焊接要求　单面焊双面成形。

（5）焊前清理　将坡口端面及侧面 15~20mm 范围内的油、污、锈、垢清除干净。

（6）装配、定位焊　按图样组装，采用与焊接正式焊缝相同的焊条进行定位焊；定位焊焊 2 点，位于相当于时钟 10 点与 2 点处坡口内，定位焊缝长度 10~15mm。定位装配后，允许使用打磨工具对定位焊焊缝进行适当打磨。

（7）焊接过程中　劳保用品穿戴整齐；焊接参数选择正确，焊后焊件保持原始状态。

（8）考件焊完后　关闭焊机，工具、量具摆放整齐，场地清理干净，并仔细清理焊缝焊渣并保持原始状态。

4. 考核内容

（1）考核要求

1）焊前准备：考核考件清理程度（坡口面及坡口边缘 15~20mm 清除油、污、锈、垢）、定位焊正确与否，考件定位焊后必须在操作架上焊接全缝，不得任意更换和改变焊接位置，焊接参数选择正确与否。

2）焊缝外观质量：考核焊缝余高、焊缝余高差、焊缝宽度、焊缝宽度差、直线度、错边、咬边、熔合不良、背面超高或凹坑等。

3）焊缝内部质量：射线检测后，按 NB/T 47013.2—2015《承压设备无损检测　第 2 部分：射线检测》标准要求评定焊缝内部质量。

（2）时间定额　准备时间 20min；正式焊接时间 40min（超时 1min 扣总分 1 分，超时 10min，记为 0 分）。

（3）安全文明生产　考核现场劳保用品的穿戴情况；焊接过程中正确执行安全操作规程；焊完后，场地清理干净，工具、量具、焊件摆放整齐。

5. 配分、评分标准（见表 1-7）

表 1-7　不锈钢管对接 45°固定焊的焊条电弧焊评分表

焊工考件编号				考试超时扣总分		
序号	考核要求	配分	评分标准		扣分	得分
1	焊前准备	5	焊件清理不干净，定位焊不正确扣 1~5 分			
		5	焊接参数调整不正确扣 1~5 分			
2	焊缝外观质量	4	焊缝余高 1~3mm 满分；≥3mm，≤4mm 扣 2 分；>4mm 或 ≤0mm 扣 4 分			
		4	焊缝余高差≤2mm 满分；>2mm 扣 4 分			
		4	焊缝宽度≤14mm 满分；>14mm 扣 4 分			
		4	焊缝宽度差≤2mm 满分；>2mm 扣 4 分			
		4	背面焊道余高≤3mm 得 2 分；>3mm 扣 2 分。背面凹坑深度≤1mm 得 2 分；>1mm 或长度≥18mm 扣 2 分			
		2	焊缝直线度≤2mm 满分；>2mm 扣 2 分			
		4	两管同心得 2 分；同心度>1°扣 2 分。无错位得 2 分；错位>0.5mm 扣 2 分			
		6	无咬边满分；咬边深度≤0.5mm，累计长度每 5mm 扣 1 分；咬边深度>0.5mm 或累计长度≥18mm 扣 6 分			
		5	起头、收尾平整，无流淌、缺口或超高满分；有上述缺陷 1 处扣 1~2 分。接头平整满分；有不平整、超高、脱节缺陷 1 处扣 2 分			
		2	无电弧擦伤满分；有 1 处扣 2 分			
		6	焊缝波纹细腻，成形美观，平整，宽窄一致，表面无缺陷满分；波纹较细腻，成形较好扣 1 分；波纹粗糙，焊缝成形较差扣 2 分；焊缝成形差，超高或脱节扣 6 分			
		否定项	焊缝表面不是原始状态，有加工、补焊、返修等现象或有裂纹、气孔、夹渣、未焊透、未熔合、未焊满等任何一项缺陷存在，此项考试按不合格论			
			焊缝外观质量得分低于 27 分，此项考试按不合格论			
3	焊缝内部质量	40	射线检测后按 NB/T 47013.2—2015 评定焊缝质量：焊缝质量Ⅰ级，满分焊缝质量Ⅱ级，扣 10 分焊缝质量Ⅲ级，此项考试按不合格论			

（续）

序号	考核要求	配分	评分标准	扣分	得分
4	安全文明生产	5	劳保用品穿戴不全扣1分		
			焊接过程中有违反安全操作规程的现象，根据情况扣1~3分		
			焊完后，场地清理不干净，工具、考件等码放不整齐扣1分		
合计得分					

评分人：　　　　　　　　　年 月 日　　核分人：　　　　　　　　年 月 日

实训模块 8　低碳钢或低合金钢板对接仰焊的 CO_2 气体保护焊或 MAG 焊

1. 考件图样（见图 1-8）

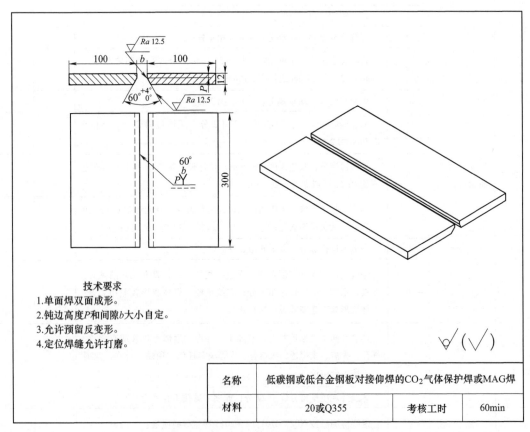

技术要求
1.单面焊双面成形。
2.钝边高度P和间隙b大小自定。
3.允许预留反变形。
4.定位焊缝允许打磨。

名称	低碳钢或低合金钢板对接仰焊的CO_2气体保护焊或MAG焊		
材料	20或Q355	考核工时	60min

图 1-8　低碳钢或低合金钢板对接仰焊的 CO_2 气体保护焊或 MAG 焊

2. 焊前准备

（1）考件材质　20 或 Q355 钢板规格为 300mm×100mm×12mm，一侧开 $30°^{+2°}_{0°}$ V 形坡口，数量 2 件，如图 1-8 所示。

（2）焊接材料　焊丝 G49A2C1S3 或 G49A3C1S6，直径为 ϕ1.2mm；保护气体：CO_2 气体，纯度≥99.5%（体积分数）；或 80%Ar+20%CO_2 富氩混合气体，视现场实际情况任选一种。

（3）焊接设备　半自动熔化极气体保护焊机。设备型号根据实际情况自定。

（4）工、量具　钢丝钳、尖嘴钳、锤子、钢丝刷、锉刀、活扳手、角向磨光机、钢直尺、减压流量计、扁铲、砂布等。

（5）考件　坡口两端不得安装引弧板、引出板。

3. 操作要求

（1）焊接方法　CO_2 气体保护焊或 MAG 焊，视现场实际情况任选一种。

（2）焊接位置　对接仰焊。

（3）坡口形式　V 形坡口，坡口角度 $60°^{+4°}_{0°}$。

（4）焊接要求　单面焊双面成形。

（5）焊前清理　将坡口两侧 15~20mm 范围内的油、污、锈、垢清除干净。

（6）装配、定位焊　按图样组装，进行定位焊；定位焊缝位于考件两端坡口内，长度 10~15mm。定位装配后，应预置反变形。允许使用打磨工具对定位焊焊缝做适当打磨。

（7）焊接过程中　劳保用品穿戴整齐；焊接参数选择正确，焊后焊件保持原始状态。

（8）考件焊完后　关闭焊机、气瓶，工具摆放整齐，场地清理干净，并仔细清理焊缝焊渣并保持原始状态。

4. 考核内容

（1）考核要求

1）焊前准备。考核考件清理程度（坡口两侧 15~20mm 清除油、污、锈、垢）、定位焊正确与否，考件定位焊后必须在操作架上焊接全缝，不得任意更换和改变焊接位置，焊接参数选择正确与否。

2）焊缝外观质量。考核焊缝余高、焊缝余高差、焊缝宽度、焊缝宽度差、直线度、角变形、错边、咬边、熔合不良、背面超高或凹坑等。

3）焊缝内部质量。射线检测后，按 NB/T 47013.2—2015《承压设备无损检测　第 2 部分：射线检测》标准要求检查焊缝内部质量。

（2）时间定额　准备时间 20min；正式焊接时间 60min（超时 1min 扣总分 1 分，超时 10min，记为 0 分）。

（3）安全文明生产　考核现场劳保用品的穿戴情况；焊接过程中正确执行安全操作规程；焊完后，场地清理干净，工具、焊件摆放整齐。

5. 配分、评分标准（见表1-8）

表1-8 低碳钢或低合金钢板对接仰焊的 CO₂ 气体保护焊或 MAG 焊评分表

焊工考件编号			考试超时扣总分		
序号	考核要求	配分	评分标准	扣分	得分
1	焊前准备	5	焊件清理不干净，定位焊不正确扣1~5分		
		5	焊接参数调整不正确扣1~5分		
2	焊缝外观质量	4	焊缝余高1~2mm满分；≥0mm，<1mm或>2mm，≤3mm扣2分；>3mm或<0mm扣4分		
		4	焊缝余高差≤2mm满分；>2mm扣4分		
		4	焊缝宽度≤22mm满分；>22mm扣4分		
		4	焊缝宽度差≤2mm满分；>2mm扣4分		
		4	背面焊道余高≤3mm得2分；>3mm扣2分。背面凹坑深度≤2mm得2分；>2mm或长度≥30mm扣2分		
		4	焊缝直线度≤2mm满分；>2mm扣4分		
		4	角变形≤3°得2分；>3°扣2分。无错边得2分；错边>0.3mm扣2分		
		8	无咬边满分；咬边深度≤0.5mm，累计长度每5mm扣1分；咬边深度>0.5mm或累计长度≥30mm扣6分		
		4	起头、收尾平整，无流淌、缺口或超高满分；有上述缺陷1处扣1~2分。接头平整满分；有不平整、超高、脱节缺陷1处扣1~2分		
		5	焊缝波纹细腻，成形美观，平整，宽窄一致，表面无缺陷满分；波纹较细腻，成形较好扣1分；波纹粗糙，焊缝成形较差扣2分；焊缝成形差，超高或脱节扣4分。焊缝表面有电弧擦伤，1处扣1分		
		否定项	焊缝表面不是原始状态，有加工、补焊、返修等现象或有裂纹、气孔、夹渣、未焊透、未熔合、未焊满等任何一项缺陷存在，此项考试按不合格论		
			焊缝外观质量得分低于27分，此项考试按不合格论		
3	焊缝内部质量	40	射线检测后按NB/T 47013.2—2015评定焊缝质量 焊缝质量Ⅰ级，满分 焊缝质量Ⅱ级，扣10分 焊缝质量Ⅲ级，此项考试按不合格论		
4	安全文明生产	5	劳保用品穿戴不全扣1分		
			焊接过程中有违反安全操作规程的现象，根据情况扣1~3分		
			焊完后，场地清理不干净，工具、考件等码放不整齐扣1分		
	合计得分				

评分人：　　　　　　　　　　年　月　日　　　　核分人：　　　　　　　　　　年　月　日

实训模块9　不锈钢板V形坡口对接（加永久垫）平焊的熔化极脉冲氩弧焊

1. 考件图样（见图1-9）

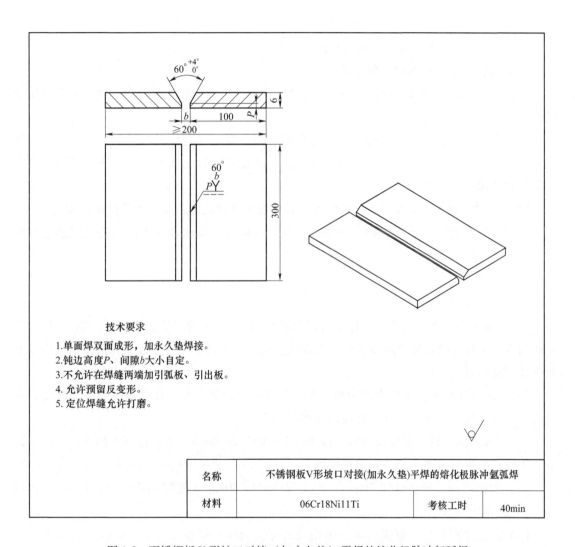

技术要求

1. 单面焊双面成形，加永久垫焊接。
2. 钝边高度P、间隙b大小自定。
3. 不允许在焊缝两端加引弧板、引出板。
4. 允许预留反变形。
5. 定位焊缝允许打磨。

名称	不锈钢板V形坡口对接(加永久垫)平焊的熔化极脉冲氩弧焊		
材料	06Cr18Ni11Ti	考核工时	40min

图1-9　不锈钢板V形坡口对接（加永久垫）平焊的熔化极脉冲氩弧焊

2. 焊前准备

（1）考件材质　06Cr18Ni11Ti 不锈钢板，规格为 300mm×100mm×6mm，一侧加工 $30°^{+2°}_{0°}$ V形坡口，数量2件，如图1-9所示。垫板规格为 300mm×30mm×3mm，1件。

（2）焊接材料　焊丝 H06Cr19Ni10Ti，直径 ϕ1.2mm；保护气体为97%Ar+3%O_2 或95%Ar+5%CO_2 混合气体，视现场实际情况任选一种。

（3）焊接设备　半自动熔化极脉冲氩弧焊机。设备型号根据实际情况自定。

（4）工具、量具　钢丝钳、尖嘴钳、锤子、钢丝刷、锉刀、活扳手、角向磨光机、钢直尺、扁铲、砂布等。

（5）考件　坡口两端不得安装引弧板、引出板。

3. 操作要求

（1）焊接方法　熔化极脉冲氩弧焊。

（2）焊接位置　对接（加永久垫）平焊。

（3）坡口形式　V形坡口，坡口角度 $60°^{+4°}_{0°}$。

（4）焊接要求　单面焊双面成形。

（5）焊前清理　将坡口两侧15~20mm范围内的油、污、锈、垢清除干净，使其露出金属光泽。

（6）装配、定位焊　按图样组装，进行定位焊；定位焊缝位于考件两端坡口内，长度10~15mm。定位装配后预置反变形后将试件背面装配定位焊上垫板，允许使用打磨工具对定位焊焊缝做适当打磨。

（7）焊接过程中　劳保用品穿戴整齐；焊接参数选择正确，焊后焊件保持原始状态。

（8）考件焊完后　关闭焊机、气瓶，工具摆放整齐，场地清理干净，并仔细清理焊缝焊渣并保持原始状态。

4. 考核内容

（1）考核要求

1）焊前准备。考核考件清理程度（坡口两侧15~20mm清除油、污、锈、垢）、定位焊正确与否，考件定位焊后必须在操作架上焊接全缝，不得任意更换和改变焊接位置，焊接参数选择正确与否。

2）焊缝外观质量。考核焊缝余高、焊缝余高差、焊缝宽度、焊缝宽度差、直线度、角变形、错边、咬边、熔合不良、背面超高或凹坑等。

3）焊缝内部质量。射线检测后，按 NB/T 47013.2—2015《承压设备无损检测　第2部分：射线检测》标准要求检查焊缝内部质量。

（2）时间定额　准备时间20min；正式焊接时间40min（超时1min扣总分1分，超时10min，记为0分）。

（3）安全文明生产　考核现场劳保用品的穿戴情况；焊接过程中正确执行安全操作规程；焊完后，场地清理干净，工具、焊件摆放整齐。

5. 配分、评分标准（见表1-9）

表1-9　不锈钢板V形坡口对接（加永久垫）平焊的熔化极脉冲氩弧焊评分表

焊工考件编号				考试超时扣总分		
序号	考核要求	配分	评分标准		扣分	得分
1	焊前准备	5	焊件清理不干净，定位焊不正确扣1~5分			
		5	焊接参数调整不正确扣1~5分			

（续）

序号	考核要求	配分	评分标准	扣分	得分
2	焊缝外观质量	4	焊缝余高 1~2mm 满分；≥0mm，<1mm 或>2mm，≤3mm 扣 2 分；>3mm 或<0mm 扣 4 分		
		4	焊缝余高差≤2mm 满分；>2mm 扣 4 分		
		4	焊缝宽度≤15mm 满分；>15mm 扣 4 分		
		2	焊缝宽度差≤2mm 满分；>2mm 扣 2 分		
		4	背面凹坑深度≤0.6mm 满分；>0.6mm 或长度≥26mm 扣 4 分		
		4	焊缝直线度≤2mm 满分；>2mm 扣 4 分		
		4	角变形≤3°得 2 分；>3°扣 2 分。无错边得 2 分；错边>0.6mm 扣 2 分		
		8	无咬边满分；咬边深度≤0.5mm，累计长度每 5mm 扣 1 分；咬边深度>0.5mm 或累计长度≥26mm 扣 8 分		
		6	起头、收尾平整，无流淌、缺口或超高得 3 分；有上述缺陷 1 处扣 1~2 分。接头平整得 3 分；有不平整、超高、脱节缺陷 1 处扣 1~2 分		
		5	焊缝波纹细腻，成形美观，平整，宽窄一致，表面无缺陷满分；波纹较细腻，成形较好扣 1~2 分；波纹粗糙，焊缝成形较差扣 2 分；焊缝成形差，超高或脱节扣 5 分		
		否定项	焊缝表面不是原始状态，有加工、补焊、返修等现象或有裂纹、气孔、夹渣、未焊透、未熔合、未焊满等任何一项缺陷存在，此项考试按不合格论		
			焊缝外观质量得分低于 27 分，此项考试按不合格论		
3	焊缝内部质量	40	射线检测后按 NB/T 47013.2—2015 评定焊缝质量：焊缝质量Ⅰ级，满分 焊缝质量Ⅱ级，扣 10 分 焊缝质量Ⅲ级，此项考试按不合格论		
4	安全文明生产	5	劳保用品穿戴不全扣 1 分		
			焊接过程中有违反安全操作规程的现象，根据情况扣 1~3 分		
			焊完后，场地清理不干净，工具、考件等码放不整齐扣 1 分		
	合计得分				

评分人：　　　　　　　　　年　月　日　　　　核分人：　　　　　　　　　年　月　日

实训模块 10 不锈钢管对接 45°固定焊的 MAG 焊

1. 考件图样（见图 1-10）

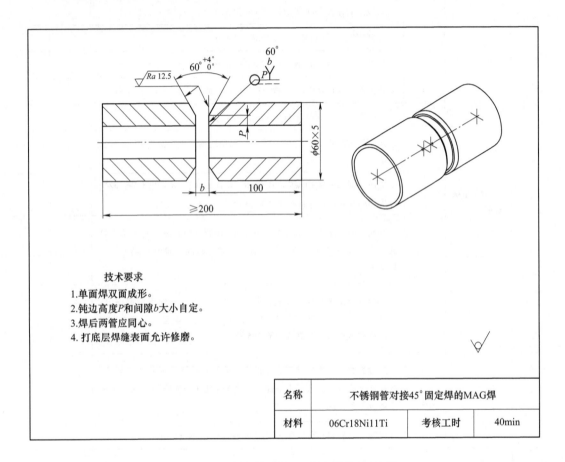

图 1-10 不锈钢管对接 45°固定焊的 MAG 焊

2. 焊前准备

（1）考件材质 06Cr18Ni11Ti 钢管，规格为 $\phi60mm \times 5mm$，$L = 100mm$，一端加工 $30°{}_{0°}^{+2°}$ V 形坡口，数量 2 件，如图 1-10 所示。

（2）焊接材料 焊丝 H06Cr19Ni10Ti，直径 $\phi1.2mm$；保护气体为 97%Ar+3%O_2 或 95% Ar+5%CO_2 混合气体，视现场实际情况任选一种。

（3）焊接设备 熔化极脉冲氩弧焊机，设备型号根据实际情况自定。

（4）工具、量具 钢丝钳、尖嘴钳、锤子、不锈钢丝刷、锉刀、活扳手、角向磨光机、钢直尺、扁铲、砂布等。

3. 操作要求

（1）焊接方法 MAG 焊。

（2）焊接位置 45°固定焊。

（3）坡口形式　V 形坡口，坡口角度 $60°^{+4°}_{0}$。

（4）焊接要求　单面焊双面成形。

（5）焊前清理　将坡口端面及侧面 15~20mm 范围内的油、污、锈、垢清除干净。

（6）装配、定位焊　按图组装，进行定位焊；定位焊焊 2 点，位于相当于时钟 10 点处与 2 点处的坡口内，定位焊缝长度 10~15mm。定位装配后，允许使用打磨工具对定位焊焊缝进行适当打磨。

（7）焊接过程中　劳保用品穿戴整齐；焊接参数选择正确，焊后焊件保持原始状态。

（8）考件焊完后　关闭焊机、气瓶，工具摆放整齐，场地清理干净，并仔细清理焊缝焊渣并保持原始状态。

4. 考核内容

（1）考核要求

1）焊前准备。考核考件清理程度（坡口面及坡口边缘 15~20mm 清除油、污、锈、垢）、定位焊正确与否，考件定位焊后必须在操作架上焊接全缝，不得任意更换和改变焊接位置，焊接参数选择正确与否。

2）焊缝外观质量。考核焊缝余高、焊缝余高差、焊缝宽度、焊缝宽度差、直线度、错边、咬边、熔合不良、背面超高或凹坑等。

3）焊缝内部质量。射线检测后，按 NB/T 47013.2—2015《承压设备　第 2 部分：无损检测无损检测》标准要求评定焊缝内部质量。

（2）时间定额　准备时间 20min；正式焊接时间 40min（超时 1min 扣总分 1 分，超时 10min，记为 0 分）。

（3）安全文明生产　考核现场劳保用品的穿戴情况；焊接过程中正确执行安全操作规程；焊完后，场地清理干净，工具、焊件摆放整齐。

5. 配分、评分标准（见表 1-10）

表 1-10　不锈钢管对接 45° 固定焊的 MAG 焊评分表

焊工考件编号			考试超时扣总分		
序号	考核要求	配分	评分标准	扣分	得分
1	焊前准备	5	焊件清理不干净，定位焊不正确扣 1~5 分		
		5	焊接参数调整不正确扣 1~5 分		
2	焊缝外观质量	4	焊缝余高 1~2mm 满分；≥0mm，<1mm 或 >2mm，≤3mm 扣 2 分；>3mm 或 <0mm 扣 4 分		
		4	焊缝余高差≤2mm 满分；>2mm 扣 4 分		
		4	焊缝宽度≤14mm 满分；>14mm 扣 4 分		
		4	焊缝宽度差≤2mm 满分；>2mm 扣 4 分		
		4	背面焊道余高≤3mm 得 2 分；>3mm 扣 4 分。背面凹坑深度≤1mm 得 2 分；>1mm 或长度≥18mm 扣 4 分		
		2	焊缝直线度≤2mm 满分；>2mm 扣 2 分		
		4	两管同心得 2 分；同心度>1° 扣 2 分。无错位得 2 分；错位>0.5mm 扣 2 分		

（续）

序号	考核要求	配分	评分标准	扣分	得分
2	焊缝外观质量	8	无咬边满分；咬边深度≤0.5mm，累计长度每5mm扣1分；咬边深度>0.5mm 或累计长度≥18mm扣6分		
		4	起头、收尾平整，无流淌、缺口或超高得2分；有上述缺陷1处扣1~2分。接头平整得2分；有不平整、超高、脱节缺陷1处扣2分		
		2	无电弧擦伤满分；有1处扣2分		
		5	焊缝波纹细腻，成形美观，平整，宽窄一致，表面无缺陷满分；波纹较细腻，成形较好扣1~2分；波纹粗糙，焊缝成形较差扣2分；焊缝成形差，超高或脱节扣5分		
		否定项	焊缝表面不是原始状态，有加工、补焊、返修等现象或有裂纹、气孔、夹渣、未焊透、未熔合、未焊满等任何一项缺陷存在，此项考试按不合格论		
			焊缝外观质量得分低于27分，此项考试按不合格论		
3	焊缝内部质量	40	射线检测后按 NB/T 47013.2—2015 评定焊缝质量：焊缝质量Ⅰ级，满分 焊缝质量Ⅱ级，扣10分 焊缝质量Ⅲ级，此项考试按不合格论		
4	安全文明生产	5	劳保用品穿戴不全扣1分		
			焊接过程中有违反安全操作规程的现象，根据情况扣1~3分		
			焊完后，场地清理不干净，工具、考件等码放不整齐扣1分		
合计得分					

评分人：　　　　　　　　年　月　日　　　核分人：　　　　　　　　年　月　日

实训模块 11　低碳钢或低合金钢管对接水平固定加障碍焊的手工 TIG 焊

1. 考件图样（见图 1-11）

2. 焊前准备

（1）考件材质　20 或 Q355 钢管，规格为 $\phi 60mm \times 5mm$，$L = 100mm$，一端开 $30°^{+2°}_{0°}$ V 形坡口，数量 2 件；$\phi 60mm \times 5mm$，$L = 200mm$，数量 4 件；20 钢板，$300mm \times 300mm \times 12mm$，数量 1 件，如图 1-11 所示。

（2）焊接材料　焊丝 G49A3C1S6，直径为 $\phi 2.5mm$；钨极为 WCe-20，直径为 $\phi 2.5mm$。保护气体为氩气，纯度≥99.9%（体积分数）。

（3）焊接设备　手工直流钨极氩弧焊机，设备型号根据实际情况自定。

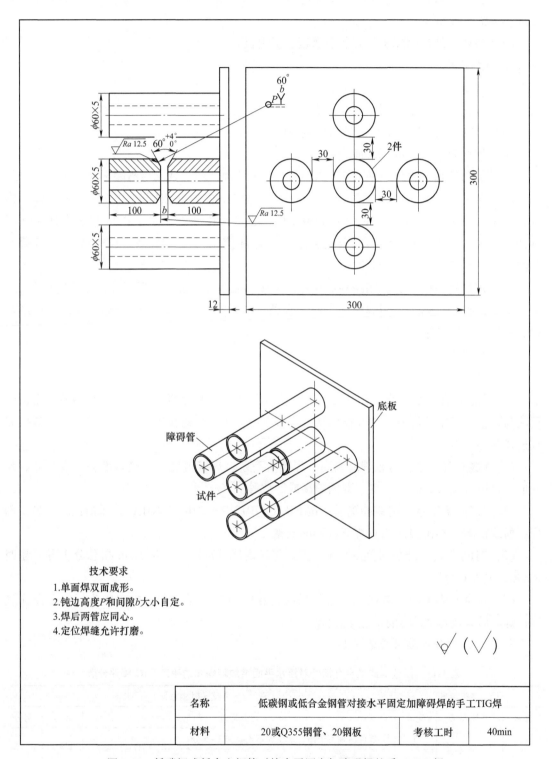

技术要求

1. 单面焊双面成形。
2. 钝边高度 P 和间隙 b 大小自定。
3. 焊后两管应同心。
4. 定位焊缝允许打磨。

名称	低碳钢或低合金钢管对接水平固定加障碍焊的手工TIG焊		
材料	20或Q355钢管、20钢板	考核工时	40min

图 1-11　低碳钢或低合金钢管对接水平固定加障碍焊的手工 TIG 焊

（4）工具、量具　钢丝钳、尖嘴钳、锤子、钢丝刷、锉刀、活扳手、角向磨光机、钢直尺、扁铲、砂布等。

（5）考件　坡口两端不得安装引弧板、引出板。

3. 操作要求

（1）焊接方法　手工钨极氩弧焊。

（2）焊接位置　水平固定加障碍焊。

（3）坡口形式　V 形坡口，坡口角度 $60°^{+4°}_{0°}$。

（4）焊接要求　单面焊双面成形。

（5）焊前清理　将坡口两侧 15~20mm 范围内的油、污、锈、垢清除干净。

（6）装配、定位焊　按图样组装，采用与焊接正式焊缝相同的焊条进行定位焊；定位焊焊 1 点，位于相当于时钟 12 点处坡口内；也可采用 2 点，位于相当于时钟 10 点与 2 点处坡口内，长度 10~15mm。定位装配后，允许使用打磨工具对定位焊焊缝进行适当打磨。

（7）焊接过程中　劳保用品穿戴整齐；焊接参数选择正确，焊后焊件保持原始状态。

（8）考件焊完后　关闭焊机、气瓶、水源，工具摆放整齐，场地清理干净，并仔细清理焊缝焊渣并保持原始状态。

4. 考核内容

（1）考核要求

1）焊前准备。考核考件清理程度（坡口两侧 15~20mm 清除油、污、锈、垢）、定位焊正确与否，考件定位焊后必须在操作架上焊接全缝，不得任意更换和改变焊接位置，焊接参数选择正确与否。

2）焊缝外观质量。考核焊缝余高、焊缝余高差、焊缝宽度、焊缝宽度差、直线度、角变形、错边、咬边、熔合不良、背面超高或凹坑等。

3）焊缝内部质量。射线检测后，按 NB/T 47013.2—2015《承压设备无损检测　第 2 部分：射线检测》标准要求检查焊缝内部的质量。

（2）时间定额　准备时间 30min；正式焊接时间 40min（超时 1min 扣总分 1 分，超时 10min，记为 0 分）。

（3）安全文明生产　考核现场劳保用品的穿戴情况；焊接过程中正确执行安全操作规程；焊完后，场地清理干净，工具、焊件摆放整齐。

5. 配分、评分标准（见表 1-11）

表 1-11　低碳钢或低合金钢管对接水平固定加障碍焊的手工 TIG 焊评分表

焊工考件编号				考试超时扣总分			
序号	考核要求	配分	评分标准			扣分	得分
1	焊前准备	5	焊件清理不干净，定位焊不正确扣 1~5 分				
		5	焊接参数调整不正确扣 1~5 分				

（续）

序号	考核要求	配分	评分标准	扣分	得分
2	焊缝外观质量	4	焊缝余高 1~3mm 满分；≥0mm，<1mm 或>3mm，≤4mm 扣 2 分；>4mm 或<0mm 扣 4 分		
		4	焊缝余高差≤2mm 满分；>2mm 扣 4 分		
		4	焊缝宽度≤14mm 满分；>14mm 扣 4 分		
		4	焊缝宽度差≤2mm 满分；>2mm 扣 4 分		
		4	背面焊道余高≤3mm 满分；>3mm 扣 2 分；背面凹坑深度≤1mm 满分；>1mm 或长度≥18mm 扣 2 分		
		2	焊缝直线度≤2mm 满分；>2mm 扣 2 分		
		4	两管同心得 2 分；同心度>1° 扣 2 分。无错位得 2 分；错位>0.5mm 扣 2 分		
		6	无咬边满分；咬边深度≤0.5mm，累计长度每 5mm 扣 1 分；咬边深度>0.5mm 或累计长度≥18mm 扣 6 分		
		6	起头、收尾平整，无流淌、缺口或超高满分；有上述缺陷 1 处扣 1~2 分。接头平整满分；有不平整、超高、脱节缺陷 1 处扣 1~2 分		
		2	无电弧擦伤满分；有 1 处扣 2 分		
		5	焊缝波纹细腻，成形美观，平整，宽窄一致，表面无缺陷满分；波纹较细腻，成形较好扣 1 分；波纹粗糙，焊缝成形较差扣 2 分；焊缝成形差，超高或脱节扣 5 分		
		否定项	焊缝表面不是原始状态，有加工、补焊、返修等现象或有裂纹、气孔、夹渣、未焊透、未熔合、未焊满等任何一项缺陷存在，此项考试按不合格论		
			焊缝外观质量得分低于 27 分，此项考试按不合格论		
3	焊缝内部质量	40	射线检测后按 NB/T 47013.2—2015 评定焊缝质量：焊缝质量Ⅰ级，满分焊缝质量Ⅱ级，扣 10 分焊缝质量Ⅲ级，此项考试按不合格论		
4	安全文明生产	5	劳保用品穿戴不全扣 1 分		
			焊接过程中有违反安全操作规程的现象，根据情况扣 1~3 分		
			焊完后，场地清理不干净，工具、量具、考件等码放不整齐扣 1 分		
	合计得分				

评分人： 年 月 日 核分人： 年 月 日

实训模块 12　低碳钢或低合金钢管对接垂直固定加障碍焊的手工 TIG 焊

1. 考件图样（见图 1-12）

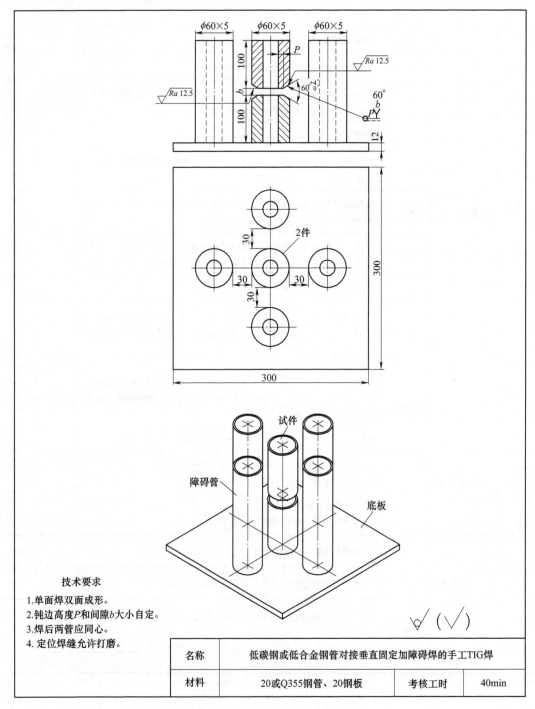

技术要求

1.单面焊双面成形。
2.钝边高度P和间隙b大小自定。
3.焊后两管应同心。
4.定位焊缝允许打磨。

名称	低碳钢或低合金钢管对接垂直固定加障碍焊的手工TIG焊		
材料	20或Q355钢管、20钢板	考核工时	40min

图 1-12　低碳钢或低合金钢管对接垂直固定加障碍焊的手工 TIG 焊

2. 焊前准备

（1）考件材质　20 或 Q355 钢管，规格为 $\phi60mm\times5mm$，$L=100mm$，一端开 $30^{\circ}{}^{+2^{\circ}}_{0}$ V 形坡口，数量 2 件；$\phi60mm\times5mm$，$L=200mm$，数量 4 件；20 钢板，$300mm\times300mm\times12mm$，数量 1 件，如图 1-12 所示。

（2）焊接材料　焊丝 G49A3C1S6，直径为 $\phi2.5mm$；钨极为 WCe-20，直径为 2.5mm。保护气体为氩气，纯度 $\geqslant99.9\%$（体积分数）。

（3）焊接设备　手工直流钨极氩弧焊机，设备型号根据实际情况自定。

（4）工具、量具　钢丝钳、尖嘴钳、锤子、钢丝刷、锉刀、活扳手、角向磨光机、钢直尺、扁铲、砂布等。

（5）考件　坡口两端不得安装引弧板、引出板。

3. 操作要求

（1）焊接方法　手工钨极氩弧焊。

（2）焊接位置　垂直固定加障碍焊。

（3）坡口形式　V 形坡口，坡口角度 $60^{\circ}{}^{+4^{\circ}}_{0}$。

（4）焊接要求　单面焊双面成形。

（5）焊前清理　将坡口两侧 $15\sim20mm$ 范围内的油、污、锈、垢清除干净。

（6）装配、定位焊　按图样组装，采用与焊接正式焊缝相同的焊条进行定位焊；定位焊焊 1 点，位于相当于时钟 12 点处坡口内；也可采用 2 点，位于相当于时钟 10 点与 2 点处坡口内，长度 $10\sim15mm$。定位装配后，允许使用打磨工具对定位焊焊缝进行适当打磨。

（7）焊接过程中　劳保用品穿戴整齐；焊接参数选择正确，焊后焊件保持原始状态。

（8）考件焊完后　关闭焊机、气瓶、水源，工具摆放整齐，场地清理干净，并仔细清理焊缝焊渣并保持原始状态。

4. 考核内容

（1）考核要求

1）焊前准备。考核考件清理程度（坡口两侧 $15\sim20mm$ 清除油、污、锈、垢）、定位焊正确与否，考件定位焊后必须在操作架上焊接全缝，不得任意更换和改变焊接位置，焊接参数选择正确与否。

2）焊缝外观质量。考核焊缝余高、焊缝余高差、焊缝宽度、焊缝宽度差、直线度、角变形、错边、咬边、熔合不良、背面超高或凹坑等。

3）焊缝内部质量。射线检测后，按 NB/T 47013.2—2015《承压设备无损检测　第 2 部分：射线检测》标准要求检查焊缝内部的质量。

（2）时间定额　准备时间 30min；正式焊接时间 40min（超时 1min 扣总分 1 分，超时 10min，记为 0 分）。

（3）安全文明生产　考核现场劳保用品的穿戴情况；焊接过程中正确执行安全操作规程；焊完后，场地清理干净，工具、焊件摆放整齐。

5. 配分、评分标准（见表1-12）

表1-12 低碳钢或低合金钢管对接垂直固定加障碍焊的手工 TIG 焊评分表

焊工考件编号			考试超时扣总分		
序号	考核要求	配分	评分标准	扣分	得分
1	焊前准备	5	焊件清理不干净，定位焊不正确扣1~5分		
		5	焊接参数调整不正确扣1~5分		
2	焊缝外观质量	4	焊缝余高1~3mm满分；≥0mm，<1mm或>3mm，≤4mm扣2分；>4mm或<0mm扣4分		
		4	焊缝余高差≤2mm满分；>2mm扣4分		
		4	焊缝宽度≤14mm满分；>14mm扣4分		
		4	焊缝宽度差≤2mm满分；>2mm扣4分		
		4	背面焊道余高≤3mm满分；>3mm扣2分；背面凹坑深度≤1mm满分；>1mm或长度≥18mm扣2分		
		2	焊缝直线度≤2mm满分；>2mm扣2分		
		4	两管同心得2分；同心度>1°扣2分。无错位得2分；错位>0.5mm扣2分		
		6	无咬边满分；咬边深度≤0.5mm，累计长度每5mm扣1分；咬边深度>0.5mm或累计长度≥18mm扣6分		
		6	起头、收尾平整，无流淌、缺口或超高满分；有上述缺陷1处扣1~2分。接头平整满分；有不平整、超高、脱节缺陷1处扣1~2分		
		2	无电弧擦伤满分；有1处扣2分		
		5	焊缝波纹细腻，成形美观，平整，宽窄一致，表面无缺陷满分；波纹较细腻，成形较好扣1分；波纹粗糙，焊缝成形较差扣2分；焊缝成形差，超高或脱节扣5分		
		否定项	焊缝表面不是原始状态，有加工、补焊、返修等现象或有裂纹、气孔、夹渣、未焊透、未熔合、未焊满等任何一项缺陷存在，此项考试按不合格论		
			焊缝外观质量得分低于27分，此项考试按不合格论		
3	焊缝内部质量	40	射线检测后按NB/T 47013.2—2015评定焊缝质量： 焊缝质量Ⅰ级，满分 焊缝质量Ⅱ级，扣10分 焊缝质量Ⅲ级，此项考试按不合格论		
4	安全文明生产	5	劳保用品穿戴不全扣1分		
			焊接过程中有违反安全操作规程的现象，根据情况扣1~3分		
			焊完后，场地清理不干净，工具、量具、考件等码放不整齐扣1分		
	合计得分				

评分人：　　　　　　　　年　月　日　　　核分人：　　　　　　　年　月　日

实训模块 13　低碳钢或低合金钢管对接 45°固定加障碍焊的手工 TIG 焊

1. 考件图样（见图 1-13）

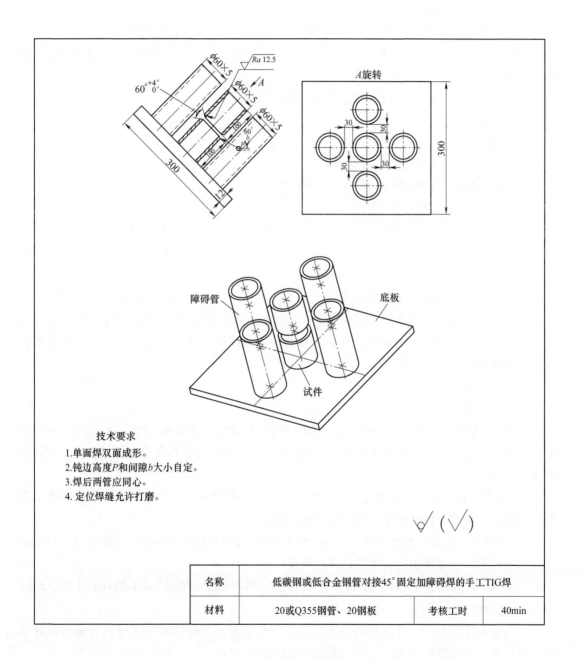

技术要求

1. 单面焊双面成形。
2. 钝边高度 P 和间隙 b 大小自定。
3. 焊后两管应同心。
4. 定位焊缝允许打磨。

名称	低碳钢或低合金钢管对接45°固定加障碍焊的手工TIG焊		
材料	20或Q355钢管、20钢板	考核工时	40min

图 1-13　低碳钢或低合金钢管对接 45°固定加障碍焊的手工 TIG 焊

2. 焊前准备

（1）考件材质　20 或 Q355 钢管，规格为 $\phi 60mm \times 5mm$，$L = 100mm$，一端开 $30°^{+2°}_{0°}$ V 形坡口，数量 2 件；$\phi 60mm \times 5mm$，$L = 200mm$，数量 4 件；20 钢板，$300mm \times 300mm \times 12mm$，数量 1 件，如图 1-13 所示。

（2）焊接材料　焊丝 G49A3C1S6，直径为 $\phi 2.5mm$；钨极为 WCe-20，直径为 $\phi 2.5mm$。保护气体为氩气，纯度≥99.9%。

（3）焊接设备　手工直流钨极氩弧焊机，设备型号根据实际情况自定。

（4）工具、量具　钢丝钳、尖嘴钳、锤子、钢丝刷、锉刀、活扳手、角向磨光机、钢直尺、扁铲、砂布等。

（5）考件　坡口两端不得安装引弧板、引出板。

3. 操作要求

（1）焊接方法　手工钨极氩弧焊。

（2）焊接位置　45°固定加障碍焊。

（3）坡口形式　V 形坡口，坡口角度 $60°^{+4°}_{0°}$。

（4）焊接要求　单面焊双面成形。

（5）焊前清理　将坡口两侧 15~20mm 范围内的油、污、锈、垢清除干净。

（6）装配、定位焊　按图样组装，采用与焊接正式焊缝相同的焊条进行定位焊；定位焊焊 1 点，位于相当于时钟 12 点处坡口内；也可采用 2 点，位于相当于时钟 10 点与 2 点处坡口内，长度 10~15mm。定位装配后，允许使用打磨工具对定位焊焊缝进行适当打磨。

（7）焊接过程中　劳保用品穿戴整齐；焊接参数选择正确，焊后焊件保持原始状态。

（8）考件焊完后　关闭焊机、气瓶、水源，工具摆放整齐，场地清理干净，并仔细清理焊缝焊渣并保持原始状态。

4. 考核内容

（1）考核要求

1）焊前准备。考核考件清理程度（坡口两侧 15~20mm 清除油、污、锈、垢）、定位焊正确与否，考件定位焊后必须在操作架上焊接全缝，不得任意更换和改变焊接位置，焊接参数选择正确与否。

2）焊缝外观质量。考核焊缝余高、焊缝余高差、焊缝宽度、焊缝宽度差、直线度、角变形、错边、咬边、熔合不良、背面超高或凹坑等。

3）焊缝内部质量。射线检测后，按 NB/T 47013.2—2015《承压设备无损检测　第 2 部分：射线检测》标准要求检查焊缝内部的质量。

（2）时间定额　准备时间 30min；正式焊接时间 40min（超时 1min 扣总分 1 分，超时 10min，记为 0 分）。

（3）安全文明生产　考核现场劳保用品的穿戴情况；焊接过程中正确执行安全操作规程；焊完后，场地清理干净，工具、焊件摆放整齐。

5. 配分、评分标准（见表 1-13）

表 1-13　低碳钢或低合金钢管对接 45° 固定加障碍焊的手工 TIG 焊评分表

焊工考件编号			考试超时扣总分		
序号	考核要求	配分	评分标准	扣分	得分
1	焊前准备	5	焊件清理不干净，定位焊不正确扣 1~5 分		
		5	焊接参数调整不正确扣 1~5 分		
2	焊缝外观质量	4	焊缝余高 1~3mm 满分；≥0mm，<1mm 或>3mm，≤4mm 扣 2 分；>4mm 或<0mm 扣 4 分		
		4	焊缝余高差≤2mm 满分；>2mm 扣 4 分		
		4	焊缝宽度≤14mm 满分；>14mm 扣 4 分		
		4	焊缝宽度差≤2mm 满分；>2mm 扣 4 分		
		4	背面焊道余高≤3mm 满分；>3mm 扣 2 分；背面凹坑深度≤1mm 满分；>1mm 或长度≥18mm 扣 2 分		
		2	焊缝直线度≤2mm 满分；>2mm 扣 2 分		
		4	两管同心得 2 分；同心度>1° 扣 2 分。无错位得 2 分；错位>0.5mm 扣 2 分		
		6	无咬边满分；咬边深度≤0.5mm，累计长度每 5mm 扣 1 分；咬边深度>0.5mm 或累计长度≥18mm 扣 6 分		
		6	起头、收尾平整，无流淌、缺口或超高满分；有上述缺陷 1 处扣 1~2 分。接头平整满分；有不平整、超高、脱节缺陷 1 处扣 1~2 分		
		2	无电弧擦伤满分；有 1 处扣 2 分		
		5	焊缝波纹细腻，成形美观，平整，宽窄一致，表面无缺陷满分；波纹较细腻，成形较好扣 1 分；波纹粗糙，焊缝成形较差扣 2 分；焊缝成形差，超高或脱节扣 5 分		
		否定项	焊缝表面不是原始状态，有加工、补焊、返修等现象或有裂纹、气孔、夹渣、未焊透、未熔合、未焊满等任何一项缺陷存在，此项考试按不合格论		
			焊缝外观质量得分低于 27 分，此项考试按不合格论		
3	焊缝内部质量	40	射线检测后按 NB/T 47013.2—2015 评定焊缝质量：焊缝质量Ⅰ级，满分 焊缝质量Ⅱ级，扣 10 分 焊缝质量Ⅲ级，此项考试按不合格论		
4	安全文明生产	5	劳保用品穿戴不全扣 1 分		
			焊接过程中有违反安全操作规程的现象，根据情况扣 1~3 分		
			焊完后，场地清理不干净，工具、量具、考件等码放不整齐扣 1 分		
	合计得分				

评分人：　　　　　　　　　　年　月　日　　核分人：　　　　　　　　　　年　月　日

实训模块 14　不锈钢管对接水平固定焊的手工 TIG 焊

1. 考件图样（见图 1-14）

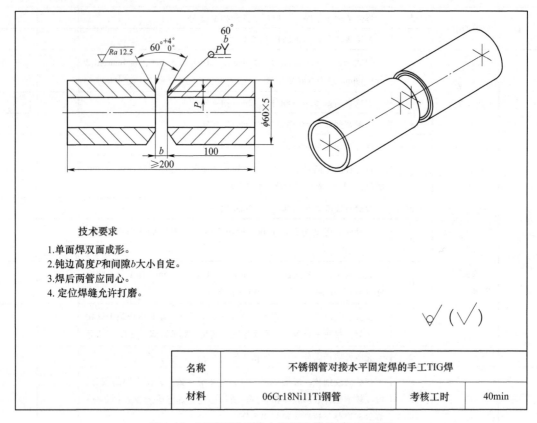

图 1-14　不锈钢管对接水平固定焊的手工 TIG 焊

名称	不锈钢管对接水平固定焊的手工TIG焊		
材料	06Cr18Ni11Ti钢管	考核工时	40min

2. 焊前准备

（1）考件材质　06Cr18Ni11Ti 钢管，规格为 $\phi 60mm \times 5mm$，$L = 100mm$，一端加工 $30°^{+2°}_{0°}$ V 形坡口，数量 2 件，如图 1-14 所示。

（2）焊接材料　焊丝 H06Cr19Ni10Ti，直径为 $\phi 2.5mm$；保护气体为氩气，纯度 ≥ 99.9%（体积分数）；钨极为 WCe-20，直径为 $\phi 2.5mm$。

（3）焊接设备　半自动直流钨极氩弧焊机，设备型号根据实际情况自定。

（4）工具、量具　钢丝钳、尖嘴钳、锤子、不锈钢丝刷、锉刀、活扳手、角向磨光机、钢直尺、扁铲、砂布等。

3. 操作要求

（1）焊接方法　手工 TIG 焊。

（2）焊接位置　水平固定焊。

（3）坡口形式　V 形坡口，坡口角度 $60°^{+4°}_{0°}$。

（4）焊接要求　单面焊双面成形。

（5）焊前清理　将坡口端面及侧面 15~20mm 范围内的油、污、锈、垢清除干净。

（6）装配、定位焊　按图样组装，进行定位焊；定位焊焊 2 点，位于相当于时钟 10 点与 2 点处的坡口内，定位焊缝长度 10~15mm。定位装配后，允许使用打磨工具对定位焊焊缝进行适当打磨。

（7）焊接过程中　劳保用品穿戴整齐；焊接参数选择正确，焊后焊件保持原始状态。

（8）考件焊完后　关闭焊机、气瓶、水源，工具摆放整齐，场地清理干净，并仔细清理焊缝焊渣并保持原始状态。

4. 考核内容

（1）考核要求

1）焊前准备。考核考件清理程度（坡口面及坡口边缘 15~20mm 清除油、污、锈、垢）、定位焊正确与否，考件定位焊后必须在操作架上焊接全缝，不得任意更换和改变焊接位置，焊接参数选择正确与否。

2）焊缝外观质量。考核焊缝余高、焊缝余高差、焊缝宽度、焊缝宽度差、直线度、错边、咬边、熔合不良、夹钨、背面超高或凹坑等。

3）焊缝内部质量。射线检测后，按 NB/T 47013.2—2015《承压设备无损检测　第 2 部分：射线检测》标准要求评定焊缝内部质量。

（2）时间定额　准备时间 20min；正式焊接时间 40min（超时 1min 扣总分 1 分，超时 10min，记为 0 分）。

（3）安全文明生产　考核现场劳保用品的穿戴情况；焊接过程中正确执行安全操作规程；焊完后，场地清理干净，工具、焊件摆放整齐。

5. 配分、评分标准（见表 1-14）

表 1-14　不锈钢管对接水平固定焊的手工 TIG 焊评分表

焊工考件编号				考试超时扣总分		
序号	考核要求	配分	评分标准		扣分	得分
1	焊前准备	5	焊件清理不干净，定位焊不正确扣 1~5 分			
		5	焊接参数调整不正确扣 1~5 分			
2	焊缝外观质量	4	焊缝余高 1~3mm 满分；≥0mm，<1mm 或>3mm，≤4mm 扣 2 分；>4mm 或<0mm 扣 4 分			
		4	焊缝余高差≤2mm 满分；>2mm 扣 4 分			
		4	焊缝宽度≤14mm 满分；>14mm 扣 4 分			
		4	焊缝宽度差≤2mm 满分；>2mm 扣 4 分			
		4	背面焊道余高≤3mm 满分；>3mm 扣 2 分；背面凹坑深度≤1mm 满分；>1mm 或长度≥18mm 扣 2 分			
		2	焊缝直线度≤2mm 满分；>2mm 扣 2 分			
		4	两管同心得 2 分；同心度>1°扣 2 分。无错位得 2 分；错位>0.5mm 扣 2 分			
		6	无咬边满分；咬边深度≤0.5mm，累计长度每 5mm 扣 1 分；咬边深度>0.5mm 或累计长度≥18mm 扣 6 分			

（续）

序号	考核要求	配分	评分标准	扣分	得分
2	焊缝外观质量	6	起头、收尾平整，无流淌、缺口或超高满分；有上述缺陷1处扣1~2分。接头平整满分；有不平整、超高、脱节缺陷1处扣1~2分		
		2	无电弧擦伤满分；有1处扣2分		
		5	焊缝波纹细腻，成形美观，平整，宽窄一致，表面无缺陷满分；波纹较细腻，成形较好扣1分；波纹粗糙，焊缝成形较差扣2分；焊缝成形差，超高或脱节扣5分		
		否定项	焊缝表面不是原始状态，有加工、补焊、返修等现象或有裂纹、气孔、夹渣、未焊透、未熔合、未焊满等任何一项缺陷存在，此项考试按不合格论		
			焊缝外观质量得分低于27分，此项考试按不合格论		
3	焊缝内部质量	40	射线检测后按 NB/T 47013.2—2015 评定焊缝质量： 焊缝质量Ⅰ级，满分 焊缝质量Ⅱ级，扣10分 焊缝质量Ⅲ级，此项考试按不合格论		
4	安全文明生产	5	劳保用品穿戴不全扣1分		
			焊接过程中有违反安全操作规程的现象，根据情况扣1~3分		
			焊完后，场地清理不干净，工具、量具、考件等码放不整齐扣1分		
	合计得分				

评分人：　　　　　　　年　月　日　　　核分人：　　　　　　　年　月　日

实训模块 15　不锈钢管对接垂直固定焊的手工 TIG 焊

1. 考件图样（见图 1-15）

2. 焊前准备

（1）考件材质　06Cr18Ni11Ti 钢管，规格为 $\phi60mm \times 5mm$，$L=100mm$，一端加工 $30°^{+2°}_{0°}$ V 形坡口，数量 2 件，如图 1-15 所示。

（2）焊接材料　焊丝 H06Cr19Ni10Ti，直径为 $\phi2.5mm$；保护气体为氩气，纯度 ≥ 99.9%（体积分数）；钨极为 WCe-20，直径为 $\phi2.5mm$。

（3）焊接设备　半自动直流钨极氩弧焊机，设备型号根据实际情况自定。

（4）工、量具　钢丝钳、尖嘴钳、锤子、不锈钢丝刷、锉刀、活扳手、角向磨光机、钢直尺、扁铲、砂布等。

3. 操作要求

（1）焊接方法　手工 TIG 焊。

（2）焊接位置　垂直固定焊。

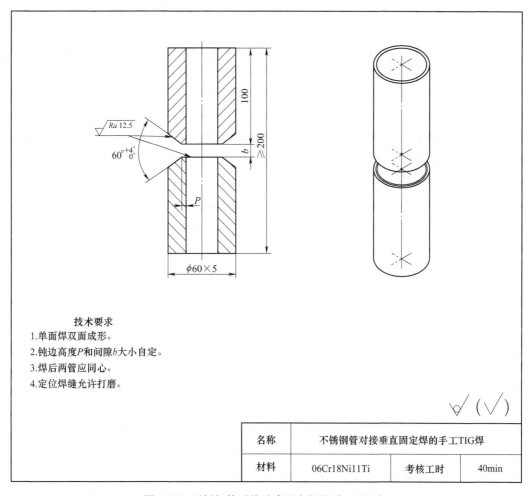

技术要求

1. 单面焊双面成形。

2. 钝边高度P和间隙b大小自定。

3. 焊后两管应同心。

4. 定位焊缝允许打磨。

名称	不锈钢管对接垂直固定焊的手工TIG焊		
材料	06Cr18Ni11Ti	考核工时	40min

图 1-15　不锈钢管对接垂直固定焊的手工 TIG 焊

（3）坡口形式　V 形坡口，坡口角度 $60°^{+4°}_{0°}$。

（4）焊接要求　单面焊双面成形。

（5）焊前清理　将坡口端面及侧面 15～20mm 范围内的油、污、锈、垢清除干净。

（6）装配、定位焊　按图样组装，进行定位焊；定位焊焊 2 点，位于相当于时钟 10 点与 2 点处的坡口内，定位焊缝长度 10～15mm。定位装配后，允许使用打磨工具对定位焊焊缝进行适当打磨。

（7）焊接过程中　劳保用品穿戴整齐；焊接参数选择正确，焊后焊件保持原始状态。

（8）考件焊完后　关闭焊机、气瓶、水源，工具摆放整齐，场地清理干净，并仔细清理焊缝焊渣并保持原始状态。

4. 考核内容

（1）考核要求

1）焊前准备。考核考件清理程度（坡口面及坡口边缘 15～20mm 清除油、污、锈、垢）、定位焊正确与否，考件定位焊后必须在操作架上焊接全缝，不得任意更换和改变焊接位置，焊接参数选择正确与否。

2. 焊前准备

（1）考件材质　06Cr18Ni11Ti 钢管，规格为 $\phi60mm \times 5mm$，$L = 100mm$，一端加工 $30°^{+2°}_{0}$ V 形坡口，数量 2 件，如图 1-16 所示。

（2）焊接材料　焊丝 H06Cr19Ni10Ti，直径为 $\phi2.5mm$；保护气体为氩气，纯度 ≥ 99.9%（体积分数）；钨极为 WCe-20，直径为 $\phi2.5mm$。

（3）焊接设备　半自动直流钨极氩弧焊机，设备型号根据实际情况自定。

（4）工具、量具　钢丝钳、尖嘴钳、锤子、不锈钢丝刷、锉刀、活扳手、角向磨光机、钢直尺、扁铲、砂布等。

3. 操作要求

（1）焊接方法　手工 TIG 焊。

（2）焊接位置　45°固定焊。

（3）坡口形式　V 形坡口，坡口角度 $60°^{+4°}_{0}$。

（4）焊接要求　单面焊双面成形。

（5）焊前清理　将坡口端面及侧面 15～20mm 范围内的油、污、锈、垢清除干净。

（6）装配、定位焊　按图样组装，进行定位焊；定位焊 2 点，位于相当于时钟 10 点与 2 点处的坡口内，定位焊缝长度 10～15mm。定位装配后，允许使用打磨工具对定位焊焊缝进行适当打磨。

（7）焊接过程中　劳保用品穿戴整齐；焊接参数选择正确，焊后焊件保持原始状态。

（8）考件焊完后　关闭焊机、气瓶、水源，工具摆放整齐，场地清理干净，并仔细清理焊缝焊渣并保持原始状态。

4. 考核内容

（1）考核要求

1）焊前准备。考核考件清理程度（坡口面及坡口边缘 15～20mm 清除油、污、锈、垢）、定位焊正确与否，考件定位焊后必须在操作架上焊接全缝，不得任意更换和改变焊接位置，焊接参数选择正确与否。

2）焊缝外观质量。考核焊缝余高、焊缝余高差、焊缝宽度、焊缝宽度差、直线度、错边、咬边、熔合不良、夹钨、背面超高或凹坑等。

3）焊缝内部质量。射线检测后，按 NB/T 47013.2—2015《承压设备无损检测　第 2 部分：射线检测》标准要求评定焊缝内部质量。

（2）时间定额　准备时间 20min；正式焊接时间 40min（超时 1min 扣总分 1 分，超时 10min，记为 0 分）。

（3）安全文明生产　考核现场劳保用品的穿戴情况；焊接过程中正确执行安全操作规程；焊完后，场地清理干净，工具、焊件摆放整齐。

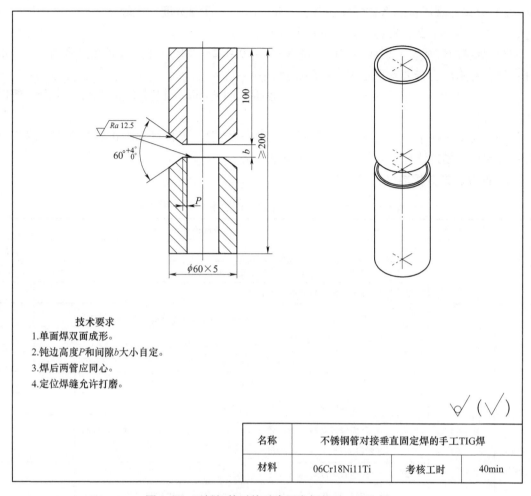

技术要求

1. 单面焊双面成形。

2. 钝边高度 P 和间隙 b 大小自定。

3. 焊后两管应同心。

4. 定位焊缝允许打磨。

名称	不锈钢管对接垂直固定焊的手工TIG焊		
材料	06Cr18Ni11Ti	考核工时	40min

图 1-15　不锈钢管对接垂直固定焊的手工 TIG 焊

（3）坡口形式　V 形坡口，坡口角度 $60°^{+4°}_{0°}$。

（4）焊接要求　单面焊双面成形。

（5）焊前清理　将坡口端面及侧面 15～20mm 范围内的油、污、锈、垢清除干净。

（6）装配、定位焊　按图样组装，进行定位焊；定位焊焊 2 点，位于相当于时钟 10 点与 2 点处的坡口内，定位焊缝长度 10～15mm。定位装配后，允许使用打磨工具对定位焊焊缝进行适当打磨。

（7）焊接过程中　劳保用品穿戴整齐；焊接参数选择正确，焊后焊件保持原始状态。

（8）考件焊完后　关闭焊机、气瓶、水源，工具摆放整齐，场地清理干净，并仔细清理焊缝焊渣并保持原始状态。

4. 考核内容

（1）考核要求

1）焊前准备。考核考件清理程度（坡口面及坡口边缘 15～20mm 清除油、污、锈、垢）、定位焊正确与否，考件定位焊后必须在操作架上焊接全缝，不得任意更换和改变焊接位置，焊接参数选择正确与否。

2）焊缝外观质量。考核焊缝余高、焊缝余高差、焊缝宽度、焊缝宽度差、直线度、错边、咬边、熔合不良、夹钨、背面超高或凹坑等。

3）焊缝内部质量。射线检测后，按 NB/T 47013.2—2015《承压设备无损检测　第2部分：射线检测》标准要求评定焊缝内部质量。

（2）时间定额　准备时间 20min；正式焊接时间 40min（超时 1min 扣总分 1 分，超时 10min，记为 0 分）。

（3）安全文明生产　考核现场劳保用品的穿戴情况；焊接过程中正确执行安全操作规程；焊完后，场地清理干净，工具、焊件摆放整齐。

5. 配分、评分标准（见表 1-15）

表 1-15　不锈钢管对接垂直固定焊的手工 TIG 焊评分表

焊工考件编号			考试超时扣总分		
序号	考核要求	配分	评分标准	扣分	得分
1	焊前准备	5	焊件清理不干净，定位焊不正确扣 1~5 分		
		5	焊接参数调整不正确扣 1~5 分		
2	焊缝外观质量	4	焊缝余高 1~3mm 满分；≥0mm，<1mm 或>3mm，≤4mm 扣 2 分；>4mm 或<0mm 扣 4 分		
		4	焊缝余高差≤2mm 满分；>2mm 扣 4 分		
		4	焊缝宽度≤14mm 满分；>14mm 扣 4 分		
		4	焊缝宽度差≤2mm 满分；>2mm 扣 4 分		
		4	背面焊道余高≤3mm 满分；>3mm 扣 2 分；背面凹坑深度≤1mm 满分；>1mm 或长度≥18mm 扣 2 分		
		2	焊缝直线度≤2mm 满分；>2mm 扣 2 分		
		4	两管同心得 2 分；同心度>1°扣 2 分。无错位得 2 分；错位> 0.5mm 扣 2 分		
		6	无咬边满分；咬边深度≤0.5mm，累计长度每 5mm 扣 1 分；咬边深度>0.5mm 或累计长度≥18mm 扣 6 分		
		6	起头、收尾平整，无流淌、缺口或超高满分；有上述缺陷 1 处扣 1~2 分。接头平整满分；有不平整、超高、脱节缺陷 1 处扣 1~2 分		
		2	无电弧擦伤满分；有 1 处扣 2 分		
		5	焊缝波纹细腻，成形美观，平整，宽窄一致，表面无缺陷满分；波纹较细腻，成形较好扣 1 分；波纹粗糙，焊缝成形较差扣 2 分；焊缝成形差，超高或脱节扣 5 分		
		否定项	焊缝表面不是原始状态，有加工、补焊、返修等现象或有裂纹、气孔、夹渣、未焊透、未熔合、未焊满等任何一项缺陷存在，此项考试按不合格论		
			焊缝外观质量得分低于 27 分，此项考试按不合格论		

（续）

序号	考核要求	配分	评分标准	扣分	得分
3	焊缝内部质量	40	射线检测后按 NB/T 47013.2—2015 评定焊缝质量 焊缝质量Ⅰ级，满分 焊缝质量Ⅱ级，扣10分 焊缝质量Ⅲ级，此项考试按不合格论		
4	安全文明生产	5	劳保用品穿戴不全扣1分		
			焊接过程中有违反安全操作规程的现象，根据情况扣1~3分		
			焊完后，场地清理不干净，工具、量具、考件等码放不整齐扣1分		
合计得分					

评分人：　　　　　　　　年 月 日　　　　核分人：　　　　　　　　年 月 日

实训模块 16　不锈钢管对接 45°固定焊的手工 TIG 焊

1. 考件图样（见图 1-16）

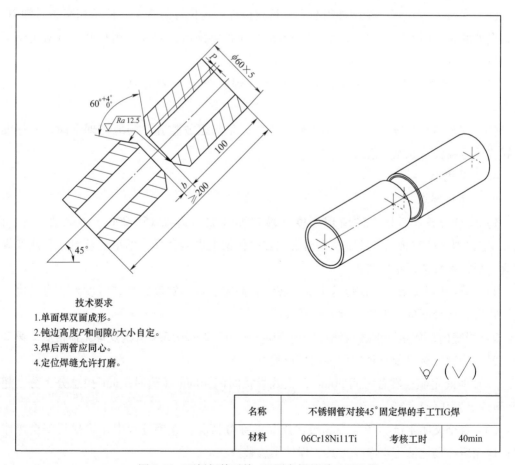

技术要求

1. 单面焊双面成形。
2. 钝边高度 P 和间隙 b 大小自定。
3. 焊后两管应同心。
4. 定位焊缝允许打磨。

名称	不锈钢管对接45°固定焊的手工TIG焊		
材料	06Cr18Ni11Ti	考核工时	40min

图 1-16　不锈钢管对接 45°固定焊的手工 TIG 焊

2. 焊前准备

（1）考件材质　06Cr18Ni11Ti 钢管，规格为 $\phi60mm \times 5mm$，$L = 100mm$，一端加工 $30°^{+2°}_{0}$ V 形坡口，数量 2 件，如图 1-16 所示。

（2）焊接材料　焊丝 H06Cr19Ni10Ti，直径为 $\phi2.5mm$；保护气体为氩气，纯度 ≥ 99.9%（体积分数）；钨极为 WCe-20，直径为 $\phi2.5mm$。

（3）焊接设备　半自动直流钨极氩弧焊机，设备型号根据实际情况自定。

（4）工具、量具　钢丝钳、尖嘴钳、锤子、不锈钢丝刷、锉刀、活扳手、角向磨光机、钢直尺、扁铲、砂布等。

3. 操作要求

（1）焊接方法　手工 TIG 焊。

（2）焊接位置　45°固定焊。

（3）坡口形式　V 形坡口，坡口角度 $60°^{+4°}_{0}$。

（4）焊接要求　单面焊双面成形。

（5）焊前清理　将坡口端面及侧面 15~20mm 范围内的油、污、锈、垢清除干净。

（6）装配、定位焊　按图样组装，进行定位焊；定位焊焊 2 点，位于相当于时钟 10 点与 2 点处的坡口内，定位焊缝长度 10~15mm。定位装配后，允许使用打磨工具对定位焊焊缝进行适当打磨。

（7）焊接过程中　劳保用品穿戴整齐；焊接参数选择正确，焊后焊件保持原始状态。

（8）考件焊完后　关闭焊机、气瓶、水源，工具摆放整齐，场地清理干净，并仔细清理焊缝焊渣并保持原始状态。

4. 考核内容

（1）考核要求

1）焊前准备。考核考件清理程度（坡口面及坡口边缘 15~20mm 清除油、污、锈、垢）、定位焊正确与否，考件定位焊后必须在操作架上焊接全缝，不得任意更换和改变焊接位置，焊接参数选择正确与否。

2）焊缝外观质量。考核焊缝余高、焊缝余高差、焊缝宽度、焊缝宽度差、直线度、错边、咬边、熔合不良、夹钨、背面超高或凹坑等。

3）焊缝内部质量。射线检测后，按 NB/T 47013.2—2015《承压设备无损检测　第 2 部分：射线检测》标准要求评定焊缝内部质量。

（2）时间定额　准备时间 20min；正式焊接时间 40min（超时 1min 扣总分 1 分，超时 10min，记为 0 分）。

（3）安全文明生产　考核现场劳保用品的穿戴情况；焊接过程中正确执行安全操作规程；焊完后，场地清理干净，工具、焊件摆放整齐。

（6）装配、定位焊 按图样组装，定位焊焊 2 点，位于相当于时钟 10 点与 2 点处的坡口内，定位焊缝长度 10~15mm。定位装配后，允许使用打磨工具对定位焊焊缝进行适当打磨。

（7）焊接过程中 劳保用品穿戴整齐；焊接参数选择正确，焊后焊件保持原始状态。

（8）考件焊完后 关闭焊机、气瓶、水源，工具摆放整齐，场地清理干净，并仔细清理焊缝焊渣并保持原始状态。

4. 考核内容

（1）考核要求

1）焊前准备。考核考件清理程度（坡口面及坡口边缘 15~20mm 清除油、污、锈、垢）、定位焊正确与否，考件定位焊后必须在操作架上焊接全缝，不得任意更换和改变焊接位置，焊接参数选择正确与否。

2）焊缝外观质量。考核焊缝余高、焊缝余高差、焊缝宽度、焊缝宽度差、直线度、错边、咬边、熔合不良、夹钨、背面超高或凹坑等。

3）焊缝内部质量。射线检测后，按 NB/T 47013.2—2015《承压设备无损检测 第 2 部分：射线检测》标准要求评定焊缝内部质量。

（2）时间定额 准备时间 20min；正式焊接时间 40min（超时 1min 扣总分 1 分，超时 10min，记为 0 分）。

（3）安全文明生产 考核现场劳保用品的穿戴情况；焊接过程中正确执行安全操作规程；焊完后，场地清理干净，工具、焊件摆放整齐。

5. 配分、评分标准（见表 1-17）

表 1-17 异种材料钢管对接水平固定焊的手工 TIG 焊评分表

焊工考件编号				考试超时扣总分		
序号	考核要求	配分	评分标准		扣分	得分
1	焊前准备	5	焊件清理不干净，定位焊不正确扣 1~5 分			
		5	焊接参数调整不正确扣 1~5 分			
2	焊缝外观质量	4	焊缝余高 1~2mm 满分；≥0mm，<1mm 或 >2mm，≤3mm 扣 2 分；>3mm 或 <0mm 扣 4 分			
		4	焊缝余高差≤2mm 满分；>2mm 扣 6 分			
		4	焊缝宽度≤14mm 满分；>14mm 扣 4 分			
		4	焊缝宽度差≤2mm 满分；>2mm 扣 4 分			
		4	背面焊道余高≤3mm 满分；>3mm 扣 4 分。背面凹坑深度≤1mm 满分；>1mm 或长度≥18mm 扣 4 分			
		2	焊缝直线度≤2mm 满分；>2mm 扣 2 分			
		4	两管同心得 2 分；同心度>1° 扣 2 分。无错位得 2 分；错位>0.5mm 扣 2 分			
		6	无咬边满分；咬边深度≤0.5mm，累计长度每 5mm 扣 1 分；咬边深度>0.5mm 或累计长度≥18mm 扣 6 分			

（续）

序号	考核要求	配分	评分标准	扣分	得分
2	焊缝外观质量	6	起头、收尾平整，无流淌、缺口或超高满分；有上述缺陷 1 处扣 1~2 分。接头平整满分；有不平整、超高、脱节缺陷 1 处扣 1~2 分		
		2	无电弧擦伤满分；有 1 处扣 2 分		
		5	焊缝波纹细腻，成形美观，平整，宽窄一致，表面无缺陷满分；波纹较细腻，成形较好扣 1 分；波纹粗糙，焊缝成形较差扣 2 分；焊缝成形差，超高或脱节扣 5 分		
		否定项	焊缝表面不是原始状态，有加工、补焊、返修等现象或有裂纹、气孔、夹钨、未焊透、未熔合等任何一项缺陷存在，此项考试按不合格论		
			焊缝外观质量得分低于 27 分，此项考试按不合格论		
3	焊缝内部质量	40	射线检测后按 NB/T 47013.2—2015 评定焊缝质量： 焊缝质量 I 级，满分 焊缝质量 II 级，扣 10 分 焊缝质量 III 级，此项考试按不合格论		
4	安全文明生产	5	劳保用品穿戴不全扣 1 分		
			焊接过程中有违反安全操作规程的现象，根据情况扣 1~3 分		
			焊完后，场地清理不干净，工具、量具、考件等码放不整齐扣 1 分		
	合计得分				

评分人：　　　　　　　　年 月 日　　　核分人：　　　　　　　　年 月 日

实训模块 18　异种材料钢管对接垂直固定焊的手工 TIG 焊

1. 考件图样（见图 1-18）

2. 焊前准备

（1）考件材质　06Cr18Ni11Ti 不锈钢管，规格为 $\phi60mm \times 5mm$，$L = 100mm$，一端开 $32^{\circ}{}^{+2^{\circ}}_{0^{\circ}}$ V 形坡口，数量 1 件；12Cr1MoV 钢管，$\phi60mm \times 5mm$，$L = 100mm$，一端开 $32^{\circ}{}^{+2^{\circ}}_{0^{\circ}}$ V 形坡口，数量 1 件，如图 1-18 所示。

（2）焊接材料　焊丝 H06Cr19Ni10Ti，直径为 $\phi2.5mm$。钨极为 WCe-20，直径为 $\phi2.5mm$。保护气体为氩气，纯度 $\geq 99.9\%$。

（3）焊接设备　手工直流钨极氩弧焊机，设备型号根据实际情况自定。

（4）工具、量具　钢丝钳、尖嘴钳、锤子、不锈钢丝刷、锉刀、活扳手、角向磨光机、钢直尺、扁铲、砂布等。

3. 操作要求

（1）焊接方法　手工 TIG 焊。

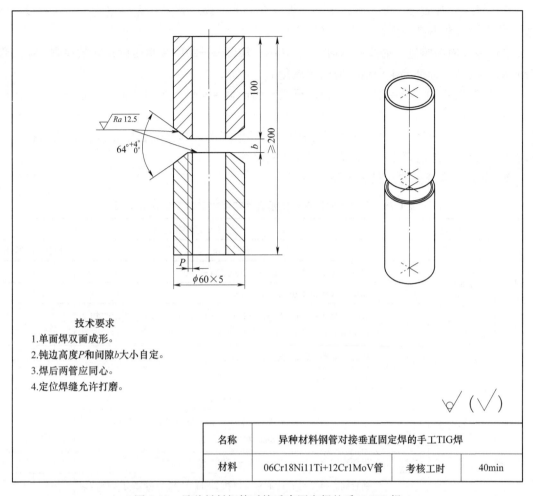

技术要求

1. 单面焊双面成形。
2. 钝边高度 P 和间隙 b 大小自定。
3. 焊后两管应同心。
4. 定位焊缝允许打磨。

名称	异种材料钢管对接垂直固定焊的手工TIG焊		
材料	06Cr18Ni11Ti+12Cr1MoV管	考核工时	40min

图 1-18　异种材料钢管对接垂直固定焊的手工 TIG 焊

（2）焊接位置　垂直固定加障碍焊。

（3）坡口形式　V 形坡口，坡口角度 $64°^{+4°}_{0°}$。

（4）焊接要求　单面焊双面成形。

（5）焊前清理　将坡口端面及侧面 15~20mm 范围内的油、污、锈、垢清除干净。

（6）装配、定位焊　按图组装，定位焊焊 2 点，位于相当于时钟 10 点与 2 点处的坡口内，定位焊缝长度 10~15mm。定位装配后，允许使用打磨工具对定位焊焊缝进行适当打磨。

（7）焊接过程中　劳保用品穿戴整齐；焊接参数选择正确，焊后焊件保持原始状态。

（8）考件焊完后，关闭焊机、气瓶、水源，工具摆放整齐，场地清理干净，并仔细清理焊缝焊渣并保持原始状态。

4. 考核内容

（1）考核要求

1）焊前准备　考核考件清理程度（坡口面及坡口边缘 15~20mm 清除油、污、锈、垢）、定位焊正确与否，考件定位焊后必须在操作架上焊接全缝，不得任意更换和改变焊接位置，焊接参数选择正确与否。

2）焊缝外观质量　考核焊缝余高、焊缝余高差、焊缝宽度、焊缝宽度差、直线度、错边、咬边、熔合不良、夹钨、背面超高或凹坑等。

3）焊缝内部质量　射线检测后，按 NB/T 47013.2—2015《承压设备无损检测　第 2 部分：射线检测》标准要求评定焊缝内部质量。

（2）时间定额　准备时间 20min；正式焊接时间 40min（超时 1min 扣总分 1 分，超时 10min，记为 0 分）。

（3）安全文明生产　考核现场劳保用品的穿戴情况；焊接过程中正确执行安全操作规程；焊完后，场地清理干净，工具、焊件摆放整齐。

5. 配分、评分标准（见表 1-18）

表 1-18　异种材料钢管对接垂直固定焊的手工 TIG 焊评分表

焊工考件编号			考试超时扣总分			
序号	考核要求	配分	评分标准		扣分	得分
1	焊前准备	5	焊件清理不干净，定位焊不正确扣 1~5 分			
		5	焊接参数调整不正确扣 1~5 分			
2	焊缝外观质量	4	焊缝余高 1~2mm 满分；≥0mm，<1mm 或 >2mm，≤3mm 扣 2 分；>3mm 或 <0mm 扣 4 分			
		4	焊缝余高差≤2mm 满分；>2mm 扣 6 分			
		4	焊缝宽度≤14mm 满分；>14mm 扣 4 分			
		4	焊缝宽度差≤2mm 满分；>2mm 扣 4 分			
		4	背面焊道余高≤3mm 满分；>3mm 扣 4 分。背面凹坑深度≤1mm 满分；>1mm 或长度≥18mm 扣 4 分			
		2	焊缝直线度≤2mm 满分；>2mm 扣 2 分			
		4	两管同心得 2 分；同心度>1° 扣 2 分。无错位得 2 分；错位>0.5mm 扣 2 分			
		6	无咬边满分；咬边深度≤0.5mm，累计长度每 5mm 扣 1 分；咬边深度>0.5mm 或累计长度≥18mm 扣 6 分			
		6	起头、收尾平整，无流淌、缺口或超高满分；有上述缺陷 1 处扣 1~2 分。接头平整满分；有不平整、超高、脱节缺陷 1 处扣 1~2 分			
		2	无电弧擦伤满分；有 1 处扣 2 分			
		5	焊缝波纹细腻，成形美观，平整，宽窄一致，表面无缺陷满分；波纹较细腻，成形较好扣 1 分；波纹粗糙，焊缝成形较差扣 2 分；焊缝成形差，超高或脱节扣 5 分			
		否定项	焊缝表面不是原始状态，有加工、补焊、返修等现象或有裂纹、气孔、夹钨、未焊透、未熔合等任何一项缺陷存在，此项考试按不合格论			
			焊缝外观质量得分低于 27 分，此项考试按不合格论			

（续）

序号	考核要求	配分	评分标准	扣分	得分
3	焊缝内部质量	40	射线检测后按 NB/T 47013.2—2015 评定焊缝质量： 焊缝质量 Ⅰ 级，满分 焊缝质量 Ⅱ 级，扣 10 分 焊缝质量 Ⅲ 级，此项考试按不合格论		
4	安全文明生产	5	劳保用品穿戴不全扣 1 分		
			焊接过程中有违反安全操作规程的现象，根据情况扣 1~3 分		
			焊完后，场地清理不干净，工具、量具、考件等码放不整齐扣 1 分		
	合计得分				

评分人：　　　　　　　　　　　年　月　日　　　核分人：　　　　　　　　　　年　月　日

实训模块 19　异种材料钢管对接 45°固定焊的手工 TIG 焊

1. 考件图样（见图 1-19）

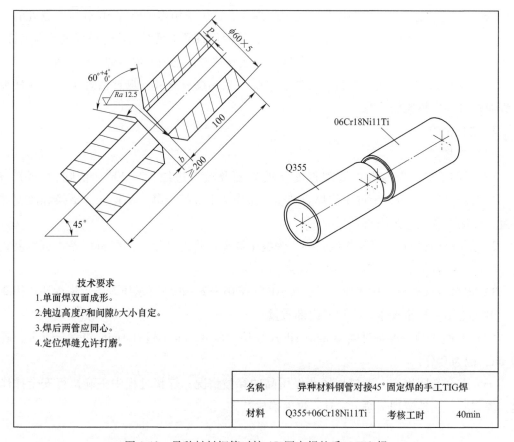

技术要求

1. 单面焊双面成形。
2. 钝边高度 P 和间隙 b 大小自定。
3. 焊后两管应同心。
4. 定位焊缝允许打磨。

名称	异种材料钢管对接45°固定焊的手工TIG焊		
材料	Q355+06Cr18Ni11Ti	考核工时	40min

图 1-19　异种材料钢管对接 45°固定焊的手工 TIG 焊

2. 焊前准备

（1）考件材质　Q355 钢管，规格为 $\phi60mm\times5mm$，$L=100mm$，一端开 $30°^{+2°}_{0°}$ V 形坡口，数量 1 件；06Cr18Ni11Ti 不锈钢管，$\phi60mm\times5mm$，$L=100mm$，一端开 $30°^{+2°}_{0°}$ V 形坡口，数量 1 件，如图 1-19 所示。

（2）焊接材料　焊丝 H06Cr19Ni10Ti，直径为 $\phi2.5mm$。钨极为 WCe-20，直径为 $\phi2.5mm$。保护气体为氩气，纯度 ≥99.9%。

（3）焊接设备　手工直流钨极氩弧焊机，设备型号根据实际情况自定。

（4）工具、量具　钢丝钳、尖嘴钳、锤子、不锈钢丝刷、锉刀、活扳手、角向磨光机、钢直尺、扁铲、砂布等。

3. 操作要求

（1）焊接方法　手工 TIG 焊。

（2）焊接位置　水平固定焊。

（3）坡口形式　V 形坡口，坡口角度 $30°^{+2°}_{0°}$。

（4）焊接要求　单面焊双面成形。

（5）焊前清理　将坡口端面及侧面 15~20mm 范围内的油、污、锈、垢清除干净。

（6）装配、定位焊　按图组装，定位焊焊 2 点，位于相当于时钟 10 点与 2 点处的坡口内，定位焊缝长度 10~15mm。定位装配后，允许使用打磨工具对定位焊焊缝进行适当打磨。

（7）焊接过程中　劳保用品穿戴整齐；焊接参数选择正确，焊后焊件保持原始状态。

（8）考件焊完后　关闭焊机、气瓶、水源，工具摆放整齐，场地清理干净，并仔细清理焊缝焊渣并保持原始状态。

4. 考核内容

（1）考核要求

1）焊前准备。考核考件清理程度（坡口面及坡口边缘 15~20mm 清除油、污、锈、垢）、定位焊正确与否，考件定位焊后必须在操作架上焊接全缝，不得任意更换和改变焊接位置，焊接参数选择正确与否。

2）焊缝外观质量。考核焊缝余高、焊缝余高差、焊缝宽度、焊缝宽度差、直线度、错边、咬边、熔合不良、夹钨、背面超高或凹坑等。

3）焊缝内部质量。射线检测后，按 NB/T 47013.2—2015《承压设备无损检测　第 2 部分：射线检测》标准要求评定焊缝内部质量。

（2）时间定额　准备时间 20min；正式焊接时间 40min（超时 1min 扣总分 1 分，超时 10min，记为 0 分）。

（3）安全文明生产　考核现场劳保用品的穿戴情况；焊接过程中正确执行安全操作规程；焊完后，场地清理干净，工具、焊件摆放整齐。

5. 配分、评分标准（见表 1-19）

表 1-19　异种材料钢管对接 45° 固定焊的手工 TIG 焊评分表

焊工考件编号				考试超时扣总分		
序号	考核要求	配分	评分标准		扣分	得分
1	焊前准备	5	焊件清理不干净，定位焊不正确扣 1~5 分			
		5	焊接参数调整不正确扣 1~5 分			
2	焊缝外观质量	4	焊缝余高 1~2mm 满分；≥0mm，<1mm 或 >2mm，≤3mm 扣 2 分；>3mm 或 <0mm 扣 4 分			
		4	焊缝余高差 ≤2mm 满分；>2mm 扣 6 分			
		4	焊缝宽度 ≤14mm 满分；>14mm 扣 4 分			
		4	焊缝宽度差 ≤2mm 满分；>2mm 扣 4 分			
		4	背面焊道余高 ≤3mm 满分；>3mm 扣 4 分。背面凹坑深度 ≤1mm 满分；>1mm 或长度 ≥18mm 扣 4 分			
		2	焊缝直线度 ≤2mm 满分；>2mm 扣 2 分			
		4	两管同心得 2 分；同心度 >1° 扣 2 分。无错位得 2 分；错位 >0.5mm 扣 2 分			
		6	无咬边满分；咬边深度 ≤0.5mm，累计长度每 5mm 扣 1 分；咬边深度 >0.5mm 或累计长度 ≥18mm 扣 6 分			
		6	起头、收尾平整，无流淌、缺口或超高满分；有上述缺陷 1 处扣 1~2 分。接头平整满分；有不平整、超高、脱节缺陷 1 处扣 1~2 分			
		2	无电弧擦伤满分；有 1 处扣 2 分			
		5	焊缝波纹细腻，成形美观，平整，宽窄一致，表面无缺陷满分；波纹较细腻，成形较好扣 1 分；波纹粗糙，焊缝成形较差扣 2 分；焊缝成形差，超高或脱节扣 5 分			
		否定项	焊缝表面不是原始状态，有加工、补焊、返修等现象或有裂纹、气孔、夹钨、未焊透、未熔合等任何一项缺陷存在，此项考试按不合格论			
			焊缝外观质量得分低于 27 分，此项考试按不合格论			
3	焊缝内部质量	40	射线检测后按 NB/T 47013.2—2015 评定焊缝质量：焊缝质量 I 级，满分；焊缝质量 II 级，扣 10 分；焊缝质量 III 级，此项考试按不合格论			
4	安全文明生产	5	劳保用品穿戴不全扣 1 分			
			焊接过程中有违反安全操作规程的现象，根据情况扣 1~3 分			
			焊完后，场地清理不干净，工具、量具、考件等码放不整齐扣 1 分			
	合计得分					

评分人：　　　　　　　　　　年　月　日　　核分人：　　　　　　　　　年　月　日

实训模块 20　不锈钢薄板对接平焊的等离子弧焊

1. 考件图样（见图 1-20）

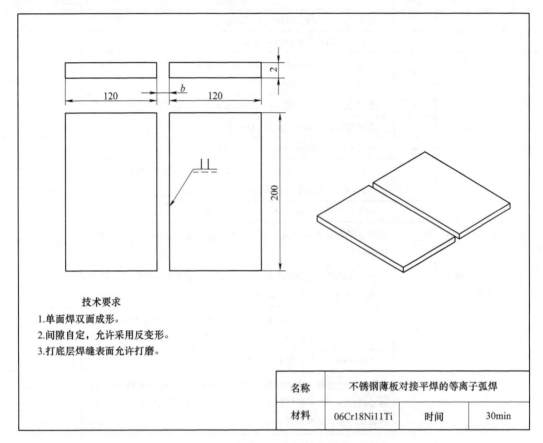

技术要求
1.单面焊双面成形。
2.间隙自定，允许采用反变形。
3.打底层焊缝表面允许打磨。

名称	不锈钢薄板对接平焊的等离子弧焊		
材料	06Cr18Ni11Ti	时间	30min

图 1-20　不锈钢薄板对接平焊的等离子弧焊

2. 焊前准备

（1）考件材质　06Cr18Ni11Ti 不锈钢板，规格：200mm×120mm×2mm，数量 2 件，如图 1-20 所示。

（2）焊接材料　焊丝：H06Cr19Ni10Ti，直径为 $\phi2.5mm$。保护气体为氩气，纯度 ≥ 99.9%；钨极为 WCe-20，直径为 $\phi2.5mm$。

（3）焊接设备　自动等离子弧焊机、弧焊整流器，型号由现场实际情况自选。

（4）工具、量具　钢丝钳、锤子、钢丝刷、锉刀、活扳手、气体流量计、电焊面罩、角向磨光机、砂布等。

3. 操作要求

（1）焊接方法　等离子弧焊。

（2）焊接位置　对接平焊。

（3）坡口形式　Ⅰ形坡口。

（4）焊前清理　仔细清除坡口端面及两侧 15～20mm 范围内的油、污、锈、垢。

（5）装配、定位焊　按图样组装，定位焊焊 2 点，位于焊件两端的坡口内，长度 ≥20mm。定位装配后，允许使用打磨工具对定位焊焊缝进行适当打磨。

（6）焊接要求　单面焊双面成形。

（7）焊接过程中　劳保用品穿戴整齐；焊接参数选择正确，焊后焊件保持原始状态。

（8）考件焊完后　关闭电焊机和气瓶，工具、量具摆放整齐，场地清理干净，并仔细清理焊缝焊渣并保持原始状态。

4. 考核内容

（1）考核要求

1）焊前准备：考核考件清理程度（坡口两侧 15～20mm 清除油、污、锈、垢）、定位焊正确与否，考件定位焊后必须在操作架上焊接全缝，不得任意更换和改变焊接位置，焊接参数选择正确与否。

2）焊缝外观质量：考核焊缝余高、焊缝余高差、焊缝宽度、焊缝宽度差、直线度、角变形、错边、咬边、熔合不良、背面超高或凹坑等。

3）焊缝内部质量：射线检测后，按 NB/T 47013.2—2015《承压设备无损检测　第 2 部分：射线检测》标准要求检查焊缝内部的质量。

（2）时间定额　准备时间 15min；正式焊接时间 30min（超时 1min 扣总分 1 分，超时 10min，记为 0 分）。

（3）安全文明生产　考核现场劳保用品的穿戴情况；焊接过程中正确执行安全操作规程；焊完后，场地清理干净，工具、量具、焊件摆放整齐。

5. 配分、评分标准（见表 1-20）

表 1-20　不锈钢薄板对接平焊的等离子弧焊评分表

焊工考件编号				考试超时扣总分			
序号	考核要求	配分	评分标准			扣分	得分
1	焊前准备	5	焊件、焊丝清理不干净扣 1～5 分				
		5	定位焊不正确扣 1～5 分				
		5	焊接参数调整不正确扣 1～5 分				
		5	焊机及辅助设备连接不正确扣 1～5 分				
2	焊缝外观质量	4	焊缝余高 1～3mm 满分；≥0mm，>3mm，<4mm 扣 2 分；<0mm，>4mm 扣 4 分				
		4	焊缝余高差≤2mm 满分；>2mm 扣 4 分				
		4	焊缝宽度 4～6mm 满分；≤7mm，≥3mm 扣 2 分；>7mm，<3mm 扣 4 分				
		4	焊缝宽度差≤3mm 满分；>3mm 扣 4 分				
		2	焊缝直线度≤2mm 满分；>2mm 扣 2 分				
		4	背面焊缝余高≤3mm 满分；>3mm 扣 4 分				
		4	背面凹坑深度≤0.5mm 满分；深度>0.5mm 或长度≥16mm 扣 4 分				

（续）

序号	考核要求	配分	评分标准	扣分	得分
2	焊缝外观质量	5	无咬边满分；咬边深度≤0.1mm 或累计长度每 5mm 扣 1 分；咬边深度>0.1mm 或累计长度≥50mm 扣 5 分		
		4	角变形≤2°得 2 分；>2°扣 2 分；错边≤0.1mm 得 2 分；>0.1mm 扣 2 分		
		否定项	焊缝表面不是原始状态，有加工、补焊、返修的现象，或有裂纹、气孔、夹渣、未焊透、未熔合、焊瘤等任何缺陷存在，此项考试按不合格论		
			焊缝外观质量得分低于 21 分，此项考试按不合格论		
3	焊缝内部质量	40	射线检测后按 NB/T 47013.2—2015 评定焊缝质量： 焊缝质量Ⅰ级，满分 焊缝质量Ⅱ级，扣 10 分 焊缝质量Ⅲ级，此项考试按不合格论		
4	安全文明生产	5	劳保用品穿戴不全扣 1 分		
			焊接过程中有违反安全操作规程的现象，根据情况扣 1~3 分		
			焊完后，场地清理不干净，工具、量具、考件等码放不整齐扣 1 分		
	合计得分				

评分人：　　　　　　　　　年 月 日　　　核分人：　　　　　　　　　年 月 日

实训模块 21　铝合金板 V 形坡口对接仰焊的手工 TIG 焊

1. 考件图样（见图 1-21）

2. 焊前准备

（1）考件材质　6082 铝合金板，规格为 $300mm×100mm×6mm$，坡口面角度为 $35°^{+2°}_{0°}$，数量 2 件，如图 1-21 所示。

（2）焊接材料　焊丝 SAl5087（AlMg4，5MnZr），直径为 $\phi2.5mm$；保护气体为氩气，纯度≥99.99%；钨极为 WCe-20，直径为 $\phi2.5mm$。

（3）焊接设备　手工交流钨极氩弧焊机，设备型号根据实际情况自定。

（4）工、量具　钢丝钳、尖嘴钳、锤子、不锈钢丝刷、锉刀、活扳手、角向磨光机、钢直尺、扁铲、砂布等。

（5）考件　坡口两端不允许加装引弧板、引出板。

3. 操作要求

（1）焊接方法　TIG 焊。

（2）焊接位置　对接仰焊。

（3）坡口形式　V 形坡口，坡口角度为 $70°^{+4°}_{0°}$。

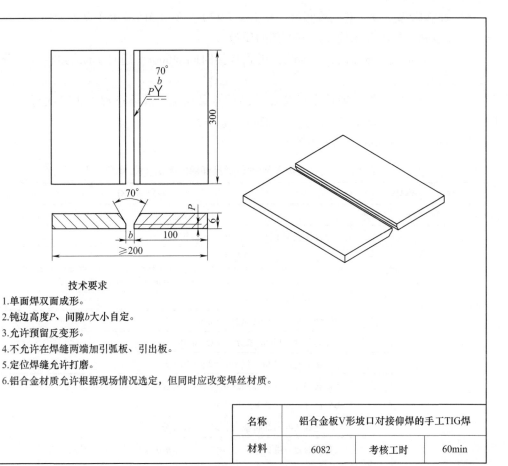

技术要求

1.单面焊双面成形。
2.钝边高度P、间隙b大小自定。
3.允许预留反变形。
4.不允许在焊缝两端加引弧板、引出板。
5.定位焊缝允许打磨。
6.铝合金材质允许根据现场情况选定，但同时应改变焊丝材质。

名称	铝合金板V形坡口对接仰焊的手工TIG焊		
材料	6082	考核工时	60min

图1-21 铝合金板V形坡口对接仰焊的手工TIG焊

（4）焊前清理 将坡口两侧15～20mm范围内的油、污、锈、垢清除干净，直至露出金属光泽。

（5）装配、定位焊 按图样组装，进行定位焊；定位焊焊2点，位于考件两端坡口内，长度10～15mm。定位装配后，预置反变形后放在操作架上。允许使用打磨工具对定位焊焊缝进行适当打磨。

（6）焊接过程中 劳保用品穿戴整齐；焊接参数选择正确，焊后焊件保持原始状态。

（7）考件焊完后 关闭焊机、气瓶、水源，工具摆放整齐，场地清理干净，并保持原始状态。

4. 考核内容

（1）考核要求

1）焊前准备 考核考件清理程度（坡口两侧15～20mm清除油、污、锈、垢）、定位焊正确与否，考件定位焊后必须在操作架上焊接全缝，不得任意更换和改变焊接位置，焊接参数选择正确与否。

2）焊缝外观质量 考核焊缝余高、焊缝余高差、焊缝宽度、焊缝宽度差、直线度、错边、咬边、熔合不良、烧穿等。

3）焊缝内部质量　射线检测后，按 NB/T 47013.2—2015《承压设备无损检测　第 2 部分：射线检测》标准要求检查焊缝内部的质量。

（2）时间定额　准备时间 20min；正式焊接时间 60min（超时 1min 扣总分 1 分，超时 10min，记为 0 分）。

（3）安全文明生产　考核现场劳保用品的穿戴情况；焊接过程中正确执行安全操作规程；焊完后，场地清理干净，工具、焊件摆放整齐。

5. 配分、评分标准（见表 1-21）

表 1-21　铝合金板 V 形坡口对接仰焊的手工 TIG 焊评分表

焊工考件编号				考试超时扣总分		
序号	考核要求	配分	评分标准		扣分	得分
1	焊前准备	5	焊件清理不干净，定位焊不正确扣 1~5 分			
		5	焊接参数调整不正确扣 1~5 分			
2	焊缝外观质量	5	焊缝余高 1~2mm 满分；≥0mm，<1mm 或>2mm，≤3mm 扣 2 分；>3mm 或<0mm 扣 5 分			
		5	焊缝余高差≤2mm 满分；>2mm 扣 5 分			
		5	焊缝宽度≤15mm 满分；≥15mm 扣 5 分			
		5	焊缝宽度差≤2mm 满分；>2mm 扣 5 分			
		4	背面凹坑深度≤1.2mm 得 2 分；>1.2mm 或长度>26mm 扣 2 分。无夹钨得 2 分；有 1 处扣 2 分			
		2	焊缝直线度≤2mm 满分；>2mm 扣 2 分			
		4	角变形≤3° 得 2 分；>3° 扣 2 分。无错边得 2 分；错边>1.2mm 扣 2 分			
		6	无咬边满分；咬边深度≤0.5mm，累计长度每 5mm 扣 1 分；咬边深度>0.5mm 或累计长度≥26mm 扣 6 分			
		4	起头、收尾平整，无流淌、缺口或超高得 2 分；有上述缺陷 1 处扣 1~2 分。接头平整得 2 分；有不平整、超高、脱节缺陷 1 处扣 1~2 分			
		5	焊缝波纹细腻，成形美观，平整，宽窄一致，表面无缺陷满分；波纹较细腻，成形较好扣 1 分；波纹粗糙，焊缝成形较差扣 2 分；焊缝成形差，超高或脱节扣 5 分			
		否定项	焊缝表面不是原始状态，有加工、补焊、返修等现象或有裂纹、气孔、夹渣、未焊透、未熔合、未焊满等任何一项缺陷存在，此项考试按不合格论			
			焊缝外观质量得分低于 27 分，此项考试按不合格论			
3	焊缝内部质量	40	射线检测后按 NB/T 47013.2—2015 评定焊缝质量： 焊缝质量 I 级，满分 焊缝质量 II 级，扣 10 分 焊缝质量 III 级，此项考试按不合格论			

（续）

序号	考核要求	配分	评分标准	扣分	得分
4	安全文明生产	5	劳保用品穿戴不全，扣1分		
			焊接过程中有违反安全操作规程的现象，根据情况扣1~3分		
			焊完后，场地清理不干净，工具、量具、考件等码放不整齐扣1分		
	合计得分				

评分人：　　　　　　　　　年　月　日　　核分人：　　　　　　　　　年　月　日

实训模块 22　低碳钢或低合金钢管对接垂直固定焊的气焊

1. 考件图样（见图1-22）

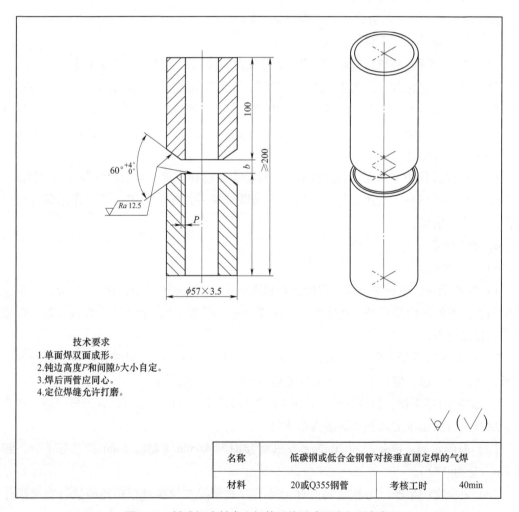

技术要求
1.单面焊双面成形。
2.钝边高度*P*和间隙*b*大小自定。
3.焊后两管应同心。
4.定位焊缝允许打磨。

名称	低碳钢或低合金钢管对接垂直固定焊的气焊		
材料	20或Q355钢管	考核工时	40min

图 1-22　低碳钢或低合金钢管对接垂直固定焊的气焊

2. 焊前准备

（1）考件材质　20 或 Q355 钢管，规格为 $\phi57mm\times3.5mm$，$L=100mm$，坡口面角度为 $30°^{+2°}_{0}$，数量 2 件，如图 1-22 所示。

（2）焊接材料　焊丝 H08Mn，直径为 $\phi2.5mm$，氧气、乙炔气。

（3）焊接设备　氧乙炔气焊设备，包括氧气瓶、溶解乙炔瓶、减压器、焊炬、氧气和乙炔用橡胶管等。

（4）工具、量具　钢丝钳、尖嘴钳、锤子、钢丝刷、锉刀、活扳手、角向磨光机、钢直尺、扁铲、砂布等。

（5）考件　坡口两端不得安装引弧板、引出板。

3. 操作要求

（1）焊接方法　气焊。

（2）焊接位置　垂直固定焊。

（3）坡口形式　V 形坡口，坡口角度 $60°^{+4°}_{0}$。

（4）焊接要求　单面焊双面成形。

（5）焊前清理　将坡口两侧 15~20mm 范围内的油、污、锈、垢清除干净。

（6）装配、定位焊　按图组装进行定位焊，钢管定位焊焊 1 点，位于相当于时钟 12 点处坡口内；也可焊 2 点，位于相当于时钟 10 点、2 点处坡口内，禁止在时钟 6 点处定位焊。定位焊缝长度 10~15mm。定位装配后，应调整管子，使两管同心，允许使用打磨工具对定位焊焊缝做适当打磨。

（7）焊接过程中　劳保用品穿戴整齐；焊接参数选择正确，焊后焊件保持原始状态。

（8）考件焊完后　关闭焊机、气瓶，工具摆放整齐，场地清理干净，并仔细清理焊缝焊渣并保持原始状态。

4. 考核内容

（1）考核要求

1）焊前准备。考核考件清理程度（坡口两侧 15~20mm 清除油、污、锈、垢）、定位焊正确与否，考件定位焊后必须在操作架上焊接全缝，不得任意更换和改变焊接位置，焊接参数选择正确与否。

2）焊缝外观质量。考核焊缝高度、焊缝高度差、焊缝宽度、焊缝宽度差、直线度、角变形、错边、咬边、熔合不良、背面焊缝超高或凹坑、过烧等。

3）焊缝内部质量。射线检测后，按 NB/T 47013.2—2015《承压设备无损检测　第 2 部分：射线检测》标准要求检查焊缝内部质量。

（2）时间定额　准备时间 20min；正式焊接时间 40min（超时 1min 扣总分 1 分，超时 10min，记为 0 分）。

（3）安全文明生产　考核现场劳保用品的穿戴情况；焊接过程中正确执行安全操作规程；焊完后，场地清理干净，工具、焊件摆放整齐。

5. 配分、评分标准（见表1-22）

表1-22　低碳钢或低合金钢管对接垂直固定焊的气焊评分表

焊工考件编号				考试超时扣总分		
序号	考核要求	配分	评分标准		扣分	得分
1	焊前准备	5	焊件清理不干净，定位焊不正确扣1~5分			
		5	划线、装配不正确，焊接参数调整不正确扣1~5分			
2	焊缝外观质量	5	焊缝余高1~2mm满分；≥0mm，<1mm或>2mm，≤3mm扣2分；>3mm或<0mm扣5分			
		5	焊缝余高差≤2mm满分；>2mm扣5分			
		5	焊缝宽度6~10mm满分；≥5mm，≤11mm扣2分；>11mm，<5mm扣5分			
		5	焊缝宽度差≤2mm满分；>2mm扣5分			
		2	焊缝直线度≤2mm满分；>2mm扣2分			
		4	背面焊道余高≤3mm得2分；>3mm扣2分。背面凹坑深度≤0.5mm得2分；>0.5mm或长度>26mm扣2分			
		4	两管同心满分；同心度>1°扣2分。无错边得2分；错边>0.5mm扣2分			
		6	无咬边满分；咬边深度≤0.3mm，累计长度每5mm扣1分；咬边深度>0.3mm或累计长度≥26mm扣6分			
		4	起头、收尾平整，无流淌、缺口或超高得2分；有上述缺陷1处扣1~2分。接头平整得2分；有不平整、超高、脱节缺陷1处扣1~2分			
		5	焊缝波纹细腻，成形美观，平整，宽窄一致，表面无缺陷满分；波纹较细腻，成形较好扣1分；波纹粗糙，焊缝成形较差扣2分；焊缝成形差，超高或脱节扣5分			
		否定项	焊缝表面不是原始状态，有加工、补焊、返修等现象或有裂纹、气孔、夹渣、未焊透、未熔合等任何一项缺陷存在，此项考试按不合格论			
			焊缝外观质量得分低于27分，此项考试按不合格论			
3	焊缝内部质量	40	射线检测后按NB/T 47013.2—2015评定焊缝质量： 焊缝质量Ⅰ级，满分 焊缝质量Ⅱ级，扣10分 焊缝质量Ⅲ级，此项考试按不合格论			
4	安全文明生产	5	劳保用品穿戴不全扣1分			
			焊接过程中有违反安全操作规程的现象，根据情况扣1~3分			
			焊完后，场地清理不干净，工具、量具、考件等码放不整齐扣1分			
	合计得分					

评分人：　　　　　　　年　月　日　　　核分人：　　　　　　　年　月　日

实训模块 23　低碳钢或低合金钢管对接水平固定焊的气焊

1. 考件图样（见图 1-23）

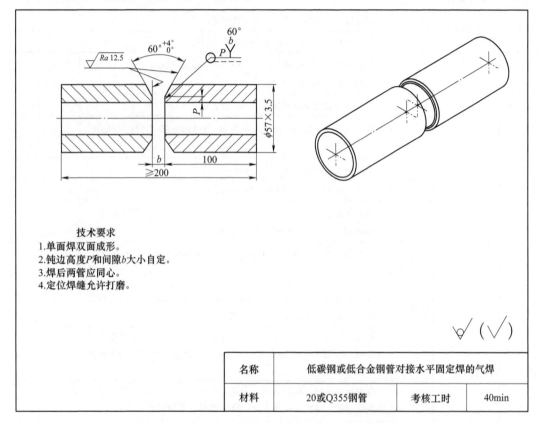

图 1-23　低碳钢或低合金钢管对接水平固定焊的气焊

2. 焊前准备

（1）考件材质　20 或 Q355 钢管，规格为 $\phi57mm×3.5mm$，$L=100mm$，坡口面角度为 $30°^{+2°}_{0°}$，数量 2 件，如图 1-23 所示。

（2）焊接材料　焊丝 H08Mn，直径为 $\phi2.5mm$，氧气、乙炔气。

（3）焊接设备　氧乙炔气焊设备，包括氧气瓶、溶解乙炔瓶、减压器、焊炬、氧气、乙炔用橡胶管等。

（4）工具、量具　钢丝钳、尖嘴钳、锤子、钢丝刷、锉刀、活扳手、角向磨光机、钢直尺、扁铲、砂布等。

（5）考件　坡口两端不得安装引弧板、引出板。

3. 操作要求

（1）焊接方法　气焊。

（2）焊接位置　水平固定焊。

（3）坡口形式　V 形坡口，坡口角度 $60°^{+4°}_{0°}$。

（4）焊接要求　单面焊双面成形。

（5）焊前清理　将坡口两侧 15~20mm 范围内的油、污、锈、垢清除干净。

（6）装配、定位焊　按图样组装进行定位焊，钢管定位焊焊 1 点，位于相当于时钟 12 点处坡口内；也可焊 2 点，位于相当于时钟 10 点、2 点处坡口内，禁止在相当于时钟 6 点处定位焊。定位焊缝长度 10~15mm。定位装配后，应调整管子，使两管同心，允许使用打磨工具对定位焊焊缝做适当打磨。

（7）焊接过程中　劳保用品穿戴整齐；焊接参数选择正确，焊后焊件保持原始状态。

（8）考件焊完后　关闭焊机、气瓶，工具摆放整齐，场地清理干净，并仔细清理焊缝焊渣并保持原始状态。

4. 考核内容

（1）考核要求

1）焊前准备。考核考件清理程度（坡口两侧 15~20mm 清除油、污、锈、垢）、定位焊正确与否，考件定位焊后必须在操作架上焊接全缝，不得任意更换和改变焊接位置，焊接参数选择正确与否。

2）焊缝外观质量。考核焊缝高度、焊缝高度差、焊缝宽度、焊缝宽度差、直线度、角变形、错边、咬边、熔合不良、背面焊缝超高或凹坑、过烧等。

3）焊缝内部质量。射线检测后，按 NB/T 47013.2—2015《承压设备无损检测　第 2 部分：射线检测》标准要求检查焊缝内部质量。

（2）时间定额　准备时间 20min；正式焊接时间 40min（超时 1min 扣总分 1 分，超时 10min，记为 0 分）。

（3）安全文明生产　考核现场劳保用品的穿戴情况；焊接过程中正确执行安全操作规程；焊完后，场地清理干净，工具、焊件摆放整齐。

5. 配分、评分标准（见表 1-23）

表 1-23　低碳钢或低合金钢管对接水平固定焊的气焊评分表

焊工考件编号			考试超时扣总分		
序号	考核要求	配分	评分标准	扣分	得分
1	焊前准备	5	焊件清理不干净，定位焊不正确扣 1~5 分		
		5	划线、装配不正确，焊接参数调整不正确扣 1~5 分		
2	焊缝外观质量	5	焊缝余高 1~2mm 满分；≥0mm，<1mm 或>2mm，≤3mm 扣 2 分；>3mm 或<0mm 扣 5 分		
		5	焊缝余高差≤2mm 满分；>2mm 扣 5 分		
		5	焊缝宽度 6~10mm 满分；≥5mm，≤11mm 扣 2 分；>11mm，<5mm 扣 5 分		
		5	焊缝宽度差≤2mm 满分；>2mm 扣 5 分		
		2	焊缝直线度≤2mm 满分；>2mm 扣 2 分		
		4	背面焊道余高≤3mm 得 2 分；>3mm 扣 2 分。背面凹坑深度≤0.5mm 得 2 分；>0.5mm 或长度≥26mm 扣 2 分		

（续）

序号	考核要求	配分	评分标准	扣分	得分
2	焊缝外观质量	4	两管同心满分；同心度>1°扣2分。无错边得2分；错边>0.5mm扣2分		
		6	无咬边满分；咬边深度≤0.3mm，累计长度每5mm扣1分；咬边深度>0.3mm或累计长度≥26mm扣6分		
		4	起头、收尾平整，无流淌、缺口或超高得2分；有上述缺陷1处扣1~2分。接头平整得2分；有不平整、超高、脱节缺陷1处扣1~2分		
		5	焊缝波纹细腻，成形美观，平整，宽窄一致，表面无缺陷满分；波纹较细腻，成形较好扣1分；波纹粗糙，焊缝成形较差扣2分；焊缝成形差，超高或脱节扣5分		
		否定项	焊缝表面不是原始状态，有加工、补焊、返修等现象或有裂纹、气孔、夹渣、未焊透、未熔合等任何一项缺陷存在，此项考试按不合格论		
			焊缝外观质量得分低于27分，此项考试按不合格论		
3	焊缝内部质量	40	射线检测后按NB/T 47013.2—2015评定焊缝质量：焊缝质量Ⅰ级，满分焊缝质量Ⅱ级，扣10分焊缝质量Ⅲ级，此项考试按不合格论		
4	安全文明生产	5	劳保用品穿戴不全扣1分		
			焊接过程中有违反安全操作规程的现象，根据情况扣1~3分		
			焊完后，场地清理不干净，工具、量具、考件等码放不整齐扣1分		
	合计得分				

评分人：　　　　　　年　月　日　　核分人：　　　　　　年　月　日

实训模块 24　低碳钢或低合金钢管对接 45°固定焊的气焊

1. 考件图样（见图 1-24）

2. 焊前准备

（1）考件材质　20 或 Q355 钢管，规格为 $\phi57mm×3.5mm$，$L = 100mm$，坡口面角度为 $30°^{+2°}_{0°}$，数量 2 件，如图 1-24 所示。

（2）焊接材料　焊丝 H08Mn，直径为 $\phi2.5mm$，氧气、乙炔气。

（3）焊接设备　氧乙炔气焊设备，包括氧气瓶、溶解乙炔瓶、减压器、焊炬、氧气、乙炔用橡胶管等。

（4）工具、量具　钢丝钳、尖嘴钳、锤子、钢丝刷、锉刀、活扳手、角向磨光机、钢

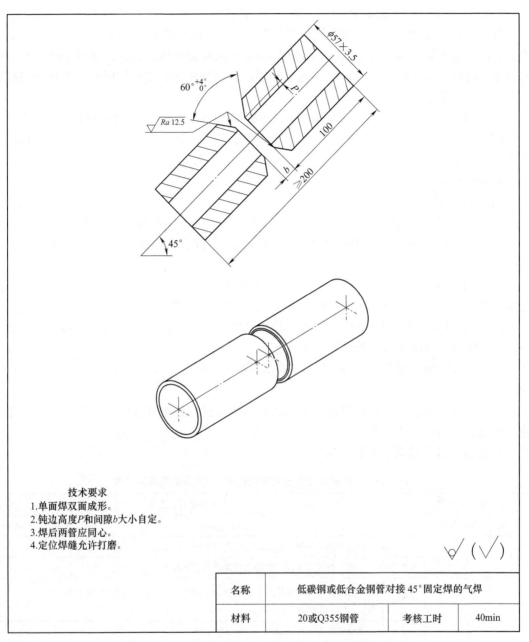

技术要求
1.单面焊双面成形。
2.钝边高度P和间隙b大小自定。
3.焊后两管应同心。
4.定位焊缝允许打磨。

名称	低碳钢或低合金钢管对接45°固定焊的气焊		
材料	20或Q355钢管	考核工时	40min

图 1-24　低碳钢或低合金钢管对接45°固定焊的气焊

直尺、扁铲、砂布等。

（5）考件　坡口两端不得安装引弧板、引出板。

3. 操作要求

（1）焊接方法　气焊。

（2）焊接位置　45°固定焊。

（3）坡口形式　V形坡口，坡口角度60°$^{+4°}_{0°}$。

（4）焊接要求　单面焊双面成形。

（5）焊前清理　将坡口两侧 15～20mm 范围内的油、污、锈、垢清除干净。

（6）装配、定位焊　按图组装进行定位焊，钢管定位焊焊 1 点，位于相当于时钟 12 点处坡口内；也可焊 2 点，位于相当于时钟 10 点、2 点处坡口内，禁止在相当于时钟 6 点处定位焊。定位焊缝长度 10～15mm。定位装配后，应调整管子，使两管同心，允许使用打磨工具对定位焊焊缝做适当打磨。

（7）焊接过程中　劳保用品穿戴整齐；焊接参数选择正确，焊后焊件保持原始状态。

（8）考件焊完后　关闭焊机、气瓶，工具摆放整齐，场地清理干净，并仔细清理焊缝焊渣并保持原始状态。

4. 考核内容

（1）考核要求

1）焊前准备。考核考件清理程度（坡口两侧 15～20mm 清除油、污、锈、垢）、定位焊正确与否，考件定位焊后必须在操作架上焊接全缝，不得任意更换和改变焊接位置，焊接参数选择正确与否。

2）焊缝外观质量。考核焊缝高度、焊缝高度差、焊缝宽度、焊缝宽度差、直线度、角变形、错边、咬边、熔合不良、背面焊缝超高或凹坑、过烧等。

3）焊缝内部质量。射线检测后，按 NB/T 47013.2—2015《承压设备无损检测　第 2 部分：射线检测》标准要求检查焊缝内部质量。

（2）时间定额　准备时间 20min；正式焊接时间 40min（超时 1min 扣总分 1 分，超时 10min，记为 0 分）。

（3）安全文明生产　考核现场劳保用品的穿戴情况；焊接过程中正确执行安全操作规程；焊完后，场地清理干净，工具、焊件摆放整齐。

5. 配分、评分标准（见表 1-24）

表 1-24　低碳钢或低合金钢管对接 45° 固定焊的气焊评分表

焊工考件编号				考试超时扣总分		
序号	考核要求	配分	评分标准		扣分	得分
1	焊前准备	5	焊件清理不干净，定位焊不正确扣 1～5 分			
		5	划线、装配不正确，焊接参数调整不正确扣 1～5 分			
2	焊缝外观质量	5	焊缝余高 1～2mm 满分；≥0mm，<1mm 或>2mm，≤3mm 扣 2 分；>3mm 或<0mm 扣 5 分			
		5	焊缝余高差≤2mm 满分；>2mm 扣 5 分			
		5	焊缝宽度 6～10mm 满分；≥5mm，≤11mm 扣 2 分；>11mm，<5mm 扣 5 分			
		5	焊缝宽度差≤2mm 满分；>2mm 扣 5 分			
		2	焊缝直线度≤2mm 满分；>2mm 扣 2 分			
		4	背面焊道余高≤3mm 得 2 分；>3mm 扣 2 分。背面凹坑深度≤0.5mm 得 2 分；>0.5mm 或长度≥26mm 扣 2 分			
		4	两管同心满分；同心度>1° 扣 2 分。无错边得 2 分；错边>0.5mm 扣 2 分			

（续）

序号	考核要求	配分	评分标准	扣分	得分
2	焊缝外观质量	6	无咬边满分；咬边深度≤0.3mm，累计长度每5mm扣1分；咬边深度>0.3mm 或累计长度≥26mm扣6分		
		4	起头、收尾平整，无流淌、缺口或超高得2分；有上述缺陷1处扣1~2分。接头平整得2分；有不平整、超高、脱节缺陷1处扣1~2分		
		5	焊缝波纹细腻，成形美观，平整，宽窄一致，表面无缺陷满分；波纹较细腻，成形较好扣1分；波纹粗糙，焊缝成形较差扣2分；焊缝成形差，超高或脱节扣5分		
		否定项	焊缝表面不是原始状态，有加工、补焊、返修等现象或有裂纹、气孔、夹渣、未焊透、未熔合等任何一项缺陷存在，此项考试按不合格论		
			焊缝外观质量得分低于27分，此项考试按不合格论		
3	焊缝内部质量	40	射线检测后按 NB/T 47013.2—2015 评定焊缝质量： 焊缝质量Ⅰ级，满分 焊缝质量Ⅱ级，扣10分 焊缝质量Ⅲ级，此项考试按不合格论		
4	安全文明生产	5	劳保用品穿戴不全扣1分		
			焊接过程中有违反安全操作规程的现象，根据情况扣1~3分		
			焊完后，场地清理不干净，工具、量具、考件等码放不整齐扣1分		
	合计得分				

评分人：　　　　　　　　　　　　年 月 日　　核分人：　　　　　　　　　年 月 日

实训模块 25　低碳钢钢板 V 形坡口对接立焊（自动熔化极气体保护焊）

1. 考件图样（见图 1-25）

2. 焊前准备

（1）考件材质　Q235-A 钢板，规格为 $300mm \times 100mm \times 12mm$，坡口面角度为 $30°^{+2°}_{0°}$，数量2件，如图 1-25 所示。

（2）焊接材料　焊丝 G49A3C1S6，直径为 $\phi1.2mm$；保护气体为 CO_2 气体，纯度 ≥ 99.5%氩气或 80%Ar+20%CO_2 混合气体。

（3）焊接设备　自动熔化极气体保护焊机，设备型号根据实际情况自定。

（4）工具、量具　钢丝钳、尖嘴钳、锤子、钢丝刷、锉刀、活扳手、角向磨光机、钢直尺、减压流量计、扁铲、砂布等。

（5）考件　坡口两端不得安装引弧板、引出板。

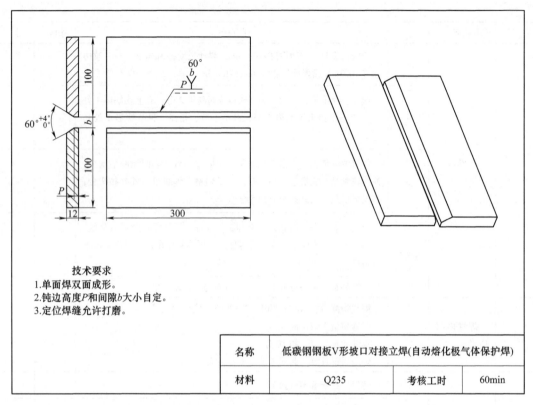

技术要求
1.单面焊双面成形。
2.钝边高度P和间隙b大小自定。
3.定位焊缝允许打磨。

名称	低碳钢钢板V形坡口对接立焊(自动熔化极气体保护焊)		
材料	Q235	考核工时	60min

图 1-25　低碳钢钢板 V 形坡口对接立焊（自动熔化极气体保护焊）

3. 操作要求

（1）焊接方法　CO_2 气体保护焊或 MAG 焊。

（2）焊接位置　对接立焊。

（3）坡口形式　V 形坡口，坡口角度为 $60°^{+4°}_{0°}$。

（4）焊接要求　单面焊双面成形。

（5）焊前清理　将坡口及坡口边缘 15~20mm 范围内的油、污、锈、垢清除干净。

（6）装配、定位焊　按图样组装，进行定位焊；定位焊缝位于考件两端坡口内，长度 10~15mm。定位装配后，应预置反变形。允许使用打磨工具对定位焊焊缝做适当打磨。

（7）焊接过程中　劳保用品穿戴整齐；焊接参数选择正确，焊后焊件保持原始状态。

（8）考件焊完后　关闭焊机、气瓶，工具摆放整齐，场地清理干净，并仔细清理焊缝焊渣并保持原始状态。

4. 考核内容

（1）考核要求

1）焊前准备。考核考件清理程度（坡口两侧 15~20mm 清除油、污、锈、垢）、定位焊正确与否，考件定位焊后必须在操作架上焊接全缝，不得任意更换和改变焊接位置，焊接参数选择正确与否。

2）焊缝外观质量。考核焊缝余高、焊缝余高差、焊缝宽度、焊缝宽度差、直线度、角变形、错边、咬边、熔合不良、背面超高或凹坑等。

（2）时间定额　准备时间 20min；正式焊接时间 60min（超时 1min 扣总分 1 分，超时 10min，记为 0 分）。

（3）安全文明生产　考核现场劳保用品的穿戴情况；焊接过程中正确执行安全操作规程；焊完后，场地清理干净，工具、焊件摆放整齐。

5. 配分、评分标准（见表 1-25）

表 1-25　低碳钢钢板 V 形坡口对接立焊（自动熔化极气体保护焊）评分表

职业名称	焊接机械手操作工	考核等级	高级工		
试题名称	低碳钢钢板 V 形坡口对接立焊（自动熔化极气体保护焊）	考核时限	60min		
鉴定项目	考核内容	配分	评分标准	扣分说明	得分
弧焊机械手的基本使用	对 TCP 点进行校正	6	不正确扣 6 分		
	校正焊枪	6	不正确扣 6 分		
	合理编制焊缝程序	20	不合理酌情扣分		
	测试工作程序	5	未测试工作程序扣 5		
	焊缝余高误差≤2mm，宽度误差≤2mm	10	超出要求扣 10 分		
	弧焊焊缝咬边深度≤0.5mm，咬边总长度≤25mm	10	超出要求扣 10 分		
	焊缝边缘直线度误差≤2m	10	超出要求扣 10 分		
	焊接参数设定	5	不正确扣 5 分		
	编制焊缝程序合理	5	不正确扣 5 分		
	在程序中使用传感器	5	不正确扣 5 分		
	焊缝表面不允许有夹渣、焊瘤、气孔、烧穿等	10	出现一处扣 5 分		
弧焊焊接机械手的焊接故障处理	撞枪保护激活后，重新送电	2	不正确扣 2 分		
	喷嘴上有电流的处理	2	不正确扣 2 分		
	出现粘丝故障如何解除	2	不正确扣 2 分		
	如何解决电弧偏吹现象	2	不正确扣 2 分		
质量、安全、工艺纪律、文明生产等综合考核项目	考核时限	不限	每超时 1min 扣 1 分		
	工艺纪律	不限	依据企业有关工艺纪律管理规定执行，每违反一次扣 10 分		
	劳动保护	不限	依据企业有关劳动保护管理规定执行，每违反一次扣 10 分		
	文明生产	不限	依据企业有关文明生产管理规定执行，每违反一次扣 10 分		
	安全生产	不限	依据企业有关安全生产管理规定执行，每违反一次扣 10 分，有重大安全事故，取消成绩		
	合计得分				

评分人：　　　　　　　　　　年　月　日　　　核分人：　　　　　　　　　年　月　日

实训模块 26　低碳钢钢管 V 形坡口对接水平固定焊
（自动非熔化极气体保护焊）

1. 考件图样（见图 1-26）

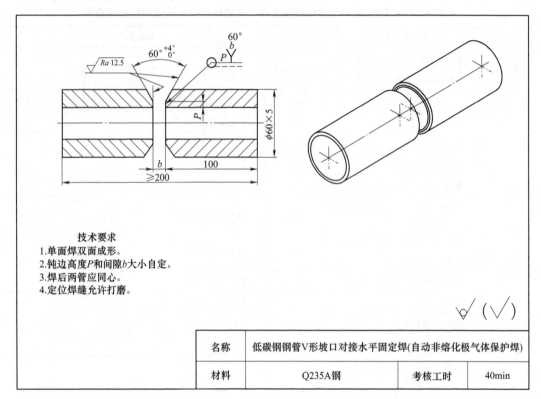

技术要求

1. 单面焊双面成形。
2. 钝边高度 P 和间隙 b 大小自定。
3. 焊后两管应同心。
4. 定位焊缝允许打磨。

名称	低碳钢钢管V形坡口对接水平固定焊(自动非熔化极气体保护焊)		
材料	Q235A钢	考核工时	40min

图 1-26　低碳钢钢管 V 形坡口对接水平固定焊（自动非熔化极气体保护焊）

2. 焊前准备

（1）考件材质　Q235A 钢，规格为 $\phi60\text{mm}\times5\text{mm}$，$L=100\text{mm}$，一端加工 $30°^{+2°}_{0°}$ V 形坡口，数量 2 件，如图 1-26 所示。

（2）焊接材料　焊丝 G49A3C1S6，直径 $\phi2.5\text{mm}$ 或 $\phi3.0\text{mm}$ 任选。钨极为 WCe-20，直径为 $\phi2.5\text{mm}$。氩气，纯度 $\geq99.9\%$。

（3）焊接设备　自动直流钨极氩弧焊机，设备型号根据实际情况自定。

（4）工具、量具　钢丝钳、尖嘴钳、锤子、不锈钢丝刷、锉刀、活扳手、角向磨光机、钢直尺、扁铲、砂布等。

3. 操作要求

（1）焊接方法　自动 TIG 焊。

（2）焊接位置　水平固定焊。

（3）坡口形式　V 形坡口，坡口角度 $60°^{+4°}_{0°}$。

（4）焊接要求　单面焊双面成形。

（5）焊前清理　将坡口端面及侧面 15～20mm 范围内的油、污、锈、垢清除干净。

（6）装配、定位焊　按图组装，进行定位焊；定位焊焊 2 点，位于相当于时钟 10 点与 2 点处的坡口内，定位焊缝长度 10～15mm。定位装配后，允许使用打磨工具对定位焊焊缝进行适当打磨。

（7）焊接过程中　劳保用品穿戴整齐；焊接参数选择正确，焊后焊件保持原始状态。

（8）考件焊完后　关闭焊机、气瓶、水源，工具摆放整齐，场地清理干净，并仔细清理焊缝焊渣并保持原始状态。

4. 考核内容

（1）考核要求

1）焊前准备。考核考件清理程度（坡口面及坡口边缘 15～20mm 清除油、污、锈、垢）、定位焊正确与否，考件定位焊后必须在操作架上焊接全缝，不得任意更换和改变焊接位置，焊接参数选择正确与否。

2）焊缝外观质量。考核焊缝余高、焊缝余高差、焊缝宽度、焊缝宽度差、直线度、错边、咬边、熔合不良、夹钨、背面超高或凹坑等。

3）焊缝内部质量。射线检测后，按 NB/T 47013.2—2015《承压设备无损检测　第 2 部分：射线检测》标准要求评定焊缝内部质量。

（2）时间定额　准备时间 20min；正式焊接时间 40min（超时 1min 扣总分 1 分，超时 10min，记为 0 分）。

（3）安全文明生产　考核现场劳保用品的穿戴情况；焊接过程中正确执行安全操作规程；焊完后，场地清理干净，工具、焊件摆放整齐。

5. 配分、评分标准（见表 1-26）

表 1-26　低碳钢钢管 V 形坡口对接水平固定焊（自动非熔化极气体保护焊）评分表

职业名称	焊接机械手操作工	考核等级	高级工		
试题名称	低碳钢钢管 V 形坡口对接水平固定焊（自动非熔化极气体保护焊）	考核时限	40min		
鉴定项目	考核内容	配分	评分标准	扣分说明	得分
弧焊机械手的基本使用	对 TCP 点进行校正	6	不正确扣 6 分		
	校正焊枪	6	不正确扣 6 分		
	合理编制焊缝程序	20	不合理酌情扣分		
	测试工作程序	5	未测试工作程序扣 5		
	焊缝余高误差≤2mm，宽度误差≤2mm	10	超出要求扣 10 分		
	弧焊焊缝咬边深度≤0.5mm，咬边总长度≤25mm	10	超出要求扣 10 分		
	焊缝边缘直线度误差≤2m	10	超出要求扣 10 分		
	焊接参数设定	5	不正确扣 5 分		
	编制焊缝程序合理	5	不正确扣 5 分		
	在程序中使用传感器	5	不正确扣 5 分		
	焊缝表面不允许有夹渣、焊瘤、气孔、烧穿等	10	出现一处扣 5 分		

（续）

职业名称	焊接机械手操作工	考核等级	高级工		
试题名称	低碳钢钢管 V 形坡口对接水平固定焊（自动非熔化极气体保护焊）	考核时限	40min		
鉴定项目	考核内容	配分	评分标准	扣分说明	得分
弧焊焊接机械手的焊接故障处理	撞枪保护激活后，重新送电	2	不正确扣2分		
	喷嘴上有电流的处理	2	不正确扣2分		
	出现粘丝故障如何解除	2	不正确扣2分		
	如何解决电弧偏吹现象	2	不正确扣2分		
质量、安全、工艺纪律、文明生产等综合考核项目	考核时限	不限	每超时 1min 扣 1 分		
	工艺纪律	不限	依据企业有关工艺纪律管理规定执行，每违反一次扣10分		
	劳动保护	不限	依据企业有关劳动保护管理规定执行，每违反一次扣10分		
	文明生产	不限	依据企业有关文明生产管理规定执行，每违反一次扣10分		
	安全生产	不限	依据企业有关安全生产管理规定执行，每违反一次扣10分，有重大安全事故，取消成绩		
	合计得分				

评分人：　　　　　　　　　　年　月　日　　　核分人：　　　　　　　　　　年　月　日

实训模块 27　低碳钢板对接平焊（双面埋弧焊）

1. 考件图样（见图 1-27）

2. 焊前准备

（1）考件材质　Q235-A 钢板，规格为 350mm×150mm×12mm，I 形坡口，数量 2 件。

（2）焊接材料　焊丝，SU08A，直径 $\phi4\sim5$mm 自选；焊剂：S FMS1，焊前烘干温度为 150～250℃，保温 1～2h。定位焊焊条：E4303，直径为 $\phi4$mm。

（3）焊接设备　埋弧自动焊机。设备型号根据实际情况自定。

（4）工具、量具　钢丝钳、尖嘴钳、锤子、钢丝刷、锉刀、活扳手、角向磨光机、钢直尺、扁铲、砂布等。

（5）考件　坡口两端允许加装引弧板、引出板，其尺寸为 100mm×100mm×12mm，数量 2 件。

3. 操作要求

（1）焊接方法　埋弧焊，双面焊双面成形。

（2）焊接位置　对接平焊。

（3）坡口形式　I 形坡口。

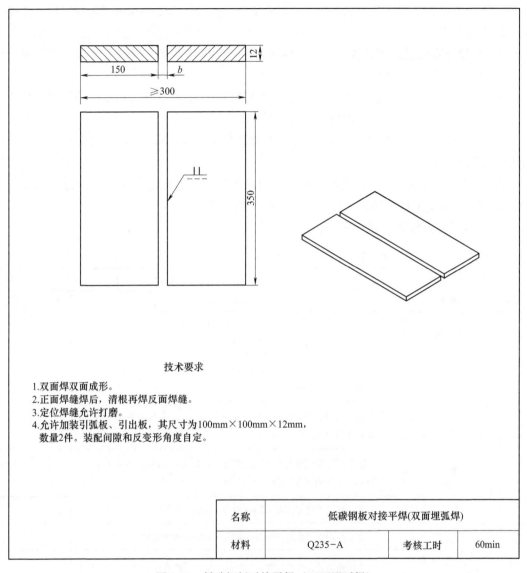

技术要求

1. 双面焊双面成形。
2. 正面焊缝焊后，清根再焊反面焊缝。
3. 定位焊缝允许打磨。
4. 允许加装引弧板、引出板，其尺寸为100mm×100mm×12mm，
   数量2件。装配间隙和反变形角度自定。

名称	低碳钢板对接平焊(双面埋弧焊)		
材料	Q235-A	考核工时	60min

图 1-27　低碳钢板对接平焊（双面埋弧焊）

（4）焊前清理　将坡口两侧 15～20mm 范围内的油、污、锈、垢清除干净。

（5）装配、定位焊　按图样组装，进行定位焊；定位焊焊 2 点，位于考件两端坡口内，长度 10～15mm。定位装配后，允许使用打磨工具对定位焊焊缝进行适当打磨。

（6）正面焊缝焊完后，允许清根后再焊反面焊缝。

（7）焊接过程中　劳保用品穿戴整齐；焊接参数选择正确，焊后焊件保持原始状态。

（8）考件焊完后　关闭焊机，回收焊剂，工具、量具摆放整齐，场地清理干净，并仔细清理焊缝焊渣并保持原始状态。

4. 考核内容

（1）考核要求

1）焊前准备：考核考件清理程度（坡口两侧 15~20mm 清除油、污、锈、垢）、定位焊正确与否，考件定位焊后必须在操作架上焊接全缝，不得任意更换和改变焊接位置，焊接参数选择正确与否。

2）焊缝外观质量：考核焊缝余高、焊缝余高差、焊缝宽度、焊缝宽度差、直线度、错边、咬边、熔合不良、烧穿等。

3）焊缝内部质量：射线检测后，按 NB/T 47013.2—2015《承压设备无损检测 第 2 部分：射线检测》标准要求检查焊缝内部的质量。

（2）时间定额 准备时间 20min；正式焊接时间 60min（超时 1min 扣总分 1 分，超时 10min，记为 0 分）。

（3）安全文明生产 考核现场劳保用品的穿戴情况；焊接过程中正确执行安全操作规程；焊完后，场地清理干净，工具、量具、焊件摆放整齐。

5. 配分、评分标准（见表 1-27）

表 1-27 低碳钢板对接平焊（双面埋弧焊）评分表

焊工考件编号				考试超时扣总分		
序号	考核要求	配分	评分标准		扣分	得分
1	焊前准备	5	焊件清理不干净，定位焊不正确扣 1~5 分			
		5	焊接参数调整不正确扣 1~5 分			
2	焊缝外观质量	6	正、反面焊缝余高 0~2mm 满分；≥2mm，≤3mm，各扣 1 分；>3mm 或<0mm 各扣 3 分			
		6	正、反面焊缝余高差≤1mm 满分；>1mm，≤2mm 各扣 1 分；>2mm 各扣 3 分			
		6	正、反面焊缝宽度 8~12mm 满分；≥7mm，≤13mm 各扣 1 分；>13mm，<7mm 各扣 3 分			
		6	正、反面焊缝宽度差≤2mm 满分；>2mm 扣 3 分			
		2	正、反面焊缝直线度≤2mm 满分；>2mm 各扣 1 分			
		4	无咬边满分；咬边深度≤0.5mm，正、反面累计长度每 5mm 扣 1 分；咬边深度>0.5mm 或正反面累计长度>35mm 扣 2 分			
		4	角变形<3° 2 分；>3°扣 2 分。无错边 2 分；错边>0.3mm 扣 2 分			
		6	正、反面焊缝波纹细腻，成形美观，平整，宽窄一致，表面无缺陷满分；波纹较细腻，成形较好各扣 1 分；波纹粗糙，焊缝成形较差扣 2 分；焊缝成形差，超高或脱节各扣 3 分			
		否定项	焊缝表面不是原始状态，有加工、补焊、返修等现象或有裂纹、气孔、夹渣、未焊透、未熔合、烧穿、熔伤母材等任何一项缺陷存在，此项考试按不合格论			
			焊缝外观质量得分低于 24 分，此项考试按不合格论			

（续）

序号	考核要求	配分	评分标准	扣分	得分
3	焊缝内部质量	40	射线检测后按 NB/T 47013.2—2015 评定焊缝质量： 焊缝质量 Ⅰ 级，满分 焊缝质量 Ⅱ 级，扣 10 分 焊缝质量 Ⅲ 级，此项考试按不合格论		
4	安全文明生产	10	劳保用品穿戴不全扣 2 分		
			焊接过程中有违反安全操作规程的现象，根据情况扣 2~5 分		
			焊完后，场地清理不干净，工具、量具、考件等码放不整齐扣 3 分		
	合计得分				

评分人：　　　　　　　　　　年　月　日　　核分人：　　　　　　　　　　年　月　日

实训模块 28　不锈钢钢管相贯线接头平焊（机器人弧焊）

1. 考件图样（见图 1-28）

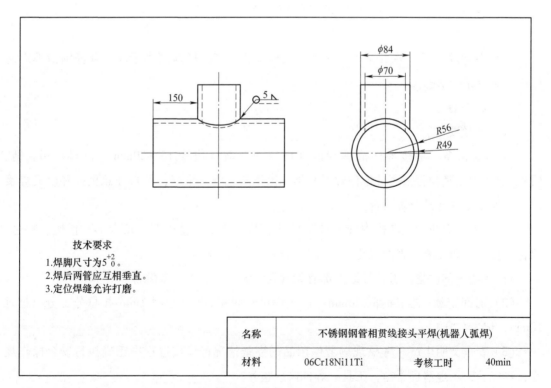

技术要求

1. 焊脚尺寸为 $5^{+2}_{\ 0}$。
2. 焊后两管应互相垂直。
3. 定位焊缝允许打磨。

名称	不锈钢钢管相贯线接头平焊(机器人弧焊)		
材料	06Cr18Ni11Ti	考核工时	40min

图 1-28　不锈钢钢管相贯线接头平焊（机器人弧焊）

2. 焊前准备

（1）考件材质　06Cr18Ni11Ti 钢管，规格为 $\phi112mm×7mm$，$L=384mm$，数量 1 件；规格为 $\phi70mm×7mm$，$L=150mm$，数量 1 件；如图 1-28 所示。

（2）焊接材料　焊丝 S321，直径为 $\phi1.2mm$；保护气体为 97%Ar+3%O_2 或 95%Ar+5%CO_2 混合气体，视现场实际情况任选一种。

（3）焊接设备　自动熔化极气体保护焊机，设备型号根据实际情况自定。

（4）工、量具　钢丝钳、尖嘴钳、锤子、不锈钢丝刷、锉刀、活扳手、角向磨光机、钢直尺、扁铲、砂布等。

3. 操作要求

（1）焊接方法　MAG 焊。

（2）焊接位置　水平固定焊。

（3）焊前清理　将坡口端面及侧面 15~20mm 范围内的油、污、锈、垢清除干净。

（4）装配、定位焊　按图样组装，进行定位焊；定位焊焊 2 点，位于相当于时钟 10 点与 2 点处的坡口内，定位焊缝长度 10~15mm。定位装配后，允许使用打磨工具对定位焊焊缝进行适当打磨。

（5）焊接过程中　劳保用品穿戴整齐；焊接参数选择正确，焊后焊件保持原始状态。

（6）考件焊完后　关闭焊机、气瓶，工具摆放整齐，场地清理干净，并仔细清理焊缝焊渣并保持原始状态。

4. 考核内容

（1）考核要求。

1）焊前准备。考核考件清理程度（坡口面及坡口边缘 15~20mm 清除油、污、锈、垢）、定位焊正确与否，考件定位焊后必须在操作架上焊接全缝，不得任意更换和改变焊接位置，焊接参数选择正确与否。

2）焊缝外观质量。考核焊缝的焊脚尺寸、凸、凹度、直线度、角变形、错边、咬边、熔合不良、表面夹渣、表面气孔等。

3）焊缝内部质量。考核焊缝内部有无气孔、夹渣、裂纹、未熔合。

（2）时间定额　准备时间 20min；正式焊接时间 40min（超时 1min 扣总分 1 分，超时 10min，记为 0 分）。

（3）安全文明生产　考核现场劳保用品的穿戴情况；焊接过程中正确执行安全操作规程；焊完后，场地清理干净，工具、焊件摆放整齐。

5. 配分、评分标准（见表 1-28）

表1-28　不锈钢钢管相贯线接头平焊（机器人弧焊）评分表

职业名称	焊接机械手操作工	考核等级	高级工		
试题名称	不锈钢钢管相贯线接头平焊（机器人弧焊）	考核时限	60min		
鉴定项目	考核内容	配分	评分标准	扣分说明	得分
弧焊机械手的基本使用	对TCP点进行校正	6	不正确扣6分		
	校正焊枪	6	不正确扣6分		
	合理编制焊缝程序	20	不合理酌情扣分		
	测试工作程序	5	未测试工作程序扣5		
	焊缝余高误差≤2mm，宽度误差≤2mm	10	超出要求扣10分		
	弧焊焊缝咬边深度≤0.5mm，咬边总长度≤25mm	10	超出要求扣10分		
	焊缝边缘直线度误差≤2m	10	超出要求扣10分		
	焊接参数设定	5	不正确扣5分		
	编制焊缝程序合理	5	不正确扣5分		
	在程序中使用传感器	5	不正确扣5分		
	焊缝表面不允许有夹渣、焊瘤、气孔、烧穿等	10	出现一处扣5分		
弧焊焊接机械手的焊接故障处理	撞枪保护激活后，重新送电	2	不正确扣2分		
	喷嘴上有电流的处理	2	不正确扣2分		
	出现粘丝故障如何解除	2	不正确扣2分		
	如何解决电弧偏吹现象	2	不正确扣2分		
质量、安全、工艺纪律、文明生产等综合考核项目	考核时限	不限	每超时1min扣1分		
	工艺纪律	不限	依据企业有关工艺纪律管理规定执行，每违反一次扣10分		
	劳动保护	不限	依据企业有关劳动保护管理规定执行，每违反一次扣10分		
	文明生产	不限	依据企业有关文明生产管理规定执行，每违反一次扣10分		
	安全生产	不限	依据企业有关安全生产管理规定执行，每违反一次扣10分，有重大安全事故，取消成绩		
	合计得分				

评分人：　　　　　　　　　　　年　月　日　　　核分人：　　　　　　　　　　　年　月　日

实训模块 29　低碳钢双层板水平搭接接头机器人点焊

1. 考件图样（见图 1-29）

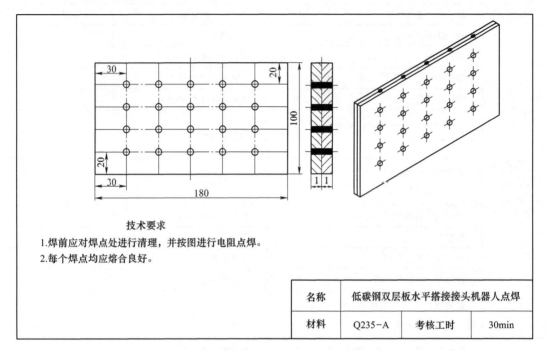

技术要求

1. 焊前应对焊点处进行清理，并按图进行电阻点焊。
2. 每个焊点均应熔合良好。

名称	低碳钢双层板水平搭接接头机器人点焊		
材料	Q235-A	考核工时	30min

图 1-29　低碳钢双层板水平搭接接头机器人点焊

2. 焊前准备

（1）考件材质　Q235-A 钢板，规格为 180mm×100mm×1mm，数量 2 件。

（2）焊接设备　电阻点焊机，型号视现场实际情况自选。

（3）工具、量具　钢丝钳、锤子、抛光机、焊点腐蚀液、活扳手、低倍放大镜、钢直尺、扁铲、砂布、台虎钳、划针、样冲、石笔、点焊试片撕裂卷棒等。

3. 操作要求

（1）焊接方法　电阻点焊。

（2）焊接位置　平焊。

（3）接头形式　搭接。

（4）焊前清理　将考件焊点处表面的油、污、锈、垢清除干净。

（5）装配　先在一块钢板上划如图 1-29 所示的点焊位置线，再采用夹具和钢丝钳等将考件夹紧。

（6）焊接过程中　劳保用品穿戴整齐；焊接参数选择正确，焊后焊件保持原始状态。

（7）考件焊完后　关闭点焊机、水源，工具、量具摆放整齐，场地清理干净，并保持原始状态。

4. 考核内容

（1）考核要求

1）焊前准备：考核考件清理程度（点焊处表面清除油、污、锈、垢）、焊接参数选择正确与否。

2）焊缝外观质量：考核点焊缝是否填满、焊缝成形、气孔、夹杂物、飞溅、毛刺、焊点背面凹坑、裂纹等。

3）焊缝内部质量：采用剥离检验，检查焊点内部的缺陷。也可采用X射线检验：暗环淡时，熔深不够；暗环深时，熔深较大。金相检验：无多孔性缺陷。

（2）时间定额　准备时间20min；正式焊接时间30min（超时1min扣总分1分，超时10min，记为0分）。

（3）安全文明生产　考核现场劳保用品的穿戴情况；焊接过程中正确执行安全操作规程；焊完后，场地清理干净，工具、量具、焊件摆放整齐。

5. 配分、评分标准（见表1-29）

表1-29　低碳钢双层板水平搭接接头机器人点焊

焊工考件编号			考试超时扣总分			
序号	考核要求	配分	评分标准		扣分	得分
1	焊前准备	5	焊件清理不干净，夹具夹紧不正确扣1~5分			
		5	焊接参数调整不正确扣1~5分			
2	焊缝外观质量	10	焊核直径为5mm满分；≥4.8mm，≤5.2mm扣2分；≥4.5mm，≤5.5mm扣5分；<4.5mm，>5.5mm扣10分			
		10	表面压痕0.1~0.15mm满分；<0.16mm扣3分；<0.18mm扣5分；>0.2mm扣10分			
		6	无表面喷溅满分；有1处扣3分			
		4	表面无局部烧穿或金属外溢满分；表面局部烧穿或金属强烈外溢扣4分			
		4	无气孔和缩孔满分；≤0.5mm，一个扣1分；>0.5mm一个扣2分			
		4	无电极金属黏附满分；有1处扣2分			
		12	焊点表面形状规则，成形美观满分；局部不规则扣6分；大部不规则扣12分			
		否定项	焊缝表面不是原始状态，有加工、补焊、返修等现象或有环状裂纹、径向裂纹、未焊透、烧穿或表面烧伤等任何一项缺陷存在，此项考试按不合格论			
			焊缝外观质量得分低于30分，此项考试按不合格论			
3	焊缝内部质量	30	剥离检验后按缺陷情况进行评定：全部焊点合格满分；90%合格扣10分；80%合格扣20分；70%合格扣30分			
4	安全文明生产	10	劳保用品穿戴不全扣2分			
			焊接过程中有违反安全操作规程的现象，根据情况扣2~5分			
			焊完后，场地清理不干净，工具、量具、考件等码放不整齐扣3分			
合计得分						

评分人：　　　　　　　　　　　年　月　日　　核分人：　　　　　　　　　　年　月　日

实训模块30 不锈钢钢板对接接头机器人激光平焊

1. 考件图样（见图1-30）

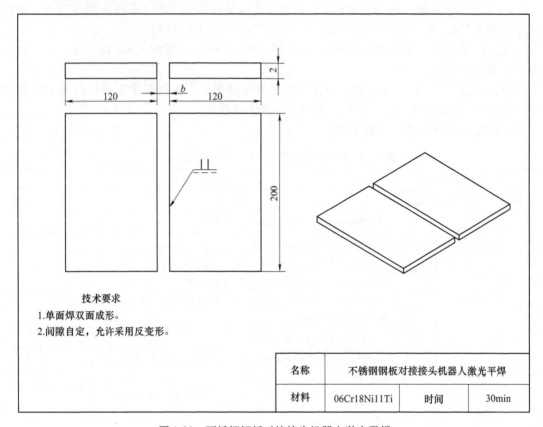

技术要求
1.单面焊双面成形。
2.间隙自定，允许采用反变形。

名称	不锈钢钢板对接接头机器人激光平焊		
材料	06Cr18Ni11Ti	时间	30min

图1-30 不锈钢钢板对接接头机器人激光平焊

2. 焊前准备

（1）考件材质 06Cr18Ni11Ti不锈钢板，规格：200mm×120mm×2mm，数量2件，如图1-30所示。

（2）焊接材料 填丝或不填焊丝，由现场实际情况自选。保护气体为氩气，纯度≥99.99%。

（3）焊接设备 机器人激光焊机，型号由现场实际情况自选。

（4）工具、量具 钢丝钳、锤子、钢丝刷、锉刀、活扳手、气体流量计、电焊面罩、角向磨光机、砂布若干等。

3. 操作要求

（1）焊接方法 激光焊。

（2）焊接位置 平对接焊。

（3）坡口形式 I形坡口。

（4）焊前清理 仔细清除坡口及其两侧15~20mm范围内的油垢、锈蚀。

（5）装配、定位焊　按图样组装，定位焊焊 2 点，位于焊件两端的坡口内，长度 ≥20mm。定位装配后，允许使用打磨工具对定位焊焊缝进行适当打磨。

（6）焊接要求　单面焊双面成形。

（7）焊接过程中　劳保用品穿戴整齐；焊接参数选择正确，焊后焊件保持原始状态。

（8）考件焊完后　关闭电焊机和气瓶，工具、量具摆放整齐，场地清理干净，并仔细清理焊缝焊渣并保持原始状态。

4. 考核内容

（1）考核要求

1）焊前准备：考核考件清理程度（坡口两侧 15~20mm 清除油、污、锈、垢）、定位焊正确与否，考件定位焊后必须在操作架上焊接全缝，不得任意更换和改变焊接位置，焊接参数选择正确与否。

2）焊缝外观质量：考核焊缝余高、焊缝余高差、焊缝宽度、焊缝宽度差、直线度、角变形、错边、咬边、熔合不良、背面超高或凹坑等。

3）焊缝内部质量：射线检测后，按 NB/T 47013.2—2015《承压设备无损检测　第 2 部分：射线检测》标准要求检查焊缝内部的质量。

（2）时间定额　准备时间 15min；正式焊接时间 30min（超时 1min 扣总分 1 分，超时 10min，记为 0 分）。

（3）安全文明生产　考核现场劳保用品的穿戴情况；焊接过程中正确执行安全操作规程；焊完后，场地清理干净，工具、量具、焊件摆放整齐。

5. 配分、评分标准（见表 1-30）

表 1-30　不锈钢钢板对接接头机器人激光平焊评分表

焊工考件编号				考试超时扣总分		
序号	考核要求	配分	评分标准		扣分	得分
1	焊前准备	5	焊件、焊丝清理不干净扣 1~5 分			
		5	定位焊不正确扣 1~5 分			
		5	焊接参数调整不正确扣 1~5 分			
		5	焊机及辅助设备连接不正确扣 1~5 分			
2	焊缝外观质量	4	焊缝余高 1~2mm 满分；≥0mm，≤3mm 扣 2 分；<0mm，>3mm 扣 4 分			
		4	焊缝余高差≤2mm 满分；>2mm 扣 4 分			
		4	焊缝宽度 4~6mm 满分；≤7mm，≥3mm 扣 2 分；>7mm，<3mm 扣 4 分			
		4	焊缝宽度差≤3mm 满分；>3mm 扣 4 分			
		2	焊缝直线≤2mm 满分；>2mm 扣 2 分			
		4	背面焊缝余高≤3mm 满分；>3mm 扣 4 分			
		4	背面凹坑深度≤0.5mm 满分；>0.5mm 或长度>16mm 扣 4 分			
		5	无咬边满分；咬边深度≤0.1mm 或累计长度每 5mm 扣 1 分；咬边深度>0.1mm 或累计长度≥50mm 扣 5 分			

（续）

序号	考核要求	配分	评分标准	扣分	得分
2	焊缝外观质量	4	角变形≤2°得2分；>2°扣2分；错边≤0.1mm得2分；>0.1mm扣2分		
		否定项	焊缝表面不是原始状态，有加工、补焊、返修的现象，或有裂纹、气孔、夹渣、未焊透、未熔合、焊瘤等任何缺陷存在，此项考试按不合格论		
			焊缝外观质量得分低于21分，此项考试按不及格论		
3	焊缝内部质量	40	射线检测后按 NB/T 47013.2—2015 评定焊缝质量： 焊缝质量Ⅰ级，满分 焊缝质量Ⅱ级，扣10分 焊缝质量Ⅲ级，此项考试按不合格论		
4	安全文明生产	5	劳保用品穿戴不全扣1分		
			焊接过程中有违反安全操作规程的现象，根据情况扣1~3分		
			焊完后，场地清理不干净，工具、量具和考件等码放不整齐扣1分		
合计得分					

评分人：　　　　　　　　　年　月　日　　核分人：　　　　　　　　　年　月　日

第4部分

模拟试卷样例

理论知识考试模拟试卷

电焊工试卷

一、判断题（对画√，错画×；共20题，每题1分，共20分；错答、漏答均不得分。）

1. 忠于职守就是要求把自己职业范围内的工作做好。　　　　　　　　　（　　）

2. 装配图中相邻两个零件的非接触面由于间隙很小，只需画一条轮廓线。（　　）

3. 相平衡是指合金中几个相共存而不发生变化的现象。　　　　　　　　（　　）

4. 一般来说铜及铜合金气焊或氩弧焊时应选用相同成分的焊丝。　　　　（　　）

5. 气焊对防止灰铸铁在焊接时产生白铸铁组织和裂纹都不利。　　　　　（　　）

6. 高压容器是《TSG21固定式压力容器安全技术监察规程》中规定的第三类压力容器。

　　　　　　　　　　　　　　　　　　　　　　　　　　　　　　　（　　）

7. 选择熔断器时要做到下一级熔体比上一级熔体规格大。　　　　　　　（　　）

8. 消除材料或制件的弯曲、翘曲、凸凹不平的工艺方法就叫矫正。　　　（　　）

9. 小径管水平固定加障碍盖面焊连弧焊法更换焊条接头时，应在弧坑上方20mm处引燃电弧。　　　　　　　　　　　　　　　　　　　　　　　　　　　　　（　　）

10. 粗丝CO_2气体保护焊时，熔滴过渡形式往往都是短路过渡。　　　　（　　）

11. X射线检测后，在照相胶片上深色影像的焊缝中所显示较白的斑点和条纹即是缺陷。

　　　　　　　　　　　　　　　　　　　　　　　　　　　　　　　（　　）

12. 半自动熔化极氩弧焊焊接铝及铝合金仰焊操作时，尽可能地采用长弧焊，并做直线形或小节距摆动。　　　　　　　　　　　　　　　　　　　　　　　　　（　　）

13. 在坡口中留钝边是为了防止烧穿，钝边的尺寸要保证第一层焊缝能焊透。（　　）

14. 焊接热影响区的性能变化决定于化学成分和化学组织的变化。　　　　（　　）

15. 气焊铝及铝合金时，整条焊缝尽可能一次焊完，不要中断。　　　　　（　　）

16. 焊接装配图是供焊接施工使用，用来表达需要焊接的产品上相关焊接技术要求的图样。　　　　　　　　　　　　　　　　　　　　　　　　　　　　　　　　（　　）

17. 焊缝基本符号是表示焊缝横剖面形状的符号。　　　　　　　　　　　（　　）

18. 铸铁焊条分为铁基焊条、镍基焊条和其他焊条三大类。　　　　　　　（　　）

19. 气焊铝及铝合金时，常采用CJ301。　　　　　　　　　　　　　　　（　　）

20. 钨极氩弧焊机测试电源恒流特性时，应选择几个电流值进行焊接，并通过观察电压表、电流表显示的数据来判断电压及电流的变化。（　　）

二、单项选择题（将正确答案的序号填入括号内；共 60 题，每题 1 分，共 60 分；错选、漏选、多选均不得分。）

1. 忠于职守就是要求把自己（　　）的工作做好。
   A. 道德范围内　　　B. 职业范围内　　　C. 生活范围内　　　D. 社会范围内

2. （　　）是从业的基本功，是职业素质的核心内容。
   A. 科学文化素质　　B. 专业技能素质　　C. 职业道德素质　　D. 身心健康素质

3. 零件图样中，能够准确地表达物体的尺寸与（　　）的图形称为图样。
   A. 形状　　　　　　B. 公差　　　　　　C. 技术要求　　　　D. 形状及其技术要求

4. （　　）不是看标题栏、明细栏应了解的内容。
   A. 焊接结构件的名称、材质　　　　　　B. 焊接件的板厚、焊缝长度
   C. 焊缝符号标注内容　　　　　　　　　D. 结构件的数量

5. 评定表面粗糙度时，一般在横向轮廓上评定，其理由是（　　）。
   A. 横向轮廓比纵向轮廓的可观察性好
   B. 横向轮廓上表面粗糙度比较均匀
   C. 在横向轮廓上可得到高度参数的最小值
   D. 在横向轮廓上可得到高度参数的最大值

6. 金属材料随温度的变化而膨胀收缩的特性称为（　　）。
   A. 导热性　　　　　B. 热膨胀性　　　　C. 导电性　　　　　D. 磁性

7. QT900-2 的硬度范围在（　　）HBW。
   A. 130~180　　　　B. 170~230　　　　C. 225~305　　　　D. 280~360

8. 纯铜中含有的杂质主要有铅、铋、氧、（　　）等。
   A. 硫和磷　　　　　B. 锰　　　　　　　C. 氢　　　　　　　D. 氮

9. 低合金钢中合金元素的质量分数总和小于（　　）。
   A. 15%　　　　　　B. 10%　　　　　　C. 8%　　　　　　　D. 5%

10. 常用来焊接除铝镁合金以外的铝合金的通用焊丝型号是（　　）。
    A. SAl 1450　　　 B. SAl 4043　　　 C. SAl 3103　　　 D. SAl 5556

11. 铝及铝合金工件和焊丝表面清理以后，在潮湿的环境下，一般应在清理后（　　）内施焊。
    A. 4h　　　　　　 B. 12h　　　　　　C. 24h　　　　　　D. 36h

12. IGBT 逆变焊机的逆变频率是（　　）。
    A. 5kHz 以下　　　B. 16~20kHz　　　C. 20kHz 以上　　　D. 10~15kHz

13. 采用非铸铁型焊接材料焊接灰铸铁时，在（　　）极易形成白铸铁组织。
    A. 焊缝　　　　　　B. 半熔合区　　　 C. 焊趾　　　　　　D. 热影响区

14. 非铸铁型焊缝容易产生（　　）裂纹。
    A. 热　　　　　　　B. 冷　　　　　　 C. 再热　　　　　　D. 氢致

15. 纯铜焊接时，常常要使用大功率热源，焊前还要采取预热措施的原因是（　　）。
    A. 纯铜导热性好，难熔合　　　　　　　B. 防止产生冷裂纹

C. 提高焊接接头的强度　　　　　　　D. 防止锌的蒸发

16. 铜和铜合金焊接时，防止未熔合的措施有预热和（　　　）。

    A. 采用较小的焊接热输入　　　　　　B. 采用较大的焊接热输入

    C. 加强保护　　　　　　　　　　　　D. 锤击

17. 熔化极氩弧焊主要用于（　　　）mm 的钛及钛合金板的焊接。

    A. 2～8　　　　　B. 3～10　　　　　C. 3～20　　　　　D. 6～30

18. 锅炉压力容器是生产和生活中广泛使用的（　　　）的承压设备。

    A. 固定式　　　　　　　　　　　　　B. 提供电力

    C. 换热和储运　　　　　　　　　　　D. 有爆炸危险

19. 压力容器相邻两筒节间的纵焊缝应错开，其焊缝中心线之间的外圆弧长一般应大于筒体厚度的 3 倍，且不小于（　　　）mm。

    A. 80　　　　　　B. 100　　　　　C. 120　　　　　D. 150

20. 焊接梁为了便于装配和避免焊缝汇交于一点，应在横向肋板上切去一个角，角边高度为焊脚高度的（　　　）倍。

    A. 1～2　　　　　B. 2～3　　　　　C. 2～4　　　　　D. 3～4

21. 焊接接头金相试验的目的是检验焊接接头的（　　　）。

    A. 致密性　　　　　　　　　　　　　B. 强度

    C. 冲击韧性　　　　　　　　　　　　D. 组织及内部缺陷

22. 熔断器的种类可分为（　　　）。

    A. 瓷插式和螺旋式两种　　　　　　　B. 瓷保护式和螺旋式两种

    C. 瓷插式和卡口式两种　　　　　　　D. 瓷保护式和卡口式两种

23. 正弦交流电的三要素不包括（　　　）。

    A. 最大值　　　　B. 周期　　　　C. 初相角　　　　D. 相位差

24. 材料的（　　　），容易获得合格的冲裁件。

    A. 抗剪强度高　　　　　　　　　　　B. 组织不均匀

    C. 表面光洁平整　　　　　　　　　　D. 有机械性损伤

25. 焊工工作场地要有良好的自然采光或局部照明，以保证工作面照度达（　　　）lx。

    A. 30～50　　　　B. 50～100　　　　C. 100～150　　　D. 150～200

26. 依据《劳动法》规定，劳动合同可以约定试用期。试用期最长不超过（　　　）。

    A. 12 个月　　　　B. 10 个月　　　　C. 6 个月　　　　D. 3 个月

27. 12mm 以下的低碳钢和低合金钢板焊件一般采用（　　　）的方法下料。

    A. 剪板机　　　　B. 气割机　　　　C. 锯床　　　　D. 车床

28. 对接仰焊打底焊采用两点击穿法灭弧焊时，灭弧频率为（　　　）次/min。

    A. 10～30　　　　B. 20～40　　　　C. 30～50　　　　D. 40～60

29. 管径 $\phi \geqslant 76$mm 45°固定对接焊采用直拉法盖面时，一般采用（　　　）运条法。

    A. 直线不摆动　　B. 前后往返摆动　C. 月牙形　　　　D. 锯齿形

30. 不锈钢管对接采用焊条电弧焊焊接时，应将焊件坡口表面及其正反面两侧（　　　）mm 范围内污物清理干净。

    A. 10～20　　　　B. 20～30　　　　C. 30～40　　　　D. 40～50

31. 检查奥氏体不锈钢表面微裂纹应选用（　　）。
    A. 磁粉检测　　　B. 渗透检测　　　C. X 射线检测　　　D. 超声波检测

32. CO_2 气体保护焊焊接厚板工件时，熔滴过渡的形式应采用（　　）。
    A. 短路过渡　　　B. 粗滴过渡　　　C. 射流过渡　　　D. 喷射过渡

33. CO_2 气体保护焊或 MAG 半自动焊 V 形坡口对接仰焊试件打底焊时，焊枪做小幅度（　　）摆动。
    A. 锯齿形　　　B. 月牙形　　　C. 圆圈形　　　D. 直线往返形

34. 大直径管垂直固定焊 CO_2 气体保护焊打底焊时，采用左焊法，在试件右侧定位焊缝上引弧，由右向左开始焊接的过程中，焊枪做小幅度的（　　）摆动。
    A. 月牙形　　　B. 锯齿形　　　C. 圆圈形　　　D. 三角形

35. 熔化极脉冲气体保护焊协同式脉冲工艺时，（　　）不是开始焊接前，操作者根据需要选择的电弧静态参数。
    A. 焊丝材质　　　B. 直径　　　C. 送丝速度　　　D. 焊接速度

36. 熔化极氩弧焊焊接铝及铝合金时，生产中常用的国外 ER4043 焊丝相当于国内（　　）牌号的焊丝。
    A. SAl 4043　　　B. SAl 4047　　　C. SAl 4643　　　D. SAl 5754

37. 厚度为 15～25mm 的焊件熔化极氩弧焊时，通常开（　　）单面 V 形坡口。
    A. 60°　　　B. 70°　　　C. 80°　　　D. 90°

38. 手工钨极氩弧焊焊接板对接仰焊打底焊时，要压低电弧，焊枪做（　　）摆动。
    A. 月牙形　　　B. 圆圈形　　　C. 直线形　　　D. 直线往复形

39. 下列钛及钛合金焊接接头冷弯角不合格的是（　　）。
    A. 114°　　　B. 145°　　　C. 158°　　　D. 93°

40. 焊接电流过大，焊件表面容易过热，导致电极端部受热变形并与焊件表面发生粘连，形成 $CuAl_2$，既恶化了电极的导电性和导热性，又使继续进行的焊接发生更严重的粘连，极大地降低其（　　）性能。
    A. 抗拉强度　　　B. 塑性　　　C. 抗腐蚀性　　　D. 屈服强度

41. 黄铜焊条电弧焊时，应采取焊接电源及极性是（　　）。
    A. 直流正接　　　B. 直流反接　　　C. 交流焊　　　D. 直流正接或交流焊

42. 焊接钛和钛合金时，对加热温度超过（　　）的热影响区和焊缝背面都要进行保护。
    A. 400℃　　　B. 500℃　　　C. 600℃　　　D. 700℃

43. 采用熔化极氩弧焊焊接钛和钛合金时，电源采用（　　）。
    A. 直流正接　　　B. 直流反接　　　C. 交流　　　D. 交流或直流

44. 珠光体耐热钢中，（　　）形成元素增加时，能减弱奥氏体不锈钢与珠光体耐热钢焊接接头中扩散层的发展。
    A. 铁素体　　　B. 奥氏体　　　C. 碳化物　　　D. 氧化物

45. 奥氏体不锈钢与珠光体耐热钢焊接时，常用的焊接方法是（　　）。
    A. CO_2 气体保护焊　　　B. 焊条电弧焊　　　C. 电渣焊

46. 奥氏体不锈钢与珠光体耐热钢焊接时，应选择（　　）型的焊接材料。

A. 珠光体耐热钢　　　　　　　　　　　B. 低碳钢

C. 含镍大于12%（质量分数）的奥氏体不锈钢　　D. 低合金钢

47. 06Cr18Ni11Ti不锈钢和Q235 A低碳钢用E309-15焊条焊接时，焊缝得到（　　　）组织。

A. 铁素体+珠光体　　　　　　　B. 奥氏体+马氏体

C. 单相奥氏体　　　　　　　　　D. 奥氏体+铁素体

48. 凡承受流体介质的（　　　）设备称为压力容器。

A. 耐热　　　B. 耐磨　　　C. 耐腐蚀　　　D. 密封

49. 低温容器是指容器的工作温度等于或低于（　　　）的容器。

A. −10℃　　　B. −20℃　　　C. −30℃　　　D. −40℃

50. （　　　）不是防止夹渣和未熔合的措施。

A. 正确选择焊接参数　　　　　B. 采用正确的运条方法

C. 焊后热处理　　　　　　　　D. 认真清理层间焊渣

51. 为了保证梁的稳定性，常需设置肋板，肋板的位置根据梁的（　　　）而定。

A. 宽度　　　B. 厚度　　　C. 高度　　　D. 断面形状

52. 焊接梁的翼板和腹板的角焊缝时，由于该焊缝长而规则，通常采用自动焊，并最好采用（　　　）位置焊接。

A. 角焊　　　B. 船形　　　C. 横焊　　　D. 立焊

53. 当采用溶剂去除着色渗透剂检验焊缝质量时，渗透时间应控制在（　　　）为宜。

A. 10~20min　　　B. 30min　　　C. 5min

54. 焊接接头拉伸试验时，用于接头拉伸试验试件的数量，应不少于（　　　）个。

A. 1　　　B. 2　　　C. 3　　　D. 4

55. 布氏硬度是通过测定压痕（　　　）来求得的硬度。

A. 对角线　　　B. 直径　　　C. 深度　　　D. 周长

56. 检查焊缝金属的（　　　）时，常进行焊接接头的断口检验。

A. 强度　　　B. 内部缺陷　　　C. 致密性　　　D. 冲击韧性

57. 斜Y形坡口对接裂纹试验方法的试件中间开（　　　）坡口。

A. X形　　　B. U形　　　C. V形　　　D. 斜Y形

58. 交流接触器不适用于（　　　）。

A. 交流电路控制　　　　　　　B. 直流电路控制

C. 照明电路控制　　　　　　　D. 大容量控制电路

59. 用电流表测得的交流电流的数值是交流电的（　　　）值。

A. 有效　　　B. 最大　　　C. 瞬时　　　D. 平均

60. 按矫正时被矫正工件的温度分类可分为（　　　）两种。

A. 冷矫正，热矫正　　　　　　B. 冷矫正，手工矫正

C. 热矫正，手工矫正　　　　　D. 手工矫正，机械矫正

三、多项选择题（将正确答案的序号填入括号内；共20题，每题1分，共20分，错选、漏选、多选均不得分。）

1. 为人民服务作为社会主义职业道德的核心精神，是社会主义职业道德建设的核心，

体现了中国共产党的宗旨，其低层次的要求是（ 　　 ）。

    A. 人人为我　　　　B. 为人民服务　　　　C. 人人为党　　　　D. 我为人人

2. 在企业生产经营活动中，员工之间团结互助的要求包括（ 　　 ）。

    A. 讲究合作，避免竞争　　　　　　　　B. 平等交流，平等对话

    C. 既合作，又竞争，竞争与合作相统一 D. 互相学习，共同提高

3. 焊接与铆接相比，它具有（ 　　 ）等特点。

    A. 节省金属材料　　　　　　　　　　B. 减轻结构重量　　C. 接头密封性好

    D. 不易实现机械化和自动化　　　　　E. 制造周期长　　　F. 提高生产率

4. 金属材料的物理、化学性能是指材料的（ 　　 ）等。

    A. 熔点　　　　B. 导热性　　　　C. 导电性　　　　D. 硬度

    E. 塑性　　　　F. 抗氧化性

5. 下列铝合金中，（ 　　 ）属于非热处理强化铝合金。

    A. 铝镁合金　　　B. 硬铝合金　　　C. 铝硅合金　　　D. 铝锰合金

    E. 锻铝合金　　　F. 超硬铝合金

6. 气焊（ 　　 ）金属材料时必须使用熔剂。

    A. 低碳钢　　　B. 低合金高强度钢　C. 不锈钢　　　D. 耐热钢

    E. 铝及铝合金　F. 铜及铜合金

7. 铜及铜合金焊接时，为了获得成形均匀的焊缝，（ 　　 ）接头是合理的。

    A. 对接　　　　B. 搭接　　　　C. 十字形　　　D. 端接　　　E. T 形

8. 固定式气割机有（ 　　 ）。

    A. 门式气割机　B. 半自动气割机　C. 光电跟踪气割机

    D. 仿形气割机　E. 数控气割机　　F. 型钢气割机

9. 铸铁冷焊时，焊后立即锤击焊缝的目的是（ 　　 ）。

    A. 提高焊缝塑性　B. 提高焊缝强度　　C. 减小焊接应力

    D. 消除焊缝夹渣　E. 防止裂纹　　　　F. 消除白铸铁组织

10. 为了防止钛合金在高温下吸收氧、氢、氮，熔焊时需要采取（ 　　 ）措施。

    A. 惰性气体保护　　　　　　　B. 真空保护　　　　　　C. 焊剂保护

    D. 特殊药皮保护　　　　　　　E. 氩气箱中焊接　　　　F. 气焊熔剂

11. 锅炉和压力容器容易发生安全事故的原因是（ 　　 ）。

    A. 使用条件比较苛刻　　　B. 操作困难　　　　　　　C. 容易超负荷

    D. 局部区域受力情况比较复杂　E. 隐藏了一些难以发现的缺陷F. 都在高温下工作

12. 梁的断面形状主要有（ 　　 ）两大类。

    A. 工字梁　　　　　　　　　B. 梅花形梁　　　　　　　C. 箱型梁

    D. 格沟梁　　　　　　　　　E. 圆形　　　　　　　　　F. 椭圆形

13. 焊接接头的金相试验是用来检查（ 　　 ）的金相组织情况，以及确定焊缝内部缺陷等。

    A. 焊缝　　　　　　　　　　B. 热影响区

    C. 熔合区　　　　　　　　　D. 母材

14. 正弦交流电的最大值是指（ 　　 ）的瞬时值中数值最大的，分别为它们的最大值。

A. 交流电阻　　　　　　　　B. 交流电势

C. 交流电压　　　　　　　　D. 交流电流

15. 焊条电弧焊焊接对接仰焊打底焊，采用连弧焊法时的操作要点是（　　）。

A. 看　　　　　　　B. 听　　　　　　　C. 准

D. 稳　　　　　　　E. 运条正确　　　　　F. 焊接电流合适

16. 压力容器的主要焊接参数和设计参数有（　　）。

A. 设计压力　　　　　B. 工作压力　　　　　C. 最高工作压力

D. 工作温度　　　　　E. 最高工作温度　　　F. 最低工作温度

17. 给水管道应进行（　　）试验。

A. 强度　　　　　　　B. 水压　　　　　　　C. 渗水量

D. 弯曲　　　　　　　E. 刚性　　　　　　　F. 稳定性

18. 在高温下钛与（　　）反应速度较快，使焊接接头塑性下降，特别是韧性大大减低，引起脆化。

A. 氢　　　　　　　B. 氮　　　　　　　C. 锰

D. 铁　　　　　　　E. 氧　　　　　　　F. 碳

19. 焊接接头的拉伸试验可用来检验（　　）的材料强度和塑性。

A. 焊缝　　　　　　　B. 熔合区

C. 热影响区　　　　　D. 母材

20. 通过焊接接头金相组织的分析，可以了解焊缝金属中各种纤维氧化物的形态、晶粒度以及组织状况，从而对（　　）的合理性做出相应的评价。

A. 焊接材料　　　　　B. 工艺方法　　　　　C. 环境温度

D. 工艺参数　　　　　E. 湿度　　　　　　　F. 操作技能

气焊工试卷

一、判断题（对画√，错画×；共20题，每题1分，共20分；错答、漏答均不得分。）

1. 碳钢及合金钢气焊时，合金元素的氧化只发生在熔滴和熔池的表面。（　　）

2. 黄铜气焊时，锌的气化、蒸发和氧化会降低焊接接头的力学性能和抗腐蚀性能。（　　）

3. 采用中性焰或轻微碳化焰气焊低碳钢和低合金钢时，可以不用熔剂进行焊接而得到满意的接头。（　　）

4. 焊缝中的 Fe_3C 使焊接接头的强度、硬度提高，而塑性降低。（　　）

5. 气剂能与金属中的氧、硫化合，使金属氧化。（　　）

6. 焊炬按可燃气体与氧气的混合方式的不同可分为射吸式和等压式两种。（　　）

7. 焊炬的作用是将可燃气体和氧气按一定比例均匀地混合，并以一定的速度从焊嘴喷出，形成一定能率并适合焊接要求和燃烧稳定的火焰。（　　）

8. 射吸式焊炬燃烧的气体是靠氧气在喷射管里喷射，吸引乙炔而得到的。（　　）

9. 等压式焊炬容易发生回火现象。（　　）

10. 使用反作用式减压器时，随着瓶内气体压力的降低，使用压力也降低。（　　）

11. 铸铁气焊时只会产生热应力裂纹而不会产生热裂纹。（　　）

12. 钇基重稀土气焊丝是球墨铸铁气焊的专用焊丝之一，因为钇基重稀土在焊缝中可起到球化剂的作用。　　　　　　　　　　　　　　　　　　　　（　　）

13. 铸铁火焰钎焊特别适于补焊面积较大、较浅的加工面及磨损面，以及长期经受高温、腐蚀及石墨片粗大的铸铁件。　　　　　　　　　　　　　　　　　（　　）

14. 铝青铜气焊时应选用小的火焰能率。　　　　　　　　　　　　　　　（　　）

15. 铜及铜合金气焊时，由于焊缝和热影响区晶粒变粗，各种脆性的低熔点共晶出现于晶界，使接头的塑性和韧性显著下降。　　　　　　　　　　　　　　（　　）

16. 氧乙炔堆焊时的稀释率较焊条电弧焊低。　　　　　　　　　　　　（　　）

17. 射吸式焊炬只能使用低压乙炔。　　　　　　　　　　　　　　　　（　　）

18. 热影响区加热到1200℃左右的粗晶区，其硬度和强度都比母材金属低，但塑性比母材金属高。　　　　　　　　　　　　　　　　　　　　　　　　（　　）

19. 火焰喷涂是将金属粉末加热到熔融状态后，将其喷射并沉积到处理过的工件表面。
　　　　　　　　　　　　　　　　　　　　　　　　　　　　　　　（　　）

20. 气焊熔剂是根据母材在焊接过程中所产生的氧化物来选用的。　　　（　　）

二、单项选择题（将正确答案的序号填入括号内；共60题，每题1分，共60分；错选、漏选、多选均不得分。）

1. 气焊高合金钢、铸铁和有色金属及其合金时，都要加入（　　），其主要目的是保护熔池和脱氧。

　　A. 熔剂　　　　　B. 合金元素　　　　C. 合金剂　　　　D. 氧化物杂质

2. 氢的有害作用主要表现为：在焊缝金属中形成（　　）；在熔合区和热影响区形成冷裂纹。

　　A. 热裂纹　　　B. 冷裂纹　　　　C. 气孔　　　　D. 延迟裂纹

3. 采用气焊焊接厚度为（　　）以下的工件时，所用的焊丝直径与工件的厚度基本相同。

　　A. 2mm　　　　B. 3mm　　　　　C. 4mm　　　　D. 5mm

4. 易淬火钢的淬火区焊后冷却时很容易获得（　　）组织。

　　A. 马氏体　　　B. 魏氏体　　　　C. 贝氏体　　　　D. 铁素体+珠光体

5. 气焊时焊嘴与工件之间要倾斜一定的角度。对于熔点高、导热性好的材料，角度要（　　）。

　　A. 大些　　　　B. 小些　　　　　C. 垂直　　　　D. 都可以

6. 低碳钢焊接热影响区正火区的加热温度范围为（　　）。

　　A. 550~650℃　　B. 700~900℃　　C. 900~1100℃　　D. 700~800℃

7. 在焊接碳钢和合金钢时，常选用含（　　）的焊丝，这样能有效地脱氧。

　　A. Mn与Si　　　B. Al与Ti　　　　C. V与Mo　　　　D. Al与Mo

8. 焊缝金属中若存在体积分数为（　　）的氢，就会对焊接接头质量产生严重的影响。

　　A. 1/1000　　　B. 1/10000　　　　C. 1/100000　　　D. 1/100

9. 气焊低碳钢时采用（　　）。

　　A. 中性焰　　　B. 碳化焰　　　　C. 氧化焰　　　　D. 轻微氧化焰

10. 气焊时，火焰焰心尖端距离熔池表面一般是（　　）。

A. 2~4mm B. 1~2mm   C. 6~7mm   D. 8~10mm

11. 气焊火焰中的中性焰，其氧乙炔混合比是（   ）。

  A. <1   B. 1.0~1.2   C. >1.2   D. 1.5~2

12. 气焊时乙炔工作压力一般不得超过（   ）MPa。

  A. 0.15 B. 0.5   C. 1   D. 1.5

13. 堆焊一般采用（   ）。

  A. 碳化焰 B. 氧化焰   C. 中性焰   D. 氢化焰

14. 铸铁气焊应在焊缝温度处于（   ）时进行整形处理。

  A. 熔化状态 B. 半熔化状态 C. 室温   D. 低温

15. 能使熔池内金属氧化物进行还原的物质称为（   ）。

  A. 氧化剂 B. 还原剂   C. 钎剂   D. 活化剂

16. 氢氧焰中的过氢焰呈（   ）。

  A. 淡黄色 B. 蓝色   C. 浅红色   D. 绿色

17. 气焊过程中，存在着熔池内的金属与母材金属中各种元素相互渗透和均匀化的过程，这种过程称为（   ）。

  A. 扩散 B. 飞溅   C. 浸润   D. 分离

18. 还原反应是指熔池内的金属氧化物被（   ）的过程。

  A. 还原 B. 脱氧   C. 碳化   D. 脱碳

19. 对于碳化焰，乙炔过剩，焊接时会增加焊缝含（   ）量。

  A. 氢 B. 氧   C. 铁   D. 氮

20. 氧乙炔火焰生成的（   ）对熔化金属有一定的保护作用。

  A. 氧气和氢气   B. 氢和二氧化碳

  C. 氧气和一氧化碳   D. 氢气和一氧化碳

21. 薄板气焊时最容易产生的变形是（   ）。

  A. 角变形 B. 弯曲变形 C. 波浪变形 D. 凹凸变形

22. 当钢材的碳当量为（   ）时，就容易产生焊接冷裂纹。

  A. >0.45% B. 0.25%~0.45% C. <0.25% D. 0.25%~0.35%

23. 气焊过程中，焊缝出现气孔的主要原因是（   ）。

  A. 坡口钝边小   B. 焊接速度较慢

  C. 焊炬摆动快且摆动幅度大 D. 坡口钝边大

24. （   ）时氧与乙炔充分燃烧，没有氧与乙炔过剩，内焰具有一定还原性。

  A. 氧化焰 B. 中性焰   C. 碳化焰   D. 氢化焰

25. 合金钢气焊时，最容易引起（   ）。

  A. 焊缝热裂纹   B. 热影响区冷裂纹

  C. 合金元素被氧化   D. 延迟裂纹

26. 气焊铸铁时经常会产生裂纹，通常把这种裂纹称为（   ）。

  A. 冷裂纹 B. 热裂纹   C. 热应力裂纹 D. 延迟裂纹

27. 气焊火焰的加热，基本上都是采用（   ）加热法。

  A. 点状 B. 线状   C. 三角形   D. 局部

28. 气焊 2~3mm 厚的钢板，应选用直径为（　　）mm 的焊丝。
A. 3~5　　　　B. 5~7　　　　　　C. 7~10　　　　　D. 12

29. 在铸铁上堆黄铜时，焊前应预热并先用（　　）将堆焊表面加热至暗红色，然后熔化焊丝。
A. 中性焰　　　B. 碳化焰　　　　C. 氧化焰　　　　D. 氢化焰

30. 气焊过程中，焊池的平均结晶速度在数值上等于（　　）。
A. 火焰加热速度　　　　　　B. 焊丝填加速度
C. 焊炬移动速度　　　　　　D. 以上都是

31. 有关焊接区氧的来源，下列叙述不正确的是（　　）。
A. 气体火焰中自由氧侵入熔池　　B. 空气中的氧侵入熔池
C. 是乙炔气体分解的产物　　　　D. 金属表面的油脂氧化物分解而成

32. 堆焊时可以不用熔剂的材料是（　　）。
A. 低碳钢　　　B. 铸铁　　　　　C. 铝合金　　　　D. 铜合金

33. 堆焊过程中为了防止裂纹的产生，以下措施正确的是（　　）。
A. 焊接过程中应快速加热和快速冷却
B. 接头收尾时火焰应迅速移出熔池表面
C. 堆焊应间断进行，不可以连续作业
D. 淬火零件

34. 氧乙炔堆焊时，每层的最佳堆焊厚度为（　　）mm。
A. 6　　　　　B. 16　　　　　　C. 36　　　　　　D. 56

35. 氧乙炔堆焊时，一般焊丝与堆焊面的夹角为（　　）。
A. 15°　　　　B. 25°　　　　　　C. 45°　　　　　　D. 60°

36. 焊件焊前预热的目的是（　　）。
A. 减慢加热速度　　　　　　B. 降低最高湿度
C. 降低冷却速度　　　　　　D. 降低熔合深度

37. 气焊丝中含有多种化学元素，这对焊接过程和（　　）都有较大影响。
A. 焊缝性能　　　　　　　　B. 热影响区
C. 焊接性　　　　　　　　　D. 可达性

38. 焊后立即将焊件保温缓冷称为（　　）。
A. 预热　　　B. 热处理　　　　C. 后热　　　　D. 保温

39. 低碳钢焊缝二次结晶后的组织大部分是铁素体加少量的（　　）。
A. 珠光体　　　B. 奥氏体　　　　C. 马氏体　　　　D. 贝氏体

40. 气焊中碳钢时，在焊缝金属中容易产生（　　），热影响区容易产生淬硬组织。
A. 冷裂纹　　　B. 延迟裂纹　　　C. 热裂纹　　　　D. 晶间裂纹

41. 长焊缝（1m 以上）焊接时，焊接变形量最小的操作方式是（　　）。
A. 直通焊　　　　　　　　　B. 逐段跳焊
C. 从中心向两端焊　　　　　D. 从中心向两端逐段退焊

42. 焊丝选择正确的是（　　）。
A. 打底比盖面粗　　　　　　B. 立焊比横焊粗

C. 左焊法比右焊法粗　　　　　　　D. 厚板比薄板粗

43. 气焊过程中，要正确调整焊接参数和掌握（　　），并控制熔池温度和焊接速度，防止产生未焊透、过热，甚至烧穿等缺陷。

A. 操作方法　　B. 安全规程　　　　C. 设备构造　　D. 环境湿度

44. 为了防止气孔的产生，堆焊前应将焊丝进行（　　）℃保温2h的去氢处理。

A. 150　　　　　B. 300　　　　　　C. 450　　　　　D. 800

45. 低碳钢气焊接头热影响区中，宽度最大的是（　　）。

A. 熔合区　　　　　　　　　　　　B. 正火区

C. 不完全重结晶区　　　　　　　　D. 过热区

46. 氧乙炔火焰喷焊，目前应用最多的自熔性合金粉末是（　　）。

A. 镍基　　　　B. 钴基　　　　　　C. 铁基　　　　D. 铜基

47. 金属表面的（　　）将阻碍钎料与母材的直接接触，使润湿现象不容易发生。

A. 油脂　　　　B. 污物　　　　　　C. 氧化物　　　D. 水分

48. 焊接过程中，若发现熔池突然变大，且有流动金属时，即表示焊件已（　　）。

A. 有气孔　　　B. 烧穿　　　　　　C. 有夹渣　　　D. 有裂纹

49. 采用气焊焊接低碳调质钢时，为保证接头的强度和韧性，焊后一定要重新进行（　　）。

A. 正火处理　　B. 退火处理　　　　C. 调质处理　　D. 淬火处理

50. 不易淬火钢焊接接头中综合性能最好的区域是（　　）。

A. 不完全重结晶区　　　　　　　　B. 相变重结晶区

C. 过热区　　　　　　　　　　　　D. 正火区

51. 焊接性较好，焊接结构中应用最广的铝合金是（　　）。

A. 防锈铝（LF）　　　　　　　　　B. 硬铝（LY）

C. 锻铝（LD）　　　　　　　　　　D. 压铸铝

52. 氢氧焰中的过氢焰呈（　　），过氧焰呈浅红色。

A. 淡黄色　　　B. 蓝色　　　　　　C. 浅红色　　　D. 黑色

53. 焊接操作最难的铝板横焊形式是（　　）。

A. 搭接横焊　　B. 对接横焊　　　　C. 倒口横焊　　D. 单边横焊

54. 管道上固定不能转动的铝管焊接时，可以采用（　　）。

A. 割盖焊　　　B. 挡模焊　　　　　C. 压板固定焊　D. 堵焊

55. 钢中对焊接性影响最大的元素是（　　）。

A. 碳　　　　　B. 锰、硅　　　　　C. 硫、磷　　　D. 铝

56. 根据经验，当碳的质量分数为（　　）时，钢的焊接性良好，不需预热即可焊接。

A. <0.40%　　B. 0.40%~0.60%　　C. >0.60%　　　D. 0.70%~0.80%

57. 气焊就是利用（　　）作为热源的一种焊接方法。

A. 气体火焰　　B. 电源　　　　　　C. 电阻热　　　D. 电弧热

58. 气焊碳钢时，通常都不使用熔剂，这是由于气焊火焰中所含的C、CO和（　　）作用的缘故。

A. C_2H_2　　　　B. H_2　　　　　　C. O_2　　　　　D. N_2

59. （　　）的作用就是截留回火气体，保证乙炔瓶的安全。

　　A. 回火保险器　B. 焊炬　　　　　　C. 减压器　　　　　D. 乙炔压力表

60. 多层焊时，（　　）焊缝引起的收缩量最大。

　　A. 第一层　　　B. 第二层　　　　　C. 第三层　　　　　D. 第四层

三、多项选择题（将正确答案的序号填入括号内；共 20 题，每题 1 分，共 20 分，错选、漏选、多选均不得分。）

1. 气焊（　　）金属材料时必须使用熔剂。

　　A. 低碳钢　　　　　　B. 低合金高强度钢　　　　C. 不锈钢

　　D. 耐热钢　　　　　　E. 铝及铝合金　　　　　　　F. 铜及铜合金

2. 采用氧乙炔火焰焊接铸铁，具有（　　）的特点。

　　A. 温度低　　　　　　B. 热量不集中　　　　　　　C. 加热速度缓慢

　　D. 工艺方法灵活　　　E. 可对焊缝整形　　　　　　F. 焊接时可继续加热

3. 常用的灰铸铁气焊丝型号有（　　）。

　　A. R C FeC-4A　　　B. R C FeC-5　　　　　　　C. R C FeC-4

　　D. R C FeC-2　　　　E. EC Fe-3　　　　　　　　　F. ECNiFe-CI

4. 铝及铝合金气焊的焊前准备工作有（　　）。

　　A. 焊前清理　　　　　B. 准备垫板　　　　　　　　C. 坡口及接头形式

　　D. 火焰能率的选择　　E. 焊丝型号及焊丝直径选择　F. 熔剂的选择

5. 气焊铝及铝合金时，火焰能率应根据（　　）而决定。

　　A. 焊件厚度　　　　　B. 焊件大小　　　　　　　　C. 坡口形式

　　D. 焊接位置　　　　　E. 焊丝直径

6. 气焊纯铜所获得接头的力学性能比母材低，为了提高其力学性能，应采取（　　）措施。

　　A. 冷态下锤击　　　　B. 250~350℃下锤击　　　　C. 均匀化处理

　　D. 固溶处理　　　　　E. 水韧处理　　　　　　　　F. 淬火热处理

7. 焊接场地必须符合工作要求，必须无（　　）等物品。

　　A. 易燃　　　　　　　B. 灭火器　　　　　　　　　C. 易爆　　　　　　　D. 焊丝

8. 焊接场地（　　）情况必须良好。

　　A. 密闭　　　　　　　B. 照明　　　　　　　　　　C. 通风　　　　　　　D. 涂装

9. 焊接需用的各类（　　）必须齐全、完好。

　　A. 零食　　　　　　　B. 工具　　　　　　　　　　C. 仪表　　　　　　　D. 油管

10. 检查设备、附件及管路漏气时，周围不准有（　　）。

　　A. 明火　　　　　　　B. 吸烟　　　　　　　　　　C. 汽油　　　　　　　D. 零食

11. 常用气焊接头形式有（　　）。

　　A. 对接接头　　　　　B. 角接接头　　　　　　　　C. 卷边接头

　　D. 搭接接头　　　　　E. T 形接头

12. 氮对焊缝金属的影响有（　　）。

　　A. 对力学性能的影响，降低塑性和韧性　　　　B. 易形成气孔

　　C. 易引起焊缝时效脆化　　　　　　　　　　　　D. 易产生热裂纹

E. 易产生冷裂纹

13. 搭接接头的主要形式有（　　　）。

A. 开槽焊　　　　　　　B. 塞焊　　　　　　　C. 锯齿焊　　　　　　　D. T 形焊

14. 下列说法错误的是（　　　）。

A. 焊接纯铜时，应选用氧化焰　　　　　　B. 焊接纯铜时，应选用中性焰

C. 焊接纯铜时，应选用碳化焰　　　　　　D. 焊接纯铜时，应选用轻微氧化焰

15. 焊嘴与焊件间夹角称为焊嘴倾角，当焊接（　　　）时焊嘴倾角就要大些。

A. 厚度较小的焊件　　　　　　　　　　　B. 厚度较大的焊件

C. 熔点较低的材料　　　　　　　　　　　D. 熔点较高的材料

E. 导热性好的焊件　　　　　　　　　　　F. 导热性差的焊件

16. 气割时，切割氧气压力过大会造成（　　　）。

A. 浪费氧气　　　　B. 节省氧气　　　　　C. 切口表面光滑

D. 切口表面粗糙　　E. 切口减小　　　　　F. 切口加大

17. 目前气焊主要应用在（　　　）。

A. 有色金属及铸铁的焊接与修复　　　　　B. 难熔金属的焊接

C. 大直径管道的安装与制造　　　　　　　D. 自动化焊接

E. 小直径管道的安装与制造　　　　　　　F. 碳钢薄板的焊接

18. 下列说法正确的是（　　　）。

A. 焊接铝合金时，应选用氧化焰　　　　　B. 焊接铝合金时，应选用中性焰

C. 焊接铝合金时，应选用碳化焰　　　　　D. 焊接铝合金时，应选用轻微氧化焰

19. 下列气焊时须采用氧化焰的材料有（　　　）。

A. 低合金结构钢　　B. 纯铜　　　　　　　C. 黄铜

D. 铸铁　　　　　　E. 高速钢　　　　　　F. 镀锌铁板

20. 氧乙炔气割不能用于（　　　）等材料的切割。

A. 不锈钢　　　　　B. 铸铁　　　　　　　C. 铜

D. 铝　　　　　　　E. 低碳钢　　　　　　F. 低合金结构钢

焊接设备操作工试卷

一、判断题（对画√，错画×；共20题，每题1分，共20分；错答、漏答均不得分。）

1. 电弧控制由点火监控、焊接过程监控、最终监控三部分组成。　　　　　　（　　）

2. CLOOS 机器人使用变量时，每个变量名最多分配2个字符。第一个字符必须是字母。

（　　）

3. CLOOS 机器人使用变量时，每个变量名第一个字符必须是字母。　　　（　　）

4. 在示教板的主菜单中，用 DELPROG 和 DELALL 功能可以删除个别和所有程序。

（　　）

5. 列表撤销不需用命令"E"退出。　　　　　　　　　　　　　　　　　（　　）

6. 在格式化时，现有的可能是重要的数据将被删除。　　　　　　　　　（　　）

7. 在 IGM 设备的编程操作时，标志域既可以嵌套又可以重叠。　　　　（　　）

8. 在 IGM 设备中应用了5种工作站。　　　　　　　　　　　　　　　（　　）

9. IGM 在操作时只需输入一个新程序名就可以创建一个新的程序。　　　　　（　　）

10. 在机器人进行维修工作的时候，为了保护服务和维修人员，操作方式应选择 AUTO。

（　　）

11. STP 指令为工具中心点。　　　　　　　　　　　　　　　　　　　　　（　　）

12. 圆弧摆动程序最少由五点组成。　　　　　　　　　　　　　　　　　　（　　）

13. 焊接机械手使用的电弧跟踪方法采用传感器测量电弧长度的变化来反馈焊接电流的
变化。　　　　　　　　　　　　　　　　　　　　　　　　　　　　　　　　　（　　）

14. IGM 焊接机械手的外部轴认证过程是通过编程定义点、同步的定义、外部轴运动链
的定义来实现的。　　　　　　　　　　　　　　　　　　　　　　　　　　　　（　　）

15. CLOOS 焊接机械手的外部轴认证是在工作站菜单中的认证页进行认证。　（　　）

16. IGM 焊接机械手的外部轴坐标系必须在步点程序中定义。　　　　　　　（　　）

17. IGM 焊接机械手为定义的需要，须在外部轴上选择一个度量点和三个独立的外部轴
旋转位，约 120°间隔，且机器人 TCP 点都要到达这三个位置。　　　　　　　（　　）

18. 在 CLOOS 焊接机械手中，如果没有新的 SSPD 命令输入，则 SSPD 命令对于一个程
序中的所有焊缝有效。　　　　　　　　　　　　　　　　　　　　　　　　　（　　）

19. 点位控制（PTP）只控制运动所达到的位置和姿态，而不控制其路径。　（　　）

20. 连续路径控制（CP）不仅要控制运动行程的起点和终点，而且要控制其路径。

（　　）

二、单项选择题（将正确答案的序号填入括号内；共 60 题，每题 1 分，共 60 分；错
选、漏选、多选均不得分。）

1. 有一表头，满刻度电流 $I = 50A$，内阻 $r = 3k\Omega$。若把它改装成量程为 10V 的电压表，
应并联（　　）的电阻。

　　A. 197kΩ　　　　　　　B. 300kΩ　　　　　　C. 100kΩ　　　　　　D. 50kΩ

2. （　　）不属于安全规程。

　　A. 安全技术操作规程　　　　　　　　B. 产品质量检验规程
　　C. 工艺安全操作规程　　　　　　　　D. 岗位责任制和交接班制

3. 下列是热处理强化铝合金材料的是（　　）。

　　A. Al-Mg-Si 合金　　　　　　　　　　B. 铝锰合金
　　C. Mg≤1.5%（质量分数）的铝镁合金 D. 杂质≤1%（质量分数）的纯铝

4. 尺寸线终端形式有（　　）两种形式。

　　A. 箭头和圆点　　　B. 箭头和斜线　　　C. 圆圈和圆点　　　D. 粗线和细线

5. 尺寸线不能用其他图线代替，一般也（　　）与其他图线重合或画在其延长线上。

　　A. 不得　　　　　　B. 可以　　　　　　C. 允许　　　　　　D. 必须

6. 线性尺寸数字一般注在尺寸线的上方或中断处，同一张图样上尽可能（　　）数字
注写方法。

　　A. 采用第一种　　B. 采用第二种　　　C. 混用两种　　　D. 采用一种

7. 奥氏体不锈钢与腐蚀介质接触的一面放在（　　）焊接。

　　A. 最先　　　　　　B. 中间　　　　　　C. 最后　　　　　　D. 最先或最后

8. S 能形成 FeS，其熔点为 989℃，钢件在大于 1000℃的热加工温度时 FeS 会熔化，所

以易产生（　　　）。

　　A. 冷脆　　　　　B. 热脆　　　　　C. 瞬时脆断　　　D. 疲劳脆断

　　9. 40CrNiMo 钢由于含有提高淬透性的元素（　　　），而且又使多元复合作用更大，所以钢的淬透性很好，在正火条件下也会有大量的马氏体产生。

　　A. Cr、Mn、Mo　　B. Mn、Ni、Mo　　C. Cr、Ni、Mo　　D. Cr、Cr、Mo

　　10. 137 代表（　　　）焊接。

　　A. 惰性气体保护的药心焊丝电弧焊　　　B. 非惰性气体保护药心焊丝电弧焊

　　C. 熔化极非惰性气体保护焊　　　　　　D. 熔化极惰性气体保护焊

　　11. 纯奥氏体不锈钢中由于存在具有明显方向性的粗大柱状晶，因此，焊缝金属的（　　　）裂纹倾向很大。

　　A. 冷　　　　　　B. 热　　　　　　C. 再热　　　　　D. 应力腐蚀

　　12. 焊缝结晶后，晶粒越粗大，柱状晶的方向越明显，则产生结晶裂纹的倾向就（　　　）。

　　A. 越小　　　　　B. 不变　　　　　C. 越大　　　　　D. 为零

　　13. 通常，热轧钢或正火钢焊后（　　　）热处理。

　　A. 需要　　　　　B. 很需要　　　　C. 必须　　　　　D. 不需要

　　14. 焊缝表面上的应力腐蚀裂纹多以（　　　）裂纹出现。

　　A. 纵向　　　　　B. 横向　　　　　C. 斜向　　　　　D. 龟裂

　　15. 碳当量可以用来评定材料的（　　　）。

　　A. 耐腐蚀性　　　B. 焊接性　　　　C. 硬度　　　　　D. 塑性

　　16. 钢材的碳当量越大，则其（　　　）敏感性也越大。

　　A. 热裂　　　　　B. 冷裂　　　　　C. 抗气孔　　　　D. 层状撕裂

　　17. 国际焊接学会推荐的碳当量计算公式适用于（　　　）。

　　A. 一切钢材　　　　　　　　　　　　B. 奥氏体不锈钢

　　C. 500～600MPa 级的非调质高强度钢　　D. 硬质合金

　　18. 焊接接头热影响区的最高硬度可用来判断钢材的（　　　）。

　　A. 焊接性　　　　B. 耐蚀性　　　　C. 抗气孔性　　　D. 应变时效

　　19. 弧焊机器人点到点方式移动速度可达 60m/min 以上，其轨迹重复精度可达（　　　）。

　　A. 1mm　　　　　B. 0.5mm　　　　C. 0.1mm　　　　D. 0.05mm

　　20. 从工艺要求出发，点焊机器人的精度应达到焊钳电极直径（　　　）。

　　A. 1/2　　　　　B. 1/3　　　　　C. 2/3　　　　　D. 1/4

　　21. 当温度为 20℃时，金属材料对激光的吸收率一般为（　　　）以下。

　　A. 10%　　　　　B. 20%　　　　　C. 30%　　　　　D. 35%

　　22. 大多数金属的反射率是随激光束波长的增加而（　　　）的。

　　A. 增加　　　　　B. 不变　　　　　C. 减少　　　　　D. 波动

　　23. 激光焊时，被焊材料表面的粗糙度如果较低，则其反射率就（　　　）。

　　A. 低　　　　　　B. 较低　　　　　C. 高　　　　　　D. 为零

　　24. 激光焊时，如果激光焦点上的光斑最小，则能量密度就会（　　　）。

　　A. 小　　　　　　B. 最小　　　　　C. 最大　　　　　D. 忽大忽小

　　25. 高功率激光焊时的等离子体效应，将会使焊接能力（　　　）。

A. 显著增加　　　B. 忽大忽小　　　C. 下降　　　D. 显著下降

26. 在摩擦焊过程中，当变形层较厚时，制动时间要（　　），以免出现过大的峰值力矩扭伤焊件。

A. 长些　　　B. 尽量长些　　　C. 短些　　　D. 忽长忽短

27. 摩擦焊的顶锻力约为摩擦压力的（　　）倍。

A. 1～2　　　B. 2～3　　　C. 3～4　　　D. 4～5

28. 在（　　）的焊接过程中，焊缝处不易形成未熔合、气孔、夹渣、裂纹及其他的金属微观缺陷。

A. 真空电子束　　　B. 电阻焊　　　C. 摩擦焊　　　D. 钎焊

29. 焊件硬度越高，产生应力腐蚀裂纹的临界应力（　　）。

A. 越高　　　B. 较高　　　C. 越低　　　D. 不变

30. 熔化极气体保护焊的熔滴以喷射形式过渡时，焊缝的中心部分往往熔深很大，形成"指状"焊缝，这是（　　）作用的结果。

A. 重力　　　B. 电磁收缩力　　　C. 等离子流力　　　D. 斑点作用力

31. 采用钨极氩弧焊焊接铝及铝合金时，采用交流焊的原因是（　　）。

A. 飞溅小　　　B. 成本低　　　C. 设备简单

D. 有阴极破碎作用和防止钨极熔化

32. 异种钢焊接时焊缝如果在焊后进行回火处理或长期在高温下运行，会发生明显的（　　）现象。

A. 凝固过渡层　　　B. 碳迁移　　　C. 马氏体　　　D. 魏氏体

33. 焊接接头热影响区内强度高、塑性低的区域是（　　）。

A. 熔合区　　　B. 正火区　　　C. 加热在 1200℃的粗晶区

D. 整个热影响区

34. 低碳钢热影响区的脆化区是指加热温度在（　　）的区域。

A. 200～400℃　　　B. >400℃　　　C. <200℃　　　D. 熔合区

35. 高强度钢热影响区的脆化区是指加热温度在（　　）的区域。

A. >1200℃　　　B. $AC_1～AC_3$　　　C. >AC_3　　　D. <AC_1

36. 低合金结构钢中，含有较多的（　　）时，极易发生热应变脆化现象。

A. H　　　B. O　　　C. Mn　　　D. N

37. 承受动载荷的角焊缝，其截面形状以（　　）承载能力最低。

A. 凹形　　　B. 凸形　　　C. 等腰平形　　　D. 不等腰平形

38. 对接接头进行强度计算时，（　　）接头上的应力集中。

A. 应该考虑　　　B. 载荷大时要考虑　　　C. 不需考虑　　　D. 精确计算时要考虑

39. 对接接头进行强度计算时，（　　）焊缝的余高。

A. 应该考虑　　　B. 载荷大时要考虑　　　C. 不需考虑　　　D. 精确计算时要考虑

40. 可以减少或防止焊接电弧磁偏吹的方法是（　　）。

A. 采用挡风板　　　B. 在管子焊接时，将管口堵住

C. 适当改变焊件上的接地线位置　　　D. 选用偏心度小的焊条

41. 减少或防止焊接电弧偏吹不正确的方法是（　　）。

　　A. 采用短弧焊　　　　　　　　　　　B. 适当调整焊条角度

　　C. 采用较小的焊接电流　　　　　　　D. 采用直流电源

42. 为减小焊接应力应先焊（　　）焊缝。

　　A. 平　　　　　　B. 立　　　　　　C. 仰　　　　　　D. 船形

43. 为减小焊接应力应先焊收缩量（　　）的焊缝。

　　A. 最小　　　　　B. 最大　　　　　C. 中等　　　　　D. 最小或中等

44. 采用（　　）方法焊接直、长焊缝的焊接变形最小。

　　A. 直通焊　　　　　　　　　　　　　B. 从中段向两端焊

　　C. 从中段向两端逐步退焊　　　　　　D. 从一端向另一端逐步退焊

45. 焊接热输入越大，晶界低熔相的熔化就越严重，所以，液化裂纹的倾向就（　　）。

　　A. 越大　　　　　B. 越小　　　　　C. 为零　　　　　D. 不变

46. 用锤击焊缝法来减小焊接变形和应力时，对底层和表面焊道一般（　　），以免金属表面冷作硬化。

　　A. 用锤轻击　　　B. 用锤重击　　　C. 不锤击　　　　D. 可轻可重

47. 相对弯曲半径和相对壁厚值越小，那么变形就（　　）。

　　A. 越大　　　　　B. 越小　　　　　C. 不变　　　　　D. 越大或越小

48. 弧焊机器人的实际焊缝位置偏向右侧，机器人轨迹（　　）修正。

　　A. 向左方　　　　B. 向右方　　　　C. 向后方　　　　D. 不需要

49. （　　）会影响焊接参数在整个焊接过程中的稳定。

　　A. 空气流动速度　B. 环境温度　　　C. 空气湿度　　　D. 电网电压

50. 焊接变位机是通过（　　）的旋转和翻转运动，使所有的焊缝处于最理想的位置进行焊接。

　　A. 工件　　　　　B. 工作台　　　　C. 操作者　　　　D. 焊机

51. 多层焊时，逐层锤击可以使焊缝产生塑性变形而降低残余应力。因此，锤击焊道表面可以提高焊缝金属的力学性能，特别是（　　）。

　　A. 抗拉强度　　　B. 冲击韧度　　　C. 屈服强度　　　D. 弯曲角度

52. 为防止平板对接接头的角变形，可采用（　　）。

　　A. 增加板厚　　　B. 反变形法　　　C. 增加根部间隙　D. 增加坡口角度

53. 改善焊件结构设计，以降低焊接接头的拘束应力，在设计时尽可能地消除应力集中，并且焊前采取预热措施，可有助于防止焊缝（　　）的产生。

　　A. 气孔　　　　　B. 夹渣　　　　　C. 冷裂纹　　　　D. 咬边

54. T 形接头降低应力集中的重要措施是（　　）。

　　A. 减小焊脚尺寸　　　　　　　　　　B. 增大焊脚尺寸

　　C. 开坡口保证焊透　　　　　　　　　D. 采用碱性焊条

55. 搭接接头增添正面角焊缝会使（　　）。

　　A. 侧面角焊缝应力集中增加　　　　　B. 侧面角焊缝应力集中减小

　　C. 对应力集中无影响　　　　　　　　D. 以上都是

56. 应力集中对结构的（　　）影响不大。

　　A. 疲劳强度　　　B. 动载强度　　　C. 静载强度　　　D. 以上都是

57. 焊接结构的失效大部分是由（　　　）引起的。

    A. 气孔　　　　　　B. 裂纹　　　　　　C. 夹渣　　　　　　D. 咬边

58. 当焊接结构承受（　　　）时，容易产生脆性断裂。

    A. 单向拉伸应力　B. 双向拉伸应力　　C. 三向拉伸应力　D. 压应力

59. 焊接结构上的缺口处往往会形成局部（　　　），导致脆性断裂。

    A. 单向拉伸应力　B. 双向拉伸应力　　C. 三向拉伸应力　D. 压应力

60. 低合金结构钢焊接时，过大的焊接热输入会降低接头的（　　　）。

    A. 硬度　　　　　　B. 抗拉强度　　　　C. 冲击韧度　　　　D. 疲劳强度

三、多项选择题（将正确答案的序号填入括号内；共 20 题，每题 1 分，共 20 分，错选、漏选、多选均不得分。）

1. 焊接生产中，常用的控制焊接变形的工艺措施有（　　　）。

    A. 残余量法　　　B. 反变形法　　　　C. 减少焊缝的数量　　　D. 刚性固定法

2. 防止脆断的合理焊接结构设计注意原则为（　　　）。

    A. 减少应力集中　　　　　　　　　　B. 增大结构刚性

    C. 采用大厚度截面　　　　　　　　　D. 重视次要焊缝设计

3. 以下关于弧焊机械手的直线摆动插补描述正确的有（　　　）。

    A. 直线摆动插补应设定摆动的幅度和频率

    B. 直线摆动应设定摆动的形式

    C. 直线摆动应设定摆动主运动轨迹方向上的运动速度

    D. 直线摆动只需要保存 4 个示教点

4. 焊接结构经过检验，当（　　　）时，均需进行返修。

    A. 焊缝内部有超过无损检测标准的缺陷　B. 焊缝表面有裂纹

    C. 焊缝表面有气孔　　　　　　　　　D. 焊缝收尾处有大于 0.5mm 深的坑

5. 增加熔滴温度会（　　　）。

    A. 增加金属的表面张力系数　　　　　B. 减小金属表面张力系数

    C. 增加熔滴尺寸　　　　　　　　　　D. 减小熔滴尺寸

6. 氢对焊缝金属的影响有（　　　）。

    A. 强度严重下降　　　　　　　　　　B. 塑性严重下降

    C. 产生气孔和裂纹　　　　　　　　　D. 拉伸试样的端面上形成白点

7. 为增加奥氏体不锈钢焊件的耐蚀性，焊后表面应进行处理，处理的方法有（　　　）。

    A. 抛光　　　　　　B. 固化　　　　　　C. 钝化　　　　　　D. 净化

8. 焊接残余应力有（　　　）。

    A. 点应力　　　　　B. 线应力　　　　　C. 平面应力　　　　D. 体积应力

9. 交流氩弧焊时，矩形波与正弦波相比（　　　）。

    A. 电流增长快　　　B. 电流增长慢　　　C. 再引燃容易　　　D. 再引燃难

10. 铝合金焊接时防止气孔的主要措施是（　　　）。

    A. 严格清理焊件和焊丝表面　　　　　B. 预热降低冷却速度

    C. 选用 Si 含量为 5%（质量分数）的铝硅焊丝

    D. 氩气纯度应大于 99.99%

11. 奥氏体不锈钢的焊后处理方法有（　　）。

    A. 抛光　　　　　　B. 喷丸　　　　　　C. 钝化　　　　　　D. 回火

12. 在结构设计和焊接方法确定的情况下，采用（　　）方法能够减小焊接应力。

    A. 合理的焊接顺序和方向　　　　　　B. 较小的焊接热输入

    C. 整体预热　　　　　　　　　　　　D. 锤击焊缝金属

13. 低温消除应力处理适用的情况是（　　）。

    A. 大型结构无法整体热处理　　　　　B. 焊接件的板厚在 50mm 以上

    C. 材料和焊缝的屈服强度在 400MPa 以上　D. 补焊后的焊接接头

14. 焊丝表面进行镀铜处理，其目的主要是（　　）。

    A. 提高焊丝的导电性　　　　　　　　B. 提高焊丝的传热性

    C. 提高焊丝的导磁性　　　　　　　　D. 有利于焊丝的润滑

15. 以下关于弧焊机械手的圆弧摆动插补描述正确的有（　　）。

    A. 圆弧摆动插补应设定摆动的幅度和频率

    B. 圆弧摆动应设定摆动的形式

    C. 圆弧摆动插补是机器人能够以一定的振幅，摆动运动通过一段圆弧

    D. 圆弧摆动插补必须要示教和保存决定圆弧摆动的五个示教点

16. 交流电弧中断后再引燃的难易程度，主要决定于（　　）。

    A. 阳极区的电流强弱　　　　　　　　B. 阴极区发射电子的能力

    C. 弧柱的导电能力　　　　　　　　　D. 焊接材料

17. 属于焊接结构特点的为（　　）。

    A. 减轻结构重量　　　　　　　　　　B. 刚性小

    C. 存在残余应力和变形　　　　　　　D. 节省制造工时

18. 焊前检验通常包括（　　）等。

    A. 焊工资格确认　B. 焊接材料确认　　C. 装配质量检验　　D. 预热温度检测

19. 焊接热循环的主要参数有加热速度、（　　）、相变停留时间等。

    A. 加热最高温度　B. 冷却速度　　　　C. 热输入量　　　　D. 加热最低温度

20. 材料对脆性断裂的影响包括（　　）。

    A. 厚度　　　　　　B. 晶粒度　　　　　C. 强度　　　　　　D. 化学成分

扫码看答案

技 师

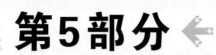

第5部分

考核重点和试卷结构

一、考核重点

1. 考核权重

焊工技师理论知识权重表 （%）

	项目	电焊工	钎焊工	焊接设备操作工
基本要求	职业道德	5	5	5
	基础知识	25	25	25
相关知识要求	不锈钢管焊条电弧焊	15	—	—
	不锈钢、铝及铝合金板熔化极气体保护焊	15	—	—
	不锈钢管、异种钢管、钛及钛合金板对接手工钨极氩弧焊	15	—	—
	钨极氩弧焊	15	—	—
	可达性差、铝及其他有色金属合金薄管或薄板材料制成组合结构件的钎焊	—	60	—
	自动熔化极或非熔化极气体保护焊	—	—	60
	机器人弧焊、点焊、激光焊	—	—	
	焊接技术管理	5	5	5
	培训与指导	5	5	5
	合计	100	100	100

焊工技师技能要求权重表 （%）

	项目	电焊工	钎焊工	焊接设备操作工
相关技能要求	电焊	90	—	—
	钎焊	—	90	—
	焊接设备操作	—	—	90
	焊接技术管理	5	5	5
	培训与指导	5	5	5
	合　计	100	100	100

2. 焊工模块考核重点

（1）工艺准备　具体包括：焊接设备的种类、型号和基本机械结构；常用焊接材料名称、牌号含义及选择原则；原材料的名称、牌号含义、焊接性；作业环境温度、湿度、洁净度的控制；焊接参数的选择；工艺装备、工具和量具的选择。

（2）试件焊接　具体包括：图样识读；试件焊前加工和装配；焊接设备调整；焊接变形的控制；选择合理的操作规范和方法达到图样技术要求等。

（3）焊后处理　具体包括：接头外观质量检查；焊缝外形尺寸检查；焊接试件表面清理；在图样技术要求允许范围内对焊缝进行精整和清除表面缺陷。

3. 管理主题模块考核重点

主要包括：设备定期管理；设备日常检查；设备日常清洁维护；焊丝存放管理。

二、试卷结构

1. 理论知识考核试卷结构

（1）常用题型　通常包括判断题、单项选择题、计算题、简答题等。在具体题型组合时，可根据实际情况进行选择，如选择判断题、单项选择题和简答题组成考核试卷等。

（2）知识范围　在理论考核重点内容范围内，应尽可能涉及 80%以上的知识范围，并按权重要求合理分配，不能集中于某些内容。

（3）配分原则　通常配分按判断题、单项选择题、计算题、简答题的排列顺序，合理安排题目数量和配分结构。

（4）考核时间　一般安排不少于 1.5h 的理论知识考核时间。

2. 技能操作考核试题结构

（1）考件图样　包括图样名称、工件材料及某些技术要求等。

（2）考核要求　包括焊前准备、焊缝外观质量、焊缝内部质量、否定项的条件，以及时间定额、试件材质、焊接材料、焊接设备、工具和量具等限定要求。

（3）考核评分表　包括分项目的考核内容、考核要求、配分和评分标准等。

①考核项目：按焊前准备、焊缝外观质量、焊缝内部质量、安全文明生产项目配分。

②考核时间：通常为 2~4h。

③其他要求：包括作业环境、设备维护、操作规范等。

三、考试技巧

（1）抓紧考前培训　根据考试重点的范围，按鉴定标准要求，考前全面练习和掌握与考核主题相关的基础知识和技能，对自身的知识和技能的薄弱环节，应在有经验的辅导人员指导下进行重点复习和练习，为应考奠定坚实的基础。

（2）技能操作考核　首先要认真分析试题的图样和评分标准，把握操作过程中的关键点和禁忌。操作前做好设备的检查和调试，试件的检查和加工。操作过程中要做到一"看"二"听"三"准"（一"看"是看好熔池尺寸和形状，分清熔渣和铁液，判断好熔池温度，温度高时及时断弧。二"听"是听焊透时的"噗噗"声，这是焊缝背面成形的关键。三"准"是熔池的位置要把握准），抓住主要项目和步骤，才能获取较多的得分。只有按步骤完成每一项考核内容，才能取得合格、优异的考核成绩。

四、注意事项

（1）遵守考试规定　在考试前要仔细阅读有关的规定和限制条件，以免违规影响考试。例如在低合金钢板I形坡口对接仰焊的焊条电弧焊考件中，规定考件坡口两端不得安装引弧板、引出板。

（2）预先检测辅具　在准备规定的工、夹、量具时，应请量具、工、夹具检测专职人员进行预先的检测，保证用于考试的工、夹、量具符合要求和精度标准，以免考试中出现误差等问题。

（3）预定操作步骤　在考试前可按辅导人员的指导意见，制订应考的步骤。在考试过程中，每一个操作步骤和每一次检验都要认真、仔细操作，并按图样规定的标准进行核对，避免差错。当出现某些项目不符合要求时，应沉着冷静，继续认真地完成下一步骤的考核内容，并注意防止已有缺陷对后续焊接的影响。

（4）应急及时报告　遇到某些特殊应急的情况，如焊接设备故障、电源故障等，要及时与监考人员联系，以免发生安全事故，中断考试进程，影响考试成绩等。

五、复习策略

（1）扎实完成基础训练　焊工考核的内容有许多知识和技能结合的基础训练，如多种材质的焊接；多种焊接设备的操作；工量具选择和使用；焊接变形的控制和矫正；图样的识读和分析；焊接工艺的确定和过程操作。在各种考件中都会涉及这些基础知识和技能，只有扎实进行基础训练，才能应对知识和技能的考核。

（2）全面掌握重点难点　各个项目和模块的考核都有重点和难点，掌握知识和技能的重点和难点，才能在考试中应对自如，因为各种形式的试卷、考题都是围绕重点和难点设计的。

（3）融会贯通知识技能　知识和技能复习过程要融会贯通，把理论知识和操作技能结合起来，才能在培训过程中做到正确理解，更好地应对考核过程中遇到的问题。在技能项目考件练习时，要兼顾好相关理论知识的练习；在典型模块项目知识点复习时，要抓紧相关能力的基本功训练。

第6部分

理论知识考核指导

理论模块 1 电焊工

一、考核范围

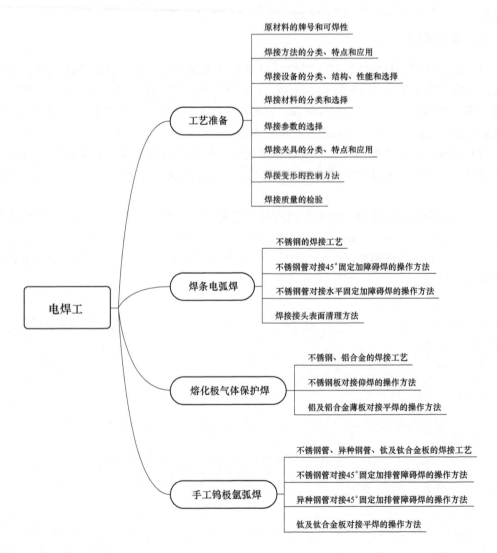

二、考核要点详解

知识点（不锈钢焊接热裂纹）示例1：

概念	热裂纹是指在高温下结晶时产生的裂纹，而且都是沿结晶开裂，所以也称为结晶裂纹
产生原因	晶间腐蚀：根据贫铬理论，焊缝和热影响区在加热到450~850℃敏化温度区时在晶界上析出碳化铬，造成贫铬的晶界，不足以抵抗腐蚀的程度。焊接时就会出现裂纹 应力腐蚀开裂：应力腐蚀开裂是焊接接头在特定腐蚀环境下受拉伸应力作用时所产生的延迟开裂现象。奥氏体不锈钢焊接接头的应力腐蚀开裂是焊接接头比较严重的失效形式，表现为无塑性变形的脆性破坏 焊缝金属的低温脆化：对于奥氏体不锈钢焊接接头，在低温使用时，焊缝金属的塑韧性是关键问题。此时，焊缝组织中的铁素体的存在总是恶化低温韧性
防止措施	1. 控制焊缝组织。焊缝为奥氏体加少量铁素体双相组织，不仅能防止晶间腐蚀，也有利于减少钢中低碳点杂质偏析，阻碍奥氏体晶粒长大，防止热裂纹 2. 控制化学成分。对18-8型不锈钢，应减少焊缝中镍、碳、磷、硫元素的含量和增加铬、钼、硅、锰等元素的含量 3. 选用小功率焊接参数和冷却快的工艺方法避免过热，提高抗裂性 4. 选用适当的焊条

知识点（铝合金焊接气孔）示例2：

概念	焊接气孔是指焊接熔池中的气体来不及逸出而停留在焊缝中形成的孔穴
产生原因	1. 母材或焊丝材料表面有油污、氧化膜清理不干净，或清理后未及时焊接 2. 保护气体纯度不够高，保护效果差 3. 供气系统不干燥，或漏气漏水 4. 焊接参数选择不当 5. 焊接过程中气体保护不良，焊接速度过快
防止措施	1. 焊前准备与清洁工作很重要。首先，焊前应该处理与控制所有焊接材料（如保护气体、焊丝和焊条等）的含水量，即所有焊接材料焊前必须进行干燥处理。通常认为，氩气中的水分含量小于0.08%时不易形成气孔。焊前处理的另一项重要工作就是清除工件表面的杂质和氧化膜。清除工件表面的杂质和氧化膜可以采用化学方法或机械方法，但两者并用的效果更好 2. 控制焊接工艺。控制焊接工艺的目的在于控制氢气的溶入时间和析出时间，其结果是对熔池高温存在时间的控制。试验和生产实践证明，熔池在高温状态下存在的时间越长，越有利于氢的逸出，但也有利于氢的溶入；相反，熔池在高温状态下存在的时间短，则可减少氢的溶入，但也不利于氢的逸出。因此，焊接参数的选择，一方面要尽量采用小热输入以减少熔池存在时间，从而减少氢的溶入；又要能充分保证根部熔合，以利根部氧化膜上的气泡浮出。所以，焊接铝及铝合金时采用大的焊接电流配合较高的焊接速度对减少氢气孔是比较有利的 3. 尽可能采用短弧焊接。短弧焊接可以使焊接熔池保护得更好。同时，短弧焊接也能防止空气中的有害气体溶入熔池

三、练习题

（一）判断题（对画√，错画×）

1. 钛及钛合金手工钨极氩弧焊时，为提高焊缝金属的塑性，可选用强度比基体金属稍高的焊丝。　　　　　　　　　　　　　　　　　　　　　　　　　　（　　）

2. 钛及钛合金在厚板的多层多道焊时，为防止焊件过热，应在前一道焊缝冷却到室温后再焊下一道焊缝。　　　　　　　　　　　　　　　　　　　　　　　（　　）

3. 钛及钛合金焊接时，如果拖罩中的氩气流量不足时，焊接接头表面呈现出不同的氧化色泽。　　　　　　　　　　　　　　　　　　　　　　　　　　　　（　　）

4. 3～10mm 之间的钛板焊接前，一般加工成 X 形坡口。　　　　　　　（　　）

5. 局部视图是完整的基本视图。　　　　　　　　　　　　　　　　（　　）

6. 剖视图和断面图是一样的，只是名称不同。　　　　　　　　　　（　　）

7. 焊缝尺寸标注中，虚线侧的符号是对箭头所指侧的焊缝标注。　　（　　）

8. 当角焊缝为凹形焊缝时，焊脚尺寸 K 为内切正三角形的边长。　　（　　）

9. 当角焊缝为凸形焊缝时，焊脚尺寸等于接头根部到角焊缝焊趾的距离。（　　）

10. 把制成焊件的全部表面或一部分表面形状，能在纸上或地板上画成平面图形，并且不发生撕裂或起皱，这种表面称为可展开表面。　　　　　　　　　　　　　（　　）

11. 考虑厚度因素，画侧面为倾斜零件的放样图与展开图时，其高度一律以板厚的外皮高度为准。　　　　　　　　　　　　　　　　　　　　　　　　　　（　　）

12. 施工图的比例是固定的，而放样图的比例是不固定的，通常为 1：2 或 2：1 或任意放大或缩小。　　　　　　　　　　　　　　　　　　　　　　　　　　（　　）

13. 考虑厚度因素，确定管件展开长度时，管件断面为曲线形的，一律以板厚中心层的展开长度为准。　　　　　　　　　　　　　　　　　　　　　　　　　（　　）

14. 焊件的放样图是示意性的，而施工图是精确地反映实物的形状。　（　　）

15. 在焊件的放样图上，不可忽视尺寸、表面粗糙度、焊缝余高、焊脚、标题栏等的标注。　　　　　　　　　　　　　　　　　　　　　　　　　　　　　　（　　）

16. 焊件的表面不能自然地、平整地展开摊平在一个平面上，这样的表面称为不可展表面。　　　　　　　　　　　　　　　　　　　　　　　　　　　　　　（　　）

17. 剖切面一般是平面，根据被剖切物体的形状需要，剖切面也可以是曲面。（　　）

18. 尺寸公差的数值等于上极限尺寸与下极限尺寸之代数差。　　　（　　）

19. 局部放大图应尽量配置在被放大部位的附近。　　　　　　　　（　　）

20. 在焊接接头中存在较高的残余应力，有时达到屈服强度。　　　（　　）

21. 熔焊热影响区在 1200℃ 左右的粗晶区，其硬度与强度都比母材高。（　　）

22. 在焊接接头热影响区 200～400℃ 内，由于塑性变化而引起其力学性能下降的现象，称为热应变脆化。　　　　　　　　　　　　　　　　　　　　　　　　　（　　）

23. 搭接接头的应力分布是不均匀的，其疲劳强度也低。　　　　　（　　）

24. 在搭接接头中，与力的作用方向垂直的角焊缝称为侧面角焊缝。（　　）

25. 延性断裂一般呈纤维状，在边缘有剪切唇，断口灰暗并且有宏观塑性变形。（　　）

26. 焊接接头是一个性能不均匀体。　　　　　　　　　　　　　　（　　）

27. 用氩气保护焊接，电弧产生的热量低，氩气热导率大，适合焊接厚度较薄的金属材料。（　　）

28. 焊接易氧化的金属和合金钢时，为了减少合金元素的氧化损失，必须选用 SiO_2 和 MnO 含量低的焊剂。（　　）

29. GTAW 是熔化极气体保护焊代号。（　　）

30. 手工钨极氩弧焊填充金属实心焊丝的要素代号是 03。（　　）

31. 钨极氩弧焊堆焊时，为了减少钨夹渣，推荐使用直流正接电源焊接。（　　）

32. 熔化极氩弧焊堆焊时，采取直流反接电源。（　　）

33. 钨极氩弧堆焊，采用碳化钨粉堆焊时，将碳化钨粉输送到堆焊熔池表面，在碳化钨粉熔化的情况下，随着熔池中熔化金属的凝固，就得到了碳化钨均匀分布的堆焊层。（　　）

34. 不锈钢焊接接头的晶间腐蚀不影响接头的使用寿命。（　　）

35. 在奥氏体不锈钢的焊接接头中，焊缝要比热影响区容易产生晶间腐蚀。（　　）

36. 夹渣会引起应力集中，因此焊接结构不允许有夹渣存在。（　　）

37. 钛合金焊接时，焊缝容易产生热裂纹。（　　）

38. 由于钛在高温时因吸收大量的氧、氮、氢等气体而脆化，所以当钛加热到 500℃ 以上的区域时都必须用惰性气体保护。（　　）

39. 钨极氩弧焊机的调试内容主要是电源参数、控制系统的功能及其精度、供气系统完好性、焊枪的发热情况等。（　　）

40. 珠光体钢中含碳量越高，奥氏体不锈钢与珠光体耐热钢焊接接头中形成的扩散层越强烈。（　　）

41. 珠光体钢中碳化物形成元素增加时，能促使奥氏体不锈钢与珠光体耐热钢焊接接头中扩散层的发展。（　　）

42. 增加奥氏体不锈钢中的含镍量，可以减弱奥氏体不锈钢与珠光体钢焊接接头中的扩散层。（　　）

43. 奥氏体不锈钢与珠光体耐热钢焊接时常用的焊接方法是焊条电弧焊。（　　）

44. 用 E410-15 焊条焊接 06Cr13 时，焊前应在 250~350℃ 预热，焊后应进行 700~730℃ 的回火处理。（　　）

45. 产生焊接电弧的必要条件是介质电离成导体，并且阴极连续不断地发射电子。（　　）

46. 奥氏体不锈钢与珠光体耐热钢焊接时，应严格控制碳的扩散，以提高接头高温的持久强度。（　　）

47. 装配不锈复合钢板时，一定要以基层为基准对齐，才能保证焊缝质量。（　　）

48. 热处理强化铝合金强度高，焊接性好，广泛用来作为焊接结构材料。（　　）

49. 铝和铝合金焊接时，只有采用直流正接才能产生"阴极破碎"作用，去除工件表面的氧化膜。（　　）

50. 铝和铝合金板厚超过 10mm 的焊件焊接时，采取预热措施的目的是防止冷裂纹。（　　）

51. 纯铝和防锈铝气孔倾向大。（　　）

52. 纯铝和防锈铝热裂倾向大。（　　）

53. 铝及其合金加热时，会在表面迅速生成氧化膜（Al_2O_3），但不会造成焊接时的熔合困难。（   ）

54. 铝及铝合金焊前要仔细清理焊件表面，其主要目的是防止产生气孔。（   ）

55. 铝及铝合金用等离子切割下料后，即可进行焊接。（   ）

56. 铝及铝合金的化学清洗法效率高，质量稳定，适用于清洗焊丝及尺寸不大、成批生产的工件。（   ）

57. 铝及铝合金采用机械清理时，一般都用砂轮打磨，直至露出金属光泽。（   ）

58. 铝及铝合金的熔点低，焊前一律不能预热。（   ）

59. 铝及铝合金焊接时焊前有时进行预热是为了防止冷裂纹。（   ）

60. 铝能够与钢中的铁、锰、铬、镍等元素形成有限固溶体，也能形成金属间化合物，还能与钢中的氧形成氧化物。（   ）

61. 异种金属的焊接接头和同种金属的焊接接头的特点基本上是相同的。（   ）

62. 异种金属焊接就是两种不同金属的焊接。（   ）

63. 异种金属焊接接头各区域化学成分的不均匀性主要与填充材料和母材的化学成分有关。（   ）

64. 异种金属焊接接头各区域的金相组织主要决定于母材和填充金属的化学成分。（   ）

65. 异种金属焊接接头各区域化学成分和金相组织的差异，带来了焊接接头各区域力学性能的不同。（   ）

66. 异种金属焊接接头中的残余应力分布是均匀的。（   ）

67. 异种钢焊后热处理的目的主要是改变焊缝金属的组织，以提高焊缝的塑性、减小焊接残余应力。（   ）

68. 异种钢焊接时，不论在什么情况下，焊接材料的选择完全可以根据性能较低一侧的母材来选择。（   ）

69. 异种金属焊接时，预热温度是根据母材焊接性能较差一侧的钢材来选择。（   ）

70. 钛合金焊接时，焊缝容易产生热裂纹。（   ）

71. 由于碳是形成热裂纹的主要元素之一，所以焊接奥氏体不锈钢时采用超低碳焊丝的原因是防止热裂纹。（   ）

72. 按生产工艺可将钛合金分为变形钛合金、铸造钛合金和粉末钛合金。（   ）

73. 按钛合金退火状态的室温平衡组织分，可分为 α 钛合金、β 钛合金和 α+β 钛合金三类。（   ）

74. 按照金相组织分类，异种钢焊接结构中所用的钢种主要有珠光体钢、马氏体钢、铁素体钢和奥氏体钢等四种类型。（   ）

75. 奥氏体不锈钢的电阻率可达碳素钢的 5 倍，线胀系数比碳素钢约大 50%，热导率为碳素钢的 1/2 左右。（   ）

76. 奥氏体不锈钢的冷裂倾向小。（   ）

77. 奥氏体不锈钢焊后进行固熔或稳定化热处理的主要目的是改善力学性能。（   ）

78. 奥氏体不锈钢焊接时，不要在坡口之外的焊件上引弧。（   ）

79. 奥氏体不锈钢和珠光体钢的焊接接头，在焊后热处理或高温条件下工作时碳从奥氏

体不锈钢焊缝向珠光体钢母材扩散。　　　　　　　　　　　　　　　　　　（　　）

80. 奥氏体不锈钢和珠光体钢焊接时，由于电弧的高温加热作用，整个焊接熔池的化学成分是非常均匀的。　　　　　　　　　　　　　　　　　　　　　　　　　（　　）

81. 奥氏体不锈钢加热温度大于 850℃ 时，会导致晶间腐蚀。　　　　　　　　（　　）

82. 奥氏体不锈钢的塑性和韧性很好，具有良好的焊接性，焊接时一般不需要采取特殊的焊接措施。　　　　　　　　　　　　　　　　　　　　　　　　　　　　（　　）

83. 奥氏体不锈钢与珠光体钢焊接时，由于珠光体钢对焊缝金属有稀释作用，因此必须采用填充材料。　　　　　　　　　　　　　　　　　　　　　　　　　　　　（　　）

84. 奥氏体不锈钢与珠光体耐热钢焊接时，应选用镍基型焊接材料。　　　　　（　　）

85. 奥氏体不锈钢和珠光体钢焊接接头焊后热处理，可以阻止碳的扩散。　　（　　）

86. 奥氏体不锈钢和珠光体钢焊接接头扩散层的形成，有利于提高异种钢焊接接头的质量。　　　　　　　　　　　　　　　　　　　　　　　　　　　　　　　　（　　）

87. 奥氏体不锈钢焊缝金属凝固期间存在较大的压应力，它是产生凝固裂纹的必要条件。　　　　　　　　　　　　　　　　　　　　　　　　　　　　　　　　　　（　　）

88. 奥氏体不锈钢焊接时，应尽可能避免交叉焊缝，减少焊缝的接头，同时面向腐蚀介质的焊缝要最后施焊。　　　　　　　　　　　　　　　　　　　　　　　　　（　　）

89. 不同牌号的工业纯钛其化学成分的差别就在于间隙元素，特别是氧含量不同。
　　　　　　　　　　　　　　　　　　　　　　　　　　　　　　　　　　（　　）

90. 不锈复合钢板焊接复层和基层的交界处，应按异种钢焊接原则选择焊接材料。
　　　　　　　　　　　　　　　　　　　　　　　　　　　　　　　　　　（　　）

91. 不锈钢产生晶间腐蚀的"危险温度区"是指 200~450℃。　　　　　　　（　　）

92. 不锈钢产生晶间腐蚀的原因是晶粒边界线形成铬的质量分数降至 12% 以下的贫铬区。　　　　　　　　　　　　　　　　　　　　　　　　　　　　　　　　（　　）

93. 不锈钢复合板焊接时，坡口一般都开在基层（低碳钢）上。　　　　　　（　　）

94. 不锈钢在一定条件下发生晶间腐蚀会导致沿晶界断裂，这是不锈钢最危险的一种破坏形式。　　　　　　　　　　　　　　　　　　　　　　　　　　　　　　（　　）

95. 纯铝的强度低，切削加工性差，但其焊接性很好。　　　　　　　　　　（　　）

96. 同体积的铝合金与钢相比，所需热量较高。　　　　　　　　　　　　　（　　）

97. 铝合金焊接时一定要选与基体成分一致的焊丝。　　　　　　　　　　　（　　）

98. 低碳钢和低合金钢焊接时，选择焊接材料的原则是：强度、塑性和冲击韧性都不能低于被焊钢材中的最低值。　　　　　　　　　　　　　　　　　　　　　　（　　）

99. 对有冷裂纹倾向的钢，不论焊件是否完成焊接，只要焊后不立即进行焊后热处理，均应在焊接工作停止后立即后热。　　　　　　　　　　　　　　　　　　　　（　　）

100. 对于耐热钢和不锈钢应按焊缝化学成分类型与母材相同的原则选择焊接材料。
　　　　　　　　　　　　　　　　　　　　　　　　　　　　　　　　　　（　　）

101. 焊接低碳钢 Q235-A 和不锈钢 06Cr18Ni11Ti 时，可先在不锈钢表面堆焊一层奥氏体过渡层然后再焊接。　　　　　　　　　　　　　　　　　　　　　　　　　（　　）

102. 铝及铝合金在高温时强度很低，液态铝的流动性能好，在焊接时焊缝金属易产生下塌现象。　　　　　　　　　　　　　　　　　　　　　　　　　　　　　　（　　）

103. 铝及铝合金从固态转变为液态时，无明显的颜色变化，所以不易判断母材温度，施焊时常会因温度过高无法察觉而导致焊穿。（　　）

104. 铝合金焊接时，焊接速度过慢，熔池温度过高，会造成烧穿或合金元素镁、锌的烧损，这种烧损会产生结晶组织氧化和疏松。（　　）

105. 铝及铝合金可用刮刀、锉刀等清理待焊表面，或用砂轮或普通砂纸打磨。（　　）

106. 薄、小铝件一般不用预热，厚度 10~15mm 时可进行焊前预热，不同类型的铝合金预热温度范围为 100~200℃。（　　）

107. 焊接 α+β 钛合金时宜采用较大的热输入进行焊接。（　　）

108. 对于 α+β 钛合金，如果 β 组织含量较多，则焊接性较好。（　　）

109. 当钛焊缝中的碳含量大于 0.1%（质量分数）及氧含量大于 0.133%（质量分数）时，由氧与碳反应生成的 CO 气体也可导致产生气孔。（　　）

110. 钛及钛合金手工钨极氩弧焊用的焊丝，原则上选择与基体金属成分相同的焊丝。（　　）

（二）单项选择题（将正确答案的序号填入括号内）

1. 奥氏体不锈钢和珠光体耐热钢焊接时，焊缝的成分和组织主要决定于（　　）。
　　A. 母材的板厚　　　　　　　　　　　B. 母材的接头形式
　　C. 母材的熔合比　　　　　　　　　　D. 焊接方法

2. 奥氏体不锈钢与珠光体耐热钢焊接时应选择（　　）型的焊接材料。
　　A. 珠光体耐热钢　　　　　　　　B. 低碳钢
　　C. 含镍大于12%（质量分数）的奥氏体不锈钢　　D. 高碳钢

3. 06Cr18Ni11Ti 不锈钢和 Q235-A 钢焊接时，应选用（　　）的焊条。
　　A. E5015　　　　B. E309-15　　　　C. E4315　　　　D. E347-15

4. 珠光体钢与奥氏体不锈钢焊接时，填充金属或焊缝金属的平均 Cr、Ni 当量对过渡层中（　　）的形成有明显影响。
　　A. 渗碳体　　　B. 珠光体　　　C. 马氏体　　　D. 魏氏体

5. 珠光体耐热钢与低碳钢焊接，其焊接性（　　）。
　　A. 很差　　　B. 较差　　　C. 良好　　　D. 优良

6. 12Cr18Ni9 不锈钢和 Q235-A 低碳钢用 E308-16 焊条焊接时，焊缝得到（　　）组织。
　　A. 铁素体+珠光体　　B. 奥氏体+马氏体　　C. 单相奥氏体　　D. 奥氏体+铁素体

7. 12Cr18Ni9 不锈钢和 Q235-A 低碳钢用 E310-15 焊条焊接时，焊缝得到（　　）组织。
　　A. 铁素体+珠光体　　B. 奥氏体+马氏体　　C. 单相奥氏体　　D. 奥氏体+铁素体

8. 12Cr18Ni9 不锈钢和 Q235-A 低碳钢焊接时，焊缝得到（　　）组织比较理想。
　　A. 铁素体+珠光体　　B. 奥氏体+马氏体　　C. 单相奥氏体　　D. 奥氏体+铁素体

9. 12Cr18Ni9 不锈钢和 Q235-A 低碳钢焊条电弧焊时，用（　　）焊条焊接时焊缝容易产生热裂纹。
　　A. E4303　　　　B. E308-16　　　　C. E309-15　　　　D. E310-15

10. 珠光体耐热钢中（　　）形成元素增加时，能减弱奥氏体不锈钢与珠光体耐热钢焊接接头中扩散层的发展。
　　A. 铁素体　　　B. 奥氏体　　　C. 碳化物　　　D. 氧化物

11. 奥氏体不锈钢与珠光体耐热钢焊接时，选择焊接方法主要考虑的原则是（　　）。
　　 A. 减小熔合比　　 B. 焊接效率高　　　 C. 焊接成本低　　　 D. 增大熔合比

12. 铝及铝合金焊接时生成的气孔主要是（　　）气孔。
　　 A. CO　　　　　 B. CO_2　　　　　　 C. H_2　　　　　　 D. N_2

13. 钛和钛合金焊件从酸洗到焊接的时间一般不超过（　　）h。
　　 A. 1　　　　　　 B. 3　　　　　　　　 C. 2　　　　　　　 D. 4

14. 气体保护焊焊接不锈钢时的混合气体为（　　）。
　　 A. $Ar+O_2$　　 B. $Ar+H_2O$　　　　 C. Ar+He　　　　　 D. Ar

15. 铝合金焊接时焊缝容易产生（　　）。
　　 A. 热裂纹　　　 B. 冷裂纹　　　　　　 C. 再热裂纹　　　　 D. 层状撕裂

16. 为避免 σ 相析出脆化，不锈钢中的铁素体含量应小于（　　）。
　　 A. 4%　　　　　 B. 5%　　　　　　　　 C. 8%　　　　　　　 C. 10%

17. 低碳钢、低合金高强钢中含有较高的（　　）时，极易发生热应变脆化现象。
　　 A. 氢　　　　　 B. 氧　　　　　　　　 C. 氮　　　　　　　 D. 氦

18. MIG 焊接时，铝及铝合金焊缝气孔倾向与同样保护气氛条件下的 TIG 焊相比（　　）。
　　 A. 要小些　　　 B. 要大些　　　　　　 C. 略小些　　　　　 D. 是相同的

19. 采用 TIG 焊主要是焊接（　　）mm 以下的钛和钛合金。
　　 A. 2　　　　　　 B. 3　　　　　　　　 C. 5　　　　　　　 D. 6

20. 铝及铝合金焊前必须清理焊件表面的原因是防止（　　）。
　　 A. 热裂纹　　　 B. 冷裂纹　　　　　　 C. 气孔　　　　　　 D. 烧穿

21. 焊接铝及铝合金时，在焊件坡口下面放置垫板的目的是防止（　　）。
　　 A. 热裂纹　　　 B. 冷裂纹　　　　　　 C. 气孔　　　　　　 D. 塌陷

22. 熔化极氩弧焊焊接铝及铝合金常采用的电源及极性是（　　）。
　　 A. 直流正接　　 B. 直流反接　　　　　 C. 交流焊　　　　　 D. 直流正接或交流焊

23. 用来焊接铝镁合金的焊丝型号是（　　）。
　　 A. SAl1450　　 B. SAl4043　　　　　 C. SAl3103　　　　 D. SAl5556

24. 奥氏体不锈钢焊接时，采用多层多道焊，各焊道间温度应低于（　　）。
　　 A. 25℃　　　　 B. 60℃　　　　　　　 C. 100℃　　　　　 D. 200℃

25. 焊接 022Cr19Ni10 的焊条应选用（　　）。
　　 A. E308L-16　　 B. E308-16　　　　　 C. E347-16　　　　 D. E310-15

26. 异种钢焊接时的主要问题是熔合线附近的金属（　　）下降。
　　 A. 强度　　　　 B. 塑性　　　　　　　 C. 韧性　　　　　　 D. 硬度

27. 奥氏体不锈钢焊后进行（　　）处理，可提高焊接接头的抗晶间腐蚀能力。
　　 A. 回火　　　　 B. 淬火或稳定化退火　 C. 正火　　　　　　 D. 淬火+正火

28. 为了提高奥氏体不锈钢和铁素体钢焊接接头的性能，减小焊接残余应力，焊后应采用（　　）回火热处理。
　　 A. 低温　　　　 B. 中温　　　　　　　 C. 高温　　　　　　 D. 都可以

29. 钛及钛合金焊接时产生气孔的原因是焊缝中熔解了过多的（　　）。
　　 A. 氮　　　　　 B. 氧　　　　　　　　 C. 氢　　　　　　　 D. 碳

30. 常用来焊接除铝镁合金以外的铝合金的通用焊丝型号是（　　）。

    A. SAl1450　　　B. SAl4043　　　C. SAl3103　　　D. SAl5556

31. 奥氏体不锈钢进行均匀化处理的加热温度是（　　），并保温 2h。

    A. 400~800℃　　B. 850~900℃　　C. 950~1000℃　　D. 1000~1500℃

32. 焊接 06Cr19Ni10 钢的焊条应选用（　　）。

    A. E308L-16　　　B. E308-16　　　C. E347-16　　　D. E310-15

33. 焊接钛和钛合金时，对加热温度超过（　　）的热影响区和焊缝背面都要进行保护。

    A. 400℃　　　　B. 500℃　　　　C. 600℃　　　　D. 1000℃

34. 奥氏体不锈钢焊接时，在保证焊缝金属抗裂性和抗腐蚀性能的前提下，应将铁素体相控制在（　　）范围内。

    A. ≥5%　　　　B. ≤5%　　　　C. ≤10%　　　　D. ≥10%

35. 低温钢中加入的 Ni 元素，固溶于（　　），基体的低温韧性得到显著改善，因此，Ni 是发展低温钢的重要元素。

    A. 奥氏体　　　B. 珠光体　　　C. 铁素体　　　D. 贝氏体

36. 钛和钛合金焊接时，氩气纯度应为（　　）。

    A. 99.2%　　　　B. 99.5%　　　　C. 99.9%　　　　D. 99.99%

37. 用奥氏体不锈钢焊条焊成的异种钢接头焊后一般（　　）进行热处理。

    A. 不　　　　　B. 要　　　　　C. 适当　　　　D. 随意

38. 钨极氩弧焊焊接铝及铝合金采用交流焊的原因是（　　）。

    A. 飞溅小　　　B. 成本低　　　C. 设备简单

    D. 具有阴极破碎作用和防止钨极熔化

39. 纯铝及非热处理强化铝合金采用手工钨极氩弧焊时，其焊缝及接头的力学性能可达到基本金属的（　　）%以上。

    A. 84　　　　　B. 86　　　　　C. 88　　　　　D. 90

40. 低温用钢在缺少能固定氮和碳的合金元素时，氮和碳则和铁结合成氮化物或碳化物，使钢的脆性（　　）。

    A. 严重减小　　B. 严重增大　　C. 不变　　　　D. 不明确

41. 高强钢的晶粒度越大，则晶界开裂所需的应力（　　），也就越容易形成再热裂纹。

    A. 越大　　　　B. 较大　　　　C. 越小　　　　D. 不变

42. 焊接 12Cr1MoV 钢时，焊前预热温度为（　　）℃。

    A. 100~200　　B. 200~300　　C. 300~400　　D. 400~600

43. 焊接奥氏体不锈钢和铝合金时，应特别注意不能采用（　　）焊接速度。

    A. 小的　　　　B. 中等　　　　C. 大的　　　　D. 略大的

44. 低温用钢如用奥氏体材料焊接时，焊缝中的（　　）裂纹是一个普遍问题。

    A. 热　　　　　B. 冷　　　　　C. 再热　　　　D. 应力腐蚀

45. 珠光体耐热钢一般在热处理状态下焊接，焊后大多数要进行（　　）处理。

    A. 高温回火　　B. 中温回火　　C. 低温回火　　D. 退火

46. 板厚在 5~8mm 之间的铝合金气焊时应选取的坡口形式为（　　）。

A. 单面 V 形　　　　B. X 形　　　　　　C. I 形　　　　　　D. 卷边

47. 铝合金表面的氧化膜具有（　　）等特点。

　　A. 绝缘、硬度高、导热性差　　　　　　B. 导电、硬度低、导热性好

　　C. 绝缘、硬度高、导热性好　　　　　　D. 导电、硬度低、导热性差

48. Al-Mg-Si 是（　　）系的铝合金。

　　A. 7　　　　　　　B. 6　　　　　　　C. 5　　　　　　　D. 4

49. 5183 焊丝是（　　）焊丝。

　　A. Al-Mg　　　　　B. Al-Zn-Mg　　　C. Al-Cu　　　　　D. Al-Zn

50. （　　）焊丝耐蚀性最好。

　　A. SAl1450　　　　B. SAl4030　　　　C. SAl3103　　　　D. SAl5556

51. 焊前预热适合的铝合金材料是（　　）。

　　A. Al-Si 合金　　　B. Al-Mg 合金　　C. Al-Mn 合金　　D. Al-Fe 合金

52. 2000 系列铝合金的特点是硬度较高，其中（　　）元素含量最高。

　　A. 镁　　　　　　　B. 铜　　　　　　　C. 锌　　　　　　　D. 硅

53. （　　）系列铝合金适用于对抗腐蚀性、氧化性要求高的场合。

　　A. 2000　　　　　　B. 3000　　　　　　C. 5000　　　　　　D. 6000

54. 超硬铝的主要合金元素有（　　）。

　　A. Al-Mn　　　　　B. Al-Mg　　　　　C. Al-Cu-Mg-Zn　　D. Al-Si

55. 铝及铝合金焊件焊接表面在焊前应进行认真的清理工作，目的是（　　），以防止在焊缝中产生气孔和夹渣。

　　A. 去除氧化膜和油污　　　　　　　　　B. 美观

　　C. 去除表面缺陷　　　　　　　　　　　D. 不确定

56. 铝及铝合金的特点是随着温度的升高，其抗拉强度（　　）。

　　A. 降低　　　　　　B. 升高　　　　　　C. 不变　　　　　　D. 无法判断

57. 铝合金焊接时（　　），有利于减少焊缝中的气孔。

　　A. 降低焊接速度，降低热输入　　　　　B. 降低焊接速度，提高热输入

　　C. 提高焊接速度，降低热输入　　　　　D. 提高焊接速度，提高热输入

58. 铝合金焊接时，随着层间温度的增高，接头强度（　　）。

　　A. 升高　　　　　　B. 不变　　　　　　C. 下降　　　　　　D. 无法判断

59. 铝的（　　）是铝及铝合金焊接时容易产生塌陷的原因之一。

　　A. 热胀系数大　　　B. 凝固收缩率大　　C. 高温强度低　　　D. 低熔共晶较多

60. 铝合金不能在过于潮湿的环境中焊接，是因为在此环境中焊接会带来（　　）缺陷。

　　A. 裂纹　　　　　　B. 未焊透　　　　　C. 夹渣　　　　　　D. 气孔

61. 二系列铝铜系铝合金是典型的硬铝合金，有较高的耐热性能，被广泛用于（　　）的机械零件。

　　A. 高强度　　　　　B. 低强度　　　　　C. 中等强度　　　　D. 以上都不对

62. 六系列铝合金主要化学成分为（　　）。

　　A. 铝锌镁　　　　　B. 铝铜　　　　　　C. 铝镁硅　　　　　D. 铝镁

63. 铝合金焊缝调修温度通常要求在（　　）以下。
    A. 350℃　　　　　　B. 400℃　　　　　　C. 200℃　　　　　　D. 300℃

64. 铝镁合金的表面裂纹用（　　）最为简单有效。
    A. 渗透检测　　　　B. 磁粉检测　　　　C. 射线检测　　　　D. 超声波检测

65. 当需预热的铝合金板厚度为 8mm 时，应选用（　　）型号的焊炬。
    A. H01-6　　　　　　B. H01-20　　　　　C. H01-12　　　　　D. 不确定

66. 钨极氩弧焊焊接铝合金时选择（　　）电源为最好。
    A. 交流　　　　　　B. 直流反接　　　　C. 直流正接　　　　D. 交流或直流

67. 对于冷作硬化铝合金，应尽量采用（　　）的焊接方法，以缩小使强度降低的软化区宽度。
    A. 热输入量大　　　　　　　　　B. 热输入量小
    C. 热输入量不断变化　　　　　　D. 不确定

68. 以下属于铝铜系硬质合金特性的是（　　）。
    A. 易切削性　　　　B. 强度极低　　　　C. 无法热处理　　D. 耐热性能较差

69. 铝及铝合金在大气中能自然形成一层氧化膜，但膜薄而疏松多孔，为（　　）的、不均匀也不连续的膜层。
    A. 非静态　　　　　　　　　　　B. 静态
    C. 静态与非晶态共存　　　　　　D. 以上都不对

70. 熔化极氩弧焊焊接铝及铝合金时，其电源极性应选用（　　）。
    A. 直流正接　　　　B. 直流反接　　　　C. 直流正接或反接　D. 交流

71. 焊接铝及铝合金时产生的气孔是（　　）。
    A. 氮气气孔　　　　B. 一氧化碳气孔　　C. 氢气孔　　　　　D. 二氧化碳气孔

72. SAl1200 型号的纯铝焊丝中 Al 的含量≥（　　）。
    A. 97%　　　　　　B. 98%　　　　　　C. 99%　　　　　　D. 100%

73. 在焊接铝及铝合金时，氩气纯度应大于（　　）。
    A. 97.9%　　　　　B. 98.9%　　　　　C. 99%　　　　　　D. 100%

74. 焊接铝合金时，使焊缝产生气孔的气体是（　　）气。
    A. 氧　　　　　　　B. 氢　　　　　　　C. 氩　　　　　　　D. 氮

75. 钛在（　　）以上的高温（固态）下，极易被空气、水分、油脂、氧化皮污染。
    A. 200℃　　　　　　B. 300℃　　　　　C. 400℃　　　　　D. 500℃

76. 手工钨极氩弧焊适用于（　　）mm 以下钛板的焊接。
    A. 5　　　　　　　　B. 6　　　　　　　　C. 7　　　　　　　　D. 8

77. 手工钨极氩弧焊时，在不影响可见度和能方便地填加钛丝的情况下，应尽量降低喷嘴与焊件间的距离，一般取（　　）mm。
    A. 3～5　　　　　　B. 6～10　　　　　　C. 11～15　　　　　D. 16～20

78. 钛及钛合金焊接时，热影响区处于 500℃ 时金属表面将呈现（　　）。
    A. 深蓝色　　　　　B. 灰白色　　　　　C. 银白色　　　　　D. 金黄色

79. 钛及钛合金焊接时，在 350～400℃ 的温度下，气体保护效果良好的焊缝，其表面呈（　　）。

　　A. 深蓝色　　　　　　B. 灰白色　　　　　　C. 银白色　　　　　　D. 金黄色

80. 钛及钛合金焊接时，温度达600℃以上的焊缝和热影响区，其表面呈（　　　）。

　　A. 深蓝色　　　　　　B. 灰白色　　　　　　C. 银白色　　　　　　D. 金黄色

81. α和β钛合金一般采用（　　　）热处理。

　　A. 正火　　　　　　　B. 淬火　　　　　　　C. 退火　　　　　　　D. 回火

82. 厚度在0.5~2.5mm的钛板，开（　　　）形坡口、不加焊丝进行双面焊或单面焊。

　　A. V　　　　　　　　B. X　　　　　　　　C. I　　　　　　　　D. Y

83. 10mm以下钛板的焊接，主要采用（　　　）。

　　A. 手工钨极氩弧焊　　　　　　　　　　　B. 焊条电弧焊

　　C. 熔化极气体保护焊　　　　　　　　　　D. 钎焊

84. 为了加强钛板焊缝的冷却，垫板材料宜选用（　　　）。

　　A. 不锈钢　　　　　　B. 陶瓷　　　　　　　C. 纯铝　　　　　　　D. 纯铜

85. 钛板对接焊时，普遍采用反面带有通气孔道的（　　　）垫板。

　　A. 不锈钢　　　　　　B. 陶瓷　　　　　　　C. 纯铜　　　　　　　D. 纯镍

86. 钛及钛合金焊接时，从改善焊缝金属的组织及提高焊缝、热影响区的性能考虑，可采用增强焊缝冷却速度的方法，即在焊缝两侧或焊缝反面设置空冷或水冷（　　　）压块。

　　A. 不锈钢　　　　　　B. 陶瓷　　　　　　　C. 铜　　　　　　　　D. 镍

87. 当氩气瓶中的压力降至（　　　）MPa时，应停止使用，以防止降低钛焊材焊接头的质量。

　　A. 0.52　　　　　　　B. 0.881　　　　　　C. 0.981　　　　　　D. 1

88. 清洗过的钛焊丝应置于温度在（　　　）℃的烘箱内保温，做到随用随取。

　　A. 40~80　　　　　　B. 100~150　　　　　C. 150~200　　　　　D. 200~300

89. 用硬质合金刮刀刮削钛板待焊边缘表面，当刮削深度达（　　　）mm时，氧化膜基本上被刮除。

　　A. 0.015　　　　　　B. 0.025　　　　　　C. 0.035　　　　　　D. 0.1

90. 钛板及钛丝的清理质量对焊接接头的力学性能有很大影响，清理质量不高时，往往在钛板及钛丝表面上生成一层灰白色的（　　　）层。

　　A. 吸气　　　　　　　B. 氧化　　　　　　　C. 腐蚀　　　　　　　D. 保护

91. 为减少气孔，钛板从清理到焊接的时间一般不超（　　　）h，否则要用玻璃纸包好存放，以防吸潮。

　　A. 2　　　　　　　　B. 3　　　　　　　　C. 4　　　　　　　　D. 5

92. 钛及钛合金焊接时，选择正确的焊接参数，延长熔池的停留时间，便于气泡浮出，一般可减少气孔（　　　）倍。

　　A. 2　　　　　　　　B. 3　　　　　　　　C. 4　　　　　　　　D. 5

93. 钛及钛合金焊接时，随着焊接电流的增大，气孔有增加的倾向，特别是当焊接电流达到（　　　）A时，气孔急剧增加。

　　A. 100　　　　　　　B. 150　　　　　　　C. 220　　　　　　　D. 380

94. 钛及钛合金在单层钨极氩弧焊时，焊接速度大于（   ）时，气孔总体积迅速增加。

A. 5m/h   B. 10m/h   C. 15m/h   D. 20m/h

95. 当钛焊缝中的碳大于（   ）%（质量分数）及氧大于 0.133%（质量分数）时，由氧与碳反应生成的 CO 也可导致气孔的产生。

A. 0.02   B. 0.04   C. 0.07   D. 0.1

96. （   ）是最常见的缺陷，占钛合金整个焊接缺陷的 70% 以上。

A. 气孔   B. 裂纹   C. 夹渣   D. 未熔合

97. 由于钛的化学活性强，在（   ）℃以上高温下极易由表面吸收氧、氮、氢、碳等。

A. 100   B. 200   C. 300   D. 400

98. 焊接（   ）时宜采用较大的热输入进行焊接，以减少焊接裂纹。

A. 纯钛   B. α 钛合金   C. β 钛合金   D. $\alpha+\beta$ 钛合金

99. 已经酸洗的钛板、焊丝放置时间不宜过长，应在（   ）h 内焊完，否则要重新进行酸洗。

A. 2   B. 3   C. 4   D. 5

100. 工业纯钛焊接时，随着焊缝含氧量的增加，焊缝的抗拉强度及硬度明显（   ）。

A. 增加   B. 不变   C. 下降   D. 波动

101. 奥氏体不锈钢与珠光体耐热钢焊接时，在（   ）上会形成脱碳区。

A. 熔合区的珠光体母材   B. 熔合区的奥氏体母材

C. 焊缝中心   D. 回火区

102. 奥氏体不锈钢与珠光体耐热钢焊接时，过渡层的宽度决定于所用的（   ）。

A. 焊条规格直径   B. 焊条类型

C. 焊后热处理   D. 焊接电流

103. 奥氏体不锈钢与铁素体钢焊接时，易出现的问题是（   ）。

A. 焊缝熔合线低温冲击韧性值升高   B. 焊缝熔合线低温冲击韧性值下降

C. 焊缝热影响区冲击韧性升高   D. 产生气孔

104. 奥氏体不锈钢与铁素体钢焊接时，焊后应进行的热处理方法是（   ）。

A. 低温回火   B. 中温回火   C. 高温回火   D. 正火

105. 奥氏体不锈钢与珠光体钢焊接时，为减小熔合比，应尽量使用（   ）焊接。

A. 大电流、高电压   B. 小电流、高电压

C. 大电流、低电压   D. 小电流、低电压

106. 12Cr1MoV 钢和 20 号钢手弧焊接时，应该选用（   ）焊条。

A. E4315   B. E4303   C. E5015   D. E5003

107. 06Cr19Ni10 与 Q235-A 钢焊接时，应选用（   ）焊条。

A. E5015   B. E309-15   C. E4315   D. E347-16

（三）综合题

1. 某钢种的焊接热输入要求限制在 1500kJ/m。现采用焊条电弧焊，焊条为 E5015、直

径 $\phi4mm$，焊接电流为 150A，电弧电压为 23V。试问焊接速度应控制在多少才能满足要求。

2. 焊条电弧焊时，焊接电流为 120A，电弧电压为 28V，焊接速度为 12cm/min，求焊接热输入？

3. 已知焊件厚度为 14mm，采用 I 形坡口双面埋弧焊，焊接参数为：焊接电流为 600A，电弧电压为 34V，焊接速度为 27m/h，求焊接热输入。

4. 什么是稀释率？影响因素有哪些？

5. 为什么焊接奥氏体不锈钢时要求焊缝得到双相组织？

6. 焊接不锈钢复合钢板应注意哪些问题？

7. 异种钢焊接方法选择的原则是什么？

8. 异种钢焊接时，焊接材料的选择原则有哪些？

9. 珠光体钢与低合金钢焊接性怎样？怎样改善？

10. 珠光体钢和奥氏体不锈钢的焊接性怎样？

11. 奥氏体不锈钢与珠光体钢焊接时，为什么常采用堆焊过渡层的工艺？

12. 珠光体钢与马氏体钢焊接时的主要问题有哪些？

13. 为什么奥氏体不锈钢与珠光体耐热钢焊接时，焊接接头处于高应力状态？

14. 为什么珠光体钢与奥氏体不锈钢焊接时，产生延迟裂纹的倾向大？

15. 珠光体钢与奥氏体不锈钢焊接，其焊接材料的选用原则有哪些？

16. 试述铝合金焊接时防止气孔产生的措施。

17. 铝合金焊接时形成气孔的原因有哪些？

18. 简述铝合金焊接难点。

19. 简述铝合金焊接时氧化膜产生的影响。

20. 什么叫时效硬化铝合金？

21. 简述改善铝合金焊接接头耐蚀性能的措施。

22. 简述铝及铝合金焊丝的主要选用原则。

23. 简述铝合金产生热裂纹的原因及防止措施。

24. 简述钛合金焊接接头区域脆化的原因。

25. 简述钛合金焊接接头产生热裂纹的原因。

26. 简述钛合金焊接接头产生冷裂纹的原因。

27. 简述钛合金焊接接头产生气孔的原因。

28. 简述预防钛合金焊接接头产生冷裂纹的措施。

29. 简述预防钛合金焊接接头产生气孔的措施。

30. 简述奥氏体不锈钢焊接时产生"贫铬区"的过程。

31. 简述焊接不锈钢时防止产生热裂纹的措施。

扫码看答案

理论模块 2　焊接设备操作工

一、考核范围

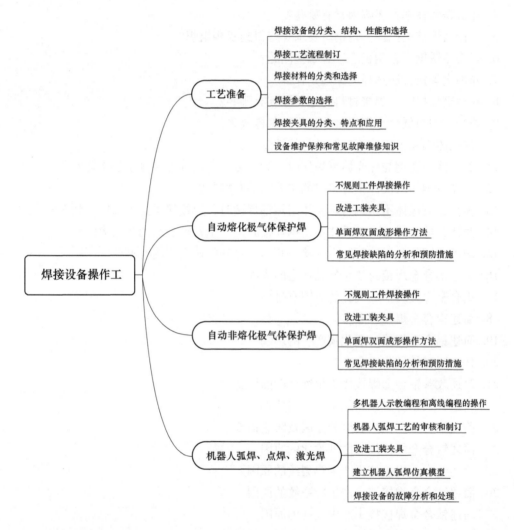

二、考核要点详解

知识点（示教编程）示例 1：

概念	示教编程指由人工导引机器人末端执行器（安装于机器人关节结构末端的夹持器、工具、焊枪、喷枪等），或由人工操作导引机械模拟装置，或用示教盒（与控制系统相连接的一种手持装置，用以对机器人进行编程或使之运动）完成程序的编制，来使机器人完成预期的动作

（续）

特点	**优点** 编程门槛低、简单方便、不需要环境模型；对实际的机器人进行示教时，可以修正机械结构带来的误差 **缺点** 1. 示教在线编程过程烦琐、效率低 2. 精度完全靠示教者的目测，而且对于复杂的路径，示教在线编程难以取得令人满意的效果 3. 示教器种类太多，学习量太大 4. 示教过程容易发生事故，轻则撞坏设备，重则撞伤人 5. 对实际的机器人进行示教时要占用机器人
步骤	1. 示教就是机器人学习的过程，在这个过程中，操作者要手把手教会机器人做某些动作 2. 存储就是机器人的控制系统以程序的形式将示教的动作记忆下来 3. 再现就是机器人按照示教时记忆下来的程序展现这些动作

知识点（离线编程）示例 2：

概念	机器人离线编程，是指操作者在编程软件里构建整个机器人工作应用场景的三维虚拟环境，然后根据加工工艺等相关需求，进行一系列操作，自动生成机器人的运动轨迹，即控制指令，然后在软件中仿真与调整轨迹，最后生成机器人执行程序传输给机器人
特点	**优点** 1. 能够根据虚拟场景中的零件形状，自动生成复杂加工轨迹 2. 可以控制大部分主流机器人 3. 可以进行轨迹仿真、路径优化、后置代码的生成 4. 可以进行碰撞检测 5. 生产线不停止的编程 **缺点** 1. 对于简单轨迹的生成，离线编程没有示教编程的效率高 2. 模型误差、工件装配误差、机器人绝对定位误差等都会对其精度有一定的影响，需要采用各种办法来尽量消除这些误差
步骤	1. 建立作业路径 2. 机器人建模 3. CAD 模型转换 4. 导入作业路径 5. 建立末端执行器模型和调整工具坐标系 6. 调整作业路径模型的位置 7. 离线编程 8. 作业仿真并生成作业轨迹 9. 将作业仿真程序转换为机器人控制程序

三、练习题

（一）判断题（对画√，错画×）

1. 激光现场操作人员，为减少漫反射的伤害，应穿白色激光防护服，该防护服是由耐火及耐热材料制成的。　　　　　　　　　　　　　　　　　　　　　　　（　　）

2. 机械化焊有自动跟踪系统的要素代号是 06。　　　　　　　　　　　　（　　）

3. 连续 CO_2 激光焊的焊接参数主要有四个，即：激光功率 P、焊接速度 v、光斑直径 d、保护气体等。　　　　　　　　　　　　　　　　　　　　　　　　　　　（　　）

4. 连续 CO_2 激光焊焊接时，保护气体的作用有两个，其一是保护焊缝金属不受有害气体氧化污染，提高焊接接头性能；其二是提高等离子体和金属蒸汽的积聚，增加焊缝熔深。
　　　　　　　　　　　　　　　　　　　　　　　　　　　　　　　　（　　）

5. 滚轮架是借助焊件与主动滚轮间的摩擦力带动圆筒形焊件旋转的机械装置，主要用于回转体工件间的装配与焊接。　　　　　　　　　　　　　　　　　　　　（　　）

6. 通用夹具主要用于产品固定或批量较大的生产中。　　　　　　　　　　（　　）

7. 激光焊过程中，利用激光器使工作物质受激而产生一种双色性高、方向性强及亮度高的光束，通过聚焦后集中成一个小斑点。　　　　　　　　　　　　　　　（　　）

8. CO_2 激光器中 N_2 的作用，是与 CO_2 分子共振交换能量，增加激光较高能级上的 CO_2 分子数，同时还有抽空激光较低能级的作用，即加速 CO_2 分子的弛豫过程。　（　　）

9. 激励源（泵浦源）向激光物质提供能量，使激光物质处于平衡状态，形成粒子数反转。
　　　　　　　　　　　　　　　　　　　　　　　　　　　　　　　　（　　）

10. 聚光器（气体激光器特有的），能够使光泵浦的光能量最大限度地照射到激光工作物质上，提高泵浦光的利用率。　　　　　　　　　　　　　　　　　　　　（　　）

11. 激光能被反射、透射，能在空间传播很远的距离而衰减很小，可进行远距离或难以接近部位的焊接。　　　　　　　　　　　　　　　　　　　　　　　　　　（　　）

12. 激光焊焊接的厚度比电子束焊小。　　　　　　　　　　　　　　　　　（　　）

13. 传热激光焊主要用于薄（厚度≤1mm）、小零件的焊接。　　　　　　　（　　）

14. 用激光焊焊接钢件时，未形成小孔的焊件表面，火焰是橘红色或白色的，一旦小孔形成，火焰将变成蓝色并伴有爆破声。　　　　　　　　　　　　　　　　　（　　）

15. 气体激光器主要是 YAW 激光器。　　　　　　　　　　　　　　　　　（　　）

16. 聚焦后的激光光束功率密度极高，在千分之几秒甚至更短的时间内，将光能转变为热能，其温度可达万摄氏度以上，极容易熔化和液化各种对激光有一定吸收能力的金属和非金属材料，从而完成激光焊接与切割工作。　　　　　　　　　　　　　　　（　　）

17. CO_2 气体激光器的特点是，能量转换功率大大高于固体激光器；输出功率范围大；CO_2 激光波长为 $10.6\mu m$，属于红外光，它可以在空气中传播很远而衰减很少。　（　　）

18. 焊接机器人的六个轴分别是 RT 轴、UA 轴、EA 轴、RW 轴、DW 轴、TW 轴。
　　　　　　　　　　　　　　　　　　　　　　　　　　　　　　　　（　　）

19. 编码器的作用是驱动机器人关节动作。　　　　　　　　　　　　　　　（　　）

20. 伺服电动机是直流电动机。　　　　　　　　　　　　　　　　　　　　（　　）

21. 示教器不用时要放在工作台上。　　　　　　　　　　　　　　　　　　（　　）

22. 示教时，要将示教器的挂带套在左手上。（　　）

23. 机器人的示教再现方法不用移动机器人即可实现示教。（　　）

24. 插补方式一半只用于修改程序。（　　）

25. 示教点的插补 PTP（MOVEP），表示点到点的运动。（　　）

26. 紧急停止开关通过切断伺服电源，立刻停止机器人和外部轴操作。（　　）

27. 机器人运动中，工作区域内如有人员进入，应按下紧急停止开关。（　　）

28. 伺服启动开关的位置在示教器上面一排左边数第 1 个。（　　）

29. 窗口转换键的位置在示教器右侧拨动按钮下面的第 1 个。（　　）

30. 拨动按钮只能进行上下拨动操作。（　　）

31. 修改数据时，使用 L—左切换键或 R—右切换键切换数值。（　　）

32. 手持示教器的正确姿势是：左手跨进挂带，两手握住示教器，两手拇指在上面，切换正面的按钮，两手食指在背面左、右切换键的位置上，中指轻轻顶在示教器背面安全开关的位置上。（　　）

33. 焊接机器人按用途进行分类，可以分为熔焊和点焊两类。（　　）

34. 机器人手动操作时，示教使能器要一直按住。（　　）

35. 机器人的圆弧摆动插补至少示教和保存 3 个示教点。（　　）

36. 在圆弧插补示教中，如果示教并保存的点少于三个连续的点，示教点的动作轨迹将自动变为弧线。（　　）

37. 编程操作中一般遵循三点确定一条直线原则。（　　）

38. 焊接结束点应设为空走点。（　　）

39. 焊接开始点应设为空走点。（　　）

40. 焊接中间点应设为焊接点。（　　）

41. 次序指令专指移动指令。（　　）

42. 示教器的屏幕要经常用酒精擦洗。（　　）

43. 机器人的本体包括手臂、控制箱、示教器。（　　）

44. 激光测距仪可以进行散装物料重量的检测。（　　）

45. 工业机器人工作站是由一台或两台机器人所构成的生产体系。（　　）

46. 机器人轨迹泛指工业机器人在运动过程中所走过的路径。（　　）

47. 空间直线插补是在已知该直线始点、末点和中点的位置和姿态的条件下，进而求出轨迹上各点（插补点）的位置和姿态。（　　）

48. 示教编程用于示教-再现型机器人。（　　）

49. 轨迹插补运算是伴随着轨迹控制过程一步步完成的，而不是在得到示教点之后，一次完成，再提交给再现过程的。（　　）

50. 关节型机器人主要由立柱、前臂和后臂组成。（　　）

51. 千分表和零点标定组件，可用于机器人的零点标定。（　　）

52. 电阻点焊时，焊点质量与加压、焊接、维持、休止四个焊接循环过程没有直接关系。（　　）

53. 电阻点焊时，焊点直径为垂直两方向直径的最小值。（　　）

54. 电阻点焊时，焊点直径的定义为垂直两方向直径的平均值。（　　）

55. 电阻点焊时，围绕焊点圆周有裂纹是不可接受的焊点；焊点表面由电极加压产生的表面裂纹是可以接受的。 （　　）

56. 电阻点焊时，焊点位置偏差指的是焊点位置偏离指定位置 15mm 以上。 （　　）

57. 电阻点焊时，焊点强度总随着焊接压力增大而增大。 （　　）

58. 电阻点焊时，焊点扭曲是指垂直面角度大于 35° 的焊点。 （　　）

59. 电阻点焊时，焊点漏焊是指焊点数目少于工艺规定数目。 （　　）

60. 电阻点焊时，焊穿是指由于能量过度集中引起焊接区穿孔。 （　　）

61. 电阻点焊时，工件厚度不等时，厚件一边电阻大、交界面离电极远，故产热多而散热少，致使焊核偏向厚件。 （　　）

62. 电阻点焊时，工件表面的氧化物、污垢、油和其他杂质减小了接触电阻。 （　　）

63. 电阻点焊时，多余焊点是指指定的焊点在规范内不存在。 （　　）

64. 电阻点焊时，多点凸焊的焊接时间稍长于单点凸焊，以减小因凸点高度不一致而引起各点加热的差异。 （　　）

65. 电阻焊中电阻对焊是焊接的主要形式。 （　　）

66. 电阻焊用电源变压器的特点是电流小、电压低。 （　　）

67. 电阻焊在接合处加热时间短，焊接速度快。 （　　）

68. 电阻焊焊件与电极之间的接触电阻对电阻焊过程是有利的。 （　　）

69. 电阻焊的焊核形成时，始终被弹性环包围，熔化金属与空气接触，冶金过程简单。 （　　）

70. 电阻点焊时，在减少焊接时间时，适当地增大焊接电流可以保证焊接质量。（　　）

71. 电阻点焊主要控制的焊接参数有焊接电流、通电时间和电极头端面尺寸。 （　　）

72. 电阻点焊时，电极压力是通过电极施加在焊件上的压力。 （　　）

73. 电阻点焊时，电极压力对两电极间总电阻 R 有明显的影响，随着电极压力的增大，R 显著减小，而焊接电流增大的幅度却不大，不能影响因 R 减小引起的产热减少。 （　　）

74. 电阻点焊时，电极压力变化将改变工件与工件、工件与电极间的接触面积，并因此改变电流线的分布。 （　　）

75. 电阻点焊时，电极头帽使用一段时间后，电极端面直径增大，磨损的电极使流经电极端面的电流密度减小；电极头帽局部磨损会导致焊点不平扭曲，此时需修磨电极。 （　　）

76. 点焊最危险的缺陷是未焊透。 （　　）

77. 点焊最危险的缺陷是裂纹。 （　　）

78. 点焊时对搭接宽度的要求是以满足焊点强度为前提的，厚度不同的工件所需焊点直径不同，对搭接宽度要求就不同。 （　　）

79. 电阻点焊时电流过大，焊接压力过大，装配间隙太大都有可能造成焊穿。 （　　）

80. 电阻点焊时，装配不良或板间间隙过大，可导致焊点间板件起皱或鼓起。 （　　）

81. 电阻点焊时，在减少焊接时间时，适当地增大焊接电流可以保证焊接质量。（　　）

82. 电阻点焊时，预压力值及预压时间，应按板件性质、厚度、表面状态等条件进行选择。 （　　）

83. 电阻点焊时，预压力不足，或者不预压就通电焊接，同样可焊出合格的焊点。

（　　）

84. 电阻点焊时，硬规范（大电流、短时间）时所使用的电极压力明显大于软规范（小电流、适当长时间）焊接时的电极压力。　（　　）

85. 电阻点焊时，焊核尺寸的大小与电极头端面尺寸无关。　（　　）

86. 电阻点焊时，焊接顺序对焊接质量无影响。　（　　）

87. 电阻点焊时，焊点的外观质量只跟焊接参数、焊接设备有关。　（　　）

88. 电阻点焊时，分流和喷溅不是同一件事。　（　　）

89. 电阻点焊时，电极工作端面的直径越大越好。　（　　）

90. 点焊机焊接回路是指除焊件之外参与焊接电流导电的全部零部件所组成的导电通路。

（　　）

91. 点焊焊钳的电极能调节和控制点焊加热过程中的热平衡。　（　　）

92. 点焊焊接循环冷却结晶阶段，焊接电流和电极压力均为零。　（　　）

93. 点焊焊点间距是以满足结构强度要求所规定的数值。　（　　）

94. 点焊的优点为加热时间短，热量集中，变形与应力小，焊点强度高，工件表面光滑，焊件变形小，不需要焊丝和焊条等金属填充材料，焊接成本低。　（　　）

95. 在机器人焊接系统中，当焊枪与工件发生碰撞时，与焊接电源无关，所以焊接作业可以继续执行。　（　　）

96. 一个完整的工业机器人弧焊周期包括三个阶段：起弧阶段、焊接阶段、收弧阶段。

（　　）

97. 焊枪在工业机器人上的安装形式可分为内置焊枪和外置焊枪。　（　　）

98. 摆动数据只能通过焊接数据来调用。　（　　）

99. 当执行摆动弧焊时，由于摆动轨迹加长，所以在其他焊接条件相同的情况下，调用摆动数据比不调用耗时更长。　（　　）

100. 示教盒属于机器人-环境交互系统。　（　　）

101. 机器人最大稳定速度高，允许的极限加速度小，则加减速的时间就会长一些。

（　　）

102. 工业机器人控制系统的主要功能有：示教再现功能与运动控制功能。　（　　）

103. 机器人编程就是针对机器人为完成某项作业进行程序设计。　（　　）

104. 顺序控制编程的主要优点是成本低、易于控制和操作。　（　　）

105. 工业机器人精度是指定位精度和重复定位精度。　（　　）

106. 激光焊接加入保护气体是为了增加物体对激光的吸收。　（　　）

107. 因为激光器的能量转换效率较低，所以激光加工中心的所有激光加工机都配套有水冷机。　（　　）

108. 激光深熔焊可以提高焊缝强度、韧性和综合性能。　（　　）

109. 激光的焊接过程可以在空气环境中进行，因此保护气体在激光焊接中可有可无。

（　　）

110. 焦平面在工件上方为正离焦，焦平面在工件下方为负离焦。　（　　）

111. 激光脉冲宽度是由熔深及热影响因素决定的。　（　　）

112. 激光脉冲波形对激光焊接无作用。 （ ）
113. 激光可焊接难熔材料，并能对异性材料施焊。 （ ）
114. 固体激光器只能加工金属材料，气体激光器则只能加工非金属材料。 （ ）
115. 激光焊接又分为激光深熔焊和激光热传导型焊。 （ ）
116. 激光焊接时的焦点位置一般处于焦点上。 （ ）
117. CO_2 激光的波长是 $10.6\mu m$。 （ ）
118. 要求大的焊接熔深时，聚焦位置处于负离焦。 （ ）
119. 焊接薄材料时，聚集位置处于正离焦。 （ ）
120. 激光焊接时，脉宽参数的含义是激光作用的时间。 （ ）
121. 激光焊接时，焊接部件全部达到熔点。 （ ）
122. YAG 激光的波长是 900nm。 （ ）
123. 激光对物体的作用主要表现在物体对激光的吸收。 （ ）
124. G 代码是激光加工中心切割焊接软件的工作模式。 （ ）
125. 模拟仿真不是激光加工中心切割焊接软件的工作模式。 （ ）
126. 示教再现不是激光加工中心切割焊接软件的工作模式。 （ ）
127. PLT 不是激光加工中心切割焊接软件可直接调入的图形格式。 （ ）
128. 激光焊接中辅助气体有驱除等离子体的作用。 （ ）
129. 激光焊接中辅助气体有保护聚集镜不受污染的作用。 （ ）
130. 脉冲激光焊中，功率密度可以通过改变脉冲能量、脉冲宽度、光斑直径和激光模式来实现。 （ ）

（二）**单项选择题**（将正确答案的序号填入括号内）

1. 焊接变位机通过（ ）的旋转和翻转运动，使所有焊缝处于最理想的位置，以便于进行焊接。
   A. 工件　　　　　B. 工作台　　　　　C. 操作者　　　　　D. 焊机

2. 焊接机械排气风管要求尽量（ ）。
   A. 平直　　　　　B. 弯曲　　　　　C. 高耸　　　　　D. 低矮

3. 焊接翻转机是将（ ）绕水平轴翻转，使之处于有利施焊位置的机械。
   A. 工件　　　　　B. 工作台　　　　　C. 操作者　　　　　D. 焊机

4. 工作范围是指机器人（ ）或手腕中心所能到达点的集合。
   A. 机械手　　　　B. 手臂末端　　　　C. 手臂　　　　D. 行走部分

5. 机器人的精度主要依存于（ ）、控制算法误差与分辨率系统误差。
   A. 传动误差　　　B. 关节间隙　　　C. 机械误差　　　D. 连杆机构的挠性

6. 焊接机器人的焊接作业主要包括（ ）。
   A. 点焊和弧焊　　　　　　　　　B. 间断焊和连续焊
   C. 平焊和竖焊　　　　　　　　　D. 气体保护焊和氩弧焊

7. 作业路径通常用（ ）坐标系相对于工件坐标系的运动来描述。
   A. 手爪　　　　　B. 固定　　　　　C. 运动　　　　　D. 工具

8. 所谓无姿态插补，即保持第一个示教点时的姿态，在大多数情况下是机器人沿（ ）运动时出现。

A. 平面圆弧　　　　B. 直线　　　　C. 平面曲线　　　　D. 空间曲线

9. 机器人速度的单位是（　　　　）。

　　A. cm/min　　　　B. in/min　　　　C. mm/s　　　　D. in/s

10. 对机器人进行示教时，作为示教人员必须事先接受过专门的培训。与示教作业人员一起进行作业的监护人员，处在机器人可动范围外时，（　　　　），可进行共同作业。

　　A. 不需要事先接受过专门的培训　　　　B. 必须事先接受过专门的培训

　　C. 没有事先接受过专门的培训也可以　　　　C. 没有上岗证也可以

11. 通常对机器人进行示教编程时，要求最初程序点与最终程序点的位置（　　　　），可提高工作效率。

　　A. 相同　　　　B. 不同　　　　C. 无所谓　　　　D. 分离越大越好

12. 为了确保安全，用示教编程器手动运行机器人时，机器人的最高速度限制为（　　　　）。

　　A. 50mm/s　　　　B. 250mm/s　　　　C. 800mm/s　　　　D. 1600mm/s

13. 正常联动生产时，机器人示教编程器上安全模式不应该扳到（　　　　）位置上。

　　A. 操作模式　　　　B. 编辑模式　　　　C. 管理模式　　　　D. 校对模式

14. 示教编程器上安全开关握紧为 ON 状态，松开为 OFF 状态，作为辅助功能，当握紧力过大时，为（　　　　）状态。

　　A. 不变　　　　B. ON　　　　C. OFF　　　　D. 急停报错

15. 对机器人进行示教时，模式旋钮扳到示教模式后，外部设备发出的启动信号（　　　　）。

　　A. 无效　　　　B. 有效　　　　C. 延时后有效　　　　D. 视情况而定

16. 位置等级是指机器人经过示教位置时的接近程度，设定了合适的位置等级时，可使机器人运行出与周围状况和工件相适应的轨迹，其中位置等（　　　　）。

　　A. PL 值越小，运行轨迹越精准　　　　B. PL 值大小，与运行轨迹关系不大

　　C. PL 值越大，运行轨迹越精准　　　　D. 只与运动速度有关

17. 试运行是指在不改变示教模式的前提下执行模拟再现动作的功能，机器人动作速度超过示教最高速度时，以（　　　　）。

　　A. 程序给定的速度运行　　　　B. 示教最高速度来限制运行

　　C. 示教最低速度来运行　　　　D. 程序报错

18. 机器人经常使用的程序可以设置为主程序，每台机器人可以设置（　　　　）主程序。

　　A. 3 个　　　　B. 5 个　　　　C. 1 个　　　　D. 无限制

19. 工业机器人的精度主要依存于机械误差、控制算法误差与分辨率系统误差。一般说来（　　　　）。

　　A. 绝对定位精度高于重复定位精度　　　　B. 重复定位精度高于绝对定位精度

　　C. 机械精度高于控制精度　　　　D. 控制精度高于分辨率精度

20. 激光加工一般利用激光的（　　　　）。

　　A. 高亮度　　　　B. 热效应　　　　C. 相干性　　　　D. 高方向性

21. "氟、氢原子反应时，能形成处于激发态的氟化氢离子从而产生激光"，描述的是（　　　　）激光器。

　　A. 气体激光器　　　　B. 液体激光器　　　　C. 半导体激光器　　　　D. 化学激光器

22. （　　　　）是不受使用条件限制的。

     A. 等离子束焊　　B. 电子束焊　　　　C. 氩弧焊　　　　D. 激光焊

23. YAG 晶体激光器中的晶体是综合性能最优异的激光晶体，它的激光波长是（　　）。

     A. $1\mu m$　　　　　B. $1024\mu m$　　　　C. $1064\mu m$　　　　D. $1.64\mu m$

24. 手部的位姿是由（　　）构成的。

     A. 位置与速度　　B. 姿态与位置　　　C. 位置与运行状态　　D. 姿态与速度

25. 焊接机器人分为点焊机器人和（　　）。

     A. 线焊机器人　　B. 面焊机器人　　　C. 弧焊机器人　　　D. 非点焊机器人

26. 移动关节用字母（　　）表示。

     A. P　　　　　　　B. R　　　　　　　C. S　　　　　　　D. T

27. 转动关节用字母（　　）表示。

     A. P　　　　　　　B. R　　　　　　　C. S　　　　　　　D. T

28. 球面关节用字母（　　）表示。

     A. P　　　　　　　B. R　　　　　　　C. S　　　　　　　D. T

29. 胡克铰关节用字母（　　）表示。

     A. P　　　　　　　B. R　　　　　　　C. S　　　　　　　D. T

30. 对于有规律的轨迹，仅示教几个特征点，计算机就能利用（　　）获得中间点的坐标。

     A. 优化算法　　　B. 平滑算法　　　　C. 预测算法　　　　D. 插补算法

31. 示教-再现控制为一种在线编程方式，它最大的问题是（　　）。

     A. 操作人员劳动强度大　　　　　　　B. 占用生产时间

     C. 操作人员安全问题　　　　　　　　D. 容易产生废品

32. 机器人语言是由（　　）表示的"0"和"1"组成的字串机器码。

     A. 二进制　　　　B. 十进制　　　　　C. 八进制　　　　　D. 十六进制

33. 在机器人坐标系的判定中，用拇指指向（　　）。

     A. X 轴　　　　　B. Y 轴　　　　　C. Z 轴　　　　　D. S 轴

34. 在机器人坐标系的判定中，用食指指向（　　）。

     A. X 轴　　　　　B. Y 轴　　　　　C. Z 轴　　　　　D. S 轴

35. 在机器人坐标系的判定中，用中指指向（　　）。

     A. X 轴　　　　　B. Y 轴　　　　　C. Z 轴　　　　　D. S 轴

36. 机器人正常运行时，末端执行器工具中心点所能在空间活动的范围称为（　　）。

     A. 灵活工作空间　　　　　　　　　　B. 次工作空间

     C. 工作空间　　　　　　　　　　　　D. 奇异形位

37. （　　）指总工作空间边界面上的点所对应的机器人的位置和姿态。

     A. 灵活工作空间　　　　　　　　　　B. 次工作空间

     C. 工作空间　　　　　　　　　　　　D. 奇异形位

38. 末端执行器以任意姿态达到的点所构成的工作空间称为（　　）。

     A. 灵活工作空间　　　　　　　　　　B. 次工作空间

     C. 工作空间　　　　　　　　　　　　D. 奇异形位

39. 谐波减速器的结构组成是（　　）。

A. 刚轮、软轮、波发生器　　　　　　　B. 硬轮、柔轮、波发生器

C. 刚轮、柔轮、波发生器　　　　　　　D. 硬轮、软轮、波发生器

40. 滚转是能实现360°无障碍旋转的关节运动，通常用（　　）标记。

A. R　　　　　　　　B. W　　　　　　　　C. B　　　　　　　　D. L

41. 机器人的运动速度与摇杆的偏转量成（　　）。

A. 正比　　　　　　　　　　　　　　　B. 反比

C. 不成比例　　　　　　　　　　　　　D. 没有关系

42. "打开"程序时（　　）。

A. 可以编辑程序并在 T1 运行方式下对其进行测试

B. 可以对该程序进行测试，但不能对其进行编辑

C. 可以对该程序进行编辑，但不能对其进行测试

D. 可以编辑程序并在 A1 运行方式下对其进行测试

43. 机器人示教过程中，一般将其置于（　　）。

A. 自动限速状态　　　　　　　　　　　B. 手动限速状态

C. 自动全速状态　　　　　　　　　　　D. 手动全速状态

44. 机器人工作站中电气设备起火时，应使用（　　）灭火。

A. 二氧化碳灭火器　　　　　　　　　　B. 水

C. 泡沫灭火器　　　　　　　　　　　　D. 河砂

45. 机器人焊接采用 CO_2 做保护气体，电流在 100A 左右时，其熔滴过渡形式为（　　）。

A. 细颗粒过渡　　　B. 滴状过渡　　　　C. 短路过渡　　　　D. 喷射过渡

46. 缩短焊接机器人工作节拍的途径有（　　）。

A. 提高电压　　　B. 删除多余示教点　　C. 减少速度　　　　D. 减少电流

47. 单轴操作，单轴运动模式下，按A1+，则机器人（　　）。

A. 1 轴正向上下　　B. 1 轴负向旋转　　C. 1 轴正向旋转　　D. 1 轴负向上下

48. 当机器人本体与实际运行位置不一致时，应（　　）。

A. 使用 EMD 校正机器人零点位置　　　B. 更改示教器中的数值

C. 恢复出厂设置　　　　　　　　　　　D. 不调整

49. 出现（　　）情况时，一般不需要重新校正机器人零点。

A. 蓄电池电量耗尽后断电重启　　　　　　　　　　　B. 更换电动机

C. 出厂无异常报警，实际位置与姿势一致　　　　　　D. 更换控制柜

50. 弧焊机器人的末端执行器是（　　）。

A. 伺服焊钳　　　B. 搅拌头　　　　　C. 焊枪　　　　　　D. 激光加工头

51. 点焊机器人的末端执行器是（　　）。

A. 伺服焊钳　　　B. 搅拌头　　　　　C. 焊枪　　　　　　D. 激光加工头

52. 激光焊机器人的末端执行器是（　　）。

A. 激光传感器　　B. 搅拌头　　　　　C. 焊枪　　　　　　D. 激光加工头

53. 工业机器人弧焊系统的主焊接数据中包括（　　）和焊接数据，它们将作为可选参数出现在焊接运动指令。

A. 起弧数据　　　B. 启动数据　　　　C. 收弧数据　　　　D. 起收弧数据

54. 工业机器人弧焊系统的起收弧数据定义了焊接过程中起弧阶段、（　　　）以及收弧阶段的焊接参数。

    A. 加热阶段　　　　B. 焊接阶段　　　　C. 摆动阶段　　　　D. 运行阶段

55. （　　　）是激光加工中心切割焊接软件可直接调入的图形格式。

    A. JPG　　　　　　B. DXF　　　　　　C. PDF　　　　　　D. JPEG

56. 激光焊接中辅助气体的作用有（　　　）。

    A. 保护聚焦镜不受污染　　　　　　　B. 冷却焊缝

    C. 保护焊缝　　　　　　　　　　　　D. 加热焊缝

57. 模拟通信系统与数字通信系统的主要区别是（　　　）。

    A. 载波频率不一样　　　　　　　　　B. 信道传送的信号不一样

    C. 调制方式不一样　　　　　　　　　D. 编码方式不一样

58. 使用焊枪示教前，检查焊枪的均压装置是否良好，动作是否正常，同时对电极头的要求是（　　　）。

    A. 更换新的电极头　　　　　　　　　B. 使用磨耗量大的电极头

    C. 新的和旧的都可以　　　　　　　　D. 不安装电极头

59. 机器人轨迹控制过程需要通过求解（　　　）获得各个关节角的位置控制系统的设定值。

    A. 运动学正问题　　　　　　　　　　B. 运动学逆问题

    C. 动力学正问题　　　　　　　　　　D. 动力学逆问题

60. 为了获得非常平稳的加工过程，希望作业启动（位置为0）时：（　　　）。

    A. 速度为零，加速度为零　　　　　　B. 速度为零，加速度恒定

    C. 速度恒定，加速度为零　　　　　　D. 速度恒定，加速度恒定

61. 定时插补的时间间隔下限的主要决定因素是（　　　）。

    A. 完成一次正向运动学计算的时间　　B. 完成一次逆向运动学计算的时间

    C. 完成一次正向动力学计算的时间　　D. 完成一次逆向动力学计算的时间

62. 激光焊时，一定的（　　　）可以使光斑能量的分布相对均匀，同时也可获得合适的功率密度。

    A. 离焦量　　　　B. 脉冲波形　　　　C. 保护气体　　　　D. 脉冲宽度

63. 脉冲激光焊时，影响熔深的主要因素是（　　　）。

    A. 离焦量　　　　B. 功率密度　　　　C. 保护气体　　　　D. 脉冲宽度

64. 在脉冲激光焊接中，合理地控制输入到焊点的（　　　），能够避免焊点金属的过量蒸发和烧穿。

    A. 脉冲能量　　　　B. 脉冲波形　　　　C. 功率密度　　　　D. 脉冲宽度

65. 脉冲激光焊时，（　　　）起的作用是防止被焊部分氧化从而减小气孔产生的概率。

    A. 脉冲能量　　　　B. 功率密度　　　　C. 保护气体　　　　D. 脉冲宽度

66. （　　　）可抑制激光辐射过程中在熔池上部形成的等离子云的负面效应从而增加熔深。

    A. 保护气体　　　　B. 功率密度　　　　C. 离焦量　　　　D. 脉冲宽度

67. 在脉冲激光焊接中，（　　）决定了加热能量的大小，主要影响金属的熔化。

    A. 脉冲能量　　　B. 脉冲波形　　　C. 功率密度　　　D. 脉冲宽度

68. 激光焊接时，（　　）时小孔内的功率密度比工件表面高，蒸发更加剧烈。

    A. 脉冲能量　　　B. 负离焦　　　C. 正离焦　　　D. 交流

69. 工业机器人机座有固定式和（　　）两种。

    A. 移动式　　　B. 行走式　　　C. 旋转式　　　D. 电动式

70. 工业机器人垂直安装于地面时，地面的水平度需控制在（　　）以内。

    A. ±10°　　　B. ±5°　　　C. ±8°　　　D. ±6°

71. 工业机器人本体安装环境的温度，应控制在（　　）为宜，低温启动时会造成异常的偏差或超负荷，必要时需进行暖机。

    A. 0~45℃　　　B. 10~40℃　　　C. 5~45℃　　　D. 0~40℃

72. 下列机器人控制柜元器件中，（　　）用于发生突发状况时的紧急停机。

    A. 主电源开关　　　B. 紧急停止按钮　　　C. 使能开关　　　D. 柜门开关

73. 在线示教是目前工业机器人常用的示教编程方式，下列（　　）不属于在线示教编程的范畴。

    A. 拖动示教　　　B. 解析示教　　　C. 辅助装置示教　　　D. 示教盒示教

74. 如果末端装置、工具或周围环境的刚性很高，那么机械手要执行与某个表面有接触的操作作业将会变得相当困难。此时应该考虑（　　）。

    A. 柔顺控制　　　B. PID 控制　　　C. 模糊控制　　　D. 最优控制

75. 工业机器人由本体、（　　）和控制系统三个基本部分组成。

    A 机柜　　　B. 驱动系统　　　C 计算机　　　D. 气动系统

76. 应用于弧焊作业的工业机器人，末端工具安装时，应将（　　）与机器人末端法兰进行连接。

    A. 冷却装置　　　B. 导丝管　　　C. 焊枪　　　D. 防撞传感

77. 对机器人进行示教时，示教编程器上手动速度设置为（　　）。

    A. 高速　　　B. 微动　　　C. 低速　　　D. 中速

78. 机器人在出厂前或更换控制系统后一般需配置其 D-H 参数，（　　）不属于 D-H 参数配置的内容。

    A. 杆长配置　　　B. 关节扭角配置　　　C. 关节零位配置　　　D. 偏距配置

79. 能感受外部物理量变化的是传感器的（　　）部分。

    A. 传感元件　　　B. 敏感元件　　　C. 信号调节转换电路　　D. 计算机

80. 对于转动关节而言，关节变量是 D-H 参数中的（　　）。

    A. 关节角　　　B. 杆件长度　　　C. 横距　　　D. 扭转角

81. 示教编程方法是指机器人由操作者引导，控制机器人运动，记录机器人作业的程序点，并插入所需的机器人指令来完成程序的编写，一般包括示教、（　　）、再现等三个步骤。

    A. 连续运行　　　B. 存储　　　C. 再现　　　D. 示教

82. 直线运动指令是机器人示教编程时常用的运动指令，编写程序时需通过示教或输入来确定机器人末端控制点移动的起点和（　　）。

    A. 运动方向　　　　B. 终点　　　　　　C. 移动速度　　　　D. 直线距离

83. 点位控制下的轨迹规划是在（　　）进行的。

    A. 关节坐标空间　　　　　　　　　　B. 矢量坐标空间

    C. 直角坐标空间　　　　　　　　　　D. 极坐标空间

84. 单步运行程序是机器人程序调试和检验过程中的常见操作，可实现该操作的示教器的工作模式有（　　）种。

    A. 1　　　　　　　　B. 2　　　　　　　　C. 3　　　　　　　　D. 4

85. 编辑和修改机器人程序时，可用的指令类型包含 I/O 指令、控制指令、运动指令、演算指令等，下列指令中（　　）不属于控制指令的范畴。

    A. SPEED　　　　B. JUMP　　　　　C. CALL　　　　　D. WHILE

86. 机器人自动运行过程中，按下示教器急停按钮，机器人停止运动，此时若要恢复机器人的运动，无须进行（　　）操作。

    A. 旋开急停按钮　　　　　　　　　　B. 伺服通电

    C. 按下开始键　　　　　　　　　　　D. 断电重启

87. 焊接系统中的周边辅助设备控制信号用于控制焊接系统周边辅助设备的运行，下列（　　）是辅助设备控制信号。

    A. 起弧　　　　　　B. 送丝　　　　　　C. 送气　　　　　　D. 变位机起动

88. 目前，主流的离线编程软件的计算机操作系统是（　　）。

    A. Windows XP　　B. Linux　　　　　C. UNIX　　　　　D. Windows CE

89. "以固定程序在固定地点工作的机器人，其动作少，工作对象专一，结构简单，造价低，适用于在大量生产系统中工作。"是（　　）机器人的特点。

    A. 专用　　　　　　B. 示教再现　　　　C. 智能　　　　　　D. 通用

90. 为保证离线编写程序的准确性和调试的可靠性，离线编程前均需对导入的三维模型进行（　　）。

    A. 干涉检查　　　　B. 模型简化　　　　C. 标定　　　　　　D. 校核

91. 对由多台机器人组成的汽车车身点焊生产线进行离线编程，调试时值得注意的是（　　）。

    A. 机器人的最大速度　　　　　　　　B. 机器人的工作节拍

    C. 机器人的焊接速度　　　　　　　　D. 机器人的焊接精度

92. 进行离线编程时，可通过离线编程软件对导入的机器人模型进行（　　）设置。

    A. 机器人杆长　　B. 重复定位精度　　C. 绝对定位精度　　D. 关节运动范围

93. 下面哪个不是智能制造虚拟仿真系统的功能模块（　　）。

    A. 成本预估　　　　　　　　　　　　B. 离线仿真编程

    C. PLC 仿真验证　　　　　　　　　　D. 工业机器人运动控制编程

94. PLC 控制程序可变，在生产流程改变的情况下，不必改变（　　），就可以满足要求。

  A. 硬件　　　　　B. 数据　　　　　C. 程序　　　　　D. 汇编语言

  95. 用户可利用离线编程软件检查机器人手臂与工件之间的碰撞，（　　），调整不合格路径，还可优化路径，减少空跑时间。

  A. 分析系统能耗　B. 检查轴超限　C. 求解操作误差　D. 补偿轨迹偏差

  96. 机器人本体是工业机器人机械主体，是完成各种作业的（　　）。

  A. 执行机构　　B. 控制系统　　C. 传输系统　　D. 搬运机构

  97. 机器人本体维护时，下列传动零部件中普通操作维护人员不可自行更换润滑脂的是（　　）。

  A. RV-E 型减速器　　　　　　B. RV-N 型减速器

  C. 轴承　　　　　　　　　　D. 一体式谐波减速器

  98. （　　）是利用行星轮传动原理发展起来的一种新型减速器，是依靠柔性零件产生弹性机械波来传递动力和运动的一种行星轮传动。

  A. 蜗轮减速器　　B. 齿轮减速器　　C. 蜗杆减速器　　D. 谐波减速器

  99. 机器人零点丢失后（　　）。

  A. 仅能单轴运行　　　　　　B. 仅能在规定路径上运行

  C. 仅能用专用装置驱动　　　　D. 机器人不能运动

  100. 使用焊枪示教前，检查焊枪的均压装置是否良好，动作是否正常，同时对电极头的要求是（　　）。

  A. 更换新的电极头　　　　　B. 使用磨耗量大的电极头

  C. 新的或旧的都行　　　　　D. 使用磨耗量小的电极头

  101. 某工业机器人的第 3 轴电动机发生编码器损坏，更换新电动机重新通电后，必须进行的操作是（　　）。

  A. 重新校准零位　　　　　　B. 重新设置电动机基本参数

  C. 重新标定 DH 参数　　　　D. 重新调整电动机 PD 参数

  102. 一个完整的工业机器人弧焊系统，由机器人系统、焊枪、焊接电源、（　　），焊接变位机等组成。

  A. 烟尘净化器　B. 送丝机　　C. 水冷系统　　D. 防护系统

  103. 机器视觉系统在装配生产线中，一般用做工件装配前的尺寸在线检测工作，视觉系统主要由视觉控制器、（　　）镜头、相机电缆等组成。

  A. 彩色相机　　B. 普通相机　　C. LED 光源　　D. 光源电源

（三）综合题

  1. 简述一下何为机器人的示教再现型操作方式，示教再现型操作方式的优点和在实际生产中主要存在的问题有哪些。

  2. 焊接自动控制系统中常用传感器的静态指标主要有哪些？

  3. 什么是开环控制系统，它有哪些结构特点？与开环控制系统相比闭环控制系统有哪些优缺点？

4. 实现焊接生产机器人化的目的和优点有哪些？

5. 什么是智能控制系统？机器人焊接智能化主要涉及哪几个方面的技术？

6. 常用的传感器信号检测和处理电路有哪些，它们主要实现的作用是什么？

7. 简述什么是机器人运动学的正向求解和逆向求解及各自的应用范围，常用的机器人路径插补方法有哪些？

8. 工业机器人弧焊系统由哪几部分组成？

9. 工业机器人点焊系统由哪几部分组成？

10. 工业机器人焊接系统主要包括哪些部分？

11. 按变位的方式划分，焊接变位机可分为双工位回转式、倾翻回转式等形式，两者的适用场合有什么不同？

12. 焊接系统的安全防护装置主要包括哪些组件？

13. 焊接设备属性参数定义了什么功能？

14. Fill On 定义了什么功能？当该功能开启时有什么作用？

15. 焊接用户界面参数定义了什么功能？

16. 为什么要调用摆动数据？

17. 焊接系统的数字量输出信号主要分为哪几类？其作用分别是什么？

18. 焊接设备模拟输出信号参数的作用是什么？

19. 请自行编写变位机运行程序，使变位机以 30°/s 的转速旋转-150°。

20. 弧焊机器人的示教编程通常采用哪种方式？为什么？

21. 起、收弧数据中的 bback_time 在一个焊接周期中被使用多少次？分别在什么时候？

22. 弧焊机械手的焊缝横向定位是如何进行控制的？

23. 若焊接过程中出现未焊透的焊接缺陷，可以通过那些方式来避免？

24. 示教编程控制的优缺点是什么？

25. 工业机器人的控制方式按作业任务不同可分为哪些方式？

26. 示教方式编程（手把手示教）的缺点是什么？

27. 工业机器人的主要编程方式有哪几种？

28. 叙述弧焊机器人在焊接过程中存在的问题和解决措施。

29. 叙述焊接机器人的编程技巧。

30. 叙述在焊接过程中，机器人系统常见的故障和解决措施。

31. 从描述操作命令的角度看，机器人编程语言可分为哪几类？

32. 编码器有哪两种基本形式？各自特点是什么？

扫码看答案

理论模块 3 焊接技术管理

一、考核范围

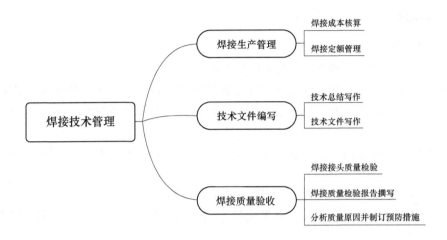

二、考核要点详解

知识点（技术总结）示例1：

概念	技术总结是一个人对自己所从事的某一专业（工种）或项目课题完成后的总结
论文结构	1. 论点：论述中的确定性意见及支持意见的理由 2. 论据：证明论点判断的依据 3. 引证：引用前人事例或著作作为证据 4. 论证：用论据证明论点真实性，根据个人的了解或理解进行证明
具体要求	1. 数据可靠 2. 论点明确 3. 引证有力 4. 论证严密 5. 判断正确 6. 实事求是

知识点（焊接质量）示例2：

概念	焊接产品符合设计技术要求的程度。焊接质量不仅影响焊接产品的使用性能和寿命，更重要的是影响人身和财产安全
工作内容	焊接检验的内容包括焊前检验、焊接生产过程中检验和焊接后（即成品）检验三部分。焊前检验包括母材和焊接材料的检验，焊接零件毛坯和夹具的检验，焊接设备和仪器的检验，焊接工艺规程、焊接装配、焊接参数的调整和检查，焊工水平的考核（即操作合格证检查）。焊接生产过程中的检验包括焊接设备运行情况、焊接参数稳定情况、焊接材料选用情况的检验。现场检查技术条件和工艺规程是否正确执行。焊后检验即成品检验，是主要的检验内容

（续）

焊缝质量分级	一级焊缝需经外观检查、超声波检测、X 射线检测都合格；二级焊缝需外观检查、超声波检测合格；三级焊缝需外观检查合格

三、练习题

（一）判断题（对画√，错画×）

1. 采用表面机械加工能提高接头的疲劳强度。（　　）

2. 论文是个人（或群体）就某种问题的研究和讨论的综述文章，是个人（或群体）从事某一专业方面的学识、技术和能力的基本反映，也是个人（或群体）劳动成果、经验和智慧的结晶。（　　）

3. 论点是引用前人的事例、研究成果或著作等，作为论点的根据、证明和证据。（　　）

4. 摘要的位置应该放在作者单位和作者人名的上面。（　　）

5. 引用他人著作的图书时，在参考文献中的标出的形式是：作者、书名、版次、出版地、出版年。（　　）

6. 当任何一项重要因素变更时，都需要重新进行评定试验。（　　）

7. 当增加或变更任何一项重要因素时，则可按照增加或变更的补加因素增加焊接强度试件进行试验。（　　）

8. 当增加或变更次要因素时，不必重新进行焊接工艺评定试验，也不需要重新编制焊接工艺规程。（　　）

9. 焊接接头热处理方法的改变不必重新进行焊接工艺评定试验。（　　）

10. 焊接工艺评定试验可以委托其他单位来完成。（　　）

11. 如果某焊接接头采用两种焊接方法施焊，则可根据不同焊接方法分别评定试验，以两份焊接工艺评定报告为依据。（　　）

12. 焊接工艺规程必须以相应的焊接工艺评定报告为依据。（　　）

13. 对接焊缝试件进行焊接工艺评定时，可以不做无损检测。（　　）

14. 焊接工艺评定报告是焊接生产企业质量控制和保证的重要证明文件。（　　）

15. 梨形裂纹属于低温裂纹。（　　）

16. 测定焊接原材料中扩散氢的含量，对控制延迟裂纹等缺陷十分有益。（　　）

17. 渗透裂纹的长度只决定于焊接应力的大小。（　　）

18. 缺陷的焊补工艺中必须采用单道焊。（　　）

19. 焊接工艺守则是针对某一种焊接方法、某一种操作工艺或某一种材料焊接工艺所编制的一种通用性工艺文件。（　　）

20. 焊接工艺评定和产品焊接试板都能反映焊接接头的力学性能，所以两者的意义是一样的。（　　）

21. 焊接工艺评定一定要由考试合格的焊工担任施焊工作。（　　）

22. 焊接工艺规程应有相应焊接工艺评定报告支持，一份焊接工艺评定报告可以支持若干份焊接工艺规程。（　　）

23. 焊接工艺评定的核心是如何得到焊接接头力学性能符合要求的焊接工艺。（　　）

24. 焊接工艺评定基本因素变更时，不影响焊接接头的力学性能，则不需要重新评定焊接工艺。（　　）

25. 产品设计对生产有要求时，应做焊接工艺评定。（　　）

26. 焊接工艺评定的定义是：为验证所拟定的焊件焊接工艺的正确性而进行的试验过程及结果评价。（　　）

27. 影响焊接接头冲击韧度的因素，一律作为焊接工艺评定的重要因素。（　　）

28. 当同一条焊缝使用两种或两种以上焊接方法时，可按每种焊接方法分别进行评定。（　　）

29. 焊接工艺评定基本因素变更时，不影响焊接接头的力学性能，则不需要重新评定焊接工艺。（　　）

30. 凡是产品加工后出现的不符合图样、工艺、标准的情况，都属于质量缺陷。（　　）

31. 焊接热输入相同时，采取焊前预热可降低焊后冷却速度，会延长高温停留时间，使晶粒粗化加剧。（　　）

32. 焊接过程中，材料因受热的影响（但未熔化）而发生组织和力学性能变化的区域称为焊接热影响区。（　　）

33. 基本时间与焊缝长度成反比。（　　）

34. 焊接热循环的特点是加热速度慢，冷却速度快。（　　）

35. 进行渗透检测时，对于不同的检测对象和条件，应选用不同的渗透剂。（　　）

36. ISO 9000、ISO 9001、ISO 9004 是 ISO 9000 系列标准的核心标准，ISO 19011 标准为其他标准。（　　）

37. 磁粉检测适用于检测铁素体钢焊缝的表面缺陷。（　　）

38. 冷裂纹敏感性指数和碳当量一样，都没有考虑到材料的氢含量和应力，所以都是不全面的。（　　）

39. 冲击试验是为了测定金属在突加载荷时对缺口的敏感性。（　　）

40. 质量管理的内容就是开展质量的控制活动。（　　）

41. 焊接接头的弯曲试验是用以检验接头拉伸面上的塑性及显示缺陷。（　　）

42. 利用碳当量可以直接判断金属材料焊接性的好坏。（　　）

43. X 射线检测时，$\phi32mm$ 管子的焊缝在底片上呈椭圆形，有时按照返修通知单上的标记找不到缺陷，这说明这道焊缝根本没有缺陷。（　　）

44. 根据国家标准 GB/T 3323—2005《金属熔化焊焊接接头射线照相》的规定，焊缝射线检测的质量标准共分四级，其中，Ⅰ级片质量最差，Ⅳ级片质量最好。（　　）

45. 对于焊后要求射线检测的焊缝，不需要进行外观检查。（　　）

46. 焊接接头拉伸试验用的试样应保留焊后原始状态，不应加工掉焊缝余高。（　　）

47. 调整焊接工艺，能使异种金属焊接接头的组织不均匀程度得到改善。（　　）

48. 超声波检测最适合检查气孔、夹渣等立体缺陷。（　　）

49. 射线检测标准中，把焊缝质量划分为几个等级，其中一级焊缝的质量最差。（　　）

50. 焊接接头冲击试验的目的是用以测定焊接接头各区域的冲击吸收能量。（　　）

51. 弯曲试验用来评价焊接接头的塑性变形能力和显示受拉面的缺陷。（　　）

52. 质量体系指组织机构，不包括管理职责、程序和资源等方面的内容。 （   ）

53. 相同的焊接方法完成不同的接头形式所需的基本时间是相同的。 （   ）

54. 焊接工艺评定是保证压力容器焊接质量的重要措施。 （   ）

55. 射线检测可以显示出缺陷在焊缝内部的形状、位置和大小。 （   ）

56. 对于焊缝内部的裂纹，超声波检测比射线检测的灵敏度要高。 （   ）

57. 人是影响产品质量的唯一因素。 （   ）

58. 材料质量检验方法中的书面检验是指对提供的材料质量保证资料、试验报告等进行审核。 （   ）

59. 提高劳动生产率不仅是一个工艺技术问题，而且与产品设计、生产组织和管理有关。 （   ）

60. 焊接接头的拉伸试验是用以测定焊接接头屈服强度的。 （   ）

61. 焊接工艺评定的主要目的是测定材料焊接性的好坏。 （   ）

62. GB 50236《现场设备、工业管道焊接工程施工规范》规定，射线和超声波检测不得低于 AB 级。 （   ）

（二）单项选择题（将正确答案的序号填入括号内）

1. （   ）不是产生未焊透的原因。
   A. 焊接坡口钝边太大，装配间隙太小   B. 焊条熔化太快
   C. 焊条角度不合适，电弧偏吹   D. 焊接时采用短弧焊

2. （   ）缺陷对焊接接头危害性最严重。
   A. 气孔   B. 夹渣   C. 夹钨   D. 氢致裂纹

3. 检查焊缝金属的（   ）时，常进行焊接接头的断口检验。
   A. 强度   B. 致密性   C. 内部缺陷   D. 外部缺陷

4. 热裂纹形成的温度通常认为是（   ）。
   A. 液相线以上   B. 液相线以下   C. 固相线以上   D. 固相线以下

5. 熔焊时，在单道焊缝横截面上，焊缝宽度与焊缝厚度的比值称为（   ）。
   A. 熔合比   B. 焊缝成形系数   C. 焊缝熔深   D. 焊脚高度

6. 进行渗透检测时，检查试件的缺陷应该在（   ）进行。
   A. 施加显示剂后立即   B. 施加显示剂并经适当时间后
   C. 施加显示剂后的任何时间   D. 显示剂烘干以后

7. 评定材料抗冷裂性最好的间接评定方法是（   ）。
   A. 冷裂纹敏感性指数   B. 碳当量法
   C. 热影响区最高硬度法   D. 搭接接头（CTS）焊接裂纹试验法

8. 利用热影响区最高硬度法评定冷裂纹敏感性时，应该采用（   ）硬度。
   A. 布氏   B. 维氏   C. 洛氏   D. 里氏

9. 热裂纹是在焊接时的高温下产生的，它的特征是沿原（   ）晶界开裂。
   A. 马氏体   B. 铁素体   C. 奥氏体   D. 贝氏体

10. 影响层状撕裂敏感性的最好指标是（   ）。
    A. 伸长率   B. 断面收缩率   C. 抗拉强度值   D. 屈服强度值

11. 焊接电弧强迫调节系统的控制对象是（   ）。

　　A. 电弧长度　　　　B. 焊丝外伸长　　　C. 电流　　　　　　　　D. 电网电压

12. 熔焊时，单位时间内完成的焊缝长度称为（　　　）。

　　A. 熔合比　　　　　B. 送丝速度　　　　C. 焊接速度　　　　　　D. 熔敷长度

13. 热裂纹一般是指高温时产生的裂纹，促使热裂纹产生的化学元素是（　　　）。

　　A. H、S、P　　　　B. N、S、P　　　　C. C、S、P　　　　　　 D. H、N、S

14. 插销式试验主要用来评定（　　　）。

　　A. 氢致延迟裂纹中的焊趾裂纹　　　　B. 氢致延迟裂纹中的焊根裂纹

　　C. 氢致延迟裂纹中的表面裂纹　　　　D. 氢致延迟裂纹中的热影响区裂纹

15. 三个试样的冲击韧度（　　　）应不低于母材平均值的下限。

　　A. 平均值　　　　　B. 最高值　　　　　C. 最低值　　　　　　　D. 都可以

16. 焊后立即采取脱氢处理的目的是（　　　）。

　　A. 防止氢气孔　　　B. 防止热裂纹　　　C. 防止冷裂纹　　　　　D. 防止未熔合

17. 形成蜂窝状气孔的气体主要是（　　　）。

　　A. 氢气　　　　　　B. 氮气　　　　　　C. 氧气　　　　　　　　D. 水蒸气

18. 通常，焊接工艺评定应在金属材料焊接性试验（　　　）进行。

　　A. 之前　　　　　　B. 之后　　　　　　C. 同时　　　　　　　　D. 都可以

19. 在下列焊接缺陷中，对脆性断裂影响最大的是（　　　）。

　　A. 咬边　　　　　　B. 圆形内部夹渣　　C. 圆形气孔　　　　　　D. 未熔合

20. 焊缝内部裂纹，用（　　　）检查，是最敏感的无损检测方法。

　　A. 射线检测　　　　B. 超声波检测　　　C. 渗透检测　　　　　　D. 磁粉检测

21. 热裂纹的产生部位通常在（　　　）。

　　A. 熔合线附近　　　B. 焊缝中　　　　　C. 焊趾处　　　　　　　D. 焊缝表面

22. 在结构刚性和扩散氢含量相同的情况下，确定冷裂纹敏感性应当主要是（　　　）。

　　A. 钢的碳当量　　　B. 钢的碳含量　　　C. 钢的组织　　　　　　D. 焊接方法

23. 对于有抗脆性断裂要求的材料通常用（　　　）作为材料的指标。

　　A. 屈服强度　　　　B. 抗拉强度　　　　C. 冲击韧度　　　　　　D. 弹性极限

24. 再热裂纹多产生在（　　　）。

　　A. 焊缝中　　　　　　　　　　　　　　B. 热影响区的粗晶区

　　C. 热影响区的细晶区　　　　　　　　　D. 焊缝表面

25. 焊缝余高过高的主要影响是（　　　）。

　　A. 增强焊缝截面，降低接头应力　　　　　　　　　B. 外表成形不美观

　　C. 引起应力集中，导致接头安全性能下降　　　　　D. 制造成本增加

26. （　　　）检验属于破坏性试验。

　　A. X射线检测　　　B. 超声波检测　　　C. 拉伸　　　　　　　　D. 渗透检测

27. （　　　）结构是压力容器中最理想的结构形状。

　　A. 球形　　　　　　B. 圆筒形　　　　　C. 锥形　　　　　　　　D. 方形

28. 当下列各种材料厚度相同时，采用射线检验缺陷，灵敏度最高的是（　　　）。

　　A. 钢件　　　　　　B. 铝件　　　　　　C. 铜件　　　　　　　　D. 钛件

29. 耐压试验中，一般规定碳素钢和Q355R钢制造的容器做耐压试验时，液体的温度不

低于（　　）℃。

  A. 20   B. 15   C. 5   D. 0

30. 再热裂纹形成的敏感温度区间是（　　）℃。

  A. 250~350   B. 450~550   C. 550~650   D. 150~250

31. B 类接头的工作应力是 A 类接头工作应力的（　　）。

  A. 2 倍   B. 3 倍   C. 1/2   D. 1/3

32. 无损检测不包括（　　）。

  A. 磁粉检测 B. 渗透检测 C. 水压试验   D. 射线检测

33. 检查气孔、夹渣等立体缺陷最好的方法是（　　）。

  A. 弯曲试验 B. 磁粉检测 C. 渗透检测   D. 射线检测

34. 再热裂纹的特征之一是（　　）。

  A. 沿晶断裂 B. 穿晶断裂 C. 沿晶+穿晶断裂 D. 熔合线断裂

35. 在射线检验的胶片上，焊缝夹渣的特征图像是（　　）。

  A. 黑点   B. 白点   C. 黑色或浅黑色的点状或条状

  D. 白色或浅灰色的条状

36. 评定合格的角焊缝焊接工艺适用于（　　）中的角焊缝。

  A. 各级焊接接头   B. 一般焊接接头

  C. 重要结构焊接接头   D. 需要目视检验的接头

37. （　　）为转变温度法评定脆性断裂的试验方法。

  A. 冲击试验法 B. 插销试验法 C. 冷弯试验   D. 拉伸试验

38. 焊接接头中韧性最低处是在（　　）。

  A. 粗晶区   B. 正火区   C. 熔合线上   D. 回火区

39. 筒节的拼接纵缝，封头瓣片的拼接缝，半球形封头与筒体、接管相接的环缝等属于（　　）接头。

  A. A 类   B. B 类   C. C 类   D. D 类

40. 在进行硬度试验时，如果在测点处出现焊接缺陷，则试验结果（　　）。

  A. 无效   B. 有效   C. 无效需加测一点 D. 都可以

41. 拉伸试样断口处发现气孔、夹渣或裂纹等焊接缺陷时，试验结果（　　）。

  A. 无效   B. 仍有效   C. 无效但可作为参考 D. 都可以

42. 焊接参数对晶粒成长方向有影响。当焊接速度越小时，则晶粒主轴的成长方向越（　　）。

  A. 平行   B. 垂直   C. 弯曲   D. 斜向相交

43. 焊接工艺评定是通过焊接试件、检验试样考察焊接接头性能是否符合产品的技术条件，以评定（　　）是否合格。

  A. 焊工的技术水平   B. 焊接试件

  C. 所拟定的焊接工艺   D. 焊接设备

44. （　　）是焊接工艺评定试验的前提因素，亦即焊接工艺评定的基础。

  A. 钢材的选择   B. 材料的焊接性试验

  C. 焊接方法的选择   D. 焊接参数的确定

45. 文献编著者姓名不分文种，一律姓在前，名在后。编著者不超过（　　）位时，可全部照录。

    A. 一　　　　　　　B. 二　　　　　　　C. 三　　　　　　　D. 四

46. 最高工作压力（　　）的压力容器是 GB 150.1—2011《压力容器　第 1 部分：通用要求》适用条件之一。

    A. <0.1MPa　　　B. ≥1MPa　　　C. ≤1MPa　　　D. >0.1MPa

47. 按照 GB 150.1—2011《压力容器　第 1 部分：通用要求》要求，壳体部分的环向接头属于（　　）焊缝。

    A. A 类　　　　　B. B 类　　　　　C. C 类　　　　　D. D 类

48. 按照 GB 150.1—2011《压力容器　第 1 部分：通用要求》要求，圆筒部分的纵向接头属于（　　）焊缝。

    A. A 类　　　　　B. B 类　　　　　C. C 类　　　　　D. D 类

49. 若能在焊接工艺上适当调整，可以使焊接接头的（　　）程度得到一定的改善。

    A. 缺陷深浅　　　B. 组织不均匀　　　C. 裂纹长短　　　D. 气孔大小

50. 焊接梁的翼板和腹板的角焊缝时，由于该焊缝长而规则，通常采用自动焊，并最好采用（　　）位置焊接。

    A. 角焊　　　　　B. 船形　　　　　C. 横焊　　　　　D. 立焊

51. 当焊接速度较大时，成长的柱状晶在焊缝中心附近相遇，溶质和杂质都聚集在这里，从而出现区域偏析，在应力作用下，容易产生（　　）裂纹。

    A. 纵向　　　　　B. 横向　　　　　C. 斜向　　　　　D. 表面

52. 为了获得满意的焊接接头，必须采取各种措施使焊缝的稀释率（　　）。

    A. 减小　　　　　B. 增大　　　　　C. 保持不变　　　　　D. 都不影响

53. 焊缝金属与母材金属化学成分差别很大时，过渡层各部位的性能将对焊接接头的整体性能有（　　）的影响。

    A. 一般　　　　　B. 不太大　　　　　C. 重要　　　　　D. 没有

54. 不同厚度焊接结构尽可能圆滑过渡是为了减小（　　），提高抗脆断能力。

    A. 焊接缺陷　　　B. 应力集中　　　C. 焊接变形　　　D. 棱角

55. 焊件表面堆焊时产生的应力是（　　）。

    A. 单向应力　　　B. 平面应力　　　C. 体积应力　　　D. 组织应力

56. 根据焊接热输入与焊接电压、焊接电流、焊接速度的关系，当电弧功率一定时，焊接速度（　　），则焊接热输入增大。

    A. 加快　　　　　B. 减慢　　　　　C. 不变　　　　　D. 都可以

（三）综合题

1. 板厚 8mm 的对接接头焊缝长 100mm，许用拉伸应力 17000N，求焊缝能承受多大的拉力。

2. 角焊缝承受应力 400MPa，焊缝总长 500mm，焊脚 8mm，求承受的拉力。

3. 板厚为 12mm 的焊件焊缝长 30mm，受拉力 8640N，求焊缝所受拉伸应力。

4. 一焊件宽 20mm，厚 10mm，成矩形，当拉力 $P = 10^5 N$ 时，焊缝断裂，求此焊缝的抗拉强度。

5. 某截面为正方形的试样，断面边长为 10mm，承受的最大拉力为 9800N，求该试件的抗拉强度。

6. 某焊缝截面面积为 $100mm^2$，受冲击载荷 10^6J，求焊缝上的冲击吸收能量？

7. 某焊缝试板做拉伸试验。焊缝的横截面尺寸为厚 10mm，宽 20mm，试样断面测量，断口面积为 $160mm^2$，请计算焊缝试板断面收缩率是多少。

8. 空氧气瓶质量为 57kg，装入氧气后质量为 63kg，氧气在 0℃ 时密度为 $1.429kg/m^3$，求瓶内储存的氧气是多少标准立方米。

9. 一焊接接头拉伸试样，其尺寸宽度为 20mm，厚度为 12mm，拉伸试验测得抗拉强度为 500MPa，求试样承受的最大载荷。

10. Q355 钢圆柱拉伸试样，直径为 $\phi20mm$，拉伸试验时测得试样断裂时所承受的最大载荷为 157000N，求 Q355 钢的抗拉强度。

11. 一冲击试验的试样规格为 55mm×10mm×10mm，试样缺口深度为 2mm，试验测得的冲击吸收能量 K 为 64J，求此试样的冲击韧度 $\alpha_K(J/cm^2)$。

12. 如何在产品上截取力学性能试验试样？

13. 焊接工艺评定的目的和作用是什么？

14. 简述焊接接头宏观检验的目的有哪些？

15. 为什么容器需先经过无损检测或焊后热处理后再进行水压试验？

16. 水压试验时，为什么要缓慢升压？

17. 水压试验时，为什么要控制水温？

18. 怎样进行工时定额的制订？

19. 什么叫产品定额？它与工时定额的关系怎样？

20. 什么叫工时定额？电弧焊的工时定额由哪些部分组成？

21. 什么叫机动时间？影响因素有哪些？

22. 简述缩短机动时间的措施有哪些？

23. 简述论文的定义及组成。

24. 选择焊接方法时的基本要求有哪些？

25. 焊接接头强度计算时，应做出哪些假设？

26. 与射线检测相比，超声波检测有什么特点？

27. 磁粉检测能不能用来检测焊缝内部的缺陷？为什么？

28. T 字接头单面不开坡口角焊缝，焊脚高 $K=10mm$，凸高 $C=1mm$，母材为 20 钢，焊条为 E5015，试计算焊缝长度为 5m 时的焊条消耗量。（焊条药皮的质量系数 $K_b=0.32$，焊条的转熔系数 $K_n=0.79$，钢的密度 $\rho=7.8g/cm^3$）

29. 单层焊条电弧焊低碳钢构件，构件截面积 $200cm^2$，长为 500mm，焊缝截面面积 $100cm^2$，求构件纵向收缩量。

30. 12mm 厚 Q355 钢板对接，焊缝截面面积 $100mm^2$，求接头横向收缩量。

31. 按 GB/T 12467.3《金属材料熔焊质量要求　第 3 部分：一般质量要求》要求，质量报告要包括哪些内容？

32. 按 GB/T 12467.3《金属材料熔焊质量要求　第 3 部分：一般质量要求》要求，焊接过程中的试验及检验有哪些要求？

33. 按 GB/T 12467.3《金属材料熔焊质量要求　第 3 部分：一般质量要求》要求，焊后试验及检验有哪些内容？

34. 按 GB/T 12467.3《金属材料熔焊质量要求　第 3 部分：一般质量要求》要求，焊前检验有哪些内容？

35. 有一焊接产品为不开坡口的角焊缝，焊脚高度 K 为 10mm，凸度 C 为 1mm，母材为 Q235-A 钢，采用焊条电弧焊工艺，焊接参数为：焊条型号为 E5015，焊条直径 $\phi 3.2$mm，焊接电流 160A，焊缝长度为 5m，（焊条的转熔系数 $K_n = 0.79$，药皮质量系数 $K_b = 0.32$，钢的密度 $\rho = 7.8$g/cm^3），试计算焊条用量。

36. 焊接长度 $L = 8$m 的板工字梁四条角焊缝，焊脚均为 10mm，试问需多少千克焊条？（熔合率为 0.6）

37. 已知板厚为 10mm 的钢板，开 V 形坡口，焊缝长度为 3m，焊条采用 E5015，求焊条的消耗量？（查表知：熔敷金属截面面积为 250mm^2，焊条转熔系数 $K_n = 0.79$，焊条药皮质量系数 $K_b = 0.32$）

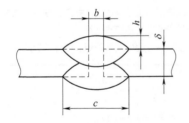

图 2-1　角接接头示意图

38. 如图 2-1 所示，有一角接头，焊脚尺寸 $K = 10$mm，$h = 2$mm。求焊接 1m 焊缝需 E4303 焊条的数量。（焊条 E4303 查表得 $K_b = 0.45$，$K_n = 0.77$；$\rho = 7.8$g/cm^3）。

39. 如图 2-2 所示，I 形坡口双面对接 TIG 焊，焊缝长度为 1m，求焊丝消耗量。（已知 $\delta = 5$mm，$b = 2$mm，$c = 6$mm，$h = 2$mm，$\rho = 7.89$g/cm^3，$K_n = 0.95$）

40. 某工字梁长 10m，焊脚尺寸为 10mm，求用 E5014 焊条焊接时，需要多少千克焊条？（已知 $\rho = 7.8$g/cm^3，查表知焊条损失系数 $K_s = 0.41$）

41. 如图 2-3 所示，厚 $\delta = 8$mm 的两块板采用埋弧焊，I 形坡口双面焊接，试求 1m 长焊缝的焊剂消耗量。（已知 $b = 3$mm，$c = 6$mm，$h = 2$mm，$\rho = 7.8$g/cm^3，$K_n = 0.9$）

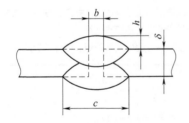

图 2-2　对接接头示意图

图 2-3　对接接头示意图

42. 铝合金手工钨极氩弧焊，板厚 $\delta = 3$mm，对接焊，焊接过程中氩气流量为 $q_v = 12$L/min，每件需焊接 80min，其有 15000 件，试求需 40L/瓶的氩气多少瓶？（已知气体损耗系数 $\eta = 0.04$）

43. Q235-A 钢板，厚 $\delta = 5$mm，对接焊接，当 $U = 22 \sim 26$V，焊接电流 $I = 110 \sim 120$A，电弧燃烧时间 $t = 30$min，$\eta = 0.8$h，求用交流弧焊机焊接时的电能消耗量。

扫码看答案

理论模块4　培训与指导

一、考核范围

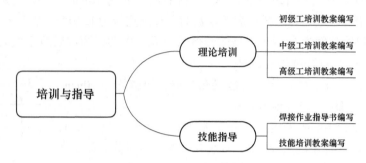

二、考核要点详解

知识点（培训教案）示例1：

概念	培训教案也称讲师手册、教学规划等。培训教案是由培训师事先规划下来的教学内容和教学计划，可使教学符合设定的目标，并有利于培训过程管控
基本要求	1. 应根据本职业的国家职业技能标准和国家职业资格培训教材来编写 2. 应结合本行业、本地区的产品类型、生产工艺、需用设备的特点来编写 3. 应结合编写者本人长期积累的实践经验、先进的操作方法、技能、技巧来编写 4. 内容应严谨准确，采用的标准要符合最新的国家标准，名词术语要规范，物理量及计量单位使用要正确 5. 各等级间的知识与技能要合理衔接，既不能重复，也不能遗漏，并防止过多、过难、过深 6. 语言应生动，通俗易懂，贴近生产实际，便于学员的理解和记忆 7. 应能充分体现本工种在新技术、新材料、新设备方面的发展趋势和管理科学的进步
编写方法	1. 根据培训对象选定培训内容 2. 搜集有关技术资料 3. 认真研究本工种的国家职业技能标准和国家职业资格培训教材 4. 编排培训教学顺序和有关内容 5. 编写培训讲义

知识点（作业指导书）示例2：

概念	作业指导书，是为了完成某一项或同一类型工作而专门编写的指导性文件。它是根据设计图样、制造厂说明书、相关的验评标准、编写人员现场所积累的施工经验以及成熟实用的施工工艺所编写
编制方案	1. 自上而下依次展开编写，即按质量手册、程序文件和作业指导书的顺序来编写 2. 自下而上编写，即按作业指导书、程序文件和质量手册的顺序编写 3. 先编写程序文件，然后同时向上、下展开编写质量手册/作业指导书

（续）

内容 及格式	作业指导书的内容一般包括但不仅限于下列要求： 1. 作业所需的资源条件及工作环境 2. 作业应达到的标准，如质量标准及工作质量检查标准等 3. 作业的具体步骤与方法 4. 作业应注意事项及管理要求 5. 作业中的安全提示等

三、练习题

（一）判断题（对画√，错画×）

1. 凡是持有合格证的焊工，任何情况下都有资格上岗操作。（　）

2. 具有合格证的焊工，才有资格焊接各种材料。（　）

3. 焊工应具有相应施焊条件的合格证，才可上岗操作。（　）

4. 国家新职业标准的高级工，也就是国家职业资格一级。（　）

5. 焊工的基本文化程度是初中毕业。（　）

6. 岗位的质量保证措施与责任就是岗位的质量要求。（　）

7. 特种作业人员安全技术考核分为安全技术理论考核和实际操作考核。（　）

8. 压力容器操作技能考试至少有一个考试项目的试件检验合格（若有平焊的板状试件，必须合格）时，焊工的考试才合格，否则为不合格。（　）

9. 锅炉压力容器焊工考试规则规定，焊工操作技能考试有某项或全部项目不合格者，允许在一个月内补考一次。（　）

10. 国家职业标准将焊工分为五个等级，即初、中、高、技师、高级技师分别为一、二、三、四、五级。（　）

11. 在论文答辩过程中，不可以考核本专业以外的、与本专业有关联的知识。（　）

12. GB/T 15169《钢熔化焊焊工技能评定》标准适用于手工焊和半自动焊接方法。（　）

13. GB/T 15169《钢熔化焊焊工技能评定》标准适用于全机械化或自动化焊接方法。（　）

14. 在GB/T 15169《钢熔化焊焊工技能评定》标准中，根部焊道是指多层焊时，在接头根部焊接的焊道。（　）

15. 在GB/T 15169《钢熔化焊焊工技能评定》标准中，填充焊道是指多层焊时，在根部焊道之后、盖面焊道之前熔敷的焊道。（　）

16. 在GB/T 15169《钢熔化焊焊工技能评定》标准中，盖面焊道是指多层焊时，焊接完成之后在焊缝表面可见的焊道。（　）

17. 在GB/T 15169《钢熔化焊焊工技能评定》标准中，焊缝金属厚度是指除余高以外的焊缝厚度。（　）

18. 按照GB/T 15169《钢熔化焊焊工技能评定》标准，每项考试一般只认可一种焊接方法。所以将实心焊丝改为金属粉末心焊丝（或反之）的非惰性气体保护焊，即焊接方法

由 135 变为 136，要求新的考试。　　　　　　　　　　　　　　　　（　　）

19. 按照 GB/T 15169《钢熔化焊焊工技能评定》标准，不允许焊工使用多种工艺焊接一个试件取得两种（或更多种）焊接方法的认可。　　　　　　　　　　（　　）

20. 按照 GB/T 15169《钢熔化焊焊工技能评定》标准，如果在相同条件下焊接，对接焊缝的焊接参数适用于角焊缝。　　　　　　　　　　　　　　（　　）

21. 按照 GB/T 15169《钢熔化焊焊工技能评定》标准，对接焊缝适合于任何接头类型（含支管连接）上的焊缝。　　　　　　　　　　　　　　　（　　）

22. 按照 GB/T 15169《钢熔化焊焊工技能评定》标准，锻件材料的考试适用于同组中铸件之间及铸件和锻件的焊接。　　　　　　　　　　　　　　（　　）

23. 按照 GB/T 15169《钢熔化焊焊工技能评定》标准，带填充金属的认可（如：141，15 及 311 焊接方法）适合于不带填充金属的焊接，反之也行。　　　　（　　）

24. 按照 GB/T 15169《钢熔化焊焊工技能评定》标准，使用氧乙炔焊方法进行焊接时，左焊法改成右焊法或反之都不要求新的考试。　　　　　　　　（　　）

25. 按照 GB/T 15169《钢熔化焊焊工技能评定》标准，试件在根部焊道和盖面焊道上应至少有一次停弧和再起弧。　　　　　　　　　　　　　　　（　　）

26. 按照 GB/T 15169《钢熔化焊焊工技能评定》标准，如果要求的考试已经完成而且考试结果合格，焊工认可的有效期从试件的焊接之日开始。　　　　　（　　）

27. 按照 GB/T 15169《钢熔化焊焊工技能评定》标准，经确定该焊工在最初的认可范围内持续工作，颁发的焊工资格证书有效期为 2 年。　　　　　（　　）

28. 按照 GB/T 15169《钢熔化焊焊工技能评定》标准，板角焊缝进行宏观检验时，应在试验长度内等距离地截取至少 3 个试样。　　　　　　　　　（　　）

29. 按照 TSG Z6002《特种设备焊接操作人员考核细则》要求，改变或者增加焊接方法的，不需要进行相应基础知识考试。　　　　　　　　　　（　　）

30. 按照 TSG Z6002《特种设备焊接操作人员考核细则》要求，改变或者增加母材种类的，不需要进行相应基础知识考试。　　　　　　　　　　（　　）

31. 按照 TSG Z6002《特种设备焊接操作人员考核细则》要求，试件和焊件的双面焊、角焊缝，焊件不要求焊透的对接焊缝和管板角接头，均视为带衬垫。　　（　　）

32. 按照 TSG Z6002《特种设备焊接操作人员考核细则》要求，摩擦焊试件形式应当与任一通过焊接工艺评定的试件或者焊件相同。　　　　　　　　（　　）

33. 按照 TSG Z6002《特种设备焊接操作人员考核细则》要求，焊条电弧焊焊工采用异类别钢号组成的管板角接对（或者管板角焊缝）试件，经焊接操作技能考试合格后，视为该焊工已通过试件中较高类别钢的焊接操作技能考试。　　　　　　　　（　　）

34. 按照 TSG Z6002《特种设备焊接操作人员考核细则》要求，焊工采用铝与铝合金或者钛与钛合金中某类别任一牌号材料，经焊接操作技能考试合格后，焊接各类别铝及铝合金或者钛及钛合金中的其他牌号材料时，需重新进行焊接操作技能考试。　　（　　）

35. 按照 TSG Z6002《特种设备焊接操作人员考核细则》要求，焊工进行镍与镍合金焊接操作技能考试时，试件母材可以用奥氏体不锈钢代替。　　　　　（　　）

36. 按照 TSG Z6002《特种设备焊接操作人员考核细则》要求，焊接操作技能考试合格的焊工，当变更焊剂型号、保护气体种类、钨极种类时，需要重新进行焊接操作技能考试。

（　　）

37. 按照 TSG Z6002《特种设备焊接操作人员考核细则》要求，管材角焊缝试件焊接操作技能考试时，可在管-板角焊缝试件与管-管角焊缝试件中任选一种。（　　）

38. 按照 TSG Z6002《特种设备焊接操作人员考核细则》要求，焊条电弧焊焊工向上立焊试件考试合格后，可以免考向下立焊。（　　）

39. 按照 TSG Z6002《特种设备焊接操作人员考核细则》要求，焊机操作工采用螺柱焊试件，经过仰焊位置考试合格后，适用于任何位置的螺柱焊焊件。（　　）

40. 按照 TSG Z6002《特种设备焊接操作人员考核细则》要求，板材角焊缝试件考试合格后，适用于管材角焊缝焊件时，管外径应≥70mm。（　　）

41. 按照 TSG Z6002《特种设备焊接操作人员考核细则》要求，气焊焊工焊接操作技能考试合格后，适用于焊件母材厚度与焊缝金属厚度不大于试件母材和焊缝金属厚度。

（　　）

42. 按照 TSG Z6002《特种设备焊接操作人员考核细则》要求，焊接操作技能考试可以由一名焊工在同一试件上采用一种焊接方法进行，也可以由一名焊工在同一试件上采用不同焊接方法进行组合考试。（　　）

43. 按照 TSG Z6002《特种设备焊接操作人员考核细则》要求，采用不带衬垫试件进行焊接操作技能考试时，必须从单面焊接开始。（　　）

44. 按照 TSG Z6002《特种设备焊接操作人员考核细则》要求，焊机操作工考试时，中间不得停弧，允许加引弧板和引出板。（　　）

45. 按照 TSG Z6002《特种设备焊接操作人员考核细则》要求，焊条电弧焊焊工考试板材试件厚度大于10mm时，允许用焊接夹具或者其他办法将板材试件刚性固定。（　　）

46. 按照 TSG Z6002《特种设备焊接操作人员考核细则》要求，对接焊缝试件、角焊缝试件和管板角接头试件，均要求全焊透。（　　）

47. 按照 TSG Z6002《特种设备焊接操作人员考核细则》要求，钛材焊缝和热影响区的表面颜色检查，银白色、金黄色（致密）、蓝色、为合格，紫色、灰色、暗灰色与黄色粉状物均为不合格。（　　）

48. 技能是指人在意识支配下所具有的肢体动作能力。（　　）

49. 职业技能一旦掌握一般不容易忘却，但是高水平的技能需要反复训练，才能巩固和提高。（　　）

50. 职业技能鉴定不仅需要注重学员知道什么，更要注重于学员能干什么。（　　）

51. 操作技能的基本特征有内容的丰富化、要求的动态性和观测的关联性特征。（　　）

52. 职业技能鉴定是一项基于职业技能水平的考核活动，属于标准参照型考试。（　　）

53. 按照 GB/T 24598《铝及铝合金熔化焊焊工技能评定》标准要求，对于141焊接方法而言，电流从直流改为交流，或反之，都需要重新考试。（　　）

54. 按照 GB/T 24598《铝及铝合金熔化焊焊工技能评定》标准要求，使用 AlMg 合金类型填充金属的认可，适用于使用 AlSi 合金类型填充金属的焊接，反之则不行。（　　）

55. 按照 GB/T 24598《铝及铝合金熔化焊焊工技能评定》标准要求，带填充金属的认可（例如141和15焊接方法），适合于不带填充金属的焊接，反之则不行。（　　）

56. 对接焊缝的焊工考试是以母材厚度和管子内径的尺寸为基础。　　　（　　）

57. 考试使用永久衬垫时，应在破坏性试验以前将其去除。　　　（　　）

58. 为了清晰地显示焊缝，应在宏观试样的一侧制备并腐蚀，一般不要求抛光。（　　）

59. 按照 GB/T 24598《铝及铝合金熔化焊焊工技能评定》标准要求，为了减少考试数量，根据 ISO/TR 15608，将具有相似焊接特性的铝及铝合金进行分组。　　　（　　）

60. 教学方法繁多，但依据不同的标准可以分为认识、情感、动作技能三类。　（　　）

61. 多媒体系统不属于"视听学媒体教材"。　　　（　　）

62. 多媒体教学法教材编辑费工费时费力，难度较大，应该谨慎选用。　　（　　）

63. 如果为视频文件额外配置声音，那么需用声音图标和电影图标。　　（　　）

64. 录音机中的声音可以直接插入课件中。　　　（　　）

65. 计算图标是存放程序代码的地方。　　　（　　）

66. 声音的数字化质量是通过采样频率和样本精度来衡量的。　　　（　　）

67. 我们通常把数字格式的字符数据称作文本。　　　（　　）

68. Flash 是一个矢量动画软件。　　　（　　）

69. 导航图标的功能是定义一个定向目标或超文本链接。　　　（　　）

70. BMP 文件是一种在 Authorware 中经常使用的图像文件格式。　　（　　）

71. MPEG 是动态图像的一种压缩方法。　　　（　　）

72. 计算机动画根据运动控制方式可分为实时动画和逐帧动画。　　（　　）

（二）单项选择题（将正确答案的序号填入括号内）

1. 允许独立上岗从事焊接作业的人员是（　　）。

　　A. 能够进行焊接操作，尚未取证人员

　　B. 有焊接合格证，但已中断焊接工作半年的焊接人员

　　C. 有合格证并连续从事焊接作业的人员

　　D. 有中等专科及以上学历的人员

2. 焊条电弧焊的考试方法代号是（　　）。

　　A. OFW　　　　　　B. SMAW　　　　　　C. CTAW　　　　　　D. CMAW

3. 骑座式管板水平固定考试规定代号是（　　）。

　　A. 5FG　　　　　　B. 2FG　　　　　　C. 4FG　　　　　　D. 无

4. 在 GB/T 15169《钢熔化焊焊工技能评定》标准中，表示右焊法的缩略语代号是（　　）。

　　A. rw　　　　　　B. mb　　　　　　C. nb　　　　　　D. lw

5. 在 GB/T 15169《钢熔化焊焊工技能评定》标准中，表示左焊法的缩略语代号是（　　）。

　　A. rw　　　　　　B. mb　　　　　　C. nb　　　　　　D. lw

6. 在 GB/T 15169《钢熔化焊焊工技能评定》标准中，表示衬垫焊接的缩略语代号是（　　）。

　　A. rw　　　　　　B. mb　　　　　　C. nb　　　　　　D. lw

7. 在 GB/T 15169《钢熔化焊焊工技能评定》标准中，表示无衬垫焊接的缩略语代号是（　　）。

　　A. rw　　　　　　B. mb　　　　　　C. nb　　　　　　D. lw

8. 在 GB/T 15169《钢熔化焊焊工技能评定》标准中，表示单层的缩略语代号是（　　）。

A. sl　　　　　　　　B. ss　　　　　　　　C. nb　　　　　　　　D. lw

9. 在 GB/T 15169《钢熔化焊焊工技能评定》标准中，表示单面焊的缩略语代号是（　　　）。

A. sl　　　　　　　　B. ss　　　　　　　　C. bs　　　　　　　　D. lw

10. 在 GB/T 15169《钢熔化焊焊工技能评定》标准中，表示双面焊的缩略语代号是（　　　）。

A. sl　　　　　　　　B. ss　　　　　　　　C. bs　　　　　　　　D. lw

11. 在 GB/T 15169《钢熔化焊焊工技能评定》标准中，试件中板的缩略语代号是（　　　）。

A. D　　　　　　　　B. P　　　　　　　　C. T　　　　　　　　D. O

12. 在 GB/T 15169《钢熔化焊焊工技能评定》标准中，试件中管的缩略语代号是（　　　）。

A. D　　　　　　　　B. P　　　　　　　　C. T　　　　　　　　D. O

13. 按 GB/T 15169《钢熔化焊焊工技能评定》标准，板上的焊缝在（　　　）条件下适合于管子上的焊缝。

A. 管子外径 D≥150mm，焊接位置 PA、PB 和 PC

B. 管子外径 D≥300mm，焊接位置 PA、PB 和 PC

C. 管子外径 D≤500mm，所有其他焊接位置

D. 管子外径 D≤500mm，所有其他焊接位置

14. 职业技能鉴定是按照国家规定的（　　　），对劳动者的专业知识和技能水平进行客观公正、科学规范地评价与认证的活动。

A. 职业标准，通过集团公司职业技能鉴定指导中心

B. 岗位规范，通过集团公司批准的企业鉴定中心

C. 职业标准，通过政府授权的考核鉴定机构

D. 技术等级标准，通过政府授权的考核鉴定机构

15. （　　　）属于标准参照性考试。

A. 职业技能鉴定　　B. 中考　　　　　　C. 高考　　　　　　D. 招聘公务员考试

16. 考评员应具备（　　　）资格。

A. 高级以上职业资格或初级以上专业技术职务

B. 技师以上职业资格或中级以上专业技术职务

C. 中级以上职业资格或中级以上专业技术职务

D. 高级以上职业资格或中级以上专业技术职务

17. 考评员职业道德的基本原则是（　　　）。

A. 群体性原则　　B. 社会性原则　　C. 灵活性原则　　D. 公正性原则

18. 职业技能鉴定活动的主要对象是（　　　）。

A. 职业技能　　B. 劳动者　　　C. 从事职业　　D. 技能鉴定

19. 职业技能鉴定是对劳动者具有和达到某种职业所要求的（　　　）的认证。

A. 能力和态度　　B. 知识和能力　　C. 知识和技能　　D. 操作技能和态度

20. 员工将培训过程中所获取的知识、技能应用于工作的过程，被称为（　　　）。

A. 培训转移　　B. 培训应用　　C. 培训评估　　D. 培训作用

21. 按照 GB/T 15169《钢熔化焊焊工技能评定》标准，不适用于角焊缝及支管连接的检验方法是（　　　）。

      A. 外观检验   B. 射线检验   C. 弯曲试验   D. 断裂试验

22. 按照 GB/T 15169《钢熔化焊焊工技能评定》标准，角焊缝及支管连接的非强制检验方法是（　　　）。

      A. 外观检验   B. 射线检验   C. 弯曲试验   D. 断裂试验

23. 按照 GB/T 24598《铝及铝合金熔化焊焊工技能评定》标准要求，对于 131 焊接方法，当保护气体中氦气含量的增加超过（　　　）时，则需要进行新的考试。

      A. 10%   B. 30%   C. 50%   D. 70%

24. 首次明确提出"开发劳动者的职业技能"概念的是（　　　）。

      A.《劳动法》   B.《教育法》   C.《职业教育法》   D.《教师法》

25. 培训师进行培训时，以下哪种行为是不恰当的？（　　　）

      A. 鼓励学员提问   B. 适当时给予反馈 C. 忽视学员的参与 D. 保持课堂纪律

26. （　　　）是劳动者具有和达到某种职业所要求的知识和技能的凭证。

      A. 技术水平   B. 职业建设   C. 工作能力   D. 职业资格证书

27. 培训课程的内容是以（　　　）为主体。

      A. 技能训练目标   B. 理论知识   C. 文化知识   D. 教师知识水平

28. （　　　）不属于听觉媒体教材。

      A. 录音   B. 唱片   C. 广播   D. 照片

29. 培训班前期准备工作，具体包括组织学员报名、选择场地设施、经费预算、教材准备、（　　　）等方面。

      A. 评估   B. 评价   C. 反馈   D. 培训师聘请

30. 培训教学活动的组织形式，主要有直接传授式培训、参与式培训、（　　　）培训。

      A. 讲授式   B. 模拟式   C. 体验式   D. 角色扮演式

31. （　　　）是在培训师的组织下，学员之间相互启迪思想、激发创造性思维的有效方法。

      A. 头脑风暴法   B. 参观访问   C. 工作轮换   D. 事务处理训练

32. （　　　）是运用电影、电视、投影等手段对职工进行培训。

      A. 演练法   B. 影视法   C. 提问法   D. 角色扮演法

33. （　　　）指一个老师教授一个或几个学生的教学形式。

      A. 普通教学法   B. 个别教学制   C. 特殊教学法   D. 班级教学制

34. 职业资格证书和学历证书不同，它与某一种职业能力的具体要求密切相关，反映特定职业的（　　　），以及劳动者从事该职业所达到的实际能力水平。

      A. 职业态度   B. 实际工作标准和规范

      C. 知识和职业态度   D. 实际工作业绩

35. 以下属于现场教学制的是（　　　）。

      A. 师徒培训   B. 仿真教学   C. 情景教学   D. 模拟教学

36. 帮助员工提高能力，改进作业绩属于（　　　）。

      A. 培训   B. 评价   C. 指导   D. 激励

37. 在工作分析中，（　　　）适用于短期内可以掌握技能要求的工作岗位。

      A. 工作实践法   B. 问卷调查法   C. 工作表演法   D. 阶段观察法

38. PowerPoint 由于它强大的编辑功能且简单易学，培训师起步制作课件都是从 PowerPoint 开始，利用其内置丰富动画、声音效果、超级链接，满足一般制作需求，但它的主要缺陷是（　　　）。

    A. 不支持 IE 浏览器　　　　　　　　B. 不支持动画功能

    C. 内置动画生硬、交互功能差　　　　D. 界面操作不友好

39. 以下关于教学模式的选项，不是课时进程模式的是（　　　）。

    A. 演示法模式　　　B. 传递接受模式　　　C. 示范训练模式　　　D. 指导发展模式

40. 对评估标准最重要的要求是（　　　）。

    A. 可操作性　　　　B. 条理性　　　　　C. 客观性　　　　　D. 系统性

41. 下列关于 Flash 文件优化的说法错误的是（　　　）。

    A. 在动画制作过程中，使用的颜色种类越多，最终生成的文件越大

    B. 对于重复出现的对象，应该尽量使用元件

    C. 在动画制作过程中，应该尽量减少位图的使用

    D. 在动画制作过程中，使用图层数量越多，最终生成的文件越大

42. 在 Flash 中，可以边播放边下载的声音类型是（　　　）。

    A. 事件声音　　　　B. 数据流声音　　　C. 数字声音　　　　D. 模拟声音

43. 下列媒体格式中，不能导入到 Flash 中的是（　　　）。

    A. AVI 格式　　　　B. BMP 格式　　　　C. RM 格式　　　　D. WAV 格式

44. Flash 动画文件的扩展名是（　　　）。

    A. FLA　　　　　　B. SWF　　　　　　C. FLV　　　　　　D. EXE

45. （　　　）格式的文档可以保存多幅图像。

    A. GIF　　　　　　B. JPEG　　　　　　C. PNG　　　　　　D. TIFF

46. 多媒体课件中的音频信息在教学中的作用主要有（　　　）。

    A. 音效和配乐　　　　　　　　　　　B. 语音和配乐

    C. 语音、音效和配乐　　　　　　　　D. 语音和音效

47. 截取计算机屏幕上的图像，最简捷的方法是（　　　）。

    A. 复制屏幕　　　　　　　　　　　　B. 用数字照相机摄取

    C. 用扫描仪扫描　　　　　　　　　　D. 用抓图软件

48. （　　　）不是多媒体课件的交互类型。

    A. 反应式交互　　　B. 友好交互　　　　C. 主动式交互　　　D. 双向交互

49. 不能作为课件素材直接使用的是（　　　）。

    A. 数字化图片　　　B. 数字化视频　　　C. 数字化音频　　　D. VCD 图像

50. 多媒体课件中的数字化音频素材一般可以通过（　　　）方法获得。

    A. 自行制作和购买　　　　　　　　　B. 上网下载

    C. 购买和收集　　　　　　　　　　　D. 自行制作，收集和购买

51. （　　　）软件不能用于多媒体课件编辑。

    A. PowerPoint　　　B. Authorware　　　C. Flash　　　　　D. Windows

52. 根据建构主义的基本学习观点，（　　　）不是多媒体课件的设计策略。

    A. 开放性策略　　　B. 自上而下的策略　C. 自下而上的策略　D. 情境性策略

53. Windows 中的"图画"不能进行（　　）操作。

    A. 捕捉屏幕上的图像　　　　　　　　B. 修改图像

    C. 为图像添加文字说明　　　　　　　D. 修改图像

54. 建构主义学习理论认为，学习环境中不应包括（　　）要素。

    A. 情境　　　　　　　B. 情景　　　　　　　C. 协作　　　　　　　D. 会话和意义建构

55. 多媒体技术是综合处理（　　）等多种媒体信息的技术。

    ①声音　　　　　　　②文本　　　　　　　③图像　　　　　　　④视频

    A. ③④　　　　　　　B. ②③　　　　　　　C. ①②③　　　　　　D. 全部

56. 下列媒体属于表示媒体的有（　　）。

    A. 图像　　　　　B. ASCII 码　　　　　C. 显示器　　　　　D. 光盘

57. PDA 是 Personal Digital Assitant，即个人数字助理的简称，俗称掌上电脑。（　　）不属于 PDA 的常用功能。

    A. 图像编辑处理　　　　　　　　　　B. 记录个人日程安排

    C. MP3 音乐播放　　　　　　　　　　D. 收发电子邮件

58. 下列有关流媒体技术说法不正确的是（　　）。

    A. 流媒体技术是指多媒体数据传输等一系列技术、方法和协议的总称

    B. 利用流媒体技术下载文件不需要太大的缓存容量

    C. 流媒体技术播放文件使启动延时大大提高

    D. 利用流媒体技术下载文件，用户可以边接收数据边播放

59. 利用多媒体系统编制的（　　）课件，能够创造生动逼真的教学环境，使学生自主学习的积极性得到提高。

    A. CAD　　　　　　　B. CAI　　　　　　　C. CAM　　　　　　　D. CAE

60. （　　）是一种光电一体化的计算机输入设备，用于静态图像的采集。

    A. 鼠标　　　　　　　B. 打印机　　　　　　C. 扫描仪　　　　　　D. 绘图仪

61. 下列（　　）不是 MPC 的基本硬件配置。

    A. 声卡　　　　　　　B. 压缩卡　　　　　　C. CD-ROM　　　　　　D. 音箱

62. 不能直接获得文字素材手段的是（　　）。

    A. 键盘录入　　　　　B. 语音录入　　　　　C. 手写输入　　　　　D. 数码相机导入

63. 打印分辨率的单位是（　　）。

    A. ppi　　　　　　　B. dpi　　　　　　　C. lpi　　　　　　　　D. pixel

64. 若一幅量化位数为 32bit，分辨率为 800dpi×600dpi 的图像，（　　）屏幕分辨率显示出来的图像最精细，质量最好。

    A. 320dpi×240dpi　　B. 640dpi×480dpi　　C. 800dpi×600dpi　　D. 1024dpi×768dpi

65. 下列图像格式没有被压缩的是（　　）。

    A. GIF　　　　　　　B. BMP　　　　　　　C. JPG　　　　　　　D. PNG

66. 构成位图图像最基本的单位是（　　）。

    A. 颜色　　　　　　　B. 通道　　　　　　　C. 图层　　　　　　　D. 像素

67. 有关 Flash 说法正确的是（　　）。

    A. Flash 是一个多媒体系统

B. 用于矢量图编辑和二维动画制作

C. 用于矢量图编辑和三维动画制作

D. 对 Flash 动画进行放大和旋转时会产生变形效果

68. 下面对矢量图和位图描述正确的是（　　）。

A. 矢量图的基本组成单元是像素

B. 位图的基本组成单元是锚点和路径

C. Adobe Illustratorll 图形软件能够生成矢量图

D. Adobe Photoshop7 能够生成矢量图

69. 有许多国际标准可实现视频信息的压缩。其中适合于连续色调、多级灰度静止图像压缩标准的是（　　）。

A. JPEG　　　　　　B. MPEG　　　　　　C. H. 261　　　　　　D. LZW

70. 下列（　　）是一种基于流媒体技术的网络实时传输音频文件格式。

A. *. rm　　　　　　B. *. aif　　　　　　C. *. wav　　　　　　D. *. cda

71. 有关有损压缩下列说法不正确的是（　　）。

A. 有损压缩减少了原始文件的冗余信息　　B. 压缩比越大，还原后的效果越好

C. 预测编码是一种有损压缩技术　　　　　D. 有损压缩不具有可逆性

72. 数码相机可以拍摄数字图像，一般存储的图像格式为（　　）。

A. GIF　　　　　　B. JPG　　　　　　C. PSD　　　　　　D. BMP

73. 在 Photoshop 中，当图像是（　　）模式时，所有的滤镜都不可以使用（假设图像是 8 位/通道）。

A. CMYK　　　　　　B. 灰度　　　　　　C. 多通道　　　　　　D. 索引颜色

74. 在 Flash 中，一个按钮可以用（　　）帧构成。

A. 3　　　　　　B. 4　　　　　　C. 5　　　　　　D. 6

75. 使用 Flash 对外部声音素材的导入，说法不正确的是（　　）。

A. Flash 能导入 MP3 格式的声音文件

B. 声音文件被直接导入场景中

C. 声音文件导入后作为库文件存放

D. 在 Flash 中可以用 ACTION 控制声音的播放和暂停

76. 多媒体作品设计制作的流程为（　　）。

A. 设计脚本、作品策划、搜集素材、编程制作、作品检测

B. 作品策划、设计脚本、搜集素材、编程制作、作品检测

C. 设计脚本、搜集素材、作品策划、编程制作、作品检测

D. 作品策划、搜集素材、设计脚本、编程制作、作品检测

77. 使用 Cool 360 制作虚拟全景图的主要操作步骤是（　　）。

A. 创建项目-修饰图像-保存输出　　　　　B. 修饰图像-创建项目-保存输出

C. 创建项目-修饰图像-保存输出　　　　　D. 创建项目-保存输出-修饰图像

78. 对同样一段音乐，分别用 44kHz 和 11kHz 的采样频率进行采样后存储，那么采样频率越高，则（　　）。

A. 存储容量越大　　　　　　　　　　　B. 存储容量越小

C. 声音越真实   D. 存储容量及声音效果均无变化

79. 操作技能考试时，每个项目现场考评员不得少于（   ）人。

A. 1   B. 2   C. 3   D. 4

80. 操作技能考试可分为（   ）种。

A. 笔答、口答、计算、实操   B. 笔答、口答、绘图、实操

C. 笔答、计算、仿真、实操   D. 笔答、口答、仿真、实操

（三）综合题

1. 为考核焊工的操作技能，试件焊后应进行哪些力学性能试验？

2. TSG Z6002《特种设备焊接操作人员考核细则》要求从事哪些焊缝焊接工作的焊工应考核合格，并持有《特种设备作业人员证》。

3. TSG Z6002《特种设备焊接操作人员考核细则》要求哪些情况应当进行相应基本知识考试？

4. TSG Z6002《特种设备焊接操作人员考核细则》要求在同一种焊接方法中，哪些情况焊工需要重新进行焊接操作技能考试？

5. TSG Z6002《特种设备焊接操作人员考核细则》要求焊工采用某类别任一钢号，经过焊接操作技能考试合格后，哪些情况不需重新进行焊接操作技能考试？

6. 简述 TSG Z6002《特种设备焊接操作人员考核细则》中对外观检查方法有哪些要求。

7. 简述 TSG Z6002《特种设备焊接操作人员考核细则》中对外观检查基本要求。

8. 简述 TSG Z6002《特种设备焊接操作人员考核细则》中与焊接操作技能有关的要素。

9. GB/T 15169《钢熔化焊焊工技能评定》标准中考核焊工哪些技能？

10. 按照 GB/T 15169《钢熔化焊焊工技能评定》标准，焊工考试时的焊接应满足哪些要求？

11. 在 GB/T 24598《铝及铝合金熔化焊焊工技能评定》标准中，试件类型采用的准则是什么？

12. 编写培训教材要坚持的原则有哪些？

13. 文字教材开发的基本方法有哪些？

14. 教材编写的基本方法有哪些？

15. 多媒体教材的开发步骤有哪些？

16. 培训中开发多媒体教材应注意哪些问题？

17. 简述编制培训课程教学大纲的基本程序。

18. 按教师授课的选择形式，教材可以分为哪几类？

19. 如何编写职业技能培训计划？

20. 简述编写培训教案的方法和步骤。

21. 在 GB/T 24598《铝及铝合金熔化焊焊工技能评定》标准中，对焊接方法的认可范围有哪些要求？

扫码看答案

第7部分

操作技能考核指导

实训模块 1   不锈钢管对接 45°固定加障碍焊条电弧焊

1. 考件图样（见图 2-4）

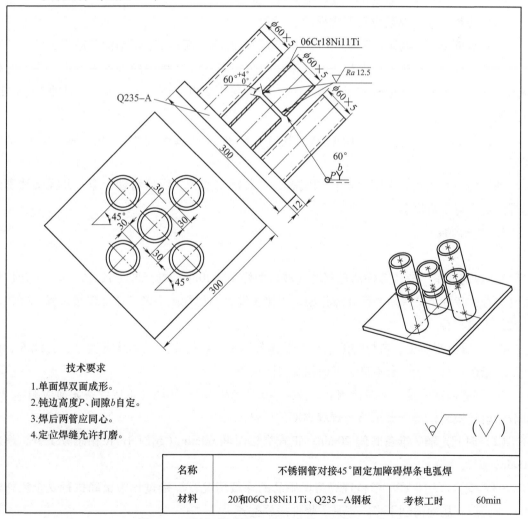

技术要求

1. 单面焊双面成形。
2. 钝边高度 P、间隙 b 自定。
3. 焊后两管应同心。
4. 定位焊缝允许打磨。

名称	不锈钢管对接45°固定加障碍焊条电弧焊		
材料	20和06Cr18Ni11Ti、Q235-A钢板	考核工时	60min

图 2-4   不锈钢管对接 45°固定加障碍焊条电弧焊

2. 焊前准备

（1）考件材质　20 钢管，$\phi 60mm \times 5mm$，$L = 200mm$，数量 4 件；不锈钢管 06Cr18Ni11Ti，$\phi 60mm \times 5mm$，$L = 100mm$，一端开 $30°^{+2°}_{0}$ V 形坡口，数量 2 件；Q235-A 钢板，规格为 $12mm \times 300mm \times 300mm$，数量 1 件。

（2）焊接材料　焊条 E347-16，直径 $\phi 2.5mm$、直径 $\phi 3.2mm$、直径 $\phi 4.0mm$ 任选。

（3）焊接设备　弧焊整流器或弧焊变压器，设备型号根据实际情况自定。

（4）工具、量具　钢丝钳、锤子、不锈钢丝刷、锉刀、活扳手、角向磨光机、焊条保温桶、钢直尺、扁铲、砂布等。

3. 操作要求

（1）焊接方法　焊条电弧焊。

（2）焊接位置　45°固定加障碍焊。

（3）坡口形式　V 形坡口，坡口角度 $60°^{+4°}_{0}$。

（4）焊接要求　单面焊双面成形。

（5）焊前清理　将坡口两侧 15~20mm 范围内的油、污、锈、垢清除干净。

（6）装配、定位焊　按图样组装，采用与焊接正式焊缝相同的焊条进行定位焊；定位焊焊 1 点，位于相当于时钟 12 点处坡口内；也可采用 2 点定位，位于相当于时钟 10 点与 2 点处坡口内，长度 10~15mm。定位装配后，允许使用打磨工具对定位焊焊缝进行适当打磨。

（7）焊接过程中　劳保用品穿戴整齐；焊接参数选择正确，焊后焊件保持原始状态。

（8）考件焊完后　关闭电焊机和气瓶，工具摆放整齐，场地清理干净，并仔细清理焊缝焊渣并保持原始状态。

4. 考核内容

（1）考核要求

1）焊前准备。考核考件清理程度（坡口两侧 15~20mm 清除油、污、锈、垢）、定位焊正确与否，考件定位焊后必须在操作架上焊接全缝，不得任意更换和改变焊接位置，焊接参数选择正确与否。

2）焊缝外观质量。考核焊缝余高、焊缝余高差、焊缝宽度、焊缝宽度差、直线度、角变形、错边、咬边、熔合不良、背面超高或凹坑等。

3）焊缝内部质量。射线检测后，按照 NB/T 47013.2—2015《承压设备无损检测　第 2 部分：射线检测》标准要求检查焊缝内部的质量。

（2）时间定额　准备时间 20min；正式焊接时间 60min（超时 1min 扣总分 1 分，超时 10min，记为 0 分）。

（3）安全文明生产　考核现场劳保用品的穿戴情况；焊接过程中正确执行安全操作规程；焊完后，场地清理干净，工具、焊件摆放整齐。

5. 配分、评分标准（见表 2-1）

表 2-1　不锈钢管对接 45° 固定加障碍焊条电弧焊评分表

焊工考件编号			考试超时扣总分		
序号	考核要求	配分	评分标准	扣分	得分
1	焊前准备	5	焊件清理不干净，定位焊不正确扣 1~5 分		
		5	划线、装配不正确，焊接参数调整不正确扣 1~5 分		
2	焊缝外观质量	6	焊缝余高 1~2mm 满分；≥0mm，<1mm 或>2mm，≤3mm 扣 2 分；>3mm 或<0mm 扣 6 分		
		6	焊缝余高差≤2mm 满分；>2mm 扣 6 分		
		6	焊缝宽度 7~11mm 满分；≥6mm，≤12mm 扣 2 分；>12mm，<6mm 扣 6 分		
		6	焊缝宽度差≤2mm 满分；>2mm 扣 6 分		
		4	背面焊道余高≤3mm 满分；>3mm 扣 2 分。背面凹坑深度≤0.5mm 满分；>0.5mm 或长度≥26mm 扣 2 分		
		4	焊缝直线度≤2mm 满分；>2mm 扣 4 分		
		4	两管同心满分；同心度>1°扣 2 分。无错边得 2 分；错边>0.5mm 扣 2 分		
		6	无咬边满分；咬边深度≤0.5mm，累计长度每 5mm 扣 1 分；咬边深度>0.5mm 或累计长度≥26mm 扣 6 分		
		4	起头、收尾平整，无流淌、缺口或超高满分；有上述缺陷 1 处扣 1~2 分。接头平整满分；有不平整、超高、脱节缺陷 1 处扣 1~2 分		
		4	焊缝波纹细腻，成形美观，平整，宽窄一致，表面无缺陷满分；波纹较细腻，成形较好扣 1 分；波纹粗糙，焊缝成形较差扣 2 分；焊缝成形差，超高或脱节扣 4 分		
		否定项	焊缝表面不是原始状态，有加工、补焊、返修等现象或有裂纹、气孔、夹渣、未焊透、未熔合等任何一项缺陷存在，此项考试按不合格论		
			焊缝外观质量得分低于 30 分，此项考试按不合格论		
3	焊缝内部质量	40	射线检测后按 NB/T 47013.2—2015 评定焊缝质量：焊缝质量Ⅰ级，满分；焊缝质量Ⅱ级，扣 10 分；焊缝质量Ⅲ级，此项考试按不合格论		
	合计得分				

评分人：　　　　　　　　　年　月　日　　　核分人：　　　　　　　　　年　月　日

实训模块 2　不锈钢管对接水平固定加障碍焊条电弧焊

1. 考件图样（见图 2-5）

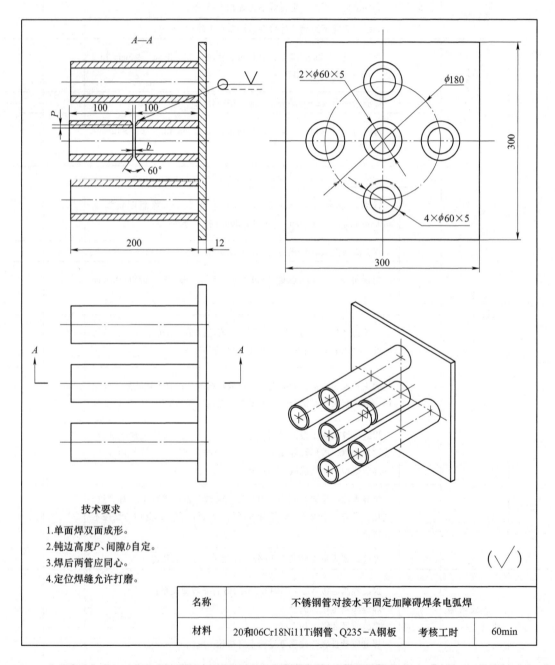

技术要求

1. 单面焊双面成形。
2. 钝边高度 P、间隙 b 自定。
3. 焊后两管应同心。
4. 定位焊缝允许打磨。

$(\sqrt{\quad})$

名称	不锈钢管对接水平固定加障碍焊条电弧焊		
材料	20和06Cr18Ni11Ti钢管、Q235-A钢板	考核工时	60min

图 2-5　不锈钢对接水平固定加障碍焊条电弧焊

2. 焊前准备

（1）考件材质　20 钢管，$\phi 60mm \times 5mm$，$L = 200mm$，数量 4 件；不锈钢管 06Cr18Ni11Ti 不锈钢管，$\phi 60mm \times 5mm$，$L = 100mm$，一端开 $30°^{+2°}_{0°}$ V 形坡口，数量 2 件；Q235-A 钢板，规格为 $300mm \times 300mm \times 12mm$，数量 1 件。

（2）焊接材料　焊条 E347-16，直径 $\phi 2.5mm$、直径 $\phi 3.2mm$、直径 $\phi 4.0mm$ 任选。

（3）焊接设备　弧焊整流器或弧焊变压器，设备型号根据实际情况自定。

（4）工、量具　钢丝钳、锤子、不锈钢丝刷、锉刀、活扳手、角向磨光机、焊条保温桶、钢直尺、扁铲、砂布等。

3. 操作要求

（1）焊接方法　焊条电弧焊。

（2）焊接位置　水平固定加障碍焊。

（3）坡口形式　V 形坡口，坡口角度 $60°^{+4°}_{0°}$。

（4）焊接要求　单面焊双面成形。

（5）焊前清理　将坡口两侧 15～20mm 范围内的油、污、锈、垢清除干净。

（6）装配、定位焊　按图样组装进行定位焊，钢管定位焊焊 1 点，位于相当于时钟 12 点处坡口内；也可焊 2 点，位于相当于时钟 10 点、2 点处坡口内，长度 10～15mm。定位装配后允许使用打磨工具对定位焊焊缝做适当打磨。

（7）焊接过程中　劳保用品穿戴整齐；焊接参数选择正确，焊后焊件保持原始状态。

（8）考件焊完后　关闭焊机和气瓶，工具摆放整齐，场地清理干净，并仔细清理焊缝焊渣并保持原始状态。

4. 考核内容

（1）考核要求

1）焊前准备。考核考件清理程度（坡口两侧 15～20mm 清除油、污、锈、垢）、定位焊正确与否，考件定位焊后必须在操作架上焊接全缝，不得任意更换和改变焊接位置，焊接参数选择正确与否。

2）焊缝外观质量。考核焊缝余高、焊缝余高差、焊缝宽度、焊缝宽度差、直线度、角变形、错边、咬边、熔合不良、背面超高或凹坑等。

3）焊缝内部质量：射线检测后，按照 NB/T 47013.2—2015《承压设备无损检测　第 2 部分：射线检测》标准要求检查焊缝内部的质量。

（2）时间定额　准备时间 20min；正式焊接时间 60min（超时 1min 扣总分 1 分，超时 10min，记为 0 分）。

（3）安全文明生产　考核现场劳保用品的穿戴情况；焊接过程中正确执行安全操作规程；焊完后，场地清理干净，工具、焊件摆放整齐。

5. 配分、评分标准（见表 2-2）

表 2-2　不锈钢管对接水平固定加障碍焊条电弧焊评分表

焊工考件编号				考试超时扣总分		
序号	考核要求	配分	评分标准		扣分	得分
1	焊前准备	5	焊件清理不干净，定位焊不正确扣 1~5 分			
		5	划线、装配不正确，焊接参数调整不正确扣 1~5 分			
2	焊缝外观质量	6	焊缝余高 1~2mm 满分；≥0mm，<1mm 或>2mm，≤3mm 扣 2 分；>3mm 或<0mm 扣 6 分			
		6	焊缝余高差≤2mm 满分；>2mm 扣 6 分			
		6	焊缝宽度 7~11mm 满分；≥6mm，≤12mm 扣 2 分；>12mm，<6mm 扣 6 分			
		6	焊缝宽度差≤2mm 满分；>2mm 扣 6 分			
		4	背面焊道余高≤3mm 满分；>3mm 扣 2 分。背面凹坑深度≤0.5mm 满分；>0.5mm 或长度≥26mm 扣 2 分			
		4	焊缝直线度≤2mm 满分；>2mm 扣 4 分			
		4	两管同心满分；同心度>1° 扣 2 分。无错边得 2 分；错边>0.5mm 扣 2 分			
		6	无咬边满分；咬边深度≤0.5mm，累计长度每 5mm 扣 1 分；咬边深度>0.5mm 或累计长度≥26mm 扣 6 分			
		4	起头、收尾平整，无流淌、缺口或超高满分；有上述缺陷 1 处扣 1~2 分。接头平整满分；有不平整、超高、脱节缺陷 1 处扣 1~2 分			
		4	焊缝波纹细腻，成形美观，平整，宽窄一致，表面无缺陷满分；波纹较细腻，成形较好扣 1 分；波纹粗糙，焊缝成形较差扣 2 分；焊缝成形差，超高或脱节扣 4 分			
		否定项	焊缝表面不是原始状态，有加工、补焊、返修等现象或有裂纹、气孔、夹渣、未焊透、未熔合等任何一项缺陷存在，此项考试按不合格论			
			焊缝外观质量得分低于 30 分，此项考试按不合格论			
3	焊缝内部质量	40	射线检测后按 NB/T 47013.2—2015 评定焊缝质量： 焊缝质量Ⅰ级，满分 焊缝质量Ⅱ级，扣 10 分 焊缝质量Ⅲ级，此项考试按不合格论			
	合计得分					

评分人：　　　　　　　　　　年　月　日　　　核分人：　　　　　　　　　年　月　日

实训模块 3　不锈钢板 V 形坡口对接（加永久垫）仰焊（MIG 焊）

1. 考件图样（见图 2-6）

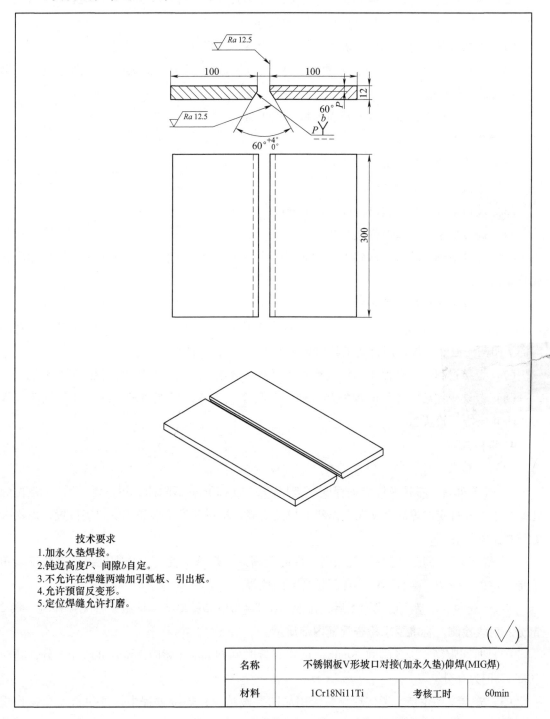

技术要求

1. 加永久垫焊接。
2. 钝边高度 P、间隙 b 自定。
3. 不允许在焊缝两端加引弧板、引出板。
4. 允许预留反变形。
5. 定位焊缝允许打磨。

名称	不锈钢板 V 形坡口对接(加永久垫)仰焊(MIG 焊)		
材料	1Cr18Ni11Ti	考核工时	60min

图 2-6　不锈钢板 V 形坡口对接（加永久垫）仰焊（MIG 焊）

2. 焊前准备

（1）考件材质　1Cr18Ni11Ti 不锈钢板，规格为 300mm×100mm×12mm，一侧加工 $30^{\circ+2^{\circ}}_{\ \ 0}$ V 形坡口，数量 2 件。

（2）焊接材料　焊丝 E347-16，直径为 ϕ1.2mm；保护气体 98%Ar+2%O_2 或 95%Ar+5%CO_2 混合气体；平面形陶制焊接衬垫，槽深 12mm。

（3）焊接设备　半自动熔化极氩弧焊机。设备型号根据实际情况自定。

（4）工具、量具　钢丝钳、尖嘴钳、锤子、钢丝刷、锉刀、活扳手、角向磨光机、钢直尺、扁铲、砂布等。

（5）考件　坡口两端不得安装引弧板、引出板。

3. 操作要求

（1）焊接方法　MIG 焊。

（2）焊接位置　对接仰焊。

（3）坡口形式　V 形坡口，坡口角度 $60^{\circ+4^{\circ}}_{\ \ 0}$。

（4）焊接要求　加陶制焊接衬垫。

（5）焊前清理　将坡口两侧 15~20mm 范围内的油、污、锈、垢清除干净，使之露出金属光泽。

（6）装配、定位焊　按图样组装，进行定位焊；定位焊缝位于考件两端坡口内，长度 10~15mm。定位装配后预置反变形，然后将陶瓷垫粘贴在试件背面，使试件坡口中心对准陶瓷垫凹槽中心。允许使用打磨工具对定位焊焊缝做适当打磨。

（7）焊接过程中　劳保用品穿戴整齐；焊接参数选择正确，焊后焊件保持原始状态。

（8）考件焊完后　关闭电焊机和气瓶，工具摆放整齐，场地清理干净，并仔细清理焊缝焊渣并保持原始状态。

4. 考核内容

（1）考核要求

1）焊前准备。考核考件清理程度（坡口两侧 15~20mm 清除油、污、锈、垢）、定位焊正确与否，考件定位焊后必须在操作架上焊接全缝，不得任意更换和改变焊接位置，焊接参数选择正确与否。

2）焊缝外观质量。考核焊缝余高、焊缝余高差、焊缝宽度、焊缝宽度差、直线度、角变形、错边、咬边、熔合不良、背面超高或凹坑等。

3）焊缝内部质量。射线检测后，按照 NB/T 47013.2—2015《承压设备无损检测　第 2 部分：射线检测》标准要求检查焊缝内部质量。

（2）时间定额　准备时间 20min；正式焊接时间 60min（超时 1min 扣总分 1 分，超时 10min，记为 0 分）。

（3）安全文明生产　考核现场劳保用品的穿戴情况；焊接过程中正确执行安全操作规程；焊完后，场地清理干净，工具、焊件摆放整齐。

5. 配分、评分标准（见表2-3）

表2-3 不锈钢板V形坡口对接（加永久垫）仰焊（MIG焊）评分表

焊工考件编号				考试超时扣总分		
序号	考核要求	配分	评分标准		扣分	得分
1	焊前准备	5	焊件清理不干净，定位焊不正确扣1~5分			
		5	焊接参数调整不正确扣1~5分			
2	焊缝外观质量	6	焊缝余高1~2mm满分；≥0mm，<1mm或>2mm，≤3mm扣2分；>3mm或<0mm扣6分			
		6	焊缝余高差≤2mm满分；>2mm扣6分			
		6	焊缝宽度18~22mm满分；≥17mm，≤23mm扣2分；>23mm，<17mm扣4分			
		6	焊缝宽度差≤2mm满分；>2mm扣6分			
		4	背面凹坑深度≤1.2mm满分；>1.2或长度>26mm扣4分			
		4	焊缝直线度≤2mm满分；>2mm扣4分			
		4	角变形≤3°得2分；>3°扣2分。无错边得2分；错边>1.2mm扣2分			
		6	无咬边满分；咬边深度≤0.5mm，累计长度每5mm扣1分；咬边深度>0.5mm或累计长度≥26mm扣6分			
		4	起头、收尾平整，无流淌、缺口或超高满分；有上述缺陷1处扣1~2分。接头平整满分；有不平整、超高、脱节缺陷1处扣1~2分			
		4	焊缝波纹细腻，成形美观，平整，宽窄一致，表面无缺陷满分；波纹较细腻，成形较好扣1分；波纹粗糙，焊缝成形较差扣2分；焊缝成形差，超高或脱节扣4分			
		否定项	焊缝表面不是原始状态，有加工、补焊、返修等现象或有裂纹、气孔、夹渣、未焊透、未熔合等任何一项缺陷存在，此项考试按不合格论			
			焊缝外观质量得分低于30分，此项考试按不合格论			
3	焊缝内部质量	40	射线检测后按NB/T 47013.2—2015评定焊缝质量： 焊缝质量Ⅰ级，满分 焊缝质量Ⅱ级，扣10分 焊缝质量Ⅲ级，此项考试按不合格论			
	合计得分					

评分人：   年 月 日   核分人：   年 月 日

实训模块 4　不锈钢管和低合金钢管对接 45°固定加排管障碍的手工钨极氩弧焊

1. 考件图样（见图 2-7）

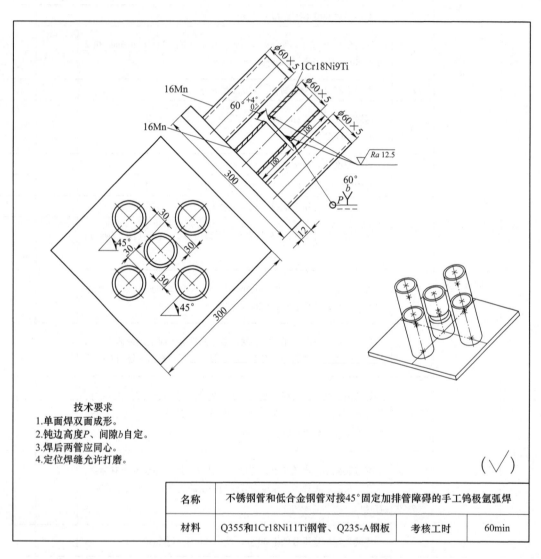

技术要求
1. 单面焊双面成形。
2. 钝边高度P、间隙b自定。
3. 焊后两管应同心。
4. 定位焊缝允许打磨。

名称	不锈钢管和低合金钢管对接45°固定加排管障碍的手工钨极氩弧焊		
材料	Q355和1Cr18Ni11Ti钢管、Q235-A钢板	考核工时	60min

图 2-7　不锈钢管和低合金钢管对接 45°固定加排管障碍的手工钨极氩弧焊

2. 焊前准备

（1）考件材质　Q355 钢管，规格为 $\phi60mm\times5mm$，$L=100mm$，一端开 $30°^{+2°}_{0}$ V 形坡口，数量 1 件；$\phi60mm\times5mm$，$L=200mm$，数量 4 件；1Cr18Ni11Ti 钢管，$\phi60mm\times5mm$，$L=100mm$，一端开 $30°^{+2°}_{0}$ V 形坡口，数量 1 件；Q235-A 钢板，规格为 12mm×300mm×300mm，数量 1 件。

（2）焊接材料　焊丝 E347-16，直径为 $\phi 2.5mm$。钨极：WCe-20，直径为 $\phi 2.5mm$。保护气体：氩气，纯度≥99.9%。

（3）焊接设备　手工直流钨极氩弧焊机，设备型号根据实际情况自定。

（4）工具、量具　钢丝钳、尖嘴钳、锤子、钢丝刷、锉刀、活扳手、角向磨光机、钢直尺、扁铲、砂布等。

（5）考件　坡口两端不得安装引弧板、引出板。

3. 操作要求

（1）焊接方法　手工钨极氩弧焊。

（2）焊接位置　45°固定加障碍焊。

（3）坡口形式　V 形坡口，坡口角度 $60°^{+4°}_{0°}$。

（4）焊接要求　单面焊双面成形。

（5）焊前清理　将坡口两侧 15~20mm 范围内的油、污、锈、垢清除干净。

（6）装配、定位焊　按图样组装，采用与焊接正式焊缝相同的焊条进行定位焊；定位焊焊 1 点，位于相当于时钟 12 点处坡口内；也可采用 2 点，位于相当于时钟 10 点与 2 点处坡口内，长度 10~15mm。定位装配后，允许使用打磨工具对定位焊焊缝进行适当打磨。

（7）焊接过程中　劳保用品穿戴整齐；焊接参数选择正确，焊后焊件保持原始状态。

（8）考件焊完后　关闭电焊机和气瓶，工具摆放整齐，场地清理干净，并仔细清理焊缝焊渣并保持原始状态。

4. 考核内容

（1）考核要求

1）焊前准备。考核考件清理程度（坡口两侧 15~20mm 清除油、污、锈、垢）、定位焊正确与否，考件定位焊后必须在操作架上焊接全缝，不得任意更换和改变焊接位置，焊接参数选择正确与否。

2）焊缝外观质量。考核焊缝余高、焊缝余高差、焊缝宽度、焊缝宽度差、直线度、角变形、错边、咬边、熔合不良、背面超高或凹坑等。

3）焊缝内部质量。射线检测后，按照 NB/T 47013.2—2015《承压设备无损检测　第 2 部分：射线检测》标准要求检查焊缝内部的质量。

（2）时间定额　准备时间 20min；正式焊接时间 60min（超时 1min 扣总分 1 分，超时 10min，记为 0 分）。

（3）安全文明生产　考核现场劳保用品的穿戴情况；焊接过程中正确执行安全操作规程；焊完后，场地清理干净，工具、焊件摆放整齐。

5. 配分、评分标准（见表 2-4）

表 2-4　不锈钢管和低合金钢管对接 45°固定加排管障碍的手工钨极氩弧焊评分表

焊工考件编号				考试超时扣总分		
序号	考核要求	配分	评分标准		扣分	得分
1	焊前准备	5	焊件清理不干净，定位焊不正确扣 1~5 分			
		5	焊接参数调整不正确扣 1~5 分			

（续）

序号	考核要求	配分	评分标准	扣分	得分
2	焊缝外观质量	6	焊缝余高 1~3mm 满分；≥0mm，<1mm 或>3mm，≤4mm 扣 2 分；>4mm 或<0mm 扣 6 分		
		6	焊缝余高差≤2mm 满分；>2mm 扣 6 分		
		6	焊缝宽度 10~14mm 满分；≥9mm，≤15mm 扣 2 分；<9mm，>15mm 扣 6 分		
		6	焊缝宽度差≤2mm 满分；>2mm 扣 6 分		
		4	背面焊道余高≤3mm 得 2 分；>3mm 扣 4 分。背面凹坑深度≤1mm 得 2 分；>1mm 或长度≥18mm 扣 4 分		
		2	焊缝直线度≤2mm 满分；>2mm 扣 2 分		
		4	两管同心得 2 分；同心度>1° 扣 2 分。无错位得 2 分；错位>0.5mm 扣 2 分		
		6	无咬边，满分；咬边深度≤0.5mm，累计长度每 5mm 扣 1 分；咬边深度>0.5mm 或累计长度≥18mm 扣 6 分		
		4	起头、收尾平整，无流淌、缺口或超高得 2 分；有上述缺陷 1 处扣 1~2 分。接头平整得 2 分；有不平整、超高、脱节缺陷 1 处扣 2 分		
		2	无电弧擦伤，满分；有 1 处扣 2 分		
		4	焊缝波纹细腻，成形美观，平整，宽窄一致，表面无缺陷，满分；波纹较细腻，成形较好扣 1 分；焊波粗糙，焊缝成形较差扣 2 分；焊缝成形差，超高或脱节扣 2~4 分		
		否定项	焊缝表面不是原始状态，有加工、补焊、返修等现象或有裂纹、气孔、夹渣、未焊透、未熔合等任何一项缺陷存在，此项考试按不合格论		
			焊缝外观质量得分低于 30 分，此项考试按不合格论		
3	焊缝内部质量	40	射线检测后按 NB/T 47013.2—2015 评定焊缝质量： 焊缝质量Ⅰ级，满分 焊缝质量Ⅱ级，扣 10 分 焊缝质量Ⅲ级，此项考试按不合格论		
	合计得分				

评分人：　　　　　　　　　　　年　月　日　　　核分人：　　　　　　　　　　年　月　日

实训模块5　钛合金板I形坡口对接平焊（手工 TIG 焊）

1. 考件图样（见图 2-8）

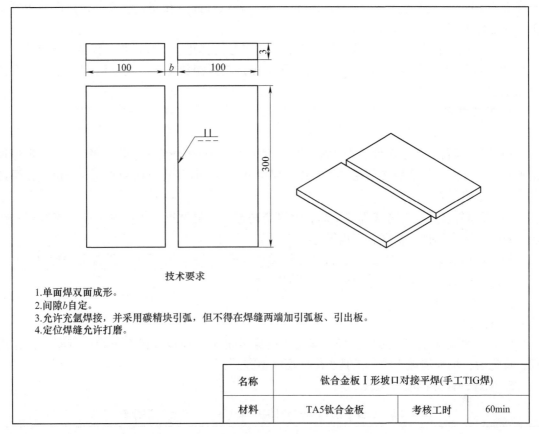

技术要求

1.单面焊双面成形。
2.间隙b自定。
3.允许充氩焊接，并采用碳精块引弧，但不得在焊缝两端加引弧板、引出板。
4.定位焊缝允许打磨。

名称	钛合金板I形坡口对接平焊(手工TIG焊)		
材料	TA5钛合金板	考核工时	60min

图 2-8　钛合金板I形坡口对接平焊（手工 TIG 焊）

2. 焊前准备

（1）考件材质　TA5 钛合金板，规格为 300mm×100mm×3mm，I形坡口，数量 2 件。

（2）焊接材料　钛焊丝 T28，直径为 $\phi2.0$mm、直径为 $\phi2.5$mm、直径为 $\phi3.2$mm 自选；氩气，纯度≥99.99%；钨极：WCe-20，直径为 $\phi2.5$mm。

（3）焊接设备　手工直流钨极氩弧焊机。设备型号根据实际情况自定。

（4）工具、量具　钢丝钳、尖嘴钳、锤子、钛丝刷、锉刀、活扳手、引弧碳精块、角向磨光机、充氩装置、钢直尺、扁铲、砂布等。

（5）考件　允许充氩焊接，但不得在考件坡口两端加装引弧板、引出板。

3. 操作要求

（1）焊接方法　手工 TIG 焊。

（2）焊接位置　对接平焊。

（3）坡口形式　I形坡口。

（4）焊接要求　单面焊双面成形。

（5）焊前清理　将坡口两侧 15~20mm 范围内的油、污、锈、垢清除干净，露出金属光泽。

（6）装配、定位焊　按图样组装，进行定位焊；定位焊焊 2 点，位于考件两端坡口内，长度大于 10mm。定位装配后，预置反变形，然后将试件固定在充氩装置上，允许使用打磨工具对定位焊焊缝进行适当打磨。

（7）焊接过程中　劳保用品穿戴整齐；焊接参数选择正确，焊后焊件保持原始状态。

（8）考件焊完后　关闭电焊机、气瓶和水源，工具摆放整齐，场地清理干净，并保持原始状态。

4. 考核内容

（1）考核要求

1）焊前准备。考核考件清理程度（坡口两侧 15~20mm 清除油、污、锈、垢）、定位焊正确与否，考件定位焊后必须在充氩装置上焊接全缝，不得任意更换和改变焊接位置，焊接参数选择正确与否。

2）焊缝外观质量。考核焊缝余高、焊缝余高差、焊缝宽度、焊缝宽度差、直线度、错边、咬边、熔合不良、烧穿、夹钨等。

3）焊缝内部质量。射线检测后，按照 NB/T 47013.2—2015《承压设备无损检测　第 2 部分：射线检测》标准要求检查焊缝内部的质量。

（2）时间定额　准备时间 20min；正式焊接时间 60min（超时 1min 扣总分 1 分，超时 10min，记为 0 分）。

（3）安全文明生产　考核现场劳保用品的穿戴情况；焊接过程中正确执行安全操作规程；焊完后，场地清理干净，工具、焊件摆放整齐。

5. 配分、评分标准（见表 2-5）

表 2-5　钛合金板 I 形坡口对接平焊（手工 TIG 焊）评分表

焊工考件编号				考试超时扣总分		
序号	考核要求	配分	评分标准		扣分	得分
1	焊前准备	5	焊件清理不干净，定位焊不正确扣 1~5 分			
		5	焊接参数调整不正确扣 1~5 分			
2	焊缝外观质量	6	焊缝余高 1~2mm 满分；≥0mm，<1mm 或>2mm，≤3mm 扣 2 分；>3mm 或<0mm 扣 6 分			
		6	焊缝余高差≤2mm 满分；>2mm 扣 6 分			
		6	焊缝宽度 5~8mm 满分；≥4mm，≤9mm 扣 2 分；>9mm，<4mm 扣 6 分			
		6	焊缝宽度差≤2mm 满分；>2mm 扣 6 分			
		4	焊缝直线度≤2mm 满分；>2mm 扣 4 分			
		8	无咬边，满分；咬边深度≤0.5mm，累计长度每 5mm 扣 1 分；咬边深度>0.5mm 或累计长度≥30mm 扣 8 分			

（续）

序号	考核要求	配分	评分标准	扣分	得分
2	焊缝外观质量	4	角变形≤3°得2分；>3°扣2分。无错边得2分；错边>0.5mm扣2分		
		4	背面凹坑深度≤0.5mm满分；>0.5mm或长度>26mm扣2分		
		6	焊缝波纹细腻，成形美观，平整，宽窄一致，表面无缺陷，满分；波纹较细腻，成形较好各扣1分；波纹粗糙，焊缝成形较差扣3分；焊缝成形差，超高或脱节各扣2~6分		
		否定项	焊缝表面不是原始状态，有加工、补焊、返修等现象或有裂纹、气孔、夹钨、未焊透、未熔合等任何一项缺陷存在，此项考试按不合格论		
			焊缝外观质量得分低于30分，此项考试按不合格论		
3	焊缝内部质量	40	射线检测后按NB/T 47013.2—2015评定焊缝质量： 焊缝质量Ⅰ级，满分 焊缝质量Ⅱ级，扣10分 焊缝质量Ⅲ级，此项考试按不合格论		
	合计得分				

评分人：　　　　　　　　　年　月　日　　　核分人：　　　　　　　　　年　月　日

实训模块6　T形接头角接平焊（自动熔化极气体保护焊）

1. 考件图样（见图2-9）

2. 焊前准备

（1）考件材质　Q355钢板，规格为400mm×250mm×8mm，数量1件；Q355钢板，规格为100mm×8mm曲面钢板，数量1件，一侧开$50°^{+2°}_{0°}$单边V形坡口。

（2）焊接材料　焊丝G49A3C1S6或G49A4M21S6，直径为ϕ1.2mm；保护气体为CO_2气体，纯度≥99.5%；或80%Ar+20%CO_2富氩混合气体，视现场实际情况任选一种。

（3）焊接设备　自动熔化极气体保护焊机。设备型号根据实际情况自定。

（4）工、量具　钢丝钳、尖嘴钳、锤子、钢丝刷、锉刀、活扳手、角向磨光机、钢直尺、直角尺、扁铲、砂布等。

（5）考件　坡口两端不得安装引弧板、引出板。

3. 操作要求

（1）焊接方法　CO_2气体保护焊或MAG焊，视现场实际情况任选一种。

（2）焊接位置　角接仰焊。

（3）坡口形式　单边V形坡口，坡口角度$50°^{+2°}_{0°}$。

（4）焊前清理　将坡口两侧15~20mm范围内的油、污、锈、垢清除干净。

（5）装配、定位焊　按图样组装，进行定位焊；定位焊缝位于T形接头的首尾处坡口内，长度10~15mm。定位装配后，应矫正焊件，以保证立板与平板垂直。

（6）焊接过程中　劳保用品穿戴整齐；焊接参数选择正确，焊后焊件保持原始状态。

（7）考件焊完后　关闭焊机和气瓶，工具摆放整齐，场地清理干净，并仔细清理焊缝

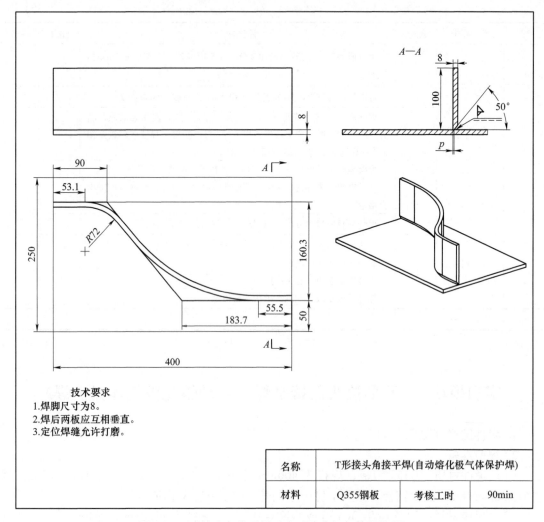

技术要求
1.焊脚尺寸为8。
2.焊后两板应互相垂直。
3.定位焊缝允许打磨。

名称	T形接头角接平焊(自动熔化极气体保护焊)		
材料	Q355钢板	考核工时	90min

图 2-9　T形接头角接平焊（自动熔化极气体保护焊）

焊渣并保持原始状态。

4. 考核内容

（1）考核要求

1）焊前准备。考核考件清理程度（坡口两侧15~20mm清除油、污、锈、垢）、定位焊正确与否，考件定位焊后必须在操作架上焊接全缝，不得任意更换和改变焊接位置，焊接参数选择正确与否。

2）焊缝外观质量。考核焊缝的焊脚尺寸、焊脚高度差、焊缝凸、凹度、直线度、角变形、错边、咬边、熔合不良、表面夹渣、表面气孔等。

3）焊缝内部质量。考核焊缝内部有无气孔、夹渣、裂纹、未熔合。

（2）时间定额　准备时间20min；正式焊接时间90min（超时1min扣总分1分，超时10min，记为0分）。

（3）安全文明生产　考核现场劳保用品的穿戴情况；焊接过程中正确执行安全操作规程；焊完后，场地清理干净，工具、焊件摆放整齐。

5. 配分、评分标准（见表2-6）

表2-6　T形接头角接平焊（自动熔化极气体保护焊）评分表

焊工考件编号			考试超时扣总分			
序号	考核要求	配分	评分标准		扣分	得分
1	焊前准备	5	焊件清理不干净，定位焊不正确扣1~5分			
		5	焊接参数调整不正确，装配不正确扣1~5分			
2	焊缝外观质量	6	焊脚尺寸8~10mm满分；≥10mm，≤12mm扣3分；>12mm或<8mm扣6分			
		6	焊脚高度差≤2mm满分；>2mm扣6分			
		6	底板和立板焊脚尺寸偏差≤2mm满分；>2mm扣6分			
		4	焊缝凹度≤1.5mm满分；>1.5mm扣4分			
		4	焊缝凸度≤1.5mm满分；>1.5mm扣4分			
		4	焊缝直线度≤2mm满分；>2mm扣4分			
		6	无咬边满分；咬边深度≤0.5mm，累计长度每5mm扣1分；咬边深度>0.5mm或累计长度≥26mm扣6分			
		4	无熔合不良满分；有1处扣2分；有2处扣4分			
		4	起头、收尾平整，无流淌、缺口或超高满分；有上述缺陷1处扣1~2分			
		4	接头平整满分；有不平整、超高、脱节缺陷1处扣2分			
		2	无电弧擦伤满分；有1处扣2分			
		4	无角变形或错边满分；有变形或错边各扣2分			
		6	焊缝波纹细腻，成形美观，平整，宽窄一致，表面无缺陷满分；波纹较细腻，成形较好扣2分；波纹粗糙，焊缝成形较差扣4分，焊缝成形差，超高或脱节扣6分			
		否定项	焊缝表面不是原始状态，有加工、补焊、返修等现象或有裂纹、气孔、夹渣、未熔合等任何一项缺陷存在，此项考试按不合格论			
			焊缝外观质量得分低于36分，此项考试按不合格论			
3	焊缝内部质量	30	垂直于焊缝长度方向上截取金相试样，共3个面，采用目视或5倍放大镜进行宏观检验。每个试样检查面经宏观检验 1. 当只有≤0.5mm的气孔或夹渣且数量不多于3个，每出现一个扣6分 2. 当出现>0.5mm，≤1.5mm的气孔或夹渣，且数量不多于1个时扣12分			
			任何一个试样检查面经宏观检验有裂纹和未熔合存在，或出现超过上述标准的气孔和夹渣，或接头根部熔深<0.5mm，此项考试按不合格论			
	合计得分					

评分人：　　　　　　　　　　年　月　日　　　　核分人：　　　　　　　　　　年　月　日

实训模块7　不锈钢薄板 I 形坡口对接平焊（自动 TIG 焊）

1. 考件图样（见图 2-10）

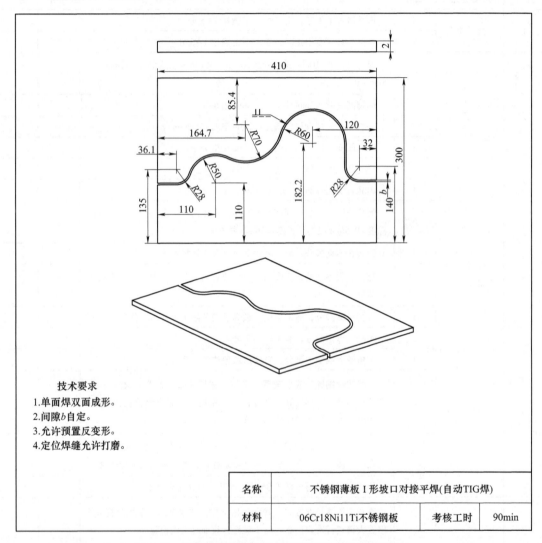

技术要求
1.单面焊双面成形。
2.间隙 b 自定。
3.允许预置反变形。
4.定位焊缝允许打磨。

名称	不锈钢薄板 I 形坡口对接平焊(自动TIG焊)		
材料	06Cr18Ni11Ti不锈钢板	考核工时	90min

图 2-10　不锈钢薄板 I 形坡口对接平焊（自动 TIG 焊）

2. 焊前准备

（1）考件材质　06Cr18Ni11Ti 不锈钢板，规格按图下料，数量 2 件。

（2）焊接材料　焊丝 E347-16，直径 $\phi1.0mm$，直径 $\phi1.5mm$、直径 $\phi2.0mm$ 任选。

（3）焊接设备　直流钨极自动氩弧焊机，设备型号根据实际情况自定。

（4）工具、量具　钢丝钳、尖嘴钳、锤子、不锈钢丝刷、锉刀、活扳手、角向磨光机、钢直尺、扁铲、砂布等。

（5）考件　坡口两端不得安装引弧板、引出板。

3. 操作要求

（1）焊接方法　自动 TIG 焊。

（2）焊接位置　对接平焊。

（3）坡口形式　I 形坡口。

（4）焊接要求　单面焊双面成形。

（5）焊前清理　将坡口两侧 15~20mm 范围内的油、污、锈、垢清除干净。

（6）装配、定位焊　按图样组装，进行定位焊；定位焊缝位于考件两端坡口内，长度 10~15mm。定位装配后，可预置反变形。允许使用打磨工具对定位焊焊缝做适当打磨。

（7）焊接过程中　劳保用品穿戴整齐；焊接参数选择正确，焊后焊件保持原始状态。

（8）考件焊完后　关闭焊机、气瓶和水源，工具摆放整齐，场地清理干净，并仔细清理焊缝焊渣并保持原始状态。

4. 考核内容

（1）考核要求

1）焊前准备。考核考件清理程度（坡口两侧 15~20mm 清除油、污、锈、垢）、定位焊正确与否，考件定位焊后必须在操作架上焊接全缝，不得任意更换和改变焊接位置，焊接参数选择正确与否。

2）焊缝外观质量。考核焊缝余高、焊缝余高差、焊缝宽度、焊缝宽度差、直线度、角变形、错边、咬边、熔合不良、背面超高或凹坑等。

3）焊缝内部质量。射线检测后，按照 NB/T 47013.2—2015《承压设备无损检测　第 2 部分：射线检测》标准要求检查焊缝内部质量。

（2）时间定额　准备时间 20min；正式焊接时间 90min（超时 1min 扣总分 1 分，超时 10min，记为 0 分）。

（3）安全文明生产　考核现场劳保用品的穿戴情况；焊接过程中正确执行安全操作规程；焊完后，场地清理干净，工具、焊件摆放整齐。

5. 配分、评分标准（见表 2-7）

表 2-7　不锈钢薄板 I 形坡口对接平焊（自动 TIG 焊）评分表

焊工考件编号				考试超时扣总分		
序号	考核要求	配分	评分标准		扣分	得分
1	焊前准备	5	焊件清理不干净，定位焊不正确扣 1~5 分			
		5	焊接参数调整不正确，焊条使用不符合规定扣 1~5 分			
2	焊缝外观质量	6	焊缝余高 1~2mm 满分；≥0mm，<1mm 或>2mm，≤3mm 扣 2 分；>3mm 或<0mm 扣 6 分			
		6	焊缝余高差≤2mm 满分；>2mm 扣 6 分			
		6	焊缝宽度 4~8mm 满分；≥3mm，≤9mm 扣 2 分；>9mm，<3mm 扣 6 分			
		6	焊缝宽度差≤2mm 满分；>2mm 扣 6 分			

（续）

序号	考核要求	配分	评分标准	扣分	得分
2	焊缝外观质量	4	背面焊道余高≤1mm 得 2 分；>1mm 扣 2 分。背面凹坑深度≤0.2mm 得 2 分；>0.2mm 或长度≥26mm 扣 2 分		
		4	焊缝直线度≤2mm 满分；>2mm 扣 4 分		
		4	无错边满分；错边每超差 0.5mm 扣 2 分		
		6	无咬边满分；咬边深度≤0.5mm，累计长度每 5mm 扣 1 分；咬边深度>0.5mm 或累计长度≥26mm 扣 6 分		
		4	无未焊透满分；深度≤0.5mm，每 2mm 扣 1 分；深度>0.5mm 或长度≥26mm 扣 4 分		
		4	无夹钨满分；有 1 处扣 2 分		
		4	焊缝颜色银白、金黄色满分；蓝色扣 2 分；红灰扣 3 分；灰、黑扣 4 分		
		4	无熔合不良满分；有 1 处扣 2 分		
		4	无缩孔、气孔满分；有缩孔每个扣 1 分；有气孔每个扣 2 分		
		4	起头、收尾平整，无流淌、缺口或超高满分；有上述缺陷 1 处扣 1~2 分。接头平整满分；有不平整、超高、脱节缺陷 1 处扣 1~2 分		
		4	焊缝波纹细腻，成形美观，平整，宽窄一致，表面无缺陷满分；波纹较细腻，成形较好扣 1 分；波纹粗糙，焊缝成形较差扣 2 分；焊缝成形差，超高或脱节扣 4 分		
		否定项	焊缝表面不是原始状态，有加工、补焊、返修、锤击等现象或有裂纹、夹渣、未熔合等任何一项缺陷存在，此项考试按不合格论		
			焊缝外观质量得分低于 42 分，此项考试按不合格论		
3	焊缝内部质量	20	射线检测后按 NB/T 47013.2—2015 评定焊缝质量： 焊缝质量 I 级，满分 焊缝质量 II 级，扣 10 分 焊缝质量 III 级，此项考试按不合格论		
	合计得分				

焊工考件编号　　　　　　　　　考试超时扣总分

评分人：　　　　　　　　年 月 日　　　核分人：　　　　　　　　年 月 日

实训模块8　组合件机器人弧焊

1. 考件图样（见图 2-11）

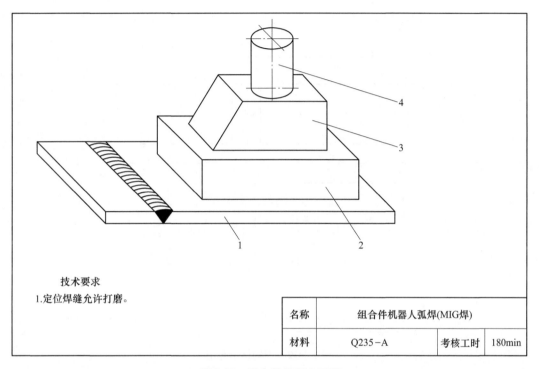

技术要求
1.定位焊缝允许打磨。

名称	组合件机器人弧焊(MIG焊)	
材料	Q235-A	考核工时 180min

图 2-11　组合件机器人弧焊

2. 焊前准备

（1）考件材质

1）底板（图 2-11-1）。底板为 250mm×210mm×12mm 与 210mm×80mm×12mm 板对接，单面焊双面成形；试板单侧加工 30°坡口，无钝边。组对时的间隙和钝边选手自定，反变形自定，焊接层次等自定。

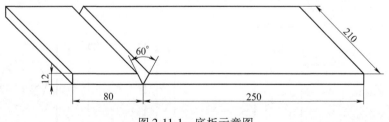

图 2-11-1　底板示意图

2）下箱体（图 2-11-2）。下箱体试板加工数量：件 1，150mm×60mm×10mm，数量 2 件；件 2，130mm×60mm×10mm，数量 2 件；件 3，150mm×130mm×10mm，数量 1 件，中心加工 φ38mm 孔。

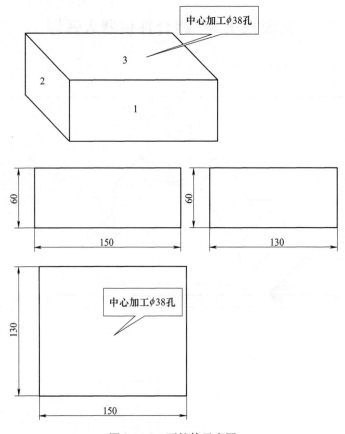

图 2-11-2　下箱体示意图

3）上箱体（图 2-11-3）。上箱体试板加工数量：件 1，呈直角梯形状，上边 70mm，下边 100mm，高 50mm，板厚 4mm，数量 1 件；件 2，80mm×50mm×4mm，数量 1 件；件 3，80mm×58mm×4mm，数量 1 件；件 4，80mm×70mm×4mm，中心加工 ϕ38mm 孔。

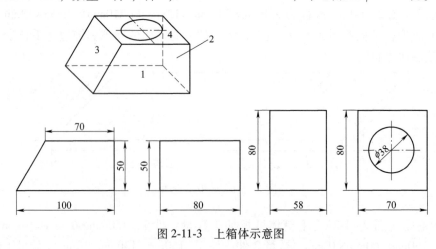

图 2-11-3　上箱体示意图

4）小管（图 2-11-4）。ϕ43mm×2.5mm，高度 70mm，数量 1 件。

（2）焊接材料　焊丝 G49A3C1S6 或 G49A4M21S6，直径为 ϕ1.2mm；保护气体为 80%Ar+20%CO_2 富氩混合气体，纯度≥99.5%。

（3）焊接设备　机器人弧焊机。设备型号根据实际情况自定。

（4）工、量具　钢丝钳、尖嘴钳、锤子、钢丝刷、锉刀、活扳手、角向磨光机、钢直尺、直角尺、扁铲、砂布等。

（5）考件　坡口两端不得安装引弧板、引出板。

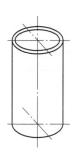

图 2-11-4　小管示意图

3. 操作要求

（1）焊接方法　钨极氩弧焊（TIG 焊）装配定位焊，熔化极气体保护焊（MAG 焊）试件焊接。

（2）焊接位置　按图 2-11 所示。

（3）坡口形式　按图 2-11 所示。

（4）焊前清理　将坡口两侧 15~20mm 范围内的油、污、锈、垢清除干净。

（5）装配、定位焊　按图样组装，进行定位焊，位置焊缝内，长度 10~15mm。

（6）焊接过程中　劳保用品穿戴整齐；焊接参数选择正确，焊后焊件保持原始状态。

（7）考件焊完后　关闭焊机和气瓶，工具摆放整齐，场地清理干净，并仔细清理焊缝焊渣并保持原始状态。

4. 考核内容

（1）考核要求

1）焊前准备。考核考件清理程度（坡口两侧 15~20mm 清除油、污、锈、垢）、定位焊正确与否，考件定位焊后必须在操作架上焊接全缝，不得任意更换和改变焊接位置，焊接参数选择正确与否。

2）焊缝外观质量。考核焊缝的焊脚尺寸、焊缝余高、焊缝余高差、凸凹度、直线度、角变形、错边、咬边、熔合不良、表面夹渣、表面气孔等。

3）焊缝内部质量。射线检测参照按照 NB/T 47013.2—2015《承压设备无损检测　第 2 部分：射线检测》，考核焊缝内部有无气孔、夹渣、裂纹、未熔合。

（2）时间定额　准备时间 60min；正式焊接时间 180min（超时 1min 扣总分 1 分，超时 10min，记为 0 分）。

（3）安全文明生产　考核现场劳保用品的穿戴情况；焊接过程中正确执行安全操作规程；焊完后，场地清理干净，工具、焊件摆放整齐。

5. 配分、评分标准（见表 2-8~表 2-10）

表 2-8　板厚 12mm 对接试件单面焊双面成形外观检查项目及评分表

焊工考件编号		实际得分（满分 100 分）				
检查项目		焊缝等级				各项得分
		Ⅰ	Ⅱ	Ⅲ	Ⅳ	
正面	焊缝余高	0.5~2mm	>2mm，≤3mm	>3mm，≤4mm	>4mm，<0.5mm	
		5 分	3 分	1 分	0 分	
	高低差	≤1mm	>1mm，≤2mm	>2mm，≤3mm	>3mm	
		5 分	3 分	1 分	0 分	

（续）

检查项目		焊缝等级				各项得分
		Ⅰ	Ⅱ	Ⅲ	Ⅳ	
正面	焊缝宽度	>16mm，≤20mm	>20mm，≤21mm	>21mm，≤22mm	>22mm	
		5分	3分	1分	0分	
	宽窄差	≤1mm	>1mm，≤2mm	>2mm，≤3mm	>3mm	
		5分	3分	1分	0分	
	咬边	无咬边	深度≤0.5mm且长度≤15mm	深度≤0.5mm长度>15mm，≤30mm	深度>0.5mm且长度>30mm	
		9分	7分	5分	0分	
	错边量	无错边	≤0.5mm	>0.5mm，≤1mm	>1mm	
		6分	4分	1分	0分	
	角变形	0~1mm	>15mm，≤3mm	>3mm，≤5mm	>5mm	
		5分	4分	1分	0分	
	焊缝成形	优	良	一般	差	
		成形美观，鱼鳞均匀细密，高低宽窄一致	成形较好，鱼鳞均匀，焊缝平整	成形尚可，焊缝平直	焊缝弯曲，高低宽窄明显，有表面焊接缺陷	
		10分	7分	4分	0分	
反面	焊缝高度	0~3mm 得5分，>3mm 得0分				
	咬边	无咬边得5分，有咬边得0分				
	气孔	无气孔得5分，有气孔得0分				
	反面成形	优	良	一般	差	
		10分	7分	4分	0分	
	未焊透	无未焊透得10分，有未焊透得0分				
	凹陷	无内凹得15分	深度≤0.5mm，每2mm长扣1分（最多扣15分），深度>0.5mm 得0分			

注：对接接头正、反两面焊缝外观检验满分为100分。

评分人：　　　　　　　　　　年 月 日　　　核分人：　　　　　　　　　年 月 日

表 2-9　下箱体角接接头焊缝外观检查项目及评分表

焊工考件编号		实际得分（满分 50 分）				
检查项目	标准、分数	焊缝等级				各项得分
		Ⅰ	Ⅱ	Ⅲ	Ⅳ	
焊缝脚高	标准/mm	8~9	≤8，>9	≤7，≥10	≥11，≤6	
	分数/分	10	7	4	0	
焊缝脚差	标准/mm	≤1.0	≤2	≤3	>3	
	分数/分	10	7	4	0	
咬边	标准/mm	无	深度≤0.5mm，且长度 2mm 减 1 分		深度>0.5mm 或总长度>20mm	
	分数/分	10			0	
焊缝外观成形	标准	优	良	一般	差	
		成形美观，焊纹均匀细密，高低宽窄一致	成形较好，焊纹均匀，焊缝平整	成形尚可，焊缝平直	焊缝弯曲，高低宽窄明显，有表面焊接缺陷	
	分数/分	20	15	10	5	

评分人：　　　　　　　　　年　月　日　　核分人：　　　　　　　　　年　月　日

表 2-10　上箱体及管板角接接头焊缝外观检查项目及评分表

焊工考件编号		实际得分（满分 50 分）				
检查项目	标准、分数	焊缝等级				各项得分
		Ⅰ	Ⅱ	Ⅲ	Ⅳ	
焊缝脚高	标准/mm	4~5	<4，>5	≤3，≥6	≥7，≤2	
	分数/分	10	7	4	0	
焊缝脚差	标准/mm	≤1	≤2	≤3	>3	
	分数/分	10	7	4	0	
咬边	标准/处	0	深度≤0.5mm，且长度 2mm 减 1 分		深度>0.5mm 或总长度>20mm	
	分数/分	10			0	
焊缝外观成形	标准	优	良	一般	差	
		成形美观，焊纹均匀细密，高低宽窄一致	成形较好，焊纹均匀，焊缝平整	成形尚可，焊缝平直	焊缝弯曲，高低宽窄明显，有表面焊接缺陷	
	分数/分	20	15	10	5	

注：1. 焊缝未盖面、焊缝表面及根部有修补或试件做舞弊标记，则该项目做 0 分处理。

　　2. 凡焊缝表面有裂纹、夹渣、未熔合、焊穿、焊瘤等缺陷之一的，该试件外观为 0 分。

　　3. 焊瘤是指焊瘤尺寸>3mm。

评分人：　　　　　　　　　年　月　日　　核分人：　　　　　　　　　年　月　日

实训模块 9　不锈钢组合件机器人激光焊

1. 考件图样（见图 2-12）

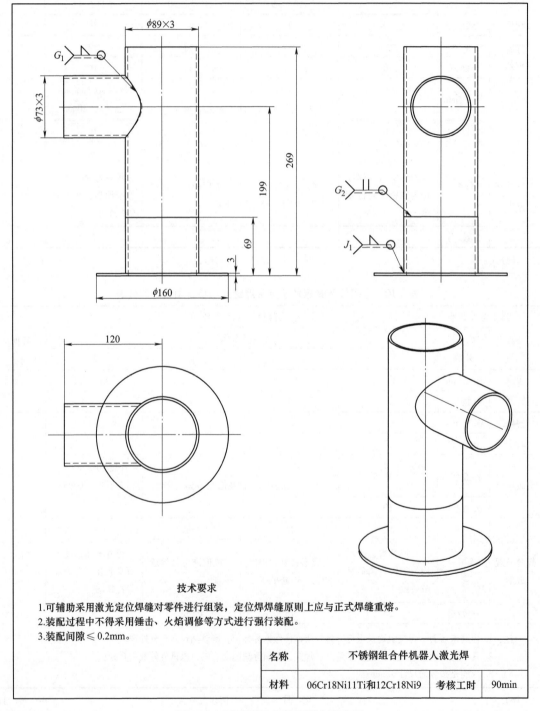

技术要求

1. 可辅助采用激光定位焊缝对零件进行组装，定位焊焊缝原则上应与正式焊缝重熔。
2. 装配过程中不得采用锤击、火焰调修等方式进行强行装配。
3. 装配间隙≤0.2mm。

名称	不锈钢组合件机器人激光焊		
材料	06Cr18Ni11Ti和12Cr18Ni9	考核工时	90min

图 2-12　不锈钢组合件机器人激光焊

2. 焊前准备

（1）考件材质　06Cr18Ni11Ti 不锈钢管，规格为 ϕ89mm×3mm，L=200mm，加工相贯线孔，数量 1 件；06Cr18Ni11Ti 不锈钢管，规格为 ϕ89mm×3mm，L=70mm，数量 1 件。12Cr18Ni9 不锈钢管，规格为 ϕ73mm×3mm，L=100mm，加工相贯线切口，数量 1 件；圆法兰，材质为 06Cr18Ni11Ti，外径 ϕ160mm，内径 ϕ89mm，δ=3mm，数量 1 件。

（2）焊接材料　焊丝 E347-16，直径 ϕ0.2mm、直径 ϕ0.3mm、直径 ϕ0.4mm 任选；保护气体为 N_2、He 或 Ar，纯度 99.99%，视现场实际情况任选一种。

（3）焊接设备　机器人激光焊机。设备型号根据实际情况自定。

（4）工具、量具　钢丝钳、尖嘴钳、锤子、钢丝刷、锉刀、活扳手、角向磨光机、钢直尺、砂布等。

3. 操作要求

（1）焊接方法　激光焊。

（2）焊接位置　按图 2-12 所示。

（3）坡口形式　按图 2-12 所示。

（4）焊接要求　按图 2-12 所示。

（5）焊前清理　将焊缝两侧 15~20mm 范围内的油、污、锈、垢清除干净，使之露出金属光泽。

（6）装配、定位焊　按图样组装，进行定位焊；定位焊缝位于考件两端坡口内。允许使用打磨工具对定位焊焊缝做适当打磨。

（7）焊接过程中　劳保用品穿戴整齐；焊接参数选择正确，焊后焊件保持原始状态。

（8）考件焊完后　关闭焊机和气瓶，工具摆放整齐，场地清理干净，并仔细清理焊缝焊渣并保持原始状态。

4. 考核内容

（1）考核要求

1）焊前准备。考核考件清理程度（焊缝两侧 15~20mm 清除油、污、锈、垢）、定位焊正确与否，考件定位焊后必须在固定胎模上焊接全缝，不得任意更换和改变焊接位置，焊接参数选择正确与否。

2）焊缝外观质量。按 GB/T 37778《不锈钢激光焊焊接推荐工艺规范》标准要求考核咬边、焊缝余高、下塌、错边、下垂、未焊满、根部收缩沟、气孔、缩孔、未熔合、未焊透或熔穿等。

3）焊缝内部质量。射线检测后，按 GB/T 3323《金属熔化焊焊接接头射线照相》标准要求检查焊缝内部质量。

（2）时间定额　准备时间 20min；正式焊接时间 90min（超时 1min 扣总分 1 分，超时 10min，记为 0 分）。

（3）安全文明生产　考核现场劳保用品的穿戴情况；焊接过程中正确执行安全操作规程；焊完后，场地清理干净，工具、焊件摆放整齐。

5. 配分、评分标准（见表 2-11～表 2-13）

表 2-11　圆管-圆管焊缝 G_1 外观检测评判标准和评分表

焊工考件编号				实际得分（满分 40 分）		
检查项目	标准、分数	焊缝等级				各项得分
		I	II	III	IV	
咬边	标准/mm	≤0.15，且长度不大于 5	>0.15，≤0.3 且长度不大于 5	>0.3，≤0.45 且长度不大于 5	>0.45	
	分数/分	4	2	1	0	
焊缝余高	标准/mm	≤0.65	>0.65，≤0.8	>0.8，≤1.1	>1.1	
	分数/分	3	2	1	0	
下塌	标准/mm	≤0.65	>0.65，≤0.8	>0.8，≤1.1	>1.1	
	分数/分	3	2	1	0	
错边	标准/mm	≤0.3	>0.3，≤0.45	>0.45，≤0.75	>0.75	
	分数/分	3	2	1	0	
未焊满	标准/mm	≤0.15，且长度不大于 5	>0.15，≤0.3，且长度不大于 5	>0.3，≤0.45，且长度不大于 5	>0.45	
	分数/分	4	3	2	0	
焊缝偏转	标准/mm	≤0.15	>0.15，≤0.3	>0.3，≤0.45	>0.45	
	分数/分	4	3	2	0	
熔宽	标准/mm	≥2	<2，≥1.5	<1.5		
	分数/分	4	2	0		
熔深	标准/mm	≥2.5	<2.5			
	分数/分	4	0			
背面飞溅	标准	无	1 处	>1 处		
	分数/分	3	2	0		
单条裂纹	标准/mm	无	长度或宽度<1	长度或宽度>1		
	分数/分	4	2	0		
表面气孔	标准/mm	无	1 个	>1 个		
	分数/分	4	2	0		

注：1. 表面气孔等缺陷检查采用 5 倍放大镜。内部气孔射线检测。局部密集气孔或链状气孔的，该试件做 0 分处理。

　　2. 有 2 条以上裂纹且长度或宽度>1mm 的，该试件做 0 分处理。

　　3. 焊缝未完成、焊缝表面经焊接修补或试件有明显标记的，该试件做 0 分处理。

评分人：　　　　　　　　　　　年　月　日　　　　核分人：　　　　　　　　　　年　月　日

表 2-12　圆管-圆管焊缝 G_2 外观检测评判标准和评分表

焊工考件编号		实际得分（满分 30 分）				
检查项目	标准、分数	焊缝等级				各项得分
		I	II	III	IV	
咬边	标准/mm	≤0.15，且长度不大于 5	>0.15，≤0.3 且长度不大于 5	>0.3，≤0.45 且长度不大于 5	>0.45	
	分数/分	3	2	1	0	
焊缝余高	标准/mm	≤0.65	>0.65，≤0.8	>0.8，≤1.1	>1.1	
	分数/分	3	2	1	0	
下塌	标准/mm	≤0.65	>0.65，≤0.8	>0.8，≤1.1	>1.1	
	分数/分	3	2	1	0	
错边	标准/mm	≤0.3	>0.3，≤0.45	>0.45，≤0.75	>0.75	
	分数/分	3	2	1	0	
未焊满	标准/mm	≤0.15，且长度不大于 5	>0.15，≤0.3，且长度不大于 5	>0.3，≤0.45，且长度不大于 5	>0.45	
	分数/分	3	2	1	0	
根部收缩缩沟	标准/（≥0.5mm）	≤0.3	>0.3，≤0.6	>0.6，≤0.9	>0.9	
	分数/分	3	2	1	0	
未焊透	标准/mm	无	$h≤0.45$，$l≤1$	$h>0.45$，$l>1$		
	分数/分	2	1	0		
熔穿	标准	无	1 处	>1 处		
	分数/分	2	1	0		
背面飞溅	标准	无	1 处	>1 处		
	分数/分	2	1	0		
单条裂纹	标准/mm	无	长度或宽度<1	长度或宽度>1		
	分数/分	3	2	0		
表面气孔	标准	无	1 个	>1 个		
	分数/分	3	2	0		

注：1. 表面气孔等缺陷检查采用 5 倍放大镜。内部气孔射线检测。局部密集气孔或链状气孔的，该试件做 0 分处理。

2. 2 条以上裂纹且长度或宽度>1mm 的，该试件做 0 分处理。

3. 焊缝未完成、焊缝表面经焊接修补或试件有明显标记的，该试件做 0 分处理。

评分人：　　　　　　　　　　　年　月　日　　　核分人：　　　　　　　　　　　年　月　日

表 2-13　圆管-法兰焊缝 J_1 外观检测评判标准和评分表

焊工考件编号		实际得分（满分 40 分）				
检查 项目	标准、分数	焊缝等级				各项 得分
		Ⅰ	Ⅱ	Ⅲ	Ⅳ	
咬边	标准/mm	≤0.15， 且长度不大于 5	>0.15，≤0.3 且 长度不大于 5	>0.3，≤0.45 且 长度不大于 5	>0.45	
	分数/分	4	2	1	0	
焊缝 余高	标准/mm	≤0.65	>0.65，≤0.8	>0.8，≤1.1	>1.1	
	分数/分	3	2	1	0	
下塌	标准/mm	≤0.65	>0.65，≤0.8	>0.8，≤1.1	>1.1	
	分数/mm	3	2	1	0	
错边	标准/mm	≤0.3	>0.3，≤0.45	>0.45，≤0.75	>0.75	
	分数/分	3	2	1	0	
未焊满	标准/mm	≤0.15， 且长度不大于 5	>0.15，≤0.3， 且长度不大于 5	>0.3，≤0.45， 且长度不大于 5	>0.45	
	分数/分	4	3	2	0	
焊缝 偏转	标准/mm	≤0.15	>0.15，≤0.3	>0.3，≤0.45	>0.45	
	分数/分	4	3	2	0	
熔宽	标准/mm	≥2	<2，≥1.5	<1.5		
	分数/分	4	2	0		
熔深	标准/mm	≥2.5	<2.5			
	分数/分	4	0			
背面 飞溅	标准	无	1 处	>1 处		
	分数/分	3	2	0		
单条 裂纹	标准/mm	无	长度或宽度<1	长度或宽度>1		
	分数/分	4	2	0		
表面 气孔	标准	无	1 个	>1 个		
	分数/分	4	2	0		

注：1. 表面气孔等缺陷检查采用 5 倍放大镜。内部气孔射线检测。局部密集气孔或链状气孔的，该试件做 0 分处理。

2. 2 条以上裂纹且长度或宽度>1mm 的，该试件做 0 分处理。

3. 焊缝未完成、焊缝表面经焊接修补或试件有明显标记的，该试件做 0 分处理。

评分人：　　　　　　　　　　年　月　日　　　核分人：　　　　　　　　　　年　月　日

第8部分

模拟试卷样例

理论知识考试模拟试卷

电焊工试卷

一、判断题（对画 √，错画 ×；共 20 题，每题 1.5 分，共 30 分；错答、漏答均不得分。）

（　　）1. 忠于职守就是忠诚地对待自己的职业岗位。

（　　）2. 职业纪律与员工个人事业成功没有必然联系。

（　　）3. 焊缝尺寸标注中，虚线侧的符号是对箭头所指侧的焊缝标注。

（　　）4. 延性断裂一般呈纤维状、在边缘有剪切唇、断口灰暗并且有宏观塑性变形。

（　　）5. 考虑厚度因素，画侧面为倾斜零件的放样图与展开图时，其高度一律以板厚的外皮高度为准。

（　　）6. 施工图的比例是固定的，而放样图的比例是不固定的，通常为 1∶2 或 2∶1 或任意放大或缩小。

（　　）7. 剖切面一般是平面，根据被剖切物体的形状需要，剖切面亦可以是曲面。

（　　）8. 在焊接接头热影响区 200~400℃内，由于塑性变化而引起其力学性能发生下降的现象，称为热应变脆化。

（　　）9. GTAW 是熔化极气体保护焊代号。

（　　）10. 焊接接头是一个性能不均匀体。

（　　）11. 搭接接头的应力分布是不均匀的，其疲劳强度也低。

（　　）12. 在焊接接头中存在较高的残余应力，有时达到屈服强度。

（　　）13. 奥氏体不锈钢焊接时，不要在坡口之外的焊件上引弧。

（　　）14. 在奥氏体不锈钢的焊接接头中，焊缝要比热影响区容易产生晶间腐蚀。

（　　）15. 薄、小铝件一般不用预热，厚度 10~15mm 时可进行焊前预热，不同类型的铝合金预热温度可为 100~200℃。

（　　）16. 钛及钛合金手工钨极氩弧焊时，为提高焊缝金属的塑性，可选用强度比基体金属稍高的焊丝。

（　　）17. 钛及钛合金在厚板的多层多道焊时，为防止焊件过热，应在前一道焊缝冷却到室温后再焊下一道焊缝。

（　　）18. 钛及钛合金焊接时，如果拖罩中的氩气流量不足时，焊接接头表面呈现出不同的氧化色泽。

（　　）19. 异种钢焊接时，不论在什么情况下，焊接材料的选择完全可以根据性能较低母材的一侧来选择。

（　　）20. 异种金属焊接时，预热温度是根据母材焊接性能较差一侧的钢材来选择。

二、单项选择题（将正确答案的序号填入括号内；共20题，每题1.5分，共30分；错选、漏选、多选均不得分。）

1. 职业道德对职业技能的提高具有（　　）作用。
　　A. 促进　　　　　　B. 统领　　　　　　C. 支撑　　　　　　D. 保障

2. 职业道德涵盖了从业人员与服务对象、职业与职工、（　　）之间的关系。
　　A. 人与人　　　　　B. 人与社会　　　　C. 职业与职业　　　D. 人与自然

3. MIG焊接时，铝及铝合金焊缝气孔的倾向与同样保护气氛条件下的TIG焊相比（　　）。
　　A. 要小些　　　　　B. 要大些　　　　　C. 略小些　　　　　D. 是相同的

4. 奥氏体不锈钢与珠光体钢焊接时，为减小熔合比，应尽量使用（　　）焊接。
　　A. 大电流、高电压　　　　　　　　　　B. 小电流、高电压
　　C. 大电流、低电压　　　　　　　　　　D. 小电流、低电压

5. 钛及钛合金焊接时，焊丝的杂质含量要少，一般要低于母材（　　）%左右。
　　A. 20　　　　　　　B. 30　　　　　　　C. 40　　　　　　　D. 50

6. 熔化极氩弧焊焊接铝及铝合金时，其电源极性应选用（　　）。
　　A. 直流正接　　　　　　　　　　　　　B. 直流反接
　　C. 直流正接或反接　　　　　　　　　　D. 交流

7. 焊接奥氏体不锈钢和铝合金时，应特别注意不能采用（　　）焊接速度。
　　A. 小的　　　　　　B. 中等　　　　　　C. 大的　　　　　　D. 略大的

8. 奥氏体不锈钢与珠光体耐热钢焊接时应选择（　　）型的焊接材料。
　　A. 珠光体耐热钢　　　　　　　　　　　B. 低碳钢
　　C. 含镍大于12%（质量分数）的奥氏体不锈钢

9. 用来焊接铝镁合金的焊丝型号是（　　）。
　　A. SAl1450　　　　B. SAl4043　　　　C. SAl3103　　　　D. SAl5556

10. 奥氏体不锈钢焊接时，采用多层多道焊，各焊道间温度应低于（　　）。
　　A. 25℃　　　　　　B. 60℃　　　　　　C. 100℃　　　　　　D. 200℃

11. 焊接022Cr19Ni10的焊条应选用（　　）。
　　A. E308L-16　　　B. E308-16　　　　C. E347-16　　　　D. E310-15

12. 异种钢焊接的主要问题是熔合线附近的金属（　　）下降。
　　A. 强度　　　　　　B. 塑性　　　　　　C. 韧性

13. 按照GB 150.1—2011《压力容器　第1部分：通用要求》的要求，壳体部分的环向接头属于（　　）焊缝。
　　A. A类　　　　　　B. B类　　　　　　C. C类　　　　　　D. D类

14. 通常，焊接工艺评定应在金属材料焊接性试验（　　）进行。
　　A. 之前　　　　　　B. 之后　　　　　　C. 同时　　　　　　D. 都可以

15. 焊接工艺评定是通过焊接试件、检验试样、考察焊接接头性能是否符合产品的技术

条件，以评定（　　）是否合格。

    A. 焊工的技术水平　　　　　　　　B. 焊接试件

    C. 所拟定的焊接工艺　　　　　　　D. 焊接设备

16. 焊接参数对晶粒成长方向有影响。焊接速度越小，晶粒主轴的成长方向越（　　）。

    A. 平行　　　　　B. 垂直　　　　　C. 弯曲　　　　　D. 斜向相交

17. 员工将培训过程中所获取的知识、技能应用于工作的过程，被称为（　　）。

    A. 培训转移　　　B. 培训应用　　　C. 培训评估　　　D. 培训作用

18. 按照 GB/T 15169《钢熔化焊焊工技能评定》标准，角焊缝及支管连接的非强制检验方法是（　　）。

    A. 外观检验　　　B. 射线检验　　　C. 弯曲试验　　　D. 断裂试验

19. （　　）是劳动者具有和达到某种职业所要求的知识和技能的凭证。

    A. 技术水平　　　B. 职业建设　　　C. 工作能力　　　D. 职业资格证书

20. 培训教学活动的组织形式，主要有直接传授式培训、参与式培训、（　　）培训。

    A. 讲授式　　　　B. 模拟式　　　　C. 体验式　　　　D. 角色扮演式

三、综合题（共6题，共40分）

1. 焊条电弧焊电流为180A，电弧电压为22V，焊接速度为15cm/min，求其焊接热输入？（5分）

2. 什么是稀释率？影响因素有哪些？（5分）

3. 试述焊接不锈钢时如何防止产生热裂纹？（10分）

4. 简述铝及铝合金焊丝的主要选用原则是什么？（5分）

5. 简述钛合金焊接接头气孔的危害。（5分）

6. 试述铝合金焊接时防止气孔的措施。（10分）

焊接设备操作工试卷

一、判断题（对画√，错画×；共20题，每题1.5分，共30分；错答、漏答均不得分。）

（　　）1. 对接焊缝试件进行焊接工艺评定时，可以不做无损检测。

（　　）2. 凡是产品加工后出现的不符合图样、工艺、标准的情况，都属于质量缺陷。

（　　）3. 焊接接头拉伸试验用的试样应保留焊后原始状态，不应加工掉焊缝余高。

（　　）4. 连续 CO_2 激光焊的焊接参数主要有四个，即：激光功率 P、焊接速度 v、光斑直径 d、保护气体等。

（　　）5. 机器人的示教再现方法不用移动机器人即可实现示教。

（　　）6. 手持示教器的正确姿势是：左手跨进挂带，两手握住示教器，两手拇指在上面，切换正面的按钮，两手食指在背面左、右切换键的位置上，中指轻轻顶在示教器背面安全开关的位置上。

（　　）7. 空间直线插补是在已知该直线始点、末点和中点的位置和姿态的条件下，进而求出轨迹上各点（插补点）的位置和姿态。

（　　）8. 电阻点焊时，电极压力变化将改变工件与工件、工件与电极间的接触面积，并因此改变电流线的分布。

（　　）9. 一个完整的工业机器人弧焊周期包括三个阶段：起弧阶段、焊接阶段、收弧阶段。

（　　）10. 机器人最大稳定速度高，允许的极限加速度小，则加减速的时间就会长一些。

（　　）11. 工业机器人精度是指定位精度和重复定位精度。

（　　）12. 激光焊接又分为激光深熔焊和激光热传导型焊接。

（　　）13. PLT 不是激光加工中心切割焊接软件可直接调入的图形格式。

（　　）14. 当执行摆动弧焊时，由于摆动轨迹加长，所以在其他焊接条件相同的情况下，调用摆动数据比不调用摆动数据的耗时更长。

（　　）15. 点焊机焊接回路是指除焊件之外参与焊接电流导电的全部零部件组成的导电通路。

（　　）16. 电阻点焊时，焊点的外观质量只跟焊接参数、焊接设备有关。

（　　）17. 电阻焊焊件与电极之间的接触电阻对电阻焊过程是有利的。

（　　）18. 焊接结束点应设为空走点。

（　　）19. 焊接中间点应设为焊接点。

（　　）20. 焊接机器人的六个轴分别是 RT 轴、UA 轴、EA 轴、RW 轴、DW 轴、TW 轴。

二、单项选择题（将正确答案的序号填入括号内；共20题，每题1.5分，共30分；错选、漏选、多选均不得分。）

1. 在 GB/T 15169《钢熔化焊焊工技能评定》标准中，表示双面焊的缩略语代号是（　　）。

　　A. sl　　　　　　B. ss　　　　　　C. bs　　　　　　D. lw

2. PowerPoint 由于具有强大的编辑功能且简单易学；培训师起步制作课件都是从 PowerPoint 开始，利用其内置丰富动画、声音效果、超级链接，满足一般制作需求，但它的主要缺陷是（　　）。

　　A. 不支持 IE 浏览器　　　　　　B. 不支持动画功能

　　C. 内置动画生硬、交互功能差　　D. 界面操作不友好

3. 职业资格证书和学历证书不同，它与某一职业能力的具体要求密切相关，反映特定职业的（　　），以及劳动者从事该职业所达到的实际能力水平。

　　A. 职业态度　　　　　　　　　　B. 实际工作标准和规范

　　C. 知识和职业态度　　　　　　　D. 实际工作业绩

4. 焊接翻转机是将（　　）绕水平轴翻转，使之处于有利施焊位置的机械。

　　A. 工件　　　B. 工作台　　　C. 操作者　　　D. 焊机

5. 所谓无姿态插补，即保持第一个示教点时的姿态，在大多数情况下是机器人沿（　　）运动时出现。

　　A. 平面圆弧　　　B. 直线　　　C. 平面曲线　　　D. 空间曲线

6. YGA 晶体激光器中的晶体是综合性能最优异的激光晶体，它的激光波长是（　　）。

　　A. 1μm　　　B. 1024μm　　　C. 1064μm　　　D. 1.64μm

7. 在机器人坐标系的判定中，用拇指指向（　　）。

A. X 轴 　　　　B. Y 轴 　　　　C. Z 轴 　　　　D. S 轴

8. 焊接机器人的焊接作业主要包括（　　　）。

A. 点焊和弧焊 　　　　　　　　B. 间断焊和连续焊

C. 平焊和立焊 　　　　　　　　D. 气体保护焊和氩弧焊

9. 单轴操作，单轴运动模式下，按 A1+，则机器人（　　　）。

A. 1 轴正向上下 　　　　　　　B. 1 轴负向旋转

C. 1 轴正向旋转 　　　　　　　D. 1 轴负向上下

10. 示教-再现控制为一种在线编程方式，它的最大问题是（　　　）。

A. 操作人员劳动强度大 　　　　B. 占用生产时间

C. 操作人员安全问题 　　　　　D. 容易产生废品

11. 为了获得非常平稳的加工过程，希望作业起动（位置为0）时：（　　　）。

A. 速度为零，加速度为零 　　　B. 速度为零，加速度恒定

C. 速度恒定，加速度为零 　　　D. 速度恒定，加速度恒定

12. 脉冲激光焊时，影响熔深的主要因素是（　　　）。

A. 离焦量 　　B. 功率密度 　　C. 保护气体 　　D. 脉冲宽度

13. 工业机器人本体的安装环境，应控制在（　　　）为宜，低温起动时会造成异常的偏差或超负荷，必要时需进行暖机。

A. 0~45℃ 　　B. 10~40℃ 　　C. 5~45℃ 　　D. 0~40℃

14. 对机器人进行示教时，示教编程器上手动速度设置为（　　　）。

A. 高速 　　B. 微动 　　C. 低速 　　D. 中速

15. 示教编程方法是指机器人由操作者引导，控制机器人运动，记录机器人作业的程序点，并插入所需的机器人指令来完成程序的编写，一般包括示教、（　　　）再现等三个步骤。

A. 连续运行 　　B. 存储 　　C. 再现 　　D. 示教

16. 机器人自动运行过程中，按下示教器急停按钮，机器人停止运动，此时若要恢复机器人的运动，无须进行（　　　）操作。

A. 旋开急停按钮 　　　　　　　B. 伺服通电

C. 按下开始键 　　　　　　　　D. 断电重启

17. 对多台机器人组成的汽车车身点焊生产线进行离线编程，调试时应注意的是（　　　）。

A. 机器人的最大速度 　　　　　B. 机器人的工作节拍

C. 机器人的焊接速度 　　　　　D. 机器人的焊接精度

18. 下面哪个不是智能制造虚拟仿真系统的功能模块（　　　）。

A. 成本预估 　　　　　　　　　B. 离线仿真编程

C. PLC 仿真验证 　　　　　　　D. 工业机器人运动控制编程

19. 机器人的运动速度与摇杆的偏转量成（　　　）。

A. 正比 　　B. 反比 　　C. 不成比例 　　D. 没有关系

20. 机器视觉系统在装配生产线中，一般用作工件装配前的尺寸在线检测工作，视觉系统主要由视觉控制器、（　　　）镜头、相机电缆等组成。

A. 彩色相机 　　B. 普通相机 　　C. LED 光源 　　D. 光源电源

三、综合题（共6题，共40分）

1. 焊接自动控制系统中常用的传感器的静态指标主要有哪些？（5分）

2. 工业机器人弧焊系统由哪几部分组成？（5分）

3. 常用的传感器信号检测和处理电路有哪些，它们主要实现的作用是什么？（5分）

4. 焊接系统的安全防护装置主要包括哪些组件？（5分）

5. 简述焊接机器人的编程技巧。（10分）

6. 简述在焊接过程中，机器人系统常见的故障和解决措施。（10分）

扫码看答案

高级技师

第9部分

考核重点和试卷结构

一、考核重点

1. 考核权重

焊工高级技师理论知识权重表 （%）

	项目	电焊工	焊接设备操作工
基本要求	职业道德	5	5
	基础知识	25	25
相关知识要求	不锈钢与铜及铜合金、镍及镍合金的焊条电弧焊	15	—
	铝及铝合金管、铜及铜合金管的熔化极脉冲氩弧焊	15	—
	可达性差的结构焊接	15	—
	有色金属合金薄管或薄板材料制成组合结构件的焊接	15	—
	机器人焊接工艺优化	—	60
	机器人焊接	—	
	焊接技术管理	5	5
	培训与指导	5	5
	合计	100	100

焊工高级技师技能要求权重表 （%）

	项目	电焊工	焊接设备操作工
相关技能要求	电焊	90	—
	焊接设备操作	—	90
	焊接技术管理	5	5
	培训与指导	5	5
	合计	100	100

2. 焊工模块考核重点

（1）工艺准备　具体包括：焊接设备的种类、型号和基本机械结构；常用焊接材料名称、牌号含义及选择原则；原材料的名称、牌号含义、焊接性；作业环境温度、湿度、洁净度的控制；焊接参数的选择；工艺装备、工具和量具的选择。

（2）试件焊接　具体包括：图样识读；试件焊前加工和装配；焊接设备调整；焊接变

形的控制；选择合理的操作规范和方法达到图样技术要求等。

（3）焊后处理　具体包括：接头外观质量检查；焊缝外形尺寸检查；焊接试件表面清理；在图样技术要求允许范围内对焊缝进行精整和清除表面缺陷。

3. 管理主题模块考核重点

主要包括：设备定置管理；设备日常检查；设备日常清洁维护；焊丝存放管理。

二、试卷结构

1. 理论知识考核试卷结构

（1）常用题型　通常包括判断题、单项选择题、计算题、简答题等。在具体题型组合时，可根据实际情况进行选择，如选择判断题、单项选择题和简答题组成考核试卷等。

（2）知识范围　在理论考核重点内容范围内，应尽可能涉及80%以上的知识范围，并按权重要求进行合理分配，不能集中于某些内容。

（3）配分原则　通常配分按判断题、单项选择题、计算题、简答题的排列顺序，合理安排题目数量和配分结构。

（4）考核时间　一般安排不少于1.5h的理论知识考核时间。

2. 技能操作考核试题结构

（1）考件图样　包括图样名称、工件材料及某些技术要求等。

（2）考核要求　包括焊前准备、焊缝外观质量、焊缝内部质量、否定项的条件；以及时间定额、试件材质、焊接材料、焊接设备、工具和量具等限定要求。

（3）考核评分表　包括分项目的考核内容、考核要求、配分和评分标准等。

①考核项目：按焊前准备、焊缝外观质量、焊缝内部质量、安全文明生产项目配分。

②考核时间：通常为2~4h。

③其他要求：包括作业环境、设备维护、操作规范等。

三、考试技巧

（1）抓紧考前培训　根据考试重点的范围，按鉴定标准要求，考前全面练习和掌握与考核主题相关的基础知识和技能，对自身知识和技能的薄弱环节，应在有经验的辅导人员指导下进行重点复习和练习，为应考奠定坚实的基础。

（2）技能操作考核　首先要认真分析试题的图样和评分标准，才能把握操作过程中的关键点和禁忌。操作前做好设备的检查和调试，试件的检查和加工。操作过程中要做到一"看"二"听"三"准"（一"看"是看好熔池尺寸和形状，分清熔渣和铁液，判断好熔池温度，温度高时及时断弧。二"听"是听焊透时的"噗噗"声，这是焊缝背面成形的关键。三"准"是熔池的位置要把握准），抓住主要项目和步骤，才能获取较多的得分。只有按步骤完成每一项考核内容，才能取得合格、优异的考核成绩。

四、注意事项

（1）遵守考试规定　在考试前要仔细阅读有关的规定和限制条件，以免违规影响考试。例如在低合金钢板 I 形坡口对接仰焊焊条电弧焊的考件中，规定考件坡口两端不得安装引弧板、引出板。

（2）预先检测辅具　在准备规定的工、夹、量具时，应请工、夹、量具检测专职人员进行预先的检测，保证用于考试的工、夹、量具符合要求和精度标准，以免考试中出现误差等问题。

（3）预定操作步骤　在考试前可按辅导人员的指导意见，制订应考的步骤。在考试过程中，每一个操作步骤和每一次检验都要认真、仔细操作，并按图样规定的标准进行核对，避免差错。当出现某些项目不符合要求时，应沉着冷静，继续认真地完成下一步骤的考核内容，并注意防止已有缺陷对后续焊接的影响。

（4）应急及时报告　遇到某些特殊应急的情况，如焊接设备故障、电源故障等，要及时与监考人员联系，以免发生安全事故中断考试进程，等，影响考试成绩。

五、复习策略

（1）扎实完成基础训练　焊工考核的内容有许多知识和技能结合的基础训练，如：多种材质的焊接；多种焊接设备的操作；工、量具选择和使用；焊接变形的控制和矫正；图样的识读和分析；焊接工艺的确定和过程操作。在各种考件中都会涉及这些基础知识和技能，只有扎实进行基础训练，才能应对知识和技能的考核。

（2）全面掌握重点难点　各个项目和模块的考核都有重点和难点，掌握知识和技能的重点和难点，才能在考试中应对自如，因为各种形式的试卷、考题都是围绕重点和难点设计的。

（3）融会贯通知识技能　知识和技能复习过程要融会贯通，把理论知识和操作技能结合起来，才能在培训过程中做到正确理解，更好地应对考核过程中遇到的问题。在技能项目考件练习时，要兼顾好相关理论知识的练习；在典型模块项目知识点复习时，要抓紧相关能力的基本功训练。

第10部分

理论知识考核指导

理论模块1　电焊工

一、考核范围

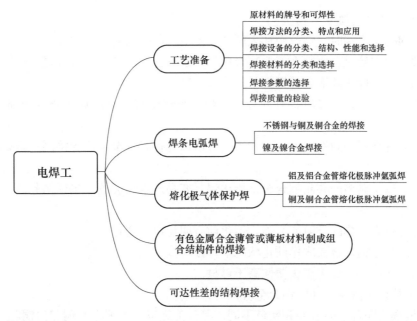

二、考核要点详解

知识点（焊接性）示例1：

概念	焊接性是指材料在规定的施焊条件下，焊接成设计要求所规定的构件并满足预定服役要求的能力。焊接性好的金属，焊接接头不易产生裂纹、气孔和夹渣缺陷，而且有较高的力学性能
主要内容	使用焊接性：指一定的材料在规定的焊接工艺条件下所形成的焊接接头适应使用要求的能力 工艺焊接性：就是一定的材料在给定的焊接工艺条件下对形成焊接缺陷的敏感性 冶金焊接性：指熔焊高温下的熔池金属与气相、熔渣等相之间发生化学冶金反应所引起的焊接性变化 热焊接性：焊接加热过程中要向接头区域输入很多热量，对焊缝附近区域形成加热和冷却过程，这对靠近焊缝热影响区的组织性能有很大影响，从而引起热影响区硬度、强度、韧性、耐蚀性等的变化
影响因素	影响金属焊接性的因素很多，大体可以归纳为材料、工艺条件、构件类型及使用要求等四个方面

知识点（熔化极脉冲氩弧焊）示例2：

概念	焊接电流为脉冲电流，它与一般熔化极氩弧焊的主要区别：利用脉冲氩弧焊电源代替了一般弧焊电源
特点	1. 熔化极脉冲氩弧焊具有较宽的电流调节范围，它的电流包括从短路过渡到射流过渡所有的电流区域，既能焊接厚板，也能焊接薄板，特别是可以用粗丝焊薄板 2. 采用脉冲电流可实现对电弧、熔滴过渡和溶池的区别且飞溅小，成形良好 3. 采用脉冲电流有利于实现全位置焊接 4. 采用脉冲电流可以有效控制输入热量，改善接头性能
应用范围	1. 焊接薄板工件可以获得满意质量 2. 可以实现单面焊双面成形和厚板的根部焊接 3. 可以焊接热敏感较强的材料 4. 可以进行空间位置焊缝的焊接 5. 可以成功地进行厚板窄间隙的焊接等

三、练习题

（一）判断题（对画√，错画×）

1. 铜及铜合金焊接时，焊丝中加入脱氧元素的目的是为防止热裂纹。 （　　）

2. 异种金属焊接时，原则上希望熔合比越小越好，所以坡口一般开得较小。 （　　）

3. 青铜的焊接性比纯铜和黄铜都差。 （　　）

4. 管水平固定位置焊接时，有仰焊、立焊、平焊位置，所以焊条角度应随着焊接位置的变化而变换。 （　　）

5. 由于异种金属之间性能上的差别很大，所以焊接异种金属比焊接同种金属困难得多。 （　　）

6. 铝合金属于典型的共晶型合金，熔化焊时容易产生热裂纹，包括结晶裂纹和液化裂纹。 （　　）

7. 铝合金对光、热的反射能力强，熔化前有明显色泽变化。 （　　）

8. 非时效强化铝合金在冷作硬化状态下焊接时接头强度低于母材。 （　　）

9. 时效强化铝合金焊接接头塑性高于母材。 （　　）

10. 除了黄铜和白铜以外的铜合金统称为青铜。 （　　）

11. 根据铜及铜合金的成分和颜色不同，可分为纯铜、黄铜、青铜和白铜。 （　　）

12. 钢与铜及其合金焊接时，产生的裂纹主要有两种形态：焊缝裂纹和热影响区渗透裂纹。 （　　）

13. 不锈钢与铜焊接时，近缝区不锈钢一侧易产生渗透裂纹，其原因是由液态铜对钢有渗透作用和拉伸应力造成的。 （　　）

14. 不锈钢与铝青铜焊接时，采用直流电源焊接，可减少金属熔化时的蒸发。 （　　）

15. 不锈钢与铜及其合金焊接时，如采用奥氏体不锈钢作为填充金属材料，很容易引起裂纹。 （　　）

16. 不锈钢与铜及其合金焊接时，如采用蒙乃尔合金作为填充金属材料，会使热裂纹倾向升高。 （　　）

17. 不锈钢与铜及其合金焊接时，当对接头力学性能要求不高时，可采用某些铜合金或

纯铜做填充材料。　　　　　　　　　　　　　　　　　　　　　　（　　　）

18. 镍及镍合金用焊条电弧焊时，为抑制气孔等缺陷的产生，接头再引弧时采用正向引弧技术。　　　　　　　　　　　　　　　　　　　　　　　　　　　（　　　）

19. 镍基合金焊接熔池液态金属的流动性差，熔池浅，焊后应采取快速冷却的措施。
　　　　　　　　　　　　　　　　　　　　　　　　　　　　　　　（　　　）

20. 镍基合金熔化焊时，为保证熔透，应选用大坡口角度和小钝边的接头形式。（　　　）

21. 镍基合金焊接时，因为熔池流动性较差，有时会产生较大的气孔，这些气孔多位于熔合线附近。　　　　　　　　　　　　　　　　　　　　　　　　　（　　　）

22. 镍基合金的焊接接头在一般焊态下均能达到与母材等强度的要求。　（　　　）

23. 不论是固溶强化型镍合金或是沉淀强化型镍合金，其接头的强度和塑性与母材相比均有所下降。　　　　　　　　　　　　　　　　　　　　　　　　　（　　　）

24. 固溶强化型镍合金中的 Al、Ti 含量较低，在焊接过程中，热影响区的高温部位，也可能出现沉淀硬化现象。　　　　　　　　　　　　　　　　　　　　　（　　　）

25. 镍基合金若是在时效状态施焊，在高温过热区中会有部分区域重新出现固熔状态，而使其强度升高。　　　　　　　　　　　　　　　　　　　　　　　　（　　　）

26. 应变时效裂纹常出现在沉淀强化型镍基合金的焊接结构。　　　　（　　　）

27. 镍基合金结构的应变时效裂纹产生原因与晶内强化和晶间弱化的程度有关。（　　　）

28. 镍及镍合金焊接中产生的液化裂纹是常见的一种冷裂纹缺陷。　　（　　　）

29. 镍及镍合金焊接中产生的多边化裂纹是属于热裂纹的另一种形态，一般是微裂纹。
　　　　　　　　　　　　　　　　　　　　　　　　　　　　　　　（　　　）

30. 镍及镍合金焊接时，焊条在使用前不用烘干。　　　　　　　　　（　　　）

31. 镍抗碱性腐蚀的性能仅次于银。　　　　　　　　　　　　　　　（　　　）

32. 镍对硝酸的抗腐蚀性能较差。　　　　　　　　　　　　　　　　（　　　）

33. 镍及镍合金焊接时，焊接电源要采用直流反接。　　　　　　　　（　　　）

34. 铝合金比钢热扩散范围大，又由于铝材料屈服强度低，所以变形比钢小。（　　　）

35. 结晶裂纹主要出现在含杂质较多的碳素钢焊缝中和单相奥氏体不锈钢、镍基合金以及某些铝及铝合金的焊缝中。　　　　　　　　　　　　　　　　　　　（　　　）

36. 由于铜铁二元合金的结晶温度区间很大（300～400℃），故焊接时，产生热裂纹的可能性较小。　　　　　　　　　　　　　　　　　　　　　　　　　（　　　）

37. 镍基合金具有良好的韧性，因此焊接接头的存在少量咬边是允许的。（　　　）

38. 异种金属焊接接头各区域化学成分的不均匀性主要与填充材料和母材的化学成分有关。　　　　　　　　　　　　　　　　　　　　　　　　　　　　　（　　　）

39. 异种金属焊接接头中的残余应力分布是均匀的。　　　　　　　　（　　　）

40. 镍基合金具有好的熔透性，一般选用较小的钝边。　　　　　　　（　　　）

41. 采用焊条电弧焊焊接镍合金时，为了提高效率应选用较大直径焊条。（　　　）

42. 钢与镍电弧焊时，会在镍侧出现魏氏组织、碳素钢侧出现组织粗大现象，故焊接时应采用低热输入的焊接规范。　　　　　　　　　　　　　　　　　　　（　　　）

43. 奥氏体不锈钢与珠光体耐热钢焊接时，扩散层的宽度取决于所用焊条的类型。

                                 （ ）

44. 两种材料的碳当量数值相同，则其抗冷裂性就完全一样。   （ ）

45. 铝和铝合金焊接时，只有采用直流正接才能产生"阴极破碎"作用，去除工件表面的氧化膜。   （ ）

46. 异种金属焊接时产生的热应力，可通过焊后热处理的方法予以消除。 （ ）

47. 异种钢焊接接头的使用性能，主要取决于焊缝金属的化学成分和金相组织。（ ）

48. 铜及铜合金焊接时，焊缝金属中的气孔类型主要为氢气孔和反应气孔。 （ ）

49. 铝锰合金的抗裂性良好，在焊接薄板时不会产生裂纹。   （ ）

50. 异种钢焊接时，焊缝的成分取决于焊接材料，与熔合比大小无关。 （ ）

51. 镍铬钼合金含有较多的合金元素，因而具有更高的淬硬倾向，焊接时容易产生冷裂纹。   （ ）

52. 焊条电弧焊焊接镍基合金时，为了防止未熔合，焊接过程中应适当摆动焊条。

                                 （ ）

53. 钢与铜及其合金焊接时，随着焊缝中含铜量的增加，产生热裂纹的倾向也加大。

                                 （ ）

54. 异种材料焊接时，稀释率对焊缝组织有一定的影响。   （ ）

55. 合金堆焊时，最危险、最常见的缺陷是裂纹。   （ ）

56. 异种焊件焊接时的起始温度越高，熔深增加，稀释率也增大。 （ ）

57. 在铝及铝合金焊接中，应用较多的是纯铝和铸造铝合金。   （ ）

58. 常用来焊接铝镁合金以外的铝合金的通用焊丝牌号是 SAl4043。 （ ）

59. 铜与钢焊接时，在铜的表面容易形成渗透裂纹。   （ ）

60. 铝镁合金和铝锰合金耐腐蚀性好，所以称为防锈铝。   （ ）

61. 钢与铜及其合金焊接时的主要问题是在焊缝及熔合区容易产生裂纹。 （ ）

62. 特殊黄铜是指含锌量较高形成双相的铜锌合金。   （ ）

63. 铝与表面镀铝的碳素钢和低合金钢焊接时，其焊接接头的强度较高，质量较好。

                                 （ ）

64. 在普通黄铜中加入其他合金元素形成的合金，称为特殊黄铜。 （ ）

65. 纯铜焊条电弧焊时，电源应该采用直流正接。   （ ）

66. 镍基合金焊接时，由于镍基合金的低熔透性，可采用增大焊接电流来增加焊透性。

                                 （ ）

67. 外填丝法适用于困难位置的焊接，只要焊嘴能达到，无论什么样的困难位置均能施焊。   （ ）

68. 镍及镍合金焊接时容易产生收弧裂纹。   （ ）

69. 焊接时填充金属与母材的化学成分相差越大熔合比就越大。 （ ）

70. 铜与不锈钢焊接时，若采用镍、铬、铁做填充材料，焊缝会产生热裂纹。（ ）

71. 异种金属焊接时，熔合区中的化学成分与母材相同。   （ ）

72. 纯铜焊接时，产生热裂纹的原因是由于铜的线胀系数和收缩率均比较低。 （   ）

73. 镍具有良好的塑、韧性，在冬天室温−1℃时也可对其进行焊接。 （   ）

74. 镍及镍合金焊接采用焊条电弧焊焊接时，应选用较大的焊接电流以提高熔敷效率。

（   ）

75. 镍及镍基合金高温失塑裂纹，只能发生在热影响区中。 （   ）

76. 镍及镍基合金焊接时，具有较高的冷裂纹敏感性。 （   ）

77. 镍及镍基合金焊后，母材和焊缝金属的晶粒可以通过热处理细化。 （   ）

78. 镍及镍基合金焊接过程中，不宜采用大的热输入来增加熔透性。 （   ）

79. 镍及镍基合金焊缝液态金属流动性差。 （   ）

80. 镍及镍基合金焊缝金属熔深浅。 （   ）

81. 镍及镍基合金焊接时，焊机一般采用直流反接，即焊条接负极。 （   ）

82. 在工业纯镍焊接时，在氩气中加入体积分数为 5% 的氢气（H_2），既可以用于单道焊接，又可以避免产生气孔。 （   ）

83. 纯铜塑性、韧性好，焊接时不会产生冷裂纹，所以焊前不需要预热。 （   ）

84. 铝青铜焊接时的主要问题是铝的氧化。 （   ）

85. 青铜由于合金组成复杂，所以焊接比纯铜、黄铜困难。 （   ）

86. 焊接黄铜时，锌的损失，只会使接头的力学性能降低，抗腐蚀性能反而提高。

（   ）

87. 用纯铜焊条焊接纯铜时可得到与母材性能完全相同的焊缝。 （   ）

88. 钢与铜及铜合金焊接时，可采用镍及镍合金作为过渡层的材料。 （   ）

89. 紫铜一般不宜采用氩弧焊进行焊接。 （   ）

90. 铜及铜合金焊缝中易形成氢气和一氧化碳气孔。 （   ）

91. 镍及镍合金容器焊接接头的坡口面必须采用机械方法加工。 （   ）

92. 镍及其合金焊接时，焊缝熔池中液态金属流动性良好。 （   ）

93. 镍及镍合金焊接属于渣、气联合保护，所以可长弧操作。 （   ）

94. 纯镍焊接时为了保证焊缝成分与母材一致，必须采用镍板剪切的板条作为焊丝。

（   ）

95. 采用镍合金焊条时应注意焊条适用的焊接位置。 （   ）

96. 镍及镍合金焊件一般在焊接时均需要预热和焊后热处理。 （   ）

97. 白铜是铜与硅的合金。 （   ）

98. 黄铜是铜与锌的合金。 （   ）

99. 铜及其合金 MIG 焊时应选择喷射过渡的熔滴过渡方式。 （   ）

100. 铜及其合金 MIG 焊时一般采用直流反接。 （   ）

101. 熔化极脉冲氩弧焊对于同一直径的焊丝，其焊接电流的调节范围相当宽。 （   ）

102. 熔化极脉冲氩弧焊的焊接电流也分成基值电流和脉冲电流两部分。 （   ）

103. 熔化极脉冲氩弧焊的特点之一是可以用粗焊丝来焊接薄板。 （   ）

104. 熔化极脉冲氩弧焊可用来焊接高强度钢和铝合金的原因是可以有效地控制热输入。

（   ）

105. 熔化极脉冲氩弧焊既能焊接厚板又能焊接薄板，但不适用于进行全位置焊接。

                                                （　　）

106. 熔化极脉冲氩弧焊进行全位置焊接时，在控制焊缝成形方面不如非熔化极氩弧焊。

                                                （　　）

107. 熔化极脉冲氩弧焊的电源要产生周期性的脉冲电流，必须是突降特性电源。

                                                （　　）

108. 在熔化极脉冲氩弧焊中，一脉一滴过渡是当前业界公认的最佳喷射过渡形式。

                                                （　　）

109. 在熔化极脉冲氩弧焊中，要实现熔滴的喷射过渡，脉冲电流的峰值一定要小于喷射过渡的临界电流值。（　　）

110. 正弦脉冲电流是理想的脉冲波形。（　　）

（二）单项选择题（将正确答案的序号填入括号内）

1. 钢与铜及铜合金焊接时，比较理想的过渡层材料是（　　）。

  A. 不锈钢　　　　　　B. 奥氏体不锈钢　　　C. 铜或铜合金　　　　D. 纯镍

2. TIG 焊焊接不锈钢时，当焊缝表面呈（　　）时，表示气体保护效果最好。

  A. 蓝色　　　　　　　B. 黑色　　　　　　　C. 银白色　　　　　　D. 绿色

3. 黄铜堆焊金属（　　），常用于堆焊低压阀门等零件。

  A. 抗冲击性低、耐蚀性高　　　　　　　B. 抗冲击性高、耐蚀性高

  C. 抗冲击性高、耐蚀性差　　　　　　　D. 抗冲击性低、耐蚀性差

4. 铝合金焊接时，焊缝容易产生（　　）。

  A. 热裂纹　　　　　　B. 冷裂纹　　　　　　C. 再热裂纹　　　　　D. 层状撕裂

5. 铝及铝合金焊接时生成的气孔主要是（　　）气孔。

  A. CO　　　　　　　B. CO_2　　　　　　C. H_2　　　　　　　D. N_2

6. 不锈钢焊条型号中数字后的字母"L"表示（　　）。

  A. 碳含量较低　　　　B. 碳含量较高　　　　C. 硅含量较高　　　　D. 硫、磷含量较低

7. 焊接铝及铝合金时，在焊件坡口下放置垫板的目的是防止（　　）。

  A. 热裂纹　　　　　　B. 冷裂纹　　　　　　C. 气孔　　　　　　　D. 塌陷

8. 异种金属焊接时，融合比越小越好的原因是（　　）。

  A. 减少焊接材料的充填量　　　　　　　B. 减少熔化的母材对焊缝的稀释作用

  C. 减小焊接应力　　　　　　　　　　　D. 减小焊接变形

9. 铜与铝及其合金焊接时所产生的金属间化合物会影响铝合金的（　　）。

  A. 塑性　　　　　　　B. 韧性　　　　　　　C. 强度　　　　　　　D. 硬度

10. 当两种金属的（　　）相差很大时，焊接后最易导致焊缝成形不良。

  A. 膨胀系数　　　　　B. 电磁性　　　　　　C. 导热性能　　　　　D. 比热容

11. 不锈钢与铜焊接时，采用（　　）作为填充金属材料。

  A. 铜或铜合金　　　　B. 不锈钢　　　　　　C. 低碳钢　　　　　　D. 镍或镍基合金

12. 低碳钢与纯铜焊接时，可采用（　　）作为填充金属材料。

A. 纯铜　　　　　　B. 不锈钢　　　　　　C. 低碳钢　　　　　D. 镍或镍基合金

13. 铜合金采用 MIG 焊，施焊前预热温度应达到（　　）℃。
    A. 100～200　　　B. 200～300　　　　C. 300～400　　　D. 400～600

14. 纯铜采用 MIG 焊，施焊前预热温度应达到（　　）℃。
    A. 100～200　　　B. 200～300　　　　C. 300～400　　　D. 400～600

15. 氧化镍的熔点为 2090℃，高于镍的熔点（　　）℃。
    A. 约 1240　　　B. 约 1440　　　　C. 约 1740　　　D. 约 1940

16. 镍和镍合金焊缝金属流动性不如钢，所以焊接时焊条摆动幅度最好不要大于（　　）倍焊条直径。
    A. 1　　　　　　B. 3　　　　　　　C. 5　　　　　　D. 7

17. 焊接镍合金通常不需要预热，但如果母材温度低于（　　）℃，则应将金属加热到比环境温度高 10℃，以免水汽凝结造成气孔。
    A. 2　　　　　　B. 10　　　　　　C. 15　　　　　　D. 20

18. （　　）合金，即蒙乃尔合金。
    A. Ni-Cu　　　　B. Ni-Si　　　　　C. Ni-Cr-Fe　　　D. Ni-Fe

19. （　　）合金，即因科镍。
    A. Ni-Cu　　　　B. Ni-Si　　　　　C. Ni-Cr-Fe　　　D. Ni-Fe

20. 镍基合金焊接后不宜采用（　　）冷却方法。
    A. 加垫板　　　　B. 焊后石棉保温　　C. 水冷　　　　　D. 空冷

21. 含（　　）量低的镍合金，易产生裂纹。
    A. Cu　　　　　　B. Si　　　　　　C. Cr　　　　　　D. Ni

22. 下列（　　）不是防止镍及镍合金焊接时产生裂纹的措施。
    A. 焊前清理焊件表面的氧化皮和污物　　B. 选用含 S、P 元素高的焊接材料
    C. 采用小的线能量焊接　　　　　　　　D. 减少焊件拘束度

23. 镍合金与不锈钢、碳素钢、低合金钢等焊接时，焊接材料常选用（　　）。
    A. Ni-Cr-Fe　　　B. Ni-Cu　　　　　C. Ni-Mo　　　　D. Ni-Fe

24. 镍及镍合金多层焊接时，层间温度应严格控制，一般控制在（　　）℃以下，以减少过热。
    A. 50　　　　　　B. 100　　　　　　C. 150　　　　　　D. 200

25. 镍及镍合金焊条电弧焊时，防止产生焊缝和基本金属过热的方法是选用较（　　）。
    A. 小电流，较快速度　　　　　　　　　B. 小电流，较慢速度
    C. 大电流，较快速度　　　　　　　　　D. 大电流，较慢速度

26. 下列哪种气体不会影响镍及镍合金焊接时产生气孔（　　）。
    A. 氧气　　　　　B. 氢气　　　　　　C. 氩气　　　　　D. 二氧化碳

27. 脉冲氩弧焊时，（　　）只起维持电弧燃烧的作用。
    A. 基值电流　　　B. 脉冲电流　　　　C. 电压　　　　　D. 氩气

28. 镍及镍合金焊接过程中产生的（　　），常发生在重复受热的多层焊焊缝中，其部

位并不靠近熔合区。

  A. 结晶裂纹   B. 冷裂纹   C. 液化裂纹   D. 多边化裂纹

29. 为防止气孔，钛及钛合金焊接采取的主要措施有（ ）。

  A. 采用小的焊接电流   B. 严格清洗焊件和焊丝

  C. 合理选用焊丝   D. 选用热量集中的焊接方法

30. 随着温度的升高，钛从250℃开始吸收（ ）。

  A. 氢   B. 氧   C. 氮   D. 磷

31. 12Cr18Ni9Ti 钢的金相组织类型为（ ）。

  A. 奥氏体型   B. 铁素体型   C. 马氏体型   D. 珠光体

32. 不锈钢与铜及其合金焊接时应采用（ ）作为金属填充材料。

  A. 纯铜   B. 黄铜   C. 青铜   D. 蒙乃尔合金

33. 铜与钢焊接时，由于膨胀系数相差很大，故容易发生（ ）。

  A. 焊缝热裂纹 B. 延迟裂纹 C. 再热裂纹 D. 冷裂纹

34. 镍基合金焊接时，焊接接头热影响区包括（ ）。

  A. 再结晶区   B. 熔合区   C. 回火区   D. 淬火区

35. 镍基耐蚀合金表面的氧化膜，容易造成（ ）。

  A. 未熔合   B. 咬边   C. 裂纹   D. 未焊透

36. 镍及镍合金焊接过程中产生的（ ），常发生在焊缝中的熔合区和多层焊的层间过热区。

  A. 结晶裂纹   B. 冷裂纹   C. 液化裂纹   D. 多边化裂纹

37. 铜和铁的二元合金的结晶温度区间约为300~400℃，故在焊接时，易在焊缝中出现（ ）裂纹。

  A. 冷   B. 热   C. 再热   D. 延迟裂纹

38. 奥氏体不锈钢中加入钛元素的目的是（ ）。

  A. 防止热裂纹 B. 提高强度 C. 防止淬硬 D. 防止晶间腐蚀

39. 焊接生产中，要求焊接铝及铝合金的质量要高，焊接方法选择（ ）。

  A. 焊条电弧焊   B. 二氧化碳气体保护焊

  C. 氩弧焊   D. 埋弧焊

40. 由于钢和铝的物理性能相差很大，如熔点相差800~1000℃，热导率差2~13倍，线胀系数差1.4~2倍线，所以在焊接接头上必然会产生残余热应力，这个有害的残余热应力（ ）通过热处理来减小。

  A. 可以   B. 无法   C. 基本上可以 D. 无需

41. 镍基合金工件较厚时，通常采用双面坡口，与单面坡口相比焊接残余应力（ ）。

  A. 大   B. 小   C. 一样   D. 都有可能

42. 奥氏体不锈钢与铜及其合金进行焊接时，应该采用（ ）作为填充材料。

  A. 奥氏体不锈钢 B. 铜或铜合金 C. 纯镍   D. 纯铝

43. 镍及镍合金焊接过程中重新起弧时，应（ ）。

A. 收弧点起弧　　　B. 任意点重新起弧　　C. 回焊起弧　　　　D. 在母材表面起弧

44. 钨极氩弧焊焊接纯铜时，电源及极性应采用（　　　）。
　　A. 直流正接　　　　B. 直流反接　　　　C. 交流焊　　　　D. 直流正接或交流

45. 镍及镍合金焊接过程中清除焊道的焊渣及表面氧化物可用（　　　）。
　　A. 碳素钢丝刷　　　　　　　　　B. 不锈钢丝刷
　　C. 打磨过碳素钢的砂轮片　　　　D. 清洗剂

46. 黄铜焊接时，为了防止锌的氧化及蒸发，可使用含（　　　）的填充金属。
　　A. Ti　　　　　　B. Al　　　　　　C. Si　　　　　　D. Ca

47. 铜及铜合金焊接前工件常需要预热，预热温度一般为（　　　）。
　　A. 100～150℃　　B. 200～250℃　　C. 300～700℃　　D. 700～800℃

48. 焊接黄铜时，为了抑制锌的蒸发，可选用含（　　　）量高的黄铜或硅青铜焊丝。
　　A. 铝　　　　　　B. 镁　　　　　　C. 锰　　　　　　D. 锌

49. 纯铜焊接时，常常要使用大功率热源，焊前还要采取预热措施的原因是（　　　）。
　　A. 纯铜导热性好，难熔合　　　　B. 防止产生冷裂纹
　　C. 提高焊接接头的强度　　　　　D. 防止锌的蒸发

50. 镍及镍合金钨极氩弧焊时，为了减少裂纹和控制气孔的形成，焊缝中至少应含有（　　　）的填充金属。
　　A. 20%　　　　　B. 30%　　　　　C. 40%　　　　　D. 50%

51. 镍及镍合金氩气保护焊接过程中，焊接电流低于（　　　）A 时，焊接电弧不稳定，所以，小电流焊接时，应该采用氩气保护。
　　A. 60　　　　　　B. 80　　　　　　C. 90　　　　　　D. 100

52. 纯铜焊接时，母材和填充金属难以熔合的原因是纯铜（　　　）。
　　A. 导热性好　　　B. 导电性好　　　C. 熔点高　　　　D. 有锌蒸发出来

53. 黄铜焊接时，由于锌的蒸发，不会（　　　）。
　　A. 改变焊缝的化学成分　　　　　B. 使焊接操作发生困难
　　C. 提高接头的力学性能　　　　　D. 影响焊工身体健康

54. 纯铜焊接时容易产生的问题主要是气孔、热裂纹、焊接接头力学性能较低和（　　　）。
　　A. 难熔合易变形　B. 冷裂纹　　　　C. 锌的蒸发　　　D. 晶间腐蚀

55. 铜及铜合金焊接时，在焊缝及近缝区可能产生裂纹，其中最常见的是焊接（　　　）。
　　A. 近缝区延迟裂纹　B. 焊缝热裂纹　　C. 近缝区再热裂纹　D. 焊缝冷裂纹

56. 纯铜钨极氩弧焊时为减少电极烧损，保证电弧稳定和有足够的熔深，通常焊接电源采用（　　　）。
　　A. 直流正接　　　B. 直流反接　　　C. 交流　　　　　D. 都可以

57. 锌的蒸发是（　　　）焊接时的主要问题。
　　A. 白铜　　　　　B. 无氧铜　　　　C. 黄铜　　　　　D. 纯铜

58. 纯铜焊接时母材很难熔化的主要原因是（　　　）。
　　A. 热导率大　　　B. 电阻率小　　　C. 比重大　　　　D. 线胀系数小

59. 黄铜焊接时，为了防止锌的蒸发及氧化，可使用含（　　）的填充金属。
    A. Ti   B. Al   C. Ca   D. Si

60. 铜及铜合金从焊接性角度考虑，焊接时容易产生的主要问题是（　　）。
    A. 铜的氧化、易产生气孔、易开裂   B. 铜的氧化、白口、易开裂
    C. 铜的氧化、咬边、易开裂   D. 铜的氧化、未焊透、易开裂

61. 纯铜采用熔化极氩弧焊时，通常电源使用（　　）。
    A. 交流   B. 直流正接   C. 直流反接   D. 都可以

62. 纯铜的熔点是（　　）℃。
    A. 908   B. 1083   C. 1400   D. 1530

63. 纯铜与低碳钢焊接时，为保证焊缝有较高的抗裂性能，焊缝中铁的含量应该控制在（　　）。
    A. 0.2%～1.1%   B. 10%～43%   C. 50%～70%   D. 70%～90%

64. 能与镍形成低熔共晶物的元素是（　　）。
    A. S   B. Fe   C. C   D. Al

65. 镍及镍合金焊接时，不宜采用（　　）。
    A. 直线运条   B. 大摆动运条   C. 小摆动运条   D. 都不行

66. 镍及镍合金焊接时，焊道弧坑裂纹是（　　）。
    A. 应变时效裂纹   B. 液化裂纹   C. 结晶裂纹   D. 冷缩裂纹

67. 下列（　　）不是防止镍及镍合金焊接时产生裂纹的措施。
    A. 焊前清理焊件表面的氧化皮和污物   B. 选用含 S、P 元素高的焊接材料焊接
    C. 采用小的热输入焊接   D. 减少焊件拘束度

68. 镍及镍合金用焊条电弧焊时，为防止过热和减小焊接应力，一般采用（　　）施焊。
    A. 小直径焊条   B. 大电流   C. 大直径焊条   D. 长弧法

69. 由于镍材焊接时熔池流动性较差，所以焊接镍及镍合金最容易出现的焊接缺陷是（　　）。
    A. 未熔合和未焊透   B. 夹渣和热裂纹   C. 烧穿和塌陷   D. 气孔和冷裂纹

70. 镍及镍合金材料的切割和坡口加工，不宜采用（　　）的加工方法。
    A. 水下等离子   B. 火焰切割   C. 超高压水切割   D. 机械加工

71. 当选用硅青铜 SCu6560 焊丝进行熔化极气体保护电弧焊时，一般最好采用小熔池的施焊方法，层间温度低于（　　），以减少热裂纹。
    A. 45℃   B. 55℃   C. 65℃   D. 75℃

72. 当选用黄铜 SCu6800 焊丝进行熔化极气体保护电弧焊时，焊前需经（　　）预热。
    A. 100～200℃   B. 200～300℃   C. 300～400℃   D. 400～500℃

73. （　　）焊丝通常用于脱氧或电解纯铜的焊接。
    A. SCu6800   B. SCu6560   C. SCu1898   D. SCu4700

74. （　　）焊丝用于焊接和修补铸造或锻造的镍铝青铜母材。

A. SCu6800　　　　　B. SCu6560　　　　　C. SCu6240　　　　　D. SCu6100A

75. 铝青铜与钢的异种金属焊接通常选用（　　）焊丝。

A. SCu6180　　　　　B. SCu6100　　　　　C. SCu6240　　　　　D. SCu6338

76. 铜及铜合金熔化极气体保护焊时，（　　）不属于推荐气体。

A. 氩气　　　　　　B. 氦气　　　　　　C. 氩-氧混合气　　D. 氩-氦混合气

77. 在大多数情况下，铜合金厚板焊接前要预热，合适的预热温度为（　　）。

A. 100~200℃　　　B. 205~540℃　　　C. 305~640℃　　　D. 405~740℃

78. （　　）在工作温度高于820℃时，抗氧化性和强度均下降。

A. ENi6025　　　　B. ENi6062　　　　C. ENi6093　　　　D. ENi6152

79. 熔化极脉冲氩弧焊的焊接接头具有良好的冲击韧性，并能减少产生（　　）倾向。

A. 裂纹　　　　　　B. 咬边　　　　　　C. 气孔　　　　　　D. 未熔合

（三）综合题

1. 钢与铝及铝合金的焊接性怎样？

2. 钢与铜及铜合金焊接时产生渗透裂纹的原因是什么？

3. 简述镍及镍合金的焊接性？

4. 异种金属焊接的特点有哪些？

5. 哪些情况属于异种金属的焊接？

6. 为什么说异种金属焊接要比同种金属焊接困难得多？

7. 简述铝及铝合金焊接时产生塌陷的原因。

8. 简述黄铜焊接时锌的蒸发对焊接的影响。

9. 简述纯铜焊接时难熔合、易变形的原因。

10. 简述纯铜焊接时容易发生的问题。

11. 简述铝及铝合金焊接时产生热裂纹的原因。

12. 简述铝及铝合金氧化膜对焊接的影响。

13. 简述铜及铜合金焊接易产生气孔的原因。

14. 简述铜及铜合金焊接易产生裂纹的原因。

15. 叙述影响铜及铜合金焊接性的工艺因素。

16. 叙述镍及镍合金焊条使用的注意事项。

17. 叙述镍及镍合金的焊接工艺要点。

18. 叙述镍基合金的焊材选用原则。

19. 钢与铜及铜合金焊接时产生渗透裂纹的原因是什么？

20. 叙述镍及镍基合金熔化极惰性气体保护焊的工艺特点。

21. 叙述镍及镍合金焊条的选用原则。

22. 叙述熔化极氩弧焊时，"一脉一滴"过渡的特点。

扫码看答案

理论模块 2　焊接设备操作工

一、考核范围

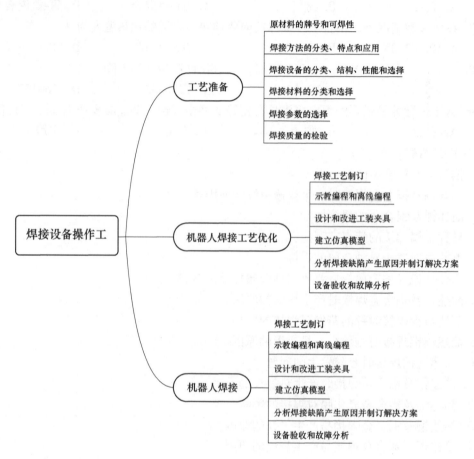

二、考核要点详解

知识点（焊接夹具）示例 1：

概念	为保证焊件尺寸，提高装配精度和效率，防止焊接变形所采用的夹具
基本要求	1. 工装夹具应具备足够的强度和刚度 2. 夹紧的可靠性 3. 焊接操作的灵活性 4. 便于焊件的装卸 5. 良好的工艺性
设计步骤	1. 确定夹具结构方案 2. 绘制夹具工作总图阶段 3. 绘制装配焊接夹具零件图阶段 4. 编写装配焊接夹具设计说明书 5. 必要时，还需要编写装配焊接夹具使用说明书，包括机具的性能、使用注意事项等内容

知识点（焊接缺陷）示例2：

概念	指焊接接头部位在焊接过程中形成的缺陷。焊接缺陷包括气孔、夹渣、未焊透、未熔合、裂纹、凹坑、咬边、焊瘤等
分类	外部缺陷：①外观形状和尺寸不符合要求；②表面裂纹；③表面气孔；④咬边；⑤凹陷；⑥满溢；⑦焊瘤；⑧弧坑；⑨电弧擦伤；⑩明冷缩孔；⑪烧穿；⑫过烧。 内部缺陷：①焊接裂纹；②气孔；③夹渣；④未焊透；⑤未熔合；⑥夹钨；⑦夹杂

三、练习题

（一）判断题（对画√，错画×）

1. 熟悉和掌握液压基本回路工作原理是分析、处理故障的主要基础。　　　　　（　　）
2. 外部轴的作用主要是变位和移位，使机器人的作业处于最佳焊接位置。　　（　　）
3. 外部轴是由伺服电动机和减速机构组成的。　　　　　　　　　　　　　　（　　）
4. 直线插补的指令是MOVEL、圆弧插补的指令是MOVEC。　　　　　　　　（　　）
5. 直线摆动的插补指令是MOVEDW，表示机器人运行一条直线摆动轨迹。　　（　　）
6. 圆弧摆动的插补指令是MOVECW，表示机器人运行一条圆弧摆动轨迹。　　（　　）
7. 机器人离线编程按编程人员、定义工具运动的控制级别可分为关节级、操作手级、对象级、任务级四类。　　　　　　　　　　　　　　　　　　　　　　　　　（　　）
8. 焊接机器人的焊接调整一般分为位置和姿态两部分。　　　　　　　　　　（　　）
9. 遥控机器人焊接的运动控制方法主要有修正式、自主式。　　　　　　　　（　　）
10. 直流伺服电动机的调速方法主要有改变电枢回路电阻调速、改变电枢电压调速和改变励磁电压调速等。　　　　　　　　　　　　　　　　　　　　　　　　　　　（　　）
11. 弧焊机器人视觉系统信息处理主要包括低层接头轮廓和高层特征参数。　　（　　）
12. 与机器人的仿真有关的机器人运动学计算称为正向求解，与机器人运动轨迹规划有关的运动学计算称为逆向求解。　　　　　　　　　　　　　　　　　　　　　（　　）
13. 工作空间又叫做可达空间。　　　　　　　　　　　　　　　　　　　　　（　　）
14. 完成某一特定作业时具有多余自由度的机器人称为冗余自由度机器人。　　（　　）
15. 关节空间是由全部关节参数构成的。　　　　　　　　　　　　　　　　　（　　）
16. 关节i的坐标系放在$i-1$关节的末端。　　　　　　　　　　　　　　　（　　）
17. 由电阻应变片组成电桥可以构成测量重量的传感器。　　　　　　　　　　（　　）
18. 运动控制的电子齿轮模式是一种主动轴与从动轴保持灵活传动比的伺服系统。　　　　　　　　　　　　　　　　　　　　　　　　　　　　　　　　　　（　　）
19. 机器人分辨率可分为编程分辨率与控制分辨率，统称为系统分辨率。　　　（　　）
20. 自由度是指机器人所具有的独立坐标轴运动的数目，不包括末端操作器的开合自由度。　　　　　　　　　　　　　　　　　　　　　　　　　　　　　　　　　（　　）
21. 机器人的驱动方式主要有液压驱动、气压驱动和电气驱动。　　　　　　　（　　）
22. 谐波减速机的名称来源是因为钢轮齿圈上任一点的径向位移呈近似于余弦波形的变化。　　　　　　　　　　　　　　　　　　　　　　　　　　　　　　　　　（　　）
23. 格林（格雷）码被大量用在相对光轴编码器中。　　　　　　　　　　　　（　　）
24. 图像二值化处理就是将图像中感兴趣的部分置1，背景部分置2。　　　　　（　　）
25. 图像增强是调整图像的色度、亮度、饱和度、对比度和分辨率，使得图像效果清晰

和颜色分明。 （　　）

26. 工业机器人通过 I/O 模块直接与送丝机和保护气电磁阀进行通信。 （　　）

27. 焊接系统属性参数定义了焊接系统类的属性，主要包括编程时使用的单位和起弧方式的设置。 （　　）

28. 工业机器人记忆方式中记忆的位置点越多，操作的动作就越简单。 （　　）

29. 在大多数伺服电动机的控制回路中，都采用了电压控制方式。 （　　）

30. 工业机器人控制装置一般由一台微型或小型计算机及相应的接口组成。 （　　）

31. 工业机器人控制软件可以用任何语言编制。 （　　）

32. 控制系统中涉及传感技术、驱动技术、控制理论和控制算法等。 （　　）

33. 轨迹规划与控制就是按时间规划和控制手部或工具中心走过的空间路径。 （　　）

34. MOVE 语句用来表示机器人由初始位姿到目标位姿的运动。 （　　）

35. 在 AML 语言中：MOVE 命令是相对值，DMOVE 命令是绝对值。 （　　）

36. 工业机器人由操作机、控制器、伺服驱动系统和检测传感装置构成。 （　　）

37. 机器人轨迹泛指工业机器人在运动过程中的运动轨迹，即运动点的位移、速度和加速度。 （　　）

38. 在连续焊缝焊接时，只要求机器人起点和终点的准确定位，不需要插补其他路径点来对焊枪进行精确的连续轨迹控制。 （　　）

39. 合理的焊接工艺及参数是提高焊接机器人品质的唯一方法。 （　　）

40. 机器人的自由度数等于关节数目。 （　　）

41. 结构型传感器与结构材料有关。 （　　）

42. 交互系统是实现机器人与外部环境中的设备相互联系和协调的系统。 （　　）

43. 最大工作速度通常指机器人单关节速度。 （　　）

44. 精度是指实际到达的位置与理想位置的差距。 （　　）

45. 工业机器人末端操作器是手部。 （　　）

46. 机器人的自由度数目就是机器人本体上所具有的转轴数目。 （　　）

47. 机器人的自由度数目就是机器人所具有独立坐标轴运动的数目。 （　　）

48. 机电一体化与传统的自动化最主要的区别之一是智能化。 （　　）

49. 承载能力是指机器人在工作范围内的指定位姿上所能承受的最大质量。 （　　）

50. 机器人轨迹泛指工业机器人在运动过程中所走过的路径。 （　　）

51. 微型计算机是由中央处理器、内存储器、外存储器和输入输出设备构成的一个完整的计算机系统。 （　　）

52. 硬盘是硬盘驱动器、硬质合金做的硬盘区、硬盘控制器的总称。 （　　）

53. 结构型传感器的结构比起物性型传感器的结构相对简单。 （　　）

54. 结构型传感器的原理比起物性型传感器的原理相对清晰。 （　　）

55. 电动机上的绝对光轴编码器是用来检测运动加速度的。 （　　）

56. 传感器的精度是反映传感器输出信号与输入信号之间的线性程度。 （　　）

57. 传感器的精度是指传感器的测量输出值与实际被测量值之间的误差。 （　　）

58. 传感器的重复性是指在其输入信号按同一方式进行全量程连续多次测量时，相应测试结果的变化程度。 （　　）

59. 通常外部数据的传输速率，是指从硬盘缓冲区读取数据的速度。 （　　）

60. 三自由度手腕能使手部取得空间任意姿态。　　　　　　　　　　（　　）

61. 分辨率指机器人每根轴能够实现的最小移动距离或最小转动角度。（　　）

62. 当前，计算机的发展趋势是向巨型化、微型化、网络化和智能化方向发展。（　　）

63. 机器人的分辨率和精度之间不一定相关联。　　　　　　　　　　（　　）

64. 机器人的自由度数大于关节数目。　　　　　　　　　　　　　　（　　）

65. "多品种、小批量"生产性质适宜采用焊接机器人。　　　　　　（　　）

66. 如果以中小型焊接机器零件为主宜采用焊接机器人。　　　　　　（　　）

67. 以定位精度 1mm 计，对距离回转或倾斜中心 1000mm 的焊缝，变位机械工作台的转角误差须控制在 1°以内。　　　　　　　　　　　　　　　　　　　（　　）

68. 焊接机器人用的焊件变位机械只有回转台、翻转机、变位机三种。（　　）

69. 机器人焊接工装夹具前后工序的定位可以不一致。　　　　　　　（　　）

70. 由于变位机变位角度较大，机器人焊接工装夹具应尽量避免使用活动或手动插销。
　　　　　　　　　　　　　　　　　　　　　　　　　　　　　　（　　）

71. 由于在大多数焊接结构上都是空间直线焊缝和平面曲线焊缝，所以焊接变位机械与机器人的运动配合，以同步协调运动的居多。　　　　　　　　　　（　　）

72. 焊件变位机械与焊接机器人之间的运动配合，同步协调除要求高的到位精度外，还要求高的轨迹精度和运动精度。　　　　　　　　　　　　　　　　（　　）

73. 焊件变位机械与焊接机器人之间的运动配合，非同步协调只要求到位精度高。
　　　　　　　　　　　　　　　　　　　　　　　　　　　　　　（　　）

74. 焊件随工作台运动时，焊缝距回转、倾斜中心越远，在同一转角误差情况下产生的弧线误差就越大。　　　　　　　　　　　　　　　　　　　　　（　　）

75. 焊件随工作台运动时，其焊缝上产生的弧线误差与焊缝末段的回转半径和倾斜半径成正比。　　　　　　　　　　　　　　　　　　　　　　　　　（　　）

76. 对于一些结构复杂的焊件，焊接机器人几乎都是配备了相应的焊件变位机械才实施焊接的。　　　　　　　　　　　　　　　　　　　　　　　　　（　　）

77. 组合夹具按元件的连接形式不同，分为槽系和孔系。　　　　　　（　　）

78. 焊接机器人为小批量产品自动化焊接生产开辟了新的途径。　　　（　　）

79. 开环控制系统的特点是，系统输出量受输入量的控制，但不能反过来去影响输入量。
　　　　　　　　　　　　　　　　　　　　　　　　　　　　　　（　　）

80. 开环控制系统是指组成系统的控制装置与被控制对象之间只有反向作用而没有顺向联系的控制。　　　　　　　　　　　　　　　　　　　　　　　（　　）

81. 在自动控制系统的框图中，进入环节的信号称为该环节的"输入量"，环节的输入量是引起该环节发生运动的原因。　　　　　　　　　　　　　　（　　）

82. 计算机的仿真是一门新兴的科学技术，它是用模型代替实际系统，常用的模型有物理模型、数学模型和数学物理模型等。　　　　　　　　　　　　（　　）

83. 组成计算机的五个基本部件是运算器、控制器、打印机、输入设备和输出设备。
　　　　　　　　　　　　　　　　　　　　　　　　　　　　　　（　　）

84. 计算机软件可分为系统软件和应用软件两大类。　　　　　　　　（　　）

85. CPU 只能从外存储器中提取指令。　　　　　　　　　　　　　（　　）

86. 计算机的鼠标右键是主键，可实现单击、选中、双击、拖动等大部分操作。（　　）

（二）单项选择题（将正确答案的序号填入括号内）

1. 以定位精度 1mm 计，对距离回转或倾斜中心 500mm 的焊缝，变位机械工作台的转角误差须控制在（   ）°以内。

    A. 0. 36   B. 0. 5   C. 1   D. 1. 5

2. 焊接机器人和焊件变位机械的定位精度多在（   ）mm。

    A. 0. 01 ~ 0. 1   B. 0. 1 ~ 1   C. 1 ~ 2   D. 2 ~ 3

3. 焊件变位机械的工作台，多是做（   ）和倾斜运动。

    A. 曲线   B. 直线   C. 上下   D. 回转

4. 夹紧装置一般由力源装置、（   ）、夹紧元件三部分组成。

    A. 锁紧机构   B. 中间传力机构   C. 从动机构   D. 变速机构

5. 对于定位元件，与工件定位基准面或与夹具体接触或配合的表面，其公差等级可取（   ）。

    A. IT8   B. IT10   C. IT11   D. IT14

6. 如果要在 ROBOGUIDE 中建立一个关于焊接的仿真，则应该选择的仿真模块是（   ）。

    A. HandlingPRO   B. PalletPRO   C. WeldPRO   D. ChamferingPRO

7. 关于 CoordinatedMotion 功能下列说法正确的是（   ）。

    A. 补偿工件随导轨运动的位移   B. 控制机器人与外部轴做协调运动

    C. 优化程序的路径和节拍   D. 对机器人的报警进行诊断

8. ROBOGUIDE 生成的工程文件压缩包的格式是（   ）。

    A. FRW   B. RGX   C. EXE   D. IGS

9. 下列设备中属于机器人可支持的外部群组的是（   ）。

    A. 行走轴   B. 变位机   C. 电焊机   D. 弧焊枪

10. 软件菜单栏中的 TEACH 下拉选项是关于工程文件中（   ）的操作。

    A. 模型编辑   B. 视图显示   C. 程序编辑   D. 仿真运行

11. 旋转视图的快捷操作是（   ）。

    A. 按住【Ctrl 键】【鼠标右键】拖动   B. 按住【Ctrl 键】【鼠标左键】拖动

    C. 按住【右键】拖动   D. 旋转【鼠标滚轮】

12. 工具栏中的图标所具有的功能是（   ）。

    A. 坐标系切换   B. 运动速度设定   C. 显示工作范围   D. 机器人工具切换

13. 下列中关于离线编程的说法正确的是（   ）。

    A. 现场示教   B. 脱机工作   C. 目测精度   D. 不适用于复杂路径

14. 下列关于离线编程与仿真技术说法错误的是（   ）。

    A. 融入了计算机图形学技术   B. 轨迹可自动进行规划

    C. 编程周期长、效率低   D. 仿真运行以检验离线程序

15. 工业机器人离线编程的主要的步骤有①轨迹规划②场景搭建③工序优化④程序输出，下列排序正确的是（   ）。

    A. ②①③④   B. ②③①④   C. ②①④③   D. ③②①④

16. 下列软件中不是工业机器人离线编程仿真软件的是（   ）。

A. ROBOGUIDE　　　B. ROBCAD　　　C. SolidWorks　　　D. DELMIA

17. RobotStudio 是知名的工业机器人离线编程仿真软件，它是（　　）的产品。

A. 发那科　　　　B. ABB　　　　C. 新松　　　　D. 安川

18. 位置等级是指机器人经过示教位置时的接近程度，设定了合适的位置等级时，可使机器人运行出与周围状况和工件相适应的轨迹，其中位置等级（　　）。

A. CNT 值越小，运行轨迹越精准　　　B. CNT 值大小，与运行轨迹关系不大

C. CNT 值越大，运行轨迹越精准　　　D. 只与运动速度有关

19. 手部的位姿是由（　　）构成的。

A. 位置与速度　　　　　　　　　B. 姿态与位置

C. 位置与运行状态　　　　　　　D. 姿态与速度

20. 传感器的基本转换电路是将敏感元件产生的易测量小信号进行变换，使传感器的信号输出符合具体工业系统的要求一般为（　　）。

A. 4～20mA、-5～5V　　　　　　B. 0～20mA、0～5V

C. -20～20mA、-5～5V　　　　　D. -20～20mA、0～5V

21. 传感器的输出信号达到稳定时，输出信号变化与输入信号变化的比值代表传感器的（　　）参数。

A. 抗干扰能力　　　B. 精度　　　C. 线性度　　　D. 灵敏度

22. 六维力与力矩传感器主要用于（　　）。

A. 精密加工　　　B. 精密测量　　　C. 精密计算　　　D. 精密装配

23. 机器人轨迹控制过程需要通过求解（　　）获得各个关节角位置控制系统的设定值。

A. 运动学正问题　　B. 运动学逆问题　　C. 动力学正问题　　D. 动力学逆问题

24. 机器人的精度主要依存于机械误差、控制算法误差与分辨率系统误差。一般说来（　　）。

A. 绝对定位精度高于重复定位精度　　　B. 重复定位精度高于绝对定位精度

C. 机械精度高于控制精度　　　　　　　D. 控制精度高于分率精度

25. 一个刚体在空间具有（　　）自由度。

A. 3 个　　　B. 4 个　　　C. 5 个　　　D. 6 个

26. 对转动关节而言，关节变量是 D-H 参数中的（　　）。

A. 关节角　　　B. 杆件长度　　　C. 横距　　　D. 扭转角

27. 对于移动（平动）关节而言，关节变量是 D-H 参数中的（　　）。

A. 关节角　　　B. 杆件长度　　　C. 横距　　　D. 扭转角

28. 应用电容式传感器测量微米级的距离，应该用改变（　　）的方式。

A. 极间物质介电系数　　　　　　B. 极板面积

C. 极板距离　　　　　　　　　　D. 电压

29. 压电式传感器，即应用半导体压电效应可以测量（　　）。

A. 电压　　　B. 亮度　　　C. 力和力矩　　　D. 距离

30. 传感器在整个测量范围内所能辨别的被测量的最小变化量，或者所能辨别的不同被测量的个数，被称之为传感器的（　　）。

A. 精度　　　　　　B. 重复性　　　　　　C. 分辨率　　　　　　D. 灵敏度

31. 增量式光轴编码器一般应用（　　）套光电元件，从而可以实现计数、测速、鉴向和定位。

　　A. 一　　　　　　B. 二　　　　　　C. 三　　　　　　D. 四

32. 测速发电机的输出信号为（　　）。

　　A. 模拟量　　　　B. 数字量　　　　C. 开关量　　　　D. 脉冲量

33. 用于检测物体接触面之间相对运动大小和方向的传感器是（　　）。

　　A. 接近觉传感器　　B. 接触觉传感器　　C. 滑动觉传感器　　D. 压觉传感器

34. 如果末端装置、工具或周围环境的刚性很高，那么机械手要执行与某个表面有接触的操作作业将会变得相当困难，此时应该考虑（　　）。

　　A. 柔顺控制　　　　B. PID 控制　　　　C. 模糊控制　　　　D. 最优控制

35. 机器人逆运动学求解有多种方式，一般分为（　　）类。

　　A. 2　　　　　　B. 3　　　　　　C. 4　　　　　　D. 5

36. 用来表征机器人重复定位其手部于同一目标位置能力的参数是（　　）。

　　A. 定位精度　　　　B. 速度　　　　C. 工作范围　　　　D. 重复定位精度

37. （　　）不属于工业机器人子系统。

　　A. 驱动系统　　　　B. 机械结构系统　　　　C. 人机交互系统　　　　D. 导航系统

38. FMC 是（　　）的简称。

　　A. 加工中心　　　　　　　　　　　　B. 计算机控制系统

　　C. 永磁式伺服系统　　　　　　　　　D. 柔性制造单元

39. 由数控机床和其他自动化工艺设备组成的（　　），可以按照任意顺序加工一组不同工序与不同节拍的工件，并能适时地自由调试和管理。

　　A. 刚性制造系统　　B. 柔性制造系统　　C. 弹性制造系统　　D. 挠性制造系统

40. 操作人员实现对机器人的控制不包括（　　）。

　　A. 输入　　　　　　B. 输出　　　　　　C. 程序　　　　　　D. 反应

41. 工业机器人的额定负载是指在规定性能范围内（　　）所能承受的最大负载允许值。

　　A. 手腕机械接口处　　B. 手臂　　　　C. 末端执行器　　　　D. 机床

42. 工业机器人运动自由度数，一般（　　）。

　　A. 小于 2 个　　　　B. 小于 3 个　　　　C. 小于 6 个　　　　D. 大于 6 个

43. 步行机器人的行走机构多为（　　）。

　　A. 滚轮　　　　　　B. 履带　　　　　　C. 连杆机构　　　　D. 齿轮机构

44. 英文缩写（　　）是指计算机主机中的中央处理器。

　　A. RAM　　　　　　B. ROM　　　　　　C. CPU　　　　　　D. LCD

45. 只有在（　　）和定位基准精度很高时，重复定位才允许采用。

　　A. 定位元件　　　　B. 设计基准　　　　C. 测量基准　　　　D. 夹紧元件

46. 智能化就是要求计算机具有人工智能，也是第（　　）代计算机要实现的目标。

　　A. 3　　　　　　B. 4　　　　　　C. 5　　　　　　D. 6

47. 下列不属于常用焊接工装夹具的是（　　）。

　　A. 定位器　　　　　　　　　　　　　B. 夹紧工具

  C. 拉紧和推撑夹具   D. 翻转机

 48. 焊接参数的控制及优化应属于（ ）的应用。

  A. 数值计算机技术   B. 计算机辅助焊接过程控制

  C. CAD/CAM 系统   D. 专家系统技术

 49. 大功率电子束焊枪，为减小金属蒸汽和离子对电子枪工作稳定性的影响，可以设置（ ）个聚焦线圈，并在电子束通道上设置小直径光阑。

  A. 1   B. 2   C. 3   D. 4

 50. 电子束在真空中焊接，不仅可以防止金属受到（ ）等有害气体的污染，而且还有利于焊缝金属的除气和净化。

  A. H_2、O_2、CO B. CO_2、H_2、N_2 C. H_2、O_2、N_2 D. H_2、CO、CO_2

（三）综合题

 1. 简述离线编程与仿真在实际应用中的作用。

 2. 简述常用离线编程软件的应用行业。

 3. 简述 RobotStudio 软件各功能选项的功能和主要操作命令。

 4. 简述弧焊机器人焊接工装设计的原则。

 5. 解释非同步协调和同步协调的运动配合。

 6. 组合夹具按元件的连接形式分为哪两大系统？

 7. 简述机器人焊接工装夹具的设计要求。

 8. 简述机器人焊接夹具与一般夹具的区别。

 9. 简述机器人离线编程误差的特点？

 10. 机器人离线编程误差主要有哪些？

 11. 支持机器人离线编程的关键技术有哪些？

 12. 机器人离线编程系统包括哪些主要模块？

 13. 机器人控制系统的基本单元有哪些？

 14. 变位机对于焊接机器人的作用是什么？

 15. 机器人常用的机身与臂部的配置形式有哪些？

 16. 简述机器人离线编程的优点。

 17. 并联机器人的特点是什么？

 18. 机器人工作站和生产线的详细设计分哪几步？

 19. 简述工业机器人与焊接变位机的通信方式。

 20. 什么叫控制？什么叫人工控制？

 21. 什么叫自动控制？什么叫自动控制系统？

 22. 对自动控制系统的一般要求是什么？

 23. 自动控制系统的动态性能指标有哪几个？

 24. 控制系统如何分类？什么是开环控制系统？什么是闭环控制系统？

 25. 试述焊接机器人按结构坐标可分为哪些，其特点分别是什么。

扫码看答案

理论模块 3 焊接技术管理

一、考核范围

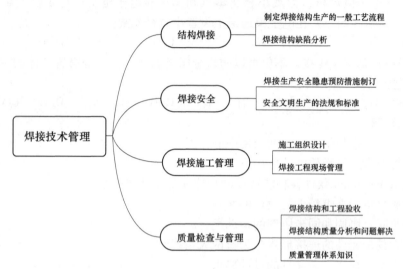

二、考核要点详解

知识点（焊接结构工艺性审查）示例 1：

概念	在满足产品设计使用要求的前提下分析其结构形式能否适应具体的生产工艺
主要目的	保证产品结构设计的合理性，工艺的可行性，结构使用的可靠性和经济性
审查步骤	1. 产品结构图审查 2. 产品结构技术要求审查
审查内容	1. 从满足焊接结构强度的可行性，分析结构的合理性 2. 从焊接变形与应力，分析焊接结构的合理性 3. 从焊接结构的生产工艺，分析结构的合理性 4. 从焊接结构生产的经济性，分析结构的合理性

知识点（焊接结构生产工艺过程）示例 2：

概念	指由金属材料（包括板材、型材和其他零部件等）经过一系列加工工序、装配焊接成焊接结构成品的过程
工作内容	包括根据生产任务的性质、产品的图样、技术要求和工厂条件，运用现代焊接技术及相应的金属材料加工和保护技术、无损检测技术等来完成焊接结构产品的全部生产过程中的一系列工艺过程
主要工艺过程	原材料准备处理→基本元件加工→装配焊接→质检处理、防护包装→交货

三、练习题

（一）判断题（对画√，错画×）

1. 焊接接头冷却到室温后并在一定时间（几小时，几天、甚至十几天）才出现的焊接

裂纹叫延迟裂纹。　　　　　　　　　　　　　　　　　　　　　　　（　　）

2. 岗位的质量保证措施与责任就是岗位的质量要求。　　　　　　　（　　）

3. 要求焊后热处理的压力容器，应在热处理后焊接返修。　　　　　（　　）

4. 在进行搭接接头（CTS）焊接裂纹试验时，应先焊两侧的拘束焊缝，为防止冷裂纹产生，应不待试件冷却就立即焊接试验焊缝。　　　　　　　　　　　（　　）

5. 当同一条焊缝使用两种或两种以上焊接方法时，可使用两种或两种以上焊接方法焊接试件，进行组合评定。　　　　　　　　　　　　　　　　　　（　　）

6. 提高加载速度能促使材料脆性破坏，其作用相当于提高温度。　　（　　）

7. 焊接接头的硬度试验的样坯，应在垂直于焊缝方向的相应区段截取，截取的样坯应包括焊接接头的所有区域。　　　　　　　　　　　　　　　　　（　　）

8. 拉伸拘束裂纹试验（TRC 试验）中的临界应力值越大，氢致裂纹敏感性越小。
　　　　　　　　　　　　　　　　　　　　　　　　　　　　　　　（　　）

9. 插销试验时的临界应力越大，则焊接接头产生氢致裂纹的敏感性越大。　（　　）

10. 具有再热裂纹敏感性的钢材，当需焊后热处理时，严禁强制对口焊接，以减少产生再热裂纹的概率。　　　　　　　　　　　　　　　　　　　　　　（　　）

11. 热影响区最高硬度试验法主要用在相同试验条件下不同母材冷裂倾向的相对比较。
　　　　　　　　　　　　　　　　　　　　　　　　　　　　　　　（　　）

12. 熔焊时，被熔化的母材在焊缝金属中所占的百分比称为熔合比。　（　　）

13. 锅炉压力容器水压试验时，应一次升到试验压力，停留一段时间，检查有无异常现象。　　　　　　　　　　　　　　　　　　　　　　　　　　　　　（　　）

14. 焊接工艺评定的核心是如何得到焊接接头力学性能符合要求的焊接工艺。（　　）

15. 插销试验可用临界应力值直接定量地评定材料对焊根裂纹的敏感性。（　　）

16. 磁粉检测适用于检测奥氏体钢焊缝的表面缺陷。　　　　　　　　（　　）

17. 在焊接接头静载强度计算时，应考虑接头部位微观组织的改变对力学性能的影响。
　　　　　　　　　　　　　　　　　　　　　　　　　　　　　　　（　　）

18. 不论是焊缝表面的缺陷，还是焊缝内部的缺陷，磁粉检测都是非常灵敏的。（　　）

19. 焊接结构疲劳断裂与脆性断裂一样都是瞬时完成的。　　　　　　（　　）

20. 工程中常用的两个塑性指标是伸长率 δ 和断面收缩率 ψ，其中 ψ 受测量标距的影响。
　　　　　　　　　　　　　　　　　　　　　　　　　　　　　　　（　　）

21. 金属材料焊接性的好坏，也可间接说明该材料中的碳含量和合金元素的多少。
　　　　　　　　　　　　　　　　　　　　　　　　　　　　　　　（　　）

22. 消除应力退火是生产中应用最广泛的、行之有效的消除焊接残余应力的方法。
　　　　　　　　　　　　　　　　　　　　　　　　　　　　　　　（　　）

23. 材料的化学成分对脆性转变温度没有什么影响。　　　　　　　　（　　）

24. 塑性破坏主要特征是有显著的塑性变形。　　　　　　　　　　　（　　）

25. 在冲击作用下，具有一定形状的缺口试样，抵抗变形和断裂的能力称为冲击韧度，用 α_K 表示，单位为 J/cm^2。　　　　　　　　　　　　　　　　（　　）

26. 需要进行热处理的焊件，补焊修正后应再次进行热处理。　　　　（　　）

27. 整体热处理时，必须要保证加热温度的均匀性，否则会导致由于加热温度不均匀而

使应力增大。 （　　）

28. 焊件焊后进行高温回火，既可以消除应力，又可以消除部分变形。 （　　）

29. 只要采用先进的工艺，提高生产效率，对有小的污染是可以被接受的。 （　　）

30. 正常人对空气的需要量在重工作时约为 $2.5m^3/h$。 （　　）

31. 大型、单件生产的结构经常采用划线定位的装配方法，也叫地样法。 （　　）

32. 需要机械加工并与其他构件精密配合的焊接结构，应先完成所有的装配及焊接工作，甚至是在构件经过退火消除内应力后再进行机械加工。 （　　）

33. 成批量生产的结构件需要在专门的胎架上进行装配。 （　　）

34. 大型、重型焊接结构产品一般采用工件固定式装配方法。 （　　）

35. 分部件装配-焊接方法可以使得焊缝处于有利于焊接的位置。 （　　）

36. 在确定部件或结构的装配次序时，不能单纯地从装配工艺角度出发去考虑，应全面综合考虑。 （　　）

37. 对新设计的钢桥或改变工艺装备时，均应进行有代表性的局部试装。 （　　）

38. 装配质量的好坏直接影响到焊接工艺和产品质量。 （　　）

39. 薄板上焊接众多加强筋的结构，焊接后容易产生波浪变形，应首先进行反变形，然后再焊接加强筋。 （　　）

40. 经外观检查合格的焊缝方能进行无损检测，无损检测应在焊缝冷却后立刻进行。 （　　）

41. 对于尺寸精度要求高的产品，可以采用刚度小的工装夹具。 （　　）

42. 对于尺寸精度要求低而表面粗糙度要求高的产品，宜采用具有足够耐磨性的工装夹具。 （　　）

43. 定位面越大，定位精度越高。 （　　）

44. 焊接结构采用的金属材料应有生产厂出具的质量证明书，在入库前必须经过检查和验收。 （　　）

45. 焊缝返修焊后可以不经过检验，验收标准降低，直接认为合格。 （　　）

46. 某些较复杂的结构，一般采用分部件进行装配-焊接的方法。 （　　）

47. 焊接产品检验试板具有代表性，如试板的试验结果不合格，说明试板所代表的所有焊缝也不合格。 （　　）

48. 构件组装前可以不清除待焊区域的铁锈、氧化皮、油污，只要焊接前打磨一下就可以了。 （　　）

49. 在焊接过程中，不论是人工控制还是自动控制，都是"检测偏差、纠正偏差"的过程。 （　　）

50. 按检验程序进行分类，焊接结构检验主要包括预先检验、中间检验和最后检验。 （　　）

51. 对钢结构制造企业而言，质量检验是达到质量保证和质量控制的重要手段。 （　　）

52. 焊接性试验、焊接工艺评定试验、焊接设备检查、工艺装备检查均属于工艺性检验。 （　　）

53. 对焊接结构而言，有专检人员进行检查就够了，不需要进行自检。 （　　）

54. 焊接结构质量检验，就是根据产品的有关标准和技术要求，对焊接结构的原材料、

半成品、成品的质量和工艺过程进行检查和验证。　　　　　　　　　　　　（　　）

55. 焊接缺欠和焊接缺陷是一个概念，所有焊接缺欠都是焊接缺陷。　　（　　）

56. 对接焊缝的余高也就是加强高，越大越好。　　　　　　　　　　（　　）

57. 焊件焊后检验可分为两大类，一类是破坏性检验，另一类是非破坏性检验。（　　）

58. 焊接工艺规程编制的依据是产品的工艺方案，以及有关的焊接试验或焊接工艺评定。

　　　　　　　　　　　　　　　　　　　　　　　　　　　　　　　　（　　）

59. 焊接作业的危害因素可分为物理性和化学性两种。　　　　　　　（　　）

60. 按检验数量进行分类，焊接结构检验可分为全数检验和半数检验。（　　）

61. 采用先进的生产工艺可以降低生产成本。　　　　　　　　　　　（　　）

62. 热塑性试验的结果是评定材料抗冷裂纹敏感性的指标。　　　　　（　　）

63. 脉动载荷的疲劳强度常用 σ_{-1} 表示。　　　　　　　　　　　　　（　　）

64. 通常脆性断裂系指沿一定结晶面的劈裂解离断裂及晶界断裂。　　（　　）

65. 由于冲击性能试验结果往往比较分散，一般每次取 2 个试样进行试验。（　　）

66. 焊接结构的破坏主要包括塑性破坏、脆性破坏和疲劳断裂。　　　（　　）

67. 焊接中碳调质钢时，采取预热措施，就可防止产生冷裂纹。　　　（　　）

68. 采用零件—杆件装配焊接—总装焊接的装焊顺序有利于防止焊接变形。（　　）

69. 焊接环境空气中的氟化氢及氟化物（换算成氟）最高允许浓度为 $1mg/m^3$。（　　）

70. 开缓和槽能提高接头的疲劳强度。　　　　　　　　　　　　　　（　　）

71. 用钨极氩弧焊在焊接接头的过渡区重熔一次，可提高接头的疲劳强度。（　　）

72. 试验证明，在尺寸和外形完全相同的情况下，联系焊缝应力集中系数低于工作焊缝的应力集中系数。　　　　　　　　　　　　　　　　　　　　　　　（　　）

73. 多层焊过程中，第一层按规定的预热温度预热，以后各层的预热温度可逐渐降低。

　　　　　　　　　　　　　　　　　　　　　　　　　　　　　　　　（　　）

74. 采用对称焊的方法可以减少焊接的波浪变形。　　　　　　　　　（　　）

75. 焊接工艺守则是针对某一种焊接方法、某一种操作工艺或某一种材料焊接工艺所编制的一种通用性工艺文件。　　　　　　　　　　　　　　　　　　　　（　　）

76. 落锤试件断裂的最高温度即为无延性转变温度 NDT。　　　　　　（　　）

77. 在现代焊接性研究中，Z 向拉伸测试的 δ 和 ψ 被用作钢材层状撕裂的度量。（　　）

78. 断裂力学方法评定脆断的条件为 $K_I = K_{Ic}$。　　　　　　　　　　（　　）

79. 焊接接头热影响区的最高硬度是用来评价钢材冷裂倾向的指标之一。（　　）

80. 焊接生产和工业生产的其他部门毫无关系。　　　　　　　　　　（　　）

81. 联系焊缝以及管道和圆筒形压力容器的环焊缝，采用低组配比较合适。（　　）

82. 同样厚度的焊件，单道焊比多层多道焊产生的焊接变形小。　　　（　　）

83. 整修大型焊接结构主要采用机械校正法。　　　　　　　　　　　（　　）

84. 结构刚度增大时，焊接残余应力也随之增大。　　　　　　　　　（　　）

85. 焊接盛放过易燃、易爆介质的容器前，应首先用氮气或氧气进行置换。（　　）

86. 焊接方法的选择对焊接质量无影响。　　　　　　　　　　　　　（　　）

87. 用可变拘束试验方法测定母材的热裂纹敏感性时，可采用填充焊丝的钨极氩弧焊。

　　　　　　　　　　　　　　　　　　　　　　　　　　　　　　　　（　　）

88. 射线检测能从底片上直接判断出缺陷种类，而超声波检测判断缺陷的种类较难。

        （   ）

89. 装配工序的基本要求是不应使构件在装配定位后发生移动、倾斜和扭转。 （   ）

90. 多层焊时，每层焊道所产生的横向收缩量逐层递增。 （   ）

91. 焊接过程中，材料因受热的影响（但未熔化）而发生组织和力学性能变化的区域称为焊接热影响区。 （   ）

92. 如果射线检测底片上单个气孔的尺寸超过母材厚度的 1/2 时即作为 Ⅳ 级。 （   ）

93. 冲击试验的试样缺口往往只能开在焊缝金属上。 （   ）

94. 焊接方法改变需重新进行焊接工艺评定。 （   ）

95. 焊接工艺评定除验证所拟定的焊接工艺的正确性外，还有考核焊工的操作技能的作用。 （   ）

96. 焊接工程质量验收标准中，Q_B 属于质量的最低合用验收标准，可认为是质量最低的容许界限。 （   ）

97. 压板对接焊接裂纹试验方法（FISCO）主要是用来测定母材热裂纹倾向的试验方法。

        （   ）

98. 如果某焊接接头采用两种焊接方法施焊，则可根据不同焊接方法分别评定试验，以两份焊接工艺评定报告为依据。 （   ）

99. 在焊接工艺评定因素中，补加因素是指影响焊接接头强度和冲击韧度的工艺因素。

        （   ）

100. 焊接耐热钢大径厚壁管件时，应选择合适的坡口角度、严格控制预热温度、根部焊接应保证一定厚度，否则易产生裂纹。 （   ）

101. 焊接梁和柱时，极易在焊后产生弯曲变形、角变形和扭曲变形。 （   ）

102. 焊接热循环是指在焊接热源作用下，焊件上某点的温度随时间变化的过程。

        （   ）

103. 脆性断裂一般发生在脆性材料，低碳钢因塑性良好，用它制成的结构是不会发生脆性断裂的。 （   ）

104. 对梁变形的矫正方法有机械矫正法和火焰矫正法。 （   ）

105. 焊接未经塑性变形的母材，焊后热影响区会出现再结晶区。 （   ）

106. 由于氧气瓶内气体具有压力，因此，气动工具可以用氧气作为气源。 （   ）

107. 采用小的焊接热输入，既能减小焊接变形，也能减小焊接应力。 （   ）

108. 残余应力会加速在腐蚀介质中工作的焊件的腐蚀。 （   ）

109. 若焊件是脆性材料，如果在静载荷条件下使用，残余应力也不会导致其早期破坏。

        （   ）

110. 短路过渡时，表面张力可帮助熔滴向熔池过渡，使短路过渡顺利进行。 （   ）

111. 低碳钢焊缝金属自高温液态冷却至室温的过程中，如果冷却速度越快，则室温下焊缝金属的硬度越大，这是因为焊缝金属中珠光体含量增加的缘故。 （   ）

112. 影响焊接热循环的主要因素有：焊接热输入、预热和层间温度、工件厚度、接头形式及材料本身的导热性能等。 （   ）

113. 两种母材金属的性能差别较大时，接头的焊后热处理并不能减少焊接应力，而只

能使应力重新分布。 （ ）

114. 刚性固定法适用于任何材料的结构焊接。 （ ）

115. 夹紧工具是用于装配时压紧工件的。 （ ）

116. 焊接热输入仅与焊接电流和电弧电压有关，而与焊接速度无关。 （ ）

117. 箱型梁比工字梁结构刚性小，只能承受较小的外力。 （ ）

118. 由于梁的长、高比较大，故焊后其变形主要是扭曲变形，当焊接方向不正确时，焊后主要是扭曲变形。 （ ）

119. 一般把材料冲击试验所确定的材料韧脆转变温度作为该材料制成的所有构件的最低设计温度。 （ ）

120. 斜Y形坡口对接裂纹试验焊接试验焊缝，试验所用焊条原则上采用与待焊钢材相匹配的焊条。 （ ）

121. 斜Y形坡口焊接裂纹试验方法既可以作为材料的抗冷裂性试验，也可作为再热裂纹试验。 （ ）

122. 用斜Y形坡口焊接裂纹试验方法焊成的试件，焊后应立即进行检查，以避免产生延迟裂纹。 （ ）

123. 斜Y形坡口对接裂纹试验的试件上有试验焊缝和拘束焊缝。 （ ）

124. 斜Y形坡口焊接裂纹试验方法即可以作为材料的抗冷裂性试验，也可作为再热裂纹试验。 （ ）

125. 斜Y形坡口对接裂纹试件的拘束焊缝采用单面焊接。 （ ）

126. 斜Y形坡口焊接裂纹试验方法焊成的试件，焊后应立即进行检查，以避免产生延迟裂纹。 （ ）

127. 斜Y形坡口对接裂纹试验焊完的试件应立即用气割方法切取试样，进行检查。 （ ）

128. 用斜Y形坡口焊接裂纹试验方法进行再热裂纹试验时，必须对试件进行预热，以保证不产生冷裂纹。 （ ）

129. 斜Y形坡口对接裂纹试验的试验焊缝应根据板厚确定焊接道数。 （ ）

（二）单项选择题 （将正确答案的序号填入括号内）

1. 不符合岗位质量要求的内容是（ ）。

    A. 对各个岗位质量工作的具体要求　　B. 体现在各岗位的作业指导书中

    C. 是企业的质量方向　　D. 体现在工艺规程中

2. 企业的质量方针不是（ ）。

    A. 企业总方针的重要组成部分　　B. 规定了企业的质量标准

    C. 每个职工必须熟记的质量准则　　D. 企业的岗位工作职责

3. 不属于岗位质量要求的内容是（ ）。

    A. 操作规程　　B. 工艺规程

    C. 工序的质量指标　　D. 日常行为准则

4. 不属于岗位质量措施与责任的是（ ）。

    A. 明确岗位质量责任制度　　B. 岗位工作要按作业指导书进行

    C. 明确上下工序之间相应的质量问题的责任

D. 满足市场的需求

5. 在下述焊接过程产生的有害因素中，（　　）为化学有害因素。

A. 焊接弧光　　　　　B. 噪声　　　　　C. 焊接烟尘　　　　D. 高频电磁波

6. 在熔焊过程中，焊接区内产生的有害气体（　　）会产生有毒的光气。

A. 臭氧　　　　　　　B. 氮氧化物　　　　C. 氟化物　　　　　D. 氯化物

7. （　　）是我国的安全生产方针。

A. 安全第一，预防为主　　　　　　　　B. 预防第一，安全为主

C. 健康第一，预防为主　　　　　　　　D. 预防第一，健康为主

8. 焊接作业的危害因素可分为（　　）两种。

A. 安全性和卫生性　　　　　　　　　　B. 物理性和化学性

C. 永久性和暂时性　　　　　　　　　　D. 一般性和特殊性

9. 在焊接领域应用的计算机技术中，焊接缺陷的识别分类主要应用（　　）。

A. CAD/CAM 系统　　B. 数值计算机技术　C. 模式识别技术　D. 计算机仿真技术

10 微型剪切试验是为适应（　　）提出的。

A. 焊接接头各区力学性能大梯度变化的特点

B. 焊接接头组织性能不均匀的特点

C. 焊接接头物理性能不均匀的特点　　　D. 以上选项均不对

11. 球罐焊接时，凡与球壳板表面相焊的焊缝，任何情况下均不得短于（　　）mm。

A. 30　　　　　　　　B. 50　　　　　　　C. 60　　　　　　　D. 70

12. 钢桁梁构件外部涂装体系干膜的最小总厚度和每一涂层干膜平均厚度不得小于设计要求厚度，且每一涂层的最小厚度不应小于设计要求的（　　）。

A. 70%　　　　　　　B. 75%　　　　　　C. 80%　　　　　　D. 90%

13. 插削式试验主要用来评定（　　）。

A. 氢致延迟裂纹的焊趾裂纹　　　　　　B. 氢致延迟裂纹的焊根裂纹

C. 氢致延迟裂纹中的表面裂纹　　　　　D. 氢致延迟裂纹中的热影响区裂纹

14. 单件小批量生产时，常采用的焊接装配方法是（　　）。

A. 划线定位装配法　　　　　　　　　　B. 定位器定位装配法

C. 装配夹具定位装配法　　　　　　　　D. 安装孔装配法

15. 下列不能用于表面检测的方法是（　　）。

A. 着色检测　　　　　B. 磁粉检测　　　　C. 超声波检测　　　D. 都不是

16. 在下列物质中，当厚度相同时，对 X 射线或 γ 射线强度衰减最大的是（　　）。

A. 钢件　　　　　　　B. 铝件　　　　　　C. 铅件　　　　　　D. 铸铁件

17. 在射线底片上有 "┸" 标记，它表示底片的（　　）。

A. 中心标记　　　　　B. 搭接标记　　　　C. 识别标记　　　D. 方向

18. （　　）是最严重的焊接缺陷，绝对不允许。

A. 裂纹　　　　　　　B. 气孔　　　　　　C. 咬边　　　　　　D. 焊波

19. 检验产品焊接接头力学性能的方法是（　　）。

A. 进行超声波检测　　　　　　　　　　B. 进行耐压试验

C. 对焊缝进行化学成分分析　　　　　　D. 焊接产品检验试板进行力学性能测试

20. 主要杆件受拉横向对接焊缝超声波检测内部质量应达到（　　）。

　　A. Ⅰ级　　　　　　B. Ⅱ级　　　　　　C. Ⅲ级　　　　　　D. Ⅳ级

21. 主要杆件受压横向对接焊缝、纵向对接焊缝超声波检测内部质量应达到（　　）。

　　A. Ⅰ级　　　　　　B. Ⅱ级　　　　　　C. Ⅲ级　　　　　　D. Ⅳ级

22. 箱型杆件棱角焊缝的检测最小有效厚度深度为（　　）mm。

　　A. δ（δ 为水平板厚度）　　　　　　B. $\sqrt{2}\delta$

　　C. $\sqrt{3}\delta$　　　　　　　　　　　　　　D. 2δ

23. 焊接接头的金相检验是用来检查焊接接头的（　　）。

　　A. 致密性　　　　　　　　　　　　B. 冲击韧性

　　C. 组织及内部缺陷　　　　　　　　D. 断面结构

24. 涂装前应对杆件自由边进行倒角，最小曲率半径 R 为（　　）mm。

　　A. 1　　　　　　　B. 1. 5　　　　　　C. 2　　　　　　　D. 2. 5

25. 大厚度焊缝内部缺陷检测效果最好的方法是（　　）。

　　A. 超声波检测　　　B. X 射线检测　　　C. 磁粉检测　　　D. 渗透检测

26. 镍与硫、磷和 NiO 等都能形成（　　），且焊缝中的晶体形状为粗大的树枝状晶时，在焊接应力作用下易形成热裂纹。

　　A. 气孔和夹渣　　　B. 柱状晶　　　　C. 低熔点共晶　　D. 未熔合

27. 局部检测的压力容器，如发现有超标缺陷时，应增加（　　）的检测长度。

　　A. 10%　　　　　　B. 50%　　　　　　C. 100%　　　　　D. 0

28. 在某些射线检测底片上有 R1、R2 等标识，它是（　　）。

　　A. 定位标记　　　B. 返修标记　　　　C. 设备编号　　　D. 缺陷编号

29. 要检测焊接接头的韧性大小，应进行（　　）试验。

　　A. 拉伸　　　　　　B. 弯曲　　　　　　C. 冲击　　　　　　D. 硬度

30. 水压试验用的水温，低碳钢和 Q355R 钢不低于（　　）。

　　A. -5℃　　　　　　B. 5℃　　　　　　C. 10℃　　　　　　D. 50℃

31. （　　）试验可作为评定材料断裂韧度和冷作时效敏感性的一个指标。

　　A. 拉伸　　　　　　B. 弯曲　　　　　　C. 硬度　　　　　　D. 冲击

32. 焊接接头冷弯试验的目的是检查接头的（　　）。

　　A. 强度　　　　　　B. 塑性　　　　　　C. 韧性　　　　　　D. 硬度

33. 在环焊缝的熔合区产生带尾巴、形状似蝌蚪的气孔，是（　　）容器环焊缝所特有的缺陷。

　　A. 低压　　　　　　B. 中压　　　　　　C. 超高压　　　　D. 多层高压

34. 检查不锈钢焊缝表面裂纹常用的方法是（　　）。

　　A. 低倍检查　　　　B. 超声波检测　　　C. 着色检测　　　D. 磁粉检测

35. "落锤试验法"是用来测定材料的（　　）。

　　A. 抗拉强度　　　B. 疲劳强度　　　　C. 脆性转变温度　　D. 屈服强度

36. 筒节的拼接纵缝，封头瓣片的拼接缝，半球形封头与筒体、接管相接的环缝等属于（　　）接头。

A. A 类　　　　　　B. B 类　　　　　　C. C 类　　　　　　D. D 类

37. 采取热处理方法控制复杂结构件的（　　），是通过消除焊接应力来达到目的的。

A. 焊接变形　　　　B. 截面形状　　　　C. 结构整体　　　　D. 焊接组织

38. 焊缝（　　）对对接接头的疲劳强度影响最大。

A. 过渡半径　　　　B. 坡口　　　　　　C. 余高　　　　　　D. 宽度

39. 焊接接头中的不连续性、不均匀性以及其他不健全等的欠缺叫做（　　）。

A. 焊接缺欠　　　　B. 焊接裂纹　　　　C. 焊接缺陷　　　　D. 工艺性缺陷

40. 中低压容器中，（　　）处是容器中的一个薄弱部位。

A. 开孔　　　　　　B. 法兰　　　　　　C. 支座　　　　　　D. 支管

41. 压力容器组焊不应采用（　　）焊缝。

A. 对接　　　　　　B. 角接　　　　　　C. 十字　　　　　　D. 搭接

42. 不符合焊接产品使用性能要求的焊接缺欠叫做（　　）。

A. 焊接缺欠　　　　B. 焊接裂纹　　　　C. 焊接缺陷　　　　D. 工艺性缺陷

43. 在石油、化工工业中，腐蚀是一个非常严重而复杂的问题，其中大量的腐蚀是由于硫和硫化物引起的，特别是（　　）的腐蚀性最强。

A. HS　　　　　　　B. H_2S　　　　　　C. H_4S_2　　　　　D. H_3S

44. 质量管理体系是依托（　　）来协调和运行的，质量管理体系的运行涉及内部质量管理体系所覆盖的所有部门的各项活动。

A. 工人　　　　　　B. 技术人员　　　　C. 科学方法　　　　D. 组织机构

45. 气孔的分级是指照相底片上的任何（　　）的焊缝区域内气孔的点数。

A. 10mm×10mm　　B. 50mm×10mm　　C. 10mm×50mm　　D. 50mm×50mm

46. 当气孔尺寸在（　　）时，可以不计点数。

A. 0.1mm 以下　　　B. 0.2mm 以下　　　C. 0.5mm 以下　　　D. 0.05mm 以下

47. （　　）应当对违反工艺规程及操作不当的质量事故承担责任。

A. 焊接工程师　　　B. 焊工　　　　　　C. 检测人员　　　　D. 质检人员

48. 欲有效开展质量管理，必须设计、建立、实施和保持（　　）。

A. 质量管理方针　　B. 质量管理措施　　C. 质量管理计划　　D. 质量管理体系

49. （　　）和管理评审可以帮助发现质量管理体系策划中不符合 ISO 9001 标准或操作性不强之处。

A. 内审　　　　　　B. 经验　　　　　　C. 事故　　　　　　D. 管理者

50. 质量体系的审核是质量审核的一种形式，是实现质量管理方针所规定目标的一种（　　）。

A. 管理内容　　　　B. 管理计划　　　　C. 管理手段　　　　D. 管理说明

51. 编制焊接工艺规程的依据是产品的（　　）以及通过验证合格的相关焊接工艺评定试验。

A. 技术要求　　　　B. 验收规范　　　　C. 质量标准　　　　D. 工艺方案

52. 焊接工艺评定是通过焊接试件、检验试样，考察焊接接头性能是否符合产品的技术条件，以评定（　　）是否合格。

A. 焊工的技术水平　　　　　　　　　　B. 焊接试件

　　C. 所拟定的焊接工艺　　　　　　　　　　　D. 焊接设备

53. 焊工、焊接操作工只能在（　　　）认可资质范围内按焊接工艺规程进行焊接生产操作。

　　A. 工程师　　　　　B. 监理　　　　　　　C. 管理者　　　　　D. 证书

54. 焊接结构质量检验的目的是（　　　）。

　　A. 验证设计图样　　　　　　　　　　　　　B. 降低制造成本

　　C. 保证焊接结构符合质量要求，防止废品的产生　　　D. 提高劳动生产率

55. 在现场焊接如图 3-1 所示的结构，正确的焊接顺序应该是（　　　）。

　　A. B→E→A→C→D

　　B. E→D→B→C→A

　　C. A→E→C→D→B

　　D. A→C→E→D→B

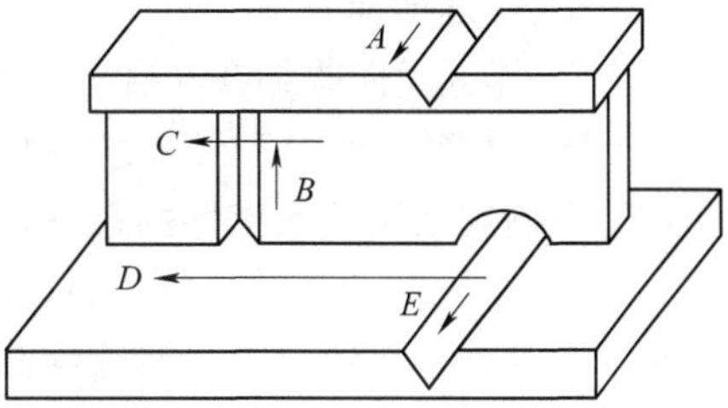

图 3-1

56. 利用样板在金属材料上进行零件实际轮廓线的复制是（　　　）。

　　A. 放样　　　　　　B. 划线　　　　　　　C. 号料　　　　　　D. 下料

57. ISO 14000 系列标准是有关（　　　）的系列标准。

　　A. 质量体系　　　　B. 环境体系　　　　　C. 环境管理　　　　D. 生产管理

58. 焊接热输入对焊件产生变形的影响是（　　　）。

　　A. 焊接热输入越大，变形越小　　　　　　B. 焊接热输入越小，变形越大

　　C. 焊接热输入越小，变形越小　　　　　　D. 没有影响

59. 可以减小对接焊缝产生横向收缩的是（　　　）。

　　A. 减小焊接速度　　　　　　　　　　　　B. 焊前预热

　　C. 用 U 形坡口代替 V 形坡口　　　　　　D. 焊后保温

60. （　　　），则焊后产生的焊接变形最大。

　　A. 加热时，焊件能自由膨胀；冷却时，焊件能自由收缩

　　B. 加热时，焊件不能自由膨胀；冷却时焊件能自由收缩

　　C. 加热时，焊件不能完全自由膨胀；冷却时，焊件不能完全自由收缩

　　D. 加热时，焊件不能自由膨胀；冷却时焊件不能自由收缩

61. （　　　），则焊后产生的焊接变形最小。

　　A. 加热时，焊件能自由膨胀；冷却时，焊件能自由收缩

　　B. 加热时，焊件不能自由膨胀；冷却时焊件能自由收缩

　　C. 加热时，焊件不能完全自由膨胀；冷却时，焊件不能完全自由收缩

　　D. 加热时，焊件不能自由膨胀；冷却时焊件不能自由收缩

62. 如果吊车大梁的上、下焊缝不对称，焊后易产生（　　　）变形。

　　A. 弯曲　　　　　　B. 纵向收缩　　　　　C. 扭曲　　　　　　D. 波浪

63. 有利于减小焊接应力的措施有（　　　）。

　　A. 采用塑性好的焊接材料　　　　　　　　B. 采用强度高的焊接材料

　　C. 将焊件刚性固定　　　　　　　　　　　D. 采用塑造差的焊接材料

64. 由于焊缝集中于中心轴的一侧，焊后将产生（　　）变形。
    A. 波浪　　　　　　B. 扭曲　　　　　　C. 角　　　　　　D. 弯曲

65. 由许多部件组成的结构，装配焊接顺序为（　　）。
    A. 一次组装→焊接→修整→二次组装→焊接→修整
    B. 由零件先组装成配件，焊接后再由各个部件组装成整体结构，再进行焊接
    C. 从下至上的顺序组装焊接　　　　　　D. 从左至右的顺序组装焊接

66. 角变形产生的原因是（　　）。
    A. 焊缝横向收缩　　　　　　　　　　B. 焊缝纵向收缩
    C. 焊缝横向收缩在厚度方向上分布不均匀
    D. 焊缝纵向收缩在厚度方向上分布不均匀

67. 影响层状撕裂敏感性的最好指标是（　　）。
    A. 伸长率　　　　B. 断面收缩率　　　　C. 抗拉强度值　　　D. 屈服强度值

68. 在下列焊接缺陷中，对脆性断裂影响最大的是（　　）。
    A. 咬边　　　　B. 圆形内部夹渣　　　　C. 圆形气孔　　　D. 未熔合

69. 计算钢材碳当量时，应该取钢材化学成分的（　　）值。
    A. 下限　　　　B. 平均　　　　C. 上限　　　D. 最大名义数

70. 选定工装夹具类型时，当夹紧力小且产量不大时，选用（　　）夹具。
    A. 手动　　　　B. 气动　　　　C. 液动　　　D. 电动

71. 在拉伸试验中，具有高强度和较低塑性的焊缝的高组配焊接接头的纵向拉伸试件的断裂首先发生在（　　）。
    A. 母材　　　　B. 热影响区　　　　C. 焊缝　　　D. 焊接垫板

72. 按照 GB/T 50205《钢结构工程施工质量验收标准》要求，栓钉焊后弯曲检验可用（　　）方法进行。
    A. 加热弯曲　　　B. 辊弯　　　　C. 锤打弯曲　　　D. 拉弯

73. 按照 GB/T 50205《钢结构工程施工质量验收标准》要求，承受静荷载的一级焊缝和承受动荷载的焊缝，每批同类构件的焊缝外观质量检验数量为抽查（　　），且不应少于3件。
    A. 5%　　　　B. 10%　　　　C. 15%　　　D. 20%

74. 按照 GB/T 50205《钢结构工程施工质量验收标准》要求，栓钉焊接接头外观质量检验后进行打弯（　　）后抽样检查，焊缝和热影响区不得有肉眼可见的裂纹。
    A. 5°　　　　B. 10°　　　　C. 20°　　　D. 30°

75. 按照 GB/T 50205《钢结构工程施工质量验收标准》要求，设计要求的二级焊缝应进行内部缺陷的无损检测，当焊缝长度小于（　　）时，应对整条焊缝检测。
    A. 200mm　　　B. 300mm　　　C. 400mm　　　D. 500mm

76. 按照 GB/T 50205《钢结构工程施工质量验收标准》要求，钢零件及钢部件加工工程中，低合金结构钢在环境温度低于（　　）时，不应进行冷矫正和冷弯曲。
    A. -12℃　　　B. -16℃　　　C. -22℃　　　D. -26℃

77. 按照 GB/T 50205《钢结构工程施工质量验收标准》要求，钢零件及钢部件加工工程中，焊缝坡口角度的允许偏差为（　　）。

A. ±1°　　　　　B. ±5°　　　　　C. ±10°　　　　　D. ±15°

78. 按照 GB/T 50205《钢结构工程施工质量验收标准》要求，钢零件及钢部件加工工程中，焊接球表面应光滑平整，局部凹凸不平不应大于（　　）。

A. 0.5mm　　　　B. 1mm　　　　　C. 1.5mm　　　　D. 2mm

79. 按照 GB/T 50205《钢结构工程施工质量验收标准》要求，钢构件组装工程中的钢材、钢部件拼接或对接时，当设计无要求时，对直接承受拉力的焊缝，应采用（　　）级熔透焊缝。

A. 一级　　　　　B. 二级　　　　　C. 三级　　　　　D. 都可以

80. GB 13690《化学品分类和危险性公示 通则》适用于化学品分类及其危险公示，也适用于化学品（　　）和消费品的标志。

A. 运输过程　　　B. 经营场所　　　C. 生产场所　　　D. 储存场所

81.《中华人民共和国安全生产法》所指的危险物品包括（　　）。

A. 易燃易爆物品、危险化学品、放射性物品

B. 枪支弹药　　　C. 高压气瓶　　　D. 大型机械设备

82.《中华人民共和国安全生产法》规定，特种作业人员必须按照国家有关规定经专门的安全作业培训。取得（　　），方可上岗作业。

A. 特种作业操作资格证书　　　　　　B. 培训合格证书

C. 相应资格　　　　　　　　　　　　D. 特种作业操作证书

83. 从业人员有权对本单位安全生产工作中存在的问题提出批评、（　　）、控告；有权拒绝违章指挥和强令冒险作业。

A. 起诉　　　　　B. 检举　　　　　C. 仲裁　　　　　D. 隐瞒

84. 依据《易制毒化学品管理条例》，易制毒化学品分为（　　）类。

A. 一　　　　　　B. 二　　　　　　C. 三　　　　　　D. 四

85. 根据《中华人民共和国消防法》有关规定，消防工作应贯彻（　　）方针。

A. 积极预防，及时处理　　　　　　　B. 专门机构与群众相结合

C. 预防为主，防消结合　　　　　　　D. 防火安全，人人有责

86. 根据《中华人民共和国职业病防治法》，职业病诊断鉴定委员会应当按有关规定向当事人出具职业病诊断鉴定书，职业病诊断鉴定费用由（　　）承担。

A. 当事人　　　　B. 用人单位　　　C. 诊断鉴定机构　　D. 劳动保障部门

87. 依据《用人单位职业病危害告知与警示标识管理规范》，在放射工作场所设置（　　）等警示标识。

A. 当心电离辐射　　B. 当心中毒　　　C. 必须穿防护服　　D. 当心灼伤

88. 按照 GB/T 50205《钢结构工程施工质量验收标准》要求，焊缝的无损检测应在（　　）进行。

A. 焊缝未冷却时　　B. 外观检测合格后　　C. 结构喷砂后　　D. 结构涂装后

89. 焊接生产线夹具的基板面上基准线最小刻度单位是（　　）。

A. 50mm　　　　　B. 100mm　　　　C. 200mm　　　　D. 300mm

90. 夹具点检内容包括：定位销、定位面、压紧单元、（　　）等。

    A. 零件与夹具的配合情况　　　　　　B. 零件定位孔是否变形

    C. 零件变形　　　　　　　　　　　　D. 以上都不对

91. 定位单件时焊接夹具一般采用的定位方式是（　　）。

    A. 两圆销定位　　　　　　　　　　　B. 两菱形销

    C. 一圆销和一菱形销　　　　　　　　D. 零件与零件定位

92. 常用焊接生产线工位间传输工具有（　　）。

    A. 电葫芦、提取设备、滑橇、滚床

    B. 电葫芦、提取设备、运输设备

    C. 提取设备、运输设备、滚床、滑橇

    D. 电葫芦、提取设备、运输设备、滑橇、滚床

93. 只有在定位基准面和定位元件精度很高时，过定位才允许采用，且有利于增强工件的（　　）。

    A. 设计基准面和定位元件　　　　　　B. 夹紧机构

    C. 刚度　　　　　　　　　　　　　　D. 强度

94. 自位支承（浮动支承），其作用是增加与工件接触的支承点数目，但（　　）。

    A. 不起定位作用　　　　　　　　　　B. 一般来说只限制一个自由度

    C. 不管如何浮动必定只能限制一个自由度　　D. 可以限定多个自由度

95. 工件装夹中由于（　　）基准和定位基准不重合而产生的加工误差，称为基准不符误差。

    A. 设计　　　　　　B. 工艺　　　　　　C. 测量　　　　　　D. 装配

96. 采用连续多件夹紧，工件本身做浮动件，为了防止工件的定位基准位置误差逐个积累，应使（　　）与夹紧力方向相垂直。

    A. 工件加工尺寸的方向　　　　　　　B. 定位基准面

    C. 加工表面　　　　　　　　　　　　D. 夹紧面

97. 定位元件的材料一般不选（　　）。

    A. 20 钢渗碳淬火　　　B. 铸铁　　　　　C. 中碳钢淬火　　　D. T7 钢

98. 焊接用的工装既能使焊接工件处于最有利的位置，同时还能采用最适当的（　　）。

    A. 焊条直径　　　　　B. 焊接电流　　　C. 焊接设备　　　　D. 焊接工艺方法

99. 选定工装夹具类型时，当品种变换频繁，质量要求高，不用夹具无法保证装配和焊接质量时，首选用（　　）夹具。

    A. 专用　　　　　　　B. 通用　　　　　C. 组合式　　　　　D. 万能

（三）综合题

1. 制订焊接工艺应该包括哪些内容？

2. 施工组织设计编制的内容有哪些方面？

3. 什么叫焊接工艺评定？焊接工艺评定程序有哪些？

4. 焊接结构检验的依据是什么？

5. 需要编制专用焊接工艺规程的钢结构产品一般具有哪些特点？

6. 焊接结构生产的工艺过程包括哪些内容？

7. 在设计焊接工艺规程的过程中，需要着重考虑哪几个方面的问题？

8. 焊接施工组织的原则是什么？

9. 简述焊接试验与研究的内容。

10. 简述焊接科学试验方案论证的内容。

11. 焊接工艺性研究有哪些？

12. 现场施焊球罐时，在出现哪些情况时必须采取适当的防护措施后方可进行焊接？

13. 确定装配-焊接次序时，应考虑哪几方面的问题？

14. 焊接质量主要包括哪些方面？都通过什么方法来检验？

15. 什么叫焊接性？焊接性试验的目的是什么？

16. 什么是焊接缺欠？什么是焊接缺陷？两者有何不同？

17. 什么是焊接结构质量检验？焊接结构质量检验的目的是什么？

18. 试述焊接接头进行弯曲试验时，影响弯曲角度的因素有哪些？

19. 防止气孔产生的措施有哪些？

20. 消除焊接残余应力的方法有哪些？

21. 按检验方法的不同，焊接结构检验按检验方法不同分为哪几类？焊接结构检验按检验制度不同分为哪几类？

22. 什么是不合格焊缝？对不合格焊缝的处理有哪些措施？

23. 质量的重要意义是什么？一个企业主要通过什么方法来控制焊接质量？

24. 对零部件进行坡口和边缘加工的主要目的是什么？

25. 装配工作中应该注意哪几个问题？

26. 钢桥试拼装的目的是什么？

27. 焊后需进行机械消除应力时，通常采用什么方法？

28. 什么是下料？进行下料工序的目的是什么？

29. 分部件装配焊接方法具有哪些优越性？

30. 改善焊接接头疲劳强度的措施有哪些？

31. 分部件装配-焊接时，部件的划分应考虑哪几方面的问题？

32. 确定工装夹具的结构时应注意哪些问题？

33. 编制焊接施工组织的依据是什么？

34. 焊接结构生产中，工装夹具有什么作用？

35. 试述编制施工组织设计和焊接工艺规程时应掌握哪些原则？

36. 为什么要建立质量管理体系，建立质量管理体系的过程是怎样的？

37. 在编制焊接装配工艺文件之前应进行工艺方案分析，分析时应考虑哪些方面？

38. 简述铁路桁架栓焊钢桥制造中焊接结构的检验过程。

39. 简述桥式起重机箱型主梁的装配和焊接工艺要点。

40. 请叙述焊接结构生产的一般工艺流程。

41. 在焊接构件制造过程中，焊件的定位应主要考虑哪些问题？

42. 简述下料工序的注意事项。

43. 由双面无坡口连续角焊缝焊成的 T 形接头，焊脚尺寸 $K=6mm$；当承受 120000N 的剪力时，试求焊缝长度最短应为多少？（已知：$[\tau']=9000N/cm^2$，由载荷引起的弯矩和应力集中等均忽略不计）

44. 某公司新购进一批直径为 $\phi3.2mm$ 的焊条，要求偏心度不应大于 5%，经抽查其 T_1 为 5mm，T_2 为 4mm（见图 3-2），试计算该焊条的偏心度，并评价该批焊条是否合格？

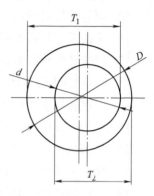

图 3-2

45. 两块厚 10mm 板对接，受垂直板面弯矩 M 为 300000N·cm，焊缝长 300mm，求焊缝承受应力。

46. Q235-A 钢的焊缝许用拉伸应力 $[\sigma_1]=167MPa$，板厚 6~8mm，焊缝长度 $L=100mm$，求钢板对接焊缝能承受多大拉力？

47. 角焊缝构件焊脚 $K=8mm$，拉力 $P=10^6N$，焊缝 $L_1=L_2=200mm$，$L_3=150mm$，求角焊缝承受的剪应力？

48. 角焊缝焊脚 $K=6mm$，承载 $P=120000N$，$[\tau_Q]=80N/mm^2$，$a=K/\sqrt{2}$，求最小焊缝长度？

49. 板厚为 10mm 的钢板对接，焊缝受 29300N 剪切力，材料为 Q235-A，求焊缝长度？

50. 两板厚为 8mm 的钢板对接，焊缝长度为 100mm，材料为 Q235-A，其许用拉伸应力为 $[\sigma_1]=165MPa$，求其承受多大的拉力？

51. 两块板厚为 10mm 的钢板对接，焊缝受 29300N 的剪切力，该钢焊缝的许用剪应力 $[\tau'_Q]$ 为 98MPa，试设计焊缝的长度（钢板宽度）。

52. 侧面角焊缝构件焊脚 $K=6mm$，拉力 $P=10^4N$，焊缝长度 $L=400mm$，求焊缝承受多大应力？

53. 某钢材中，$w(C)=0.12\%$，$w(Si)=0.35\%$，$w(Mn)=0.6\%$，$w(Cr)=1.15\%$，$w(Mo)=0.30\%$，求碳当量？

54. 已知焊缝长分别 400mm、100mm、100mm，焊脚为 $K=10mm$，弯矩为 $P=3\times10^4N\cdot cm$，求焊缝承受的剪应力？

55. Q235-A 钢的焊缝许用拉伸应力 $[R_t]=167MPa$，板厚 6~8mm，焊缝长度 $L=100mm$，求钢板对接焊缝能承受多大拉力？

56. 梁长 1m，外加载荷 30000N，求弯矩？

57. 按照 GB/T 50205—2020《钢结构工程施工质量验收标准》，哪些情况下钢结构所采用的焊接材料应按其产品标准的要求进行抽样复验？

扫码看答案

理论模块4　培训与指导

一、考核范围

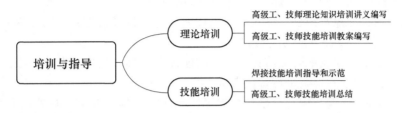

培训与指导
- 理论培训
  - 高级工、技师理论知识培训讲义编写
  - 高级工、技师技能培训教案编写
- 技能培训
  - 焊接技能培训指导和示范
  - 高级工、技师技能培训总结

二、考核要点详解

知识点（操作示范法）示例1：

概念	操作示范法是部门专业技能训练的通用方法，一般由部门经理或管理员主持，由技术能手担任培训员，在现场向受训人员简单地讲授操作理论与技术规范，然后进行标准化的操作演示
教学程序	先由教师讲解操作理论与技术规范，并按照岗位规定的标准、程序进行演示。对于操作过程中的重点和难点可以反复强调示范。然后由员工模仿演练，同时教师应进行指导，纠正错误动作，直到员工符合操作标准
教学作用	利用演示方法把所要学的技术、程序、技巧、知识、概念或规则等呈现给学员。学员则反复模仿练习，经过一段时间的训练，使操作逐渐熟练直至符合规范的程序与要求，达到运用自如的程度
应用范围	操作示范法是最常用、最有效的基层培训方法，除由教师亲自示范外，还包括用教学电影、幻灯和参观学习。这种方法适用于机械性的工作

知识点（焊接工艺规程）示例2：

概念	焊接过程中的一整套工艺程序及其技术规定，英文全称 Welding Procedure Specification，简称 WPS
制定目的	制订焊接工艺规程是为了制造符合规范要求的焊缝而提供指导的、经过评定合格的焊接工艺文件。它或其他文件可用于对焊工或焊机操作工提供指导，以保证符合要求
内容及要求	一份完整的焊接工艺规程包含对每种焊接方法而言所有重要变素、非重要变素和当需要时的附加重要变素，也就是规定某一种焊接工艺的各种焊接变素的容许范围。内容主要包括：焊接方法、焊前准备加工、装配、焊接材料、焊接设备、焊接顺序、焊接操作、焊接参数以及焊后处理等。是根据成熟的焊接工艺以及焊接工艺评定报告（书面的）指导焊接生产的工艺规定。其是由代表生产商的焊接工程师编写

三、练习题

（一）判断题（对画√，错画×）

1. GB/T 32257《镍及镍合金熔化焊焊工技能评定》标准规定了焊工考试方法，适用于焊条电弧焊、机器人焊的操作方法。　　　　　　　　　　　　　　　　（　　）

2. GB/T 32257《镍及镍合金熔化焊焊工技能评定》标准规定：应采用对实际结构有代表性的标准试件进行考试。　　　　　　　　　　　　　　　　　　　　（　　）

3. GB/T 32257《镍及镍合金熔化焊焊工技能评定》标准规定：允许焊工通过焊接一个组合焊接工艺接头试件，取得多种焊接工艺的认可。　　　　　　　　　　（　　）

4. GB/T 32257《镍及镍合金熔化焊焊工技能评定》标准规定单独认可：根部焊道用TIG焊认可，后续焊道采用带衬垫的焊条电弧焊或单面焊认可。　　　　　　（　　）

5. GB/T 32257《镍及镍合金熔化焊焊工技能评定》标准规定：一般对接焊缝的认可不

适用于角焊缝。 （　　）

6. GB/T 32257《镍及镍合金熔化焊焊工技能评定》标准规定：支接管焊接的认可范围以支管外径为准。 （　　）

7. GB/T 32257《镍及镍合金熔化焊焊工技能评定》标准规定：实际生产主要以支管连接或包含复杂支接管的情况下，焊工应接受特殊培训。 （　　）

8. GB/T 32257《镍及镍合金熔化焊焊工技能评定》标准规定：为减少考试数量，根据ISO/TR 15608 对镍及镍合金进行类组划分。 （　　）

9. GB/T 30563《铜及铜合金熔化焊焊工技能评定》标准规定：分类体系之外的特殊铜合金母材可用成分相近的合金进行替代考试。 （　　）

10. GB/T 30563《铜及铜合金熔化焊焊工技能评定》标准规定：管外径 D≥150mm 时，允许在一个管材试件上进行两个焊接位置的焊接。 （　　）

11. GB/T 30563《铜及铜合金熔化焊焊工技能评定》标准规定：板角焊缝进行宏观检验时，应在受检长度均匀地截取至少 3 个试样。 （　　）

12. GB/T 30563《铜及铜合金熔化焊焊工技能评定》标准规定：管材对接焊缝的受检长至少要 150mm。 （　　）

13. GB/T 30563《铜及铜合金熔化焊焊工技能评定》标准规定：管角焊缝做宏观检验时，应沿着管圆周等距截取至少 4 个试样。 （　　）

14. 评价目的是制订培训评价方案的重要内容之一。 （　　）

15. 培训评价是通过系统地收集信息，对职业培训的属性、价值做出判断的过程。 （　　）

16. 有效的倾听能力，是培训指导所需要的基本能力。 （　　）

17. 现代培训中，培训工作者发挥着教练、指导和督导的作用。 （　　）

18. 在教材的编辑方法中，写作通常以第三人称来描述、情节忠于事实，属于"案例法教材编辑"。 （　　）

19. 培训师在指导员工时要告诉他们具体的步骤，并鼓励挖掘、培养他们独立思考的能力。 （　　）

20. 一本好的教材，对培训活动而言，可取得事半功倍的效果。故创造性的开发教材，是培训目标达成的重要保障和基础。 （　　）

21. 培训教学管理体系是由人员系统和物资系统两方面构成的。 （　　）

22. 培训需求预测是确定培训目标，设计培训计划的前提，也是进行培训评估的基础。 （　　）

23. 通过培训需求预测，以确定是否需要培训及培训内容。 （　　）

24. 培训课程决定培训项目的开发方向。 （　　）

25. 搜集教育培训素材信息，是设计开发教材的基本内容。 （　　）

26. 教材编辑的总体思路以培训项目为依据，与组织整体需求相吻合，据此确定培训内容。 （　　）

27. 能力本位职业技术课程选择内容的主要方法是 DACUM 法。 （　　）

28. 教学互动原则是培训教学使用原则。 （　　）

29. "教心必先知心"这句话的含义是教师教学首先要了解学员的实际情况和特点。 （　　）

30. 学员通过参观、实习课程等形式获得知识和技能的方法属于"体验学习法"。
（　　）

31. 按照预先编写的材料，由指导者、讲师不断地诱导学习者进行讨论的方法称为"定型化讨论法"。
（　　）

32. 在培训过程中要注意对培训效果的反馈和强化。
（　　）

33. 培训项目是课程开发的核心内容。
（　　）

34. 培训内容实施是培训活动的实质性过程和关键阶段。
（　　）

35. 鉴定考核是运用职业技能鉴定试题，按照国家职业标准规定的时间和方式，组织对鉴定对象的职业能力进行测试。
（　　）

36. 互动式教学，就是在教学过程中充分发挥学员的主观能动性，使学生真正成为教学的主体。
（　　）

37. 教学计划是针对某一培训目标制订的规范性教学文件。
（　　）

38. 职业技能鉴定理论知识部分采用通用的执行标准进行评判。
（　　）

39. 提高命题质量是提高职业技能鉴定质量的重要措施之一。
（　　）

40. 编写操作技能鉴定知识点是一个标准化过程。
（　　）

41. 操作技能的可观测性依赖于操作技能表现时与操作对象、工具、环境、习惯乃至程序的关联性。
（　　）

42. 模块化命题技术由职业活动结构化、实践操作可行性和考核内容具体化组成。
（　　）

43. 操作技能考核试题考核要求主要包括本题分值、考核要素、考核具体要求和否定项说明。
（　　）

44. 职业技能鉴定是一项专业性很强的工作，有必要建立一支门类齐全的专家队伍来支持其工作。
（　　）

45. 培训是基础，鉴定是手段，就业是方向，提高劳动者素质是最终目的。
（　　）

46. 考评技术有综合、现场操作和论文三个类别。
（　　）

47. 技师、高级技师不仅具有一定的理论知识，还具有丰富的实践经验和解决生产技术难题的能力，是高级技能人才。
（　　）

48. 理论知识鉴定通常是本职业本等级必须掌握的知识点。
（　　）

49. 职业标准是职业教育培训课程开发的依据。
（　　）

50. 职业知识是指从事本职业工作应具备的基本观念、意识、品质和行为的要求，一般包括职业道德知识、职业态度和行为规范。
（　　）

51. 操作技能考核试题的基本内容包括准备标准、考核要求、区分与评分标准。（　　）

52. 职业技能鉴定属于标准参照型考试。
（　　）

53. 职业技能鉴定的本质是一种考试。
（　　）

54. 岗位、工种、职业的关系是，岗位包含一个或多个工种，工种包含一个或多个职业。
（　　）

55. 高级别焊工必须会本级别焊工的技能要求，低级别焊工的技能要求可以不会。
（　　）

56. 既符合操作技能结构特征，又具有鉴定可行性的要素称为操作技能测量要素。
（　　）

57. 在职业培训中，以教授事实、教授概念提高解决问题能力，促进创造性的教育培训方法统称为智能教育培训方法。 （　　）

58. 职业培训教学中广泛使用的也是最古老的教学方法是讲授法。 （　　）

59. 职业技能鉴定是一种具有特定内容、特定手段和特定目的的考试。 （　　）

60. 职业技能可以分为言语技能、肢体技能和心智技能三类。 （　　）

61. 试卷本身的质量影响到职业技能鉴定的合理性和公平性水平。 （　　）

（二）单项选择题（将正确答案的序号填入括号内）

1. GB/T 32257《镍及镍合金熔化焊焊工技能评定》标准规定组合认可：根部焊道用 TIG 焊，填充焊道用焊条电弧焊的组合焊接，各种工艺方法各自按其（　　）认可。

　　A. 厚度　　　　　　B. 焊接位置　　　　C. 焊缝种类　　　D. 焊接材料

2. GB/T 30563《铜及铜合金熔化焊焊工技能评定》标准规定：不带衬垫的管对接焊缝适用于角度大于（　　）的支接管。

　　A. 60°　　　　　　B. 70°　　　　　　C. 80°　　　　　D. 90°

3. GB/T 30563《铜及铜合金熔化焊焊工技能评定》标准规定：支接管的认可范围以支管（　　）为准。

　　A. 外径　　　　　　B. 内径　　　　　　C. 壁厚　　　　　D. 材质

4. GB/T 30563《铜及铜合金熔化焊焊工技能评定》标准规定：试件长度至少 300mm；检验长度为（　　）mm。

　　A. 50　　　　　　　B. 80　　　　　　　C. 100　　　　　D. 150

5. GB/T 32257《镍及镍合金熔化焊焊工技能评定》标准规定：板对接试件的每块板外形尺寸为：长大于或等于 300mm，宽大于或等于（　　）mm。

　　A. 65　　　　　　　B. 85　　　　　　　C. 105　　　　　D. 125

6. GB/T 32257《镍及镍合金熔化焊焊工技能评定》标准规定：进行射线检测时，MIG 焊或 MAG 焊对接焊缝应附加（　　）。

　　A. 断裂试验　　　　B. 弯曲试验　　　　C. 硬度试验　　　D. 拉伸试验

7. GB/T 32257《镍及镍合金熔化焊焊工技能评定》标准规定：板对接焊缝进行断裂试验的试样受检长度约为（　　）mm。

　　A. 30　　　　　　　B. 50　　　　　　　C. 70　　　　　　D. 100

8. GB/T 30563《铜及铜合金熔化焊焊工技能评定》标准规定：焊工认可的有效期从试件的焊接之日开始，颁发的焊工资格证书有效期为（　　）。

　　A. 6 个月　　　　　B. 1 年　　　　　　C. 2 年　　　　　D. 3 年

9. 职业技能鉴定是为（　　）服务的。

　　A. 政府　　　　　　B. 劳动者　　　　　C. 企业　　　　　D. 劳动者和企业

10. 当前评价劳动者生产技能水平的主要方法是（　　）。

　　A. "职业技能鉴定"制度　　　　　　　B. "工人考核"制度

　　C. "技师聘任"制度　　　　　　　　　D. 科技攻关制度

11. 示范-指导教学过程模式的基本程序是（　　）。

　　A. 示范-模仿-指导-传授-评定　　　　B. 示范-模仿-指导-熟练-评定

　　C. 示范-模仿-传授-纠正-评定　　　　C. 示范-模仿-传授-熟练-评定

12. （　　）是对培训教材审核的内容之一。

A. 培训需求　　　　　　　　　　　　B. 培训策划内容

C. 教材内容和教材结构　　　　　　　D. 培训组织形式

13. 培训师职业道德的主要内容是：敬业爱岗、恪尽职守、遵章守法、为人师表、勤于钻研、精益求精，还包括（　　）。

A. 又红又专、勤奋敬业、兢兢业业、不断进取

B. 任劳任怨、团队合作、善交朋友、集思广益

C. 以人为本、开拓创新、提高素质、促进发展

D. 忠于职责、管理严格、群策群力、提高效率

14. 以人为本理念的核心是（　　）。

A. 企业竞争是人才的竞争　　　　　　B. 人才是未来经济竞争的制高点

C. "重视人、尊重人"　　　　　　　　D. 向人才要效益

15. 通过对受训者已有职业素质、能力的分析评价，使培训者了解培训对象的（　　）。

A. 职业素质　　　　B. 职业能力　　　　C. 培训目的　　　　D. 培训起点

16. 培训项目对课程开发有（　　）。

A. 绝对权威性　　　B. 引领支配性　　　C. 过程评价　　　　D. 成果评价

17. 职业技术课程的评价主要采用（　　）。

A. 背景评价　　　　B. 输入评价　　　　C. 过程评价　　　　D. 成果评价

18. 现代培训课程设计的课程内容，是以（　　）为出发点去选择并组合的。

A. 现代教育理论　　B. 系统思想　　　　C. 实现课程目标　　D. 优化课程结构

19. （　　）是培训活动的首要环节。

A. 培训需求预测　　B. 培训目标预测　　C. 培训需求分析　　D. 培训目标分析

20. 在培训计划的实施过程中，难免会遇到来自各方面的干扰，为此，一定要遵循（　　）的原则。

A. 以学员为中心　　　　　　　　　　B. 调动多方面积极性

C. 计划严肃性与灵活性相结合　　　　D. 学以致用

21. 培训需求预测的基本目标就是（　　）。

A. 收集需求方法　　B. 确认差距　　　　C. 决定培训价值　　D. 进行前瞻性分析

22. 搜集相关信息是培训课程开发基础工作的（　　）。

A. 研究环节　　　　B. 核心环节　　　　C. 次要环节　　　　D. 最终环节

23. 常用的课程开发信息整理的方法有鉴别法、选择法、（　　）、分析法、编写法。

A. 观察法　　　　　B. 问卷法　　　　　C. 核实法　　　　　D. 交换法

24. 课程开发的基础性工作包括：课程开发工作的计划制订、人员构成、信息搜集、分析和加工、信息的应用评估、提出课程开发（　　）等。

A. 标准　　　　　　B. 策略　　　　　　C. 建议　　　　　　D. 模式

25. （　　）是为实现职业培训目标而编写的，供教师教学和学员学习时使用的材料的总和。

A. 职业培训教材　　B. 大学教材　　　　C. 评估文件　　　　D. 需求分析报告

26. 在教材开发的辅助性工作中，要做好各种素材的搜集、归纳、整理工作，将（　　）的资料作为搜集的重点，以探索出新的职业培训之路。

A. 灵活性强　　　　　　　　　　　　B. 实用性、系统性强

C. 协调配合性强　　D. 组织性强

27. 企业培训教学辅助工作，包括培训班前期准备工作和（　　）工作两大方面。

A. 需求调研　　　　B. 培训班班务管理　C. 信息的搜集　　D. 预算的落实

28. 开发培训项目的核心和最基础工作是（　　）。

A. 建立相关信息台账　　　　　　　B. 建立员工基本素质台账

C. 建立培训素材台账　　　　　　　D. 建立生产流程台账

29. 培训评估的（　　），是指开展培训评估必须明确评估目的，必须坚持正确的评估方向。

A. 方向性原则　　　B. 社会需求原则　　C. 指导性原则　　D. 客观性原则

30. （　　）是衡量参训学员参加培训项目后，能够在多大程度上实现态度转变、知识扩充或能力提升等的相应效果。

A. 培训反应的评估　　　　　　　　B. 培训效果的评估

C. 培训学习的评估　　　　　　　　D. 培训制度的评估

31. （　　），即对培训的效果做出全面、科学的判断，如培训的针对性如何、效价比如何、学员满意度如何等。

A. 培训过程的评估　　　　　　　　B. 培训前期准备的评估

C. 培训结果的评估　　　　　　　　D. 跟踪性评估

32. 科学的培训工作过程是（　　）。

A. 培训需求分析-制订培训计划-实施培训-考核评估-反馈和总结提高

B. 制订培训计划-培训需求分析-实施培训-考核评估-反馈和总结提高

C. 制订培训计划-实施培训-考核评估-反馈和总结提高

D. 实施培训-培训需求分析-考核评估-反馈和总结提高

33. （　　）是培训评价方案包括的基本内容。

A. 评价主持人　　　B. 评价标准集　　　C. 评价结果　　　D. 评价理论体系

34. 培训师应遵循以（　　）为指引的原则。

A. 示范典范　　　　B. 指导督导　　　　C. 帮助交流　　　D. 肯定表扬

35. 列入教材的内容，要特别注意吸纳新技术和技能，做到教材的核心内容与当代科技保持进步，这是教材编辑的（　　）原则。

A. 实用性　　　　　　　　　　　　B. 前沿性

C. 创新性　　　　　　　　　　　　D. 系统性

36. 编辑培训教材要遵循（　　）。

A. 突出理论性原则　　　　　　　　B. 固定性原则

C. 创新性与新颖性原则　　　　　　D. 注重学科体系原则

37. 模拟训练这种培训形式通常是借助（　　），使培训具有工作现场的真实性。

A. 计算机技术　　　B. 系统控制技术　　C. 仿真技术　　　D. 光电技术

38. 互动式教学要求学员积极参与；在参与中获得知识、技能和正确的行为。因此，该方法对培训师的素质要求较高，特别要求培训师具有与学员（　　）的能力。

A. 沟通交流　　　　　　　　　　　B. 激励引导

C. 沟通和正确引导学员参加　　　　D. 激励和沟通

39. 教材开发的基本方法是（　　）。

A. 自编自制教材　　B. 学员提供　　　C. 拼接法　　　D. 移花接木法

40. 职业技术课程内容选择的主要方法是（　　　）。

A. 职业标准　　　B. 职业需求　　　C. 职业目标　　　D. 职业分析

41. 培训课程结构的确定是基于对（　　　）含义的理解而做出的具体安排。主要是教学技术的安排和课程要素的实施。

A. 广义课程　　　B. 互动课程　　　C. 狭义课程　　　D. 技术培训课程

42. 企业培训教学内容的设计，要在全面提高劳动者素质的前提下，充分体现（　　　）为导向的宗旨。

A. 以人为本　　　　　　　　　B. 以岗位职责

C. 以工作能力提升　　　　　　D. 以知识的系统性

43. 培训教学系统设计中，教材要精心选择并能够体现教学目的，做到内容丰富、具有针对性、实用性，更要注意具有较强的（　　　）。

A. 艺术性　　　B. 互动性　　　C. 操作性　　　D. 政治性

44. 教学策略的选择是培训师教学的重要方面，一般的教学策略是（　　　）。

A. 判断、指令、评价　　　　　B. 评价、判断、指令

C. 指令、判断、评价　　　　　D. 评价、指令、判断

45. 培训教学要遵守企业培训发展规律和个性特点，即要坚持（　　　）为主，（　　　）为重的原则。

A. 技能教学、操作训练　　　　B. 课堂教学、技能教学

C. 学员自学、教师辅导　　　　D. 理论知识、技能教学

46. 企业培训师备课的基本要领是（　　　）。

A. 领会大纲、吃透教材、了解学员和准备设备

B. 领会教材、了解教学环境、沟通管理者

C. 领会教材、吃透教材、沟通管理者

D. 领会教材、了解教学环境、应用现代培训手段

47. 关于事例研究法教学的形式不正确的说法是（　　　）。

A. 芝加哥方式　　　　　　　　B. 哈佛方式

C. 事件处理过程训练法　　　　D. 模拟训练法

48. 在培训评估过程中避免主观臆断，保证作为判断依据的事实真实可靠，这是遵循了评估的（　　　）。

A. 社会需求原则　　B. 方向性原则　　C. 客观性原则　　D. 指导性原则

49. 培训课程一般来讲由五个构成要素：学员和环境组成的课程框架，宗旨和目标，内容及其选择范围和顺序，执行模式，（　　　）。

A. 课程总结　　　B. 课程附件　　　C. 课程评价　　　D. 课程设计

50. 培训课程内容是课程目标的载体，培训课程内容要体现（　　　）的教学原则。

A. 理论为先导　　B. 理论联系实际　　C. 由浅入深　　D. 以技能为主

51. 在培训素材基础台帐的建立方法上，一般有三种：拿来法、改造法、（　　　）。

A. 估算法　　　B. 独创法　　　C. 实录法　　　D. 演绎法

52. 培训项目目标主要取决于（　　　）和员工个人职业生涯发展两个方面。

A. 组织需求　　　B. 培训内容　　　C. 培训评估　　　D. 培训师资

53. 企业培训教学培养目标的确定性特点体现在实用、实际和（　　）三个方面。
    A. 灵活　　　　　　B. 低效　　　　　　C. 多样　　　　　　D. 实效

54. （　　）要回答为什么培训、培训谁，以及培训什么的问题。
    A. 培训需求预测　　B. 培训需求分析　　C. 培训项目选定　　D. 培训项目策划

55. 职业培训课程的评价主要是采用（　　）。
    A. 背景评价　　　　B. 输入评价　　　　C. 过程评价　　　　D. 成果评价

56. （　　），即题目是否真正反映要考察的能力点。
    A. 题目的代表性问题　　　　　　　　　B. 题目的公平性问题
    C. 题目的效率　　　　　　　　　　　　D. 测验的形式

57. 培训项目和课程开发是（　　）。
    A. 全局和局部的关系　　　　　　　　　B. 出口和入口的关系
    C. 问题和结果的关系　　　　　　　　　D. 内容与形式的关系

58. （　　）是组织实施培训计划的基本原则。
    A. 严肃性与灵活性相结合　　　　　　　B. 以管理者意图为核心
    C. 教师主体性　　　　　　　　　　　　D. 学以致用

59. 培训课程内容要体现（　　）原则。
    A. 以理论为主　　　B. 以知识为主　　　C. 以技能为主　　　D. 以教学为主

60. （　　）是考评员职业道德的特色。
    A. 廉洁公正　　　　B. 爱岗敬业　　　　C. 尽职尽责　　　　D. 精益求精

（三）综合题

1. GB/T 32257—2015《镍及镍合金熔化焊焊工技能评定》标准规定了板对接焊缝在哪些条件下适合于管对接焊缝？

2. 对焊工培训教师的要求是什么？

3. 对焊工培训场地的要求是什么？

4. 如何进行调查前的准备工作？

5. 什么叫科研选题？如何选择科研课题？

6. 简述论文的定义及组成。

7. 在 GB/T 24598《铝及铝合金熔化焊焊工技能评定》标准中，对焊接材料的认可范围有哪些要求？

8. 编写培训教案有哪些基本要求？

9. 培训课程体系的含义及其内容是什么？

10. 培训课程教学大纲的含义及其内容是什么？

11. 如何组织培训教材开发？

12. 培训教材开发的步骤是什么？

13. 按照 GB/T 15169《钢熔化焊焊工技能评定》标准，应如何监督考试？

14. 按照 GB/T 15169《钢熔化焊焊工技能评定》标准，焊工考试需要确定认可的主要参数有哪些？

15. 培训评估的基础性工作包括哪些？

扫码看答案

第11部分

操作技能考核指导

实训模块 1　不锈钢与纯铜的焊条电弧焊对接平焊

1. 考件图样（见图 3-3）

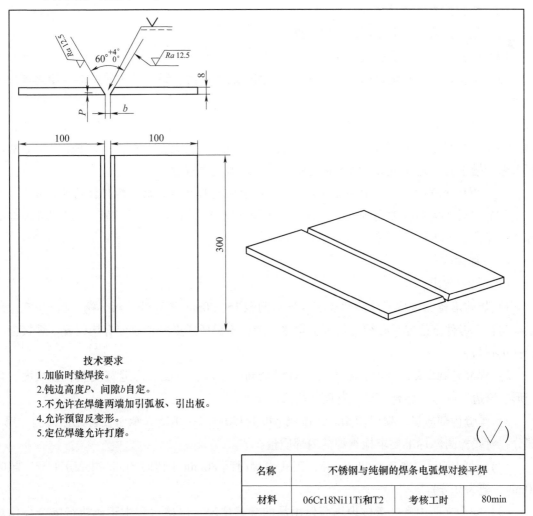

技术要求

1. 加临时垫焊接。
2. 钝边高度P、间隙b自定。
3. 不允许在焊缝两端加引弧板、引出板。
4. 允许预留反变形。
5. 定位焊缝允许打磨。

$(\sqrt{})$

名称	不锈钢与纯铜的焊条电弧焊对接平焊		
材料	06Cr18Ni11Ti和T2	考核工时	80min

图 3-3　不锈钢与纯铜的焊条电弧焊对接平焊

2. 焊前准备

（1）考件材质　06Cr18Ni11Ti 不锈钢板，规格为 300mm×100mm×8mm，一侧加工 $30°^{+2°}_{0°}$ V 形坡口，数量 1 件。T2 纯铜板，规格为 300mm×100mm×8mm，一侧加工 $30°^{+2°}_{0°}$ V 形坡口，数量 1 件。

（2）焊接材料　焊条 ECu1893A，直径为 $\phi3.2mm$；ENi2061，直径为 $\phi3.2mm$；E347-16，直径为 $\phi3.2mm$，直径为 $\phi4.0mm$。

（3）焊接设备　弧焊整流器或弧焊变压器。设备型号根据实际情况自定。

（4）工具、量具　钢丝钳、锤子、不锈钢丝刷、锉刀、活扳手、角向磨光机、焊条保温桶、钢直尺、扁铲、砂布等。

（5）考件　坡口两端不得安装引弧板、引出板。

3. 操作要求

（1）焊接方法　焊条电弧焊。

（2）焊接位置　对接平焊。

（3）坡口形式　V 形坡口，坡口角度 $60°^{+4°}_{0°}$。

（4）焊接要求　加石墨垫焊接。

（5）焊前清理　将坡口两侧 15~20mm 范围内的油、污、锈、垢清除干净，使之露出金属光泽。

（6）装配、定位焊　按图样组装，进行定位焊；定位焊缝位于考件两端坡口内，长度 10~15mm。定位装配后预置反变形，然后将石墨垫粘贴在试件背面，使试件坡口中心对准石墨垫凹槽中心。允许使用打磨工具对定位焊焊缝做适当打磨。

（7）焊接过程中　劳保用品穿戴整齐；焊接参数选择正确，焊后焊件保持原始状态。

（8）考件焊完后　关闭焊机、气瓶，工具摆放整齐，场地清理干净，并仔细清理焊缝焊渣并保持原始状态。

4. 考核内容

（1）考核要求

1）焊前准备。考核考件清理程度（坡口两侧 15~20mm 清除油、污、锈、垢）、定位焊正确与否，考件定位焊后必须在垫板上焊接全缝，不得任意更换和改变焊接位置，焊接参数选择正确与否。

2）焊缝外观质量。考核焊缝余高、焊缝余高差、焊缝宽度、焊缝宽度差、直线度、角变形、错边、咬边、熔合不良、背面超高或凹坑等。

3）焊缝内部质量。射线检测后，按照 NB/T 47013.2—2015《承压设备无损检测　第 2 部分：射线检测》标准要求检查焊缝内部质量。

（2）时间定额　准备时间 20min；正式焊接时间 80min（超时 1min 扣总分 1 分，超时 10min，记为 0 分）。

（3）安全文明生产　考核现场劳保用品的穿戴情况；焊接过程中正确执行安全操作规程；焊完后，场地清理干净，工具、焊件摆放整齐。

5. 配分、评分标准（见表3-1）

表 3-1　不锈钢与纯铜的焊条电弧焊对接平焊评分表

焊工考件编号				考试超时扣总分		
序号	考核要求	配分	评分标准		扣分	得分
1	焊前准备	5	焊件清理不干净，定位焊不正确扣1~5分			
		5	焊接参数调整不正确扣1~5分			
2	焊缝外观质量	6	焊缝余高 1~3mm 满分；≥0mm，＜1mm 或＞3mm，≤4mm 扣2分；＞4mm 或＜0mm 扣6分			
		6	焊缝余高差≤2mm 满分；＞2mm 扣6分			
		6	焊缝宽度 10~14mm 满分；≤15mm，≥9mm 扣2分；＜9mm，＞15mm 扣6分			
		6	焊缝宽度差≤2mm 满分；＞2mm 扣6分			
		4	背面凹坑深度≤0.6mm 满分；＞0.6mm 或长度≥26mm 扣2分			
		4	焊缝直线度≤2mm 满分；＞2mm 扣4分			
		4	角变形≤3°得2分；＞3°扣2分。无错边得2分，错边＞0.3mm 扣2分			
		6	无咬边满分；咬边深度≤0.5mm，累计长度每5mm 扣1分；咬边深度＞0.5mm 或累计长度≥30mm 扣6分			
		4	起头、收尾平整，无流淌、缺口或超高满分；有上述缺陷1处扣1~2分。接头平整满分；有不平整、超高、脱节缺陷1处扣1~2分			
		4	焊缝波纹细腻，成形美观，平整，宽窄一致，表面无缺陷满分；波纹较细腻，成形较好扣1分；波纹粗糙，焊缝成形较差扣2分；焊缝成形差，超高或脱节扣3分。焊缝表面有电弧擦伤，1处扣1分			
		否定项	焊缝表面不是原始状态，有加工、补焊、返修等现象或有裂纹、气孔、夹渣、未焊透、未熔合等任何一项缺陷存在，此项考试按不合格论			
			焊缝外观质量得分低于30分，此项考试按不合格论			
3	焊缝内部质量	40	射线检测后按 NB/T 47013.2—2015 评定焊缝质量： 焊缝质量Ⅰ级，满分 焊缝质量Ⅱ级，扣10分 焊缝质量Ⅲ级，此项考试按不合格论			
合计得分						

评分人：　　　　　　　　　　年　月　日　　　核分人：　　　　　　　　　　年　月　日

实训模块 2　铝合金管熔化极脉冲氩弧焊对接横焊

1. 考件图样（见图 3-4）

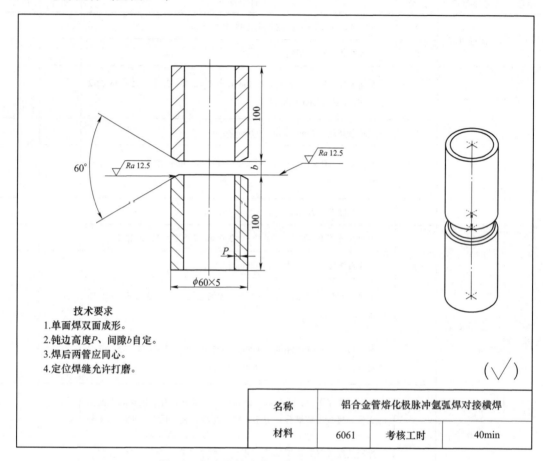

技术要求
1. 单面焊双面成形。
2. 钝边高度P、间隙b自定。
3. 焊后两管应同心。
4. 定位焊缝允许打磨。

名称	铝合金管熔化极脉冲氩弧焊对接横焊		
材料	6061	考核工时	40min

图 3-4　铝合金管熔化极脉冲氩弧焊对接横焊

2. 焊前准备

（1）考件材质　6061 铝合金管，规格为 $\phi 60mm \times 5mm$，$L = 100mm$，一端加工 $30^{\circ}{}^{+2^{\circ}}_{0^{\circ}}$ V 形坡口，数量 2 件。

（2）焊接材料　焊丝 SAl5183，直径为 $\phi 1.2mm$。保护气体为氩气，纯度≥99.99%。

（3）焊接设备　熔化极脉冲氩弧焊机，设备型号根据实际情况自定。

（4）工具、量具　钢丝钳、尖嘴钳、锤子、不锈钢丝刷、锉刀、活扳手、角磨光机、钢直尺、直角尺、扁铲、砂布等。

3. 操作要求

（1）焊接方法　手工 MIG 焊。

（2）焊接位置　垂直固定焊。

（3）坡口形式　V 形坡口，坡口角度 $60^{\circ}{}^{+4^{\circ}}_{0^{\circ}}$。

（4）焊接要求 单面焊双面成形。

（5）焊前清理 将铝管坡口及两侧的油、污、氧化物、垢清除干净，使之露出金属光泽。

（6）装配、定位焊 按图样组装进行定位焊；定位焊焊1点，位于相当于时钟12点处坡口内；也可采用焊2点，位于相当于时钟10点与2点处坡口内，长度10~15mm。定位装配后，允许使用打磨工具对定位焊焊缝进行适当打磨。

（7）焊接过程中 劳保用品穿戴整齐；焊接参数选择正确，焊后焊件保持原始状态。

（8）考件焊完后 关闭焊机、气瓶、水源，工具摆放整齐，场地清理干净，并仔细清理焊缝焊渣并保持原始状态。

4. 考核内容

（1）考核要求

1）焊前准备。考核考件清理程度（坡口两侧15~20mm清除油、污、锈、垢）、定位焊正确与否，考件定位焊后必须在操作架上焊接全缝，不得任意更换和改变焊接位置，焊接参数选择正确与否。

2）焊缝外观质量。考核焊缝余高、焊缝余高差、焊缝宽度、焊缝宽度差、直线度、错边、咬边、熔合不良、烧穿、夹丝等。

3）焊缝内部质量 射线检测后，按照JB/T 4734《铝制焊接容器》标准要求检查焊缝内部的质量。

（2）时间定额 准备时间20min；正式焊接时间40min（超时1min扣总分1分，超时10min，记为0分）。

（3）安全文明生产 考核现场劳保用品的穿戴情况；焊接过程中正确执行安全操作规程；焊完后，场地清理干净，工具、焊件摆放整齐。

5. 配分、评分标准（见表3-2）

表3-2 铝合金管熔化极脉冲氩弧焊对接横焊评分表

焊工考件编号			考试超时扣总分		
序号	考核要求	配分	评分标准	扣分	得分
1	焊前准备	5	焊件清理不干净，定位焊不正确扣1~5分		
		5	焊接参数调整不正确，垫板处理不当扣1~5分		
2	焊缝外观质量	6	焊缝余高1~2mm满分；≥0mm，<1mm或>2mm，≤3mm扣2分；>3mm或<0mm扣6分		
		6	焊缝余高差≤2mm满分；>2mm扣6分		
		6	焊缝宽度5~8mm满分；≥4mm，≤9mm扣1分；>9mm，<4mm扣6分		
		6	焊缝宽度差≤2mm满分；>2mm扣6分		
		4	焊缝直线度≤2mm满分；>2mm扣4分		
		8	无咬边满分；咬边深度≤0.5mm，累计长度每5mm扣1分；咬边深度>0.5mm或累计长度≥30mm扣8分		
		4	无缩孔、内凹满分；有1处扣2分。		

（续）

序号	考核要求	配分	评分标准	扣分	得分
2	焊缝外观质量	4	角变形≤3°得2分；>3°扣2分。无错边得2分；错边≥0.3mm扣2分		
		6	焊缝波纹细腻，成形美观，平整，宽窄一致，表面无缺陷满分；波纹较细腻，成形较好各扣1分；波纹粗糙，焊缝成形较差扣3分；焊缝成形差，超高或脱节各扣6分		
		否定项	焊缝表面不是原始状态，有加工、补焊、返修等现象或有裂纹、气孔、夹渣、未焊透、未熔合等任何一项缺陷存在，此项考试按不合格论		
			焊缝外观质量得分低于30分，此项考试按不合格论		
3	焊缝内部质量	40	射线检测后按 NB/T 47013.2—2015 评定焊缝质量： 焊缝质量Ⅰ级，满分 焊缝质量Ⅱ级，扣10分 焊缝质量Ⅲ级，此项考试按不合格论		
	合计得分				

评分人：　　　　　　　　　　年　月　日　　　核分人：　　　　　　　　　年　月　日

实训模块 3　纯铜管熔化极脉冲氩弧焊对接横焊

1. 考件图样（见图 3-5）

2. 焊前准备

（1）考件材质　T2 纯铜管，规格为 $\phi42mm×3.5mm$，$L=100mm$，数量 2 件。

（2）焊接材料　焊丝 SCu1898，直径为 1.2mm；保护气体为氩气，纯度≥99.99%。

（3）焊接设备　半自动熔化极氩弧焊机；设备型号根据实际情况自定。

（4）工具、量具　钢丝钳、尖嘴钳、锤子、铜丝刷、锉刀、活扳手、角向磨光机、钢直尺、扁铲、砂布、引弧碳精块、充氩装置等。

3. 操作要求

（1）焊接方法　MIG 焊。

（2）焊接位置　垂直固定焊。

（3）坡口形式　I 形坡口，也可自行修磨坡口。

（4）焊接要求　单面焊双面成形，允许充氩焊接。

（5）焊前清理　将坡口端面及侧面 15~20mm 范围内的油、污、锈、垢清除干净，使之露出金属光泽。

（6）装配、定位焊　按图样组装进行定位焊；定位焊焊 2 点，位于相当于时钟 10 点与 2 点处坡口内，也可焊 3 点，每点相距 120°，定位焊缝长度 10~15mm。定位装配后，允许

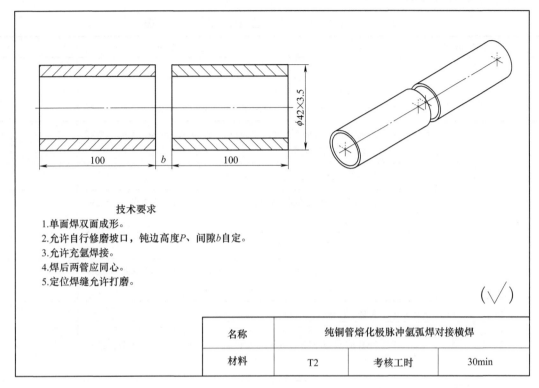

技术要求
1. 单面焊双面成形。
2. 允许自行修磨坡口，钝边高度P、间隙b自定。
3. 允许充氩焊接。
4. 焊后两管应同心。
5. 定位焊缝允许打磨。

名称	纯铜管熔化极脉冲氩弧焊对接横焊		
材料	T2	考核工时	30min

图 3-5　纯铜管熔化极脉冲氩弧焊对接横焊

使用打磨工具对定位焊焊缝进行适当打磨。

（7）焊接过程中　劳保用品穿戴整齐；焊接参数选择正确，焊后焊件保持原始状态。

（8）考件焊完后　关闭焊机、气瓶，工具摆放整齐，场地清理干净，并仔细清理焊缝焊渣并保持原始状态。

4. 考核内容

（1）考核要求

1）焊前准备。考核考件清理程度（坡口断面及侧面 15～20mm 清除油、污、锈、垢）、定位焊正确与否，考件定位焊后必须在操作架上焊接全缝，不得任意更换和改变焊接位置，焊接参数选择正确与否。

2）焊缝外观质量。考核焊缝余高、焊缝余高差、焊缝宽度、焊缝宽度差、直线度、错边、咬边、熔合不良、背面超高或凹坑、夹渣等。

3）焊缝内部质量。射线检测后，按照 JB/T 4755《铜制压力容器》标准要求评定焊缝内部质量。

（2）时间定额　准备时间 20min；正式焊接时间 30min（超时 1min 扣总分 1 分，超时 10min，记为 0 分）。

（3）安全文明生产　考核现场劳保用品的穿戴情况；焊接过程中正确执行安全操作规程；焊完后，场地清理干净，工具、焊件摆放整齐。

5. 配分、评分标准（见表 3-3）

表 3-3 纯铜管熔化极脉冲氩弧焊对接横焊评分表

焊工考件编号				考试超时扣总分		
序号	考核要求	配分	评分标准		扣分	得分
1	焊前准备	5	焊件清理不干净，定位焊不正确扣 1~5 分			
		5	焊接参数调整不正确，焊接操作不正确扣 1~5 分			
2	焊缝外观质量	4	焊缝余高 1~3mm 满分；≥0mm，<1mm 或>3mm，≤4mm 扣 2 分；>4mm 或<0mm 扣 4 分			
		4	焊缝余高差≤2mm 满分；>2mm 扣 4 分			
		4	焊缝宽度 6~10mm 满分；≥5mm，≤11mm 扣 2 分；<5mm，>11mm 扣4 分			
		4	焊缝宽度差≤2mm 满分；>2mm 扣 4 分			
		4	背面焊道余高 ≤3mm 满分；>3mm 扣 2 分。背面凹坑深度≤1.2mm 满分；>1.2mm 或长度>40mm 扣 2 分			
		4	焊缝直线度≤2mm 满分；>2mm 扣 4 分			
		4	两管同心得 2 分；同心度>1° 扣 2 分。无错位得 2 分；错位≥1.2mm 扣2 分			
		8	无咬边满分；咬边深度≤0.5mm，累计长度每 5mm 扣 1 分；咬边深度>0.5mm 或累计长度≥40mm 扣 8 分			
		4	起头、收尾平整，无流淌、缺口或超高满分；有上述缺陷 1 处扣 1~2 分。接头平整满分；有不平整、超高、脱节缺陷 1 处扣 2 分			
		4	无电弧擦伤满分；有 1 处扣 2 分			
		6	焊缝波纹细腻，成形美观，平整，宽窄一致，表面无缺陷满分；波纹较细腻，成形较好扣 2 分；焊波粗糙，焊缝成形较差扣 3 分；焊缝成形差，超高或脱节扣 3~6 分			
		否定项	焊缝表面不是原始状态，有加工、补焊、返修等现象或有裂纹、气孔、夹渣、未焊透、未熔合等任何一项缺陷存在，此项考试按不合格论			
			焊缝外观质量得分低于 30 分，此项考试按不合格论			
3	焊缝内部质量	40	射线检测后按 NB/T 47013.2—2015 评定焊缝质量：焊缝质量Ⅰ级，满分焊缝质量Ⅱ级，扣 10 分焊缝质量Ⅲ级，此项考试按不合格论			
	合计得分					

评分人：　　　　　　　　　　年　月　日　　　核分人：　　　　　　　　　年　月　日

实训模块4 镍合金焊条电弧焊对接平焊

1. 考件图样（见图3-6）

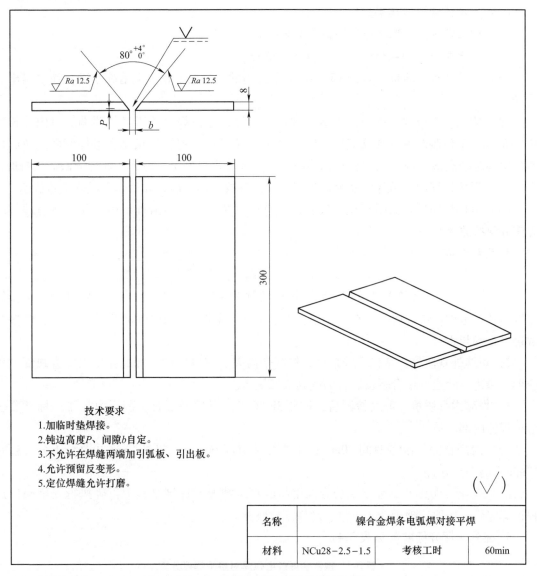

技术要求
1. 加临时垫焊接。
2. 钝边高度P、间隙b自定。
3. 不允许在焊缝两端加引弧板、引出板。
4. 允许预留反变形。
5. 定位焊缝允许打磨。

$(\sqrt{})$

名称	镍合金焊条电弧焊对接平焊		
材料	NCu28-2.5-1.5	考核工时	60min

图3-6 镍合金焊条电弧焊对接平焊

2. 焊前准备

（1）考件材质 NCu28-2.5-1.5镍合金板 规格为300mm×100mm×8mm，一侧加工$40°^{+2°}_{0°}$V形坡口，数量2件。

（2）焊接材料 焊条ENi4060，直径ϕ2.5mm，直径ϕ3.2mm，直径ϕ4.0mm任选。

（3）焊接设备 弧焊整流器或弧焊变压器。设备型号根据实际情况自定。

（4）工具、量具 钢丝钳、锤子、不锈钢丝刷、锉刀、活扳手、角向磨光机、焊条保温桶、钢直尺、扁铲、砂布等。

（5）考件　坡口两端不得安装引弧板、引出板。

3. 操作要求

（1）焊接方法　焊条电弧焊。

（2）焊接位置　对接平焊。

（3）坡口形式　V形坡口，坡口角度$80°^{+4°}_{0°}$。

（4）焊接要求　加铜垫（或不锈钢垫）焊接。

（5）焊前清理　将坡口两侧15~20mm范围内的油、污、锈、垢清除干净，使之露出金属光泽。

（6）装配、定位焊　按图样组装，进行定位焊；定位焊缝位于考件两端坡口内，长度10~15mm。定位装配后预置反变形，然后将铜垫（或不锈钢垫）粘贴在考件背面，使试件坡口中心对准铜垫（或不锈钢垫）凹槽中心。允许使用打磨工具对定位焊焊缝做适当打磨。

（7）焊接过程中　劳保用品穿戴整齐；焊接参数选择正确，焊后焊件保持原始状态。

（8）考件焊完后　关闭焊机、气瓶，工具摆放整齐，场地清理干净，并仔细清理焊缝焊渣并保持原始状态。

4. 考核内容

（1）考核要求

1）焊前准备。考核考件清理程度（坡口两侧15~20mm清除油、污、锈、垢）、定位焊正确与否，考件定位焊后必须在操作架上焊接全缝，不得任意更换和改变焊接位置，焊接参数选择正确与否。

2）焊缝外观质量。考核焊缝余高、焊缝余高差、焊缝宽度、焊缝宽度差、直线度、角变形、错边、咬边、熔合不良、背面超高或凹坑等。

3）焊缝内部质量。射线检测后，按照JB/T 4756《镍及镍合金制压力容器》标准要求检查焊缝内部质量。

（2）时间定额　准备时间20min；正式焊接时间60min（超时1min扣总分1分，超时10min，记为0分）。

（3）安全文明生产　考核现场劳保用品的穿戴情况；焊接过程中正确执行安全操作规程；焊完后，场地清理干净，工具、焊件摆放整齐。

5. 配分、评分标准（见表3-4）

表3-4　镍合金焊条电弧焊对接平焊评分表

焊工考件编号			考试超时扣总分		
序号	考核要求	配分	评分标准	扣分	得分
1	焊前准备	5	焊件清理不干净，定位焊不正确扣1~5分		
		5	焊接参数调整不正确扣1~5分		
2	焊缝外观质量	6	焊缝余高1~3mm满分；≥0mm，<1mm或>3mm，≤4mm扣2分；>4mm或<0mm扣6分		
		6	焊缝余高差≤2mm满分；>2mm扣6分		

（续）

序号	考核要求	配分	评分标准	扣分	得分
2	焊缝外观质量	6	焊缝宽度 10~14mm 满分；≤15mm，≥9mm 扣 2 分；<9mm，>15mm 扣 6 分		
		6	焊缝宽度差≤2mm 满分；>2mm 扣 6 分		
		4	背面凹坑深度≤0.6mm 满分；>0.6mm 或长度≥26mm 扣 2 分		
		4	焊缝直线度≤2mm 满分；>2mm 扣 4 分		
		4	角变形≤3°得 2 分；>3°扣 2 分。无错边得 2 分，错边>0.3mm 扣 2 分		
		6	无咬边满分；咬边深度≤0.5mm，累计长度每 5mm 扣 1 分；咬边深度>0.5mm 或累计长度>30mm 扣 6 分		
		4	起头、收尾平整，无流淌、缺口或超高满分；有上述缺陷 1 处扣 1~2 分。接头平整满分；有不平整、超高、脱节缺陷 1 处扣 1~2 分		
		4	焊缝波纹细腻，成形美观，平整，宽窄一致，表面无缺陷满分；波纹较细腻，成形较好扣 1 分；波纹粗糙，焊缝成形较差扣 2 分；焊缝成形差，超高或脱节扣 3 分。焊缝表面有电弧擦伤，1 处扣 1 分		
		否定项	焊缝表面不是原始状态，有加工、补焊、返修等现象或有裂纹、气孔、夹渣、未焊透、未熔合等任何一项缺陷存在，此项考试按不合格论		
			焊缝外观质量得分低于 30 分，此项考试按不合格论		
3	焊缝内部质量	40	射线检测后按 NB/T 47013.2—2015 评定焊缝质量：焊缝质量Ⅰ级，满分焊缝质量Ⅱ级，扣 10 分焊缝质量Ⅲ级，此项考试按不合格论		
	合计得分				

评分人：　　　　　　　　　年　月　日　　　核分人：　　　　　　　　　年　月　日

实训模块 5　低碳钢管管、管板组合件加障碍焊（MAG 焊）

1. 考件图样（见图 3-7）

2. 焊前准备

（1）考件材质　Q235-A 钢板，规格为 180mm×180mm×12mm，数量 1 件；障碍板，Q235-A，规格为 120mm×30mm×4mm，数量 4 件；20 钢管，规格为 ϕ60mm×5mm，L = 100mm，数量 2 件，其中一件一端加工 $30°^{+2°}_{0}$ 单 V 形坡口，另一端加工 $45°±5°$ 单 V 形坡口；另一件一端加工 $30°^{+2°}_{0}$ 单 V 形坡口。

（2）焊接设备　半自动熔化极气体保护焊机，设备型号根据实际情况自定。

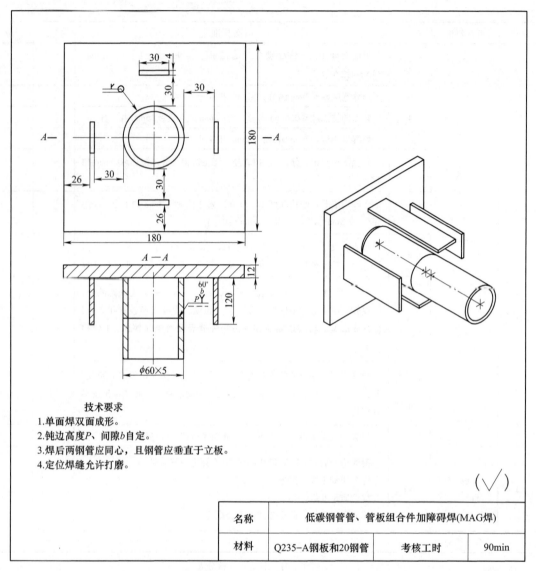

技术要求
1. 单面焊双面成形。
2. 钝边高度P、间隙b自定。
3. 焊后两钢管应同心，且钢管应垂直于立板。
4. 定位焊缝允许打磨。

名称	低碳钢管管、管板组合件加障碍焊(MAG焊)		
材料	Q235-A钢板和20钢管	考核工时	90min

图 3-7　低碳钢管管、管板组合件加障碍焊（MAG 焊）

（3）工具、量具　钢丝钳、尖嘴钳、锤子、钢丝刷、锉刀、活扳手、角向磨光机、钢直尺、扁铲、砂布、划针等。

（4）考件　坡口两端不得安装引弧板、引出板。

3. 操作要求

（1）焊接方法　MAG 焊。

（2）焊接位置　水平固定全位置焊。

（3）坡口形式　管管对接：V 形坡口，坡口角度 $60°^{+4°}_{0°}$；管板对接：单 V 形坡口，坡口面角度 $45°±5°$。

（4）焊接要求　单面焊双面成形；焊接时，应分两半圈由下向上焊接，否则此项考件按不合格论。

（5）焊前清理　将坡口两侧15~20mm范围内的油、污、锈、垢清除干净。

（6）装配、定位焊　按图样组装进行定位焊，定位焊焊1点，位于相当于时钟12点处坡口内；也可焊2点，位于相当于时钟10点、2点处坡口内。禁止在相当于时钟6点处定位焊。定位焊缝长度10~15mm。定位装配后，应调整管管同心度和管板垂直度。允许使用打磨工具对定位焊焊缝做适当打磨。

（7）焊接过程中　劳保用品穿戴整齐；焊接参数选择正确，焊后焊件保持原始状态。

（8）考件焊完后　关闭焊机、气瓶，工具摆放整齐，场地清理干净，并仔细清理焊缝焊渣并保持原始状态。

4. 考核内容

（1）考核要求

1）焊前准备。考核考件清理程度（孔板、钢管的端面及钢管的侧面清除油、污、锈、垢，坡口两侧15~20mm清除油、污、锈、垢）、定位焊正确与否，考件定位焊后必须在操作架上焊接全缝，不得任意更换和改变焊接位置，焊接参数选择正确与否。

2）焊缝外观质量　考核焊缝的焊脚尺寸、凸凹度、直线度、角变形、错边、咬边、熔合不良、表面夹渣、表面气孔等。

3）焊缝内部质量　考核焊缝内部有无气孔、夹渣、裂纹、未熔合。

（2）时间定额　准备时间30min；正式焊接时间90min（超时1min扣总分1分，超时10min，记为0分）。

（3）安全文明生产　考核现场劳保用品的穿戴情况；焊接过程中正确执行安全操作规程；焊完后，场地清理干净，工具、焊件摆放整齐。

5. 配分、评分标准（见表3-5、表3-6）

表3-5　管板组合件管板水平固定全位置焊和板板斜角接仰焊（MAG焊）评分表

焊工考件编号			考试超时扣总分		
序号	考核要求	配分	评分标准	扣分	得分
1	焊前准备	5	焊件清理不干净，定位焊不正确，管板不垂直扣1~5分		
		5	焊接参数调整不正确扣1~5分		
2	焊缝外观质量	6	焊脚尺寸4mm满分；≤6mm、≥3mm扣2分；<3mm、>6mm扣6分		
		6	焊脚高度差≤2mm满分；>2mm扣6分		
		6	底板和钢管焊脚尺寸相差≤2mm满分；焊脚偏差>2mm扣6分		
		4	焊缝凹度≤1.5mm满分；>1.5mm扣4分		
		4	焊缝凸度≤1.5mm满分；>1.5mm扣4分		
		8	无咬边满分；咬边深度≤0.5mm，累计长度每2mm扣2分；咬边深度>0.5mm或累计长度>30mm扣8分		
		4	无熔合不良满分；有1处扣2分；有2处扣4分		
		4	无缩孔、气孔满分；有缩孔，每个扣1分；有气孔每个扣2分		
		4	起头、收尾平整，无流淌、缺口或超高满分；有上述缺陷1处1~2分		

（续）

序号	考核要求	配分	评分标准	扣分	得分
2	焊缝外观质量	2	接头平整满分；有不平整、超高、脱节缺陷1处扣2分		
		6	无未焊透满分；深度≤0.6mm，总长度≤15mm扣2分；深度>0.6mm或总长度≥15mm扣6分		
		2	无电弧擦伤满分；有1处扣2分		
		4	焊缝波纹细腻，成形美观，平整，宽窄一致，表面无缺陷满分；波纹较细腻，成形较好扣1分；波纹粗糙，焊缝成形较差扣2分；焊缝成形差，超高或脱节扣4分		
		否定项	焊缝表面不是原始状态，有加工、补焊、返修等现象或有裂纹、气孔、夹渣、未熔合等任何一项缺陷存在，此项考试按不合格论		
			焊缝外观质量得分低于30分，此项考试按不合格论		
3	焊缝内部质量	30	在垂直于焊缝长度方向上截取金相试样，共3个面，采用目视或5倍放大镜进行宏观检验。每个试样检查面经宏观检验 1. 当只有≤0.5mm的气孔或夹渣且数量不多于3个，每出现一个扣6分 2. 当出现>0.5mm，≤1.5mm的气孔或夹渣，且数量不多于1个时扣12分		
			任何一个试样检查面经宏观检验有裂纹和未熔合存在，或出现超过上述标准的气孔和夹渣，或接头根部熔深<0.5mm，此项考试按不合格论		
	合计得分				

评分人：　　　　　　　　　　年　月　日　　核分人：　　　　　　　　　　年　月　日

表3-6　管管、管板组合件加障碍焊管管对接焊缝（MAG焊）评分表

焊工考件编号				考试超时扣总分		
序号	考核要求	配分	评分标准		扣分	得分
1	焊前准备	5	焊件清理不干净，定位焊不正确扣1~5分			
		5	焊接参数调整不正确扣1~5分			
2	焊缝外观质量	6	焊缝余高1~2mm满分；≥0mm，<1mm或>2mm，≤3mm扣2分；>3mm或<0扣6分			
		6	焊缝余高差≤2mm满分；>2mm扣6分			
		6	焊缝宽度8~12mm满分；≥7mm，≤13mm扣2分；>13mm，<7mm扣6分			
		6	焊缝宽度差≤2mm满分；>2mm扣6分			
		4	背面焊道余高≤3mm满分；>3mm扣2分。背面凹坑深度≤1.2mm满分；>1.2mm或长度≥26mm扣2分			
		4	焊缝直线度≤2mm满分；>2mm扣4分			

（续）

序号	考核要求	配分	评分标准	扣分	得分
2	焊缝外观质量	4	两管同心得2分；同心度>1°扣2分。无错边得2分；错边>0.2mm扣2分		
		6	无咬边满分；咬边深度≤0.5mm，累计长度每5mm扣1分；咬边深度>0.5mm或累计长度≥26mm扣6分		
		4	起头、收尾平整，无流淌、缺口或超高得2分；有上述缺陷1处扣1~2分。接头平整得2分；有不平整、超高、脱节缺陷1处扣1~2分		
		4	焊缝波纹细腻，成形美观，平整，宽窄一致，表面无缺陷满分；波纹较细腻，成形较好扣1分；波纹粗糙，焊缝成形较差扣2分；焊缝成形差，超高或脱节扣4分		
		否定项	焊缝表面不是原始状态，有加工、补焊、返修等现象或有裂纹、气孔、夹渣、未焊透、未熔合等任何一项缺陷存在，此项考试按不合格论		
			焊缝外观质量得分低于30分，此项考试按不合格论		
3	焊缝内部质量	40	射线检测后按NB/T 47013.2—2015评定焊缝质量： 焊缝质量Ⅰ级，满分 焊缝质量Ⅱ级，扣10分 焊缝质量Ⅲ级，此项考试按不合格论		
	合计得分				

评分人：　　　　　　　　　　年　月　日　　　　　核分人：　　　　　　　　　年　月　日

实训模块6　铝合金薄壁组合件的焊接（脉冲MIG焊）

1. 考件图样（见图3-8）

2. 焊前准备

（1）考件材质　6082铝合金板，规格为200mm×200mm×2mm，数量1件；6601铝合金管，规格为ϕ42mm×1.5mm，L=50mm，数量2件。

（2）焊接设备　半自动熔化极氩弧焊机，设备型号根据实际情况自定。

（3）工具、量具　钢丝钳、尖嘴钳、锤子、不锈钢丝刷、锉刀、活扳手、角向磨光机、钢直尺、扁铲、砂布、不锈钢垫板装置等。

（4）考件　坡口两端不得安装引弧板、引出板。

3. 操作要求

（1）焊接方法　脉冲MIG焊。

（2）焊接位置　管管、管板水平固定全位置焊。

（3）坡口形式　I形坡口。

（4）焊接要求　单面焊双面成形。

（5）焊前清理　将管管、管板坡口两侧15~20mm范围内的油、污、锈、垢清除干净。

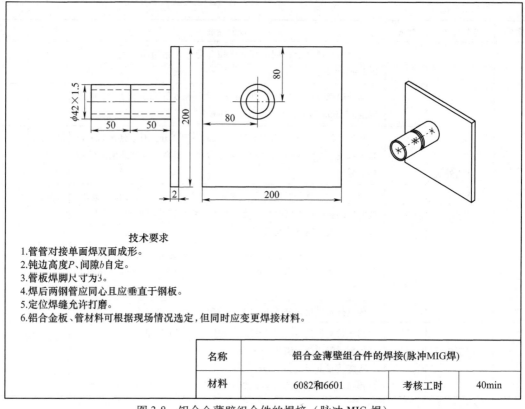

技术要求

1.管管对接单面焊双面成形。
2.钝边高度P、间隙b自定。
3.管板焊脚尺寸为3。
4.焊后两钢管应同心且应垂直于钢板。
5.定位焊缝允许打磨。
6.铝合金板、管材料可根据现场情况选定，但同时应变更焊接材料。

名称	铝合金薄壁组合件的焊接(脉冲MIG焊)		
材料	6082和6601	考核工时	40min

图 3-8　铝合金薄壁组合件的焊接（脉冲 MIG 焊）

（6）装配、定位焊　按图样组装进行定位焊，只允许一次组装。定位焊焊 1 点，位于相当于时钟 12 点处坡口内；也可焊 2 点，位于相当于时钟 10 点、2 点处坡口内，禁止在相当于时钟 6 点处定位焊。定位焊缝长度 10～15mm。定位装配后，应调整管管同心度及管板垂直度。允许使用打磨工具对定位焊焊缝做适当打磨。

（7）焊接顺序　应分两半圈由下向上焊接，否则此项试件按不合格论。

（8）焊接过程中　劳保用品穿戴整齐；焊接参数选择正确，焊后焊件保持原始状态。

（9）考件焊完后　关闭焊机、气瓶，工具摆放整齐，场地清理干净，并仔细清理焊缝焊渣并保持原始状态。

4. 考核内容

（1）考核要求

1）焊前准备。考核考件清理程度（坡口两侧 15～20mm 清除油、污、锈、垢）、定位焊正确与否，考件定位焊后必须在操作架上焊接全缝，不得任意更换和改变焊接位置，焊接参数选择正确与否。

2）焊缝外观质量。管管对接焊缝：考核焊缝高度、焊缝高度差、焊缝宽度、焊缝宽度差、直线度、角变形、错边、咬边、熔合不良、背面焊缝超高或凹坑等。

管板角接焊缝：考核焊脚高度、高度差、焊脚单边、焊缝凸度、凹度、直线度、错边、咬边、熔合不良、表面气孔、夹渣等。

3）焊缝内部质量。管管对接焊缝：射线检测后，按 JB/T 4734《铝制焊接容器》标准要求检查焊缝内部质量。

管板角接焊缝：渗漏试验后进行宏观金相试验，检查焊缝有无未熔合、夹渣、未焊透、裂纹等。

（2）时间定额 准备时间20min；正式焊接时间40min（超时1min扣总分1分，超时10min，记为0分）。

（3）安全文明生产 考核现场劳保用品的穿戴情况；焊接过程中正确执行安全操作规程；焊完后，场地清理干净，工具、焊件摆放整齐。

5. 配分、评分标准（见表3-7、表3-8）

表3-7 铝合金薄壁组合件管管对接焊（脉冲MIG焊）评分表

焊工考件编号				考试超时扣总分		
序号	考核要求	配分	评分标准		扣分	得分
1	焊前准备	5	焊件清理不干净，定位焊不正确扣1~5分			
		5	焊接参数调整不正确扣1~5分			
2	焊缝外观质量	6	焊缝余高1~2mm满分；≥0mm，<1mm或>2mm，≤3mm扣2分；>3mm或<0mm扣6分			
		6	焊缝余高差≤2mm满分；>2mm扣6分			
		6	焊缝宽度3~6mm满分；≥2mm，≤7mm扣2分；>7mm，<2mm扣6分			
		6	焊缝宽度差≤2mm满分；>2mm扣6分			
		4	背面焊道余高≤3mm得2分；>3mm扣2分。背面凹坑深度≤1.2mm得2分；>1.2mm或长度≥26mm扣2分			
		4	焊缝直线度≤2mm满分；>2mm扣4分			
		4	两管同心满分；同心度>1°扣2分。无错边得2分；错边>0.2mm扣2分			
		6	无咬边满分；咬边深度≤0.3mm，累计长度每5mm扣1分；咬边深度>0.3mm或累计长度≥12.6mm扣6分			
		4	起头、收尾平整，无流淌、缺口或超高满分；有上述缺陷1处扣1~2分。接头平整满分；有不平整、超高、脱节缺陷1处扣1~2分			
		4	焊缝波纹细腻，成形美观，平整，宽窄一致，表面无缺陷满分；波纹较细腻，成形较好扣1分；波纹粗糙，焊缝成形较差扣2分；焊缝成形差，超高或脱节扣4分			
		否定项	焊缝表面不是原始状态，有加工、补焊、返修等现象或有裂纹、气孔、夹渣、未焊透、未熔合、烧穿等任何一项缺陷存在，此项考试按不合格论			
			焊缝外观质量得分低于30分，此项考试按不合格论			
3	焊缝内部质量	40	射线检测后按NB/T 47013.2—2015评定焊缝质量：焊缝质量Ⅰ级，满分 焊缝质量Ⅱ级，扣10分 焊缝质量Ⅲ级，此项考试按不合格论			
	合计得分					

评分人：　　　　　　　　　年 月 日　　　核分人：　　　　　　　　　年 月 日

表 3-8　铝合金薄壁组合件管板角接焊（脉冲 MIG 焊）评分表

焊工考件编号			考试超时扣总分			
序号	考核要求	配分	评分标准		扣分	得分
1	焊前准备	5	焊件清理不干净，定位焊不正确扣 1~5 分			
		5	焊接参数调整不正确扣 1~5 分			
			装配不正确，焊缝位置不对，本项试件按不合格论			
2	焊缝外观质量	6	焊脚尺寸≥3mm，≤4mm 满分；≥2mm，≤5mm 扣 3 分；>5mm 或<2mm 扣 6 分			
		6	焊脚高度差≤2mm 满分；>2mm 扣 6 分			
		6	铝板和铝管焊脚尺寸相差≤2mm 满分；焊脚偏差>2mm 扣 6 分			
		4	焊缝凹度≤1.5mm 满分；>1.5mm 扣 4 分			
		4	焊缝凸度≤1.3mm 满分；≥1.5mm 扣 4 分			
		4	焊缝直线度≤2mm 满分；>2mm 扣 4 分			
		6	无咬边满分；咬边深度≤0.2mm，累计长度每 2mm 扣 1 分；咬边深度>0.2mm 或累计长度≥12.6mm 扣 6 分			
		4	无熔合不良满分；有 1 处扣 2 分；有 2 处扣 4 分			
		4	起头、收尾平整，无流淌、缺口或超高满分；有上述缺陷 1 处扣 1~2 分			
		4	接头平整满分；有不平整、超高、脱节缺陷 1 处扣 2 分			
		2	无电弧擦伤满分；有 1 处扣 2 分			
		4	铝管垂直铝板满分；不垂直扣 4 分			
		6	焊缝波纹细腻，成形美观，平整，宽窄一致，表面无缺陷满分；波纹较细腻，成形较好扣 1 分；波纹粗糙，焊缝成形较差扣 2 分；焊缝成形，超高或脱节扣 6 分			
		否定项	焊缝表面不是原始状态，有加工、补焊、返修等现象或有裂纹、气孔、夹渣、未熔合、烧穿等任何一项缺陷存在，此项考试按不合格论			
			焊缝外观质量得分低于 36 分，此项考试按不合格论			
3	焊缝内部质量	30	断口检验后，检查 3 个面，采用目视或 5 倍放大镜进行检验，有气孔或夹渣每个扣 5 分。			
			任何一个试样检查面有裂纹和未熔合存在，或有≥1.5mm 气孔和夹渣，或接头根部熔深小于 0.5mm，此项考试按不合格论			
	合计得分					

评分人：　　　　　　　　　　　年　月　日　　　　核分人：　　　　　　　　　　　年　月　日

实训模块7　建立机器人焊接仿真模型

1. 考件图样（见图3-9）

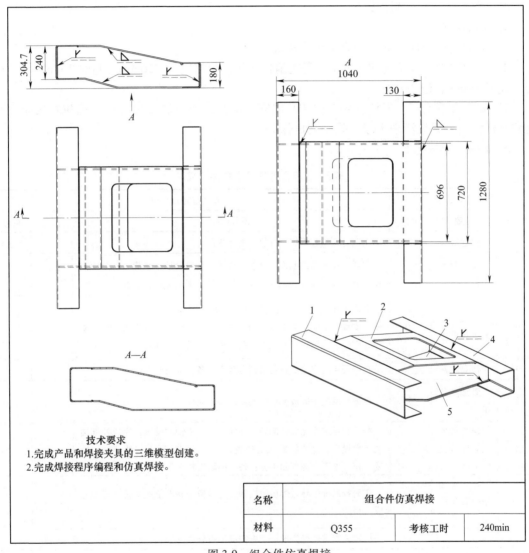

技术要求
1.完成产品和焊接夹具的三维模型创建。
2.完成焊接程序编程和仿真焊接。

名称	组合件仿真焊接		
材料	Q355	考核工时	240min

图3-9　组合件仿真焊接

2. 焊前准备

（1）考件材质　件1，Q355钢板，$\delta = 6$mm，折弯，数量1件；件2，Q355钢板，$\delta = 8$mm，折弯，两端加工$45°^{+2°}_{0°}$单V形坡口，数量1件；件3，Q355钢板，$\delta = 8$mm，折弯，一端加工$45°^{+2°}_{0°}$单V形坡口，数量1件；件4，Q355钢板，$\delta = 6$mm，折弯，数量1件；件5，Q355钢板，$\delta = 8$mm，折弯，两端加工$45°^{+2°}_{0°}$单V形坡口，数量2件（其中1件与另1件的坡口方向相反）。

（2）焊接设备　机器人工作站；离线编程软件根据实际情况选用。

3. 操作要求

1）能根据图样独立完成工件模型和焊接胎模模型三维模型的制作。

2）建立变位机和机器人的关联后，添加工件模型和焊接工装模型。

3）在离线编程状态下完成焊接编程，创建焊接接头特征，并进行仿真焊接。

4）考件焊完后，关闭设备。

4. 考核内容

1）完成离线编程后运用仿真系统完成焊接。

2）时间定额。准备时间20min；离线编程和仿真焊接时间220min（超时1min扣总分1分，超时10min，记为0分）。

3）安全文明生产。考核现场劳保用品的穿戴情况；模拟焊接过程中正确执行安全操作规程；焊完后，场地清理干净，设备完成保养。

5. 配分、评分标准（见表3-9）

表3-9　组合件仿真焊接评分表

焊工考件编号			考试超时扣总分		
序号	考核要求	配分	评分标准	扣分	得分
1	焊前准备	5	正确打开编程系统，并进入操作界面		
2	工件模型制作	10	完成工件模型的制作。材质、板厚、坡口设计不正确，每个项点扣1分；外形尺寸、折弯角度、折弯半径不正确，每个项点扣1分		
3	焊接胎模和夹具设计	10	完成焊接胎模和夹具的设计。能有效支撑、定位、夹紧工件满分；支撑、定位、夹紧设计不合理，每一项不合理处扣1分；支撑、定位、夹紧设计有缺失，每一项缺失扣2分		
4	建立设备	5	在编程系统中生成设备链接并建立设备。未完成不得分		
5	添加变位机	5	在编程系统中完成变位机的添加。未完成不得分		
6	建立机器人和变位机的关联	5	在编程系统中完成外部轴、回转轴、行走轴的设定；完成外部轴的参数设定；完成机器人的位置设定；设定机器人与外部轴的协调。每一项不合理处扣1分；每一项缺失扣2分		
7	导入焊接胎模和工件模型	5	在编程系统中导入焊接胎模和工件模型。导入位置不正确或未完成不得分		
8	程序编辑	5	机器人原点位置的设定。未完成不得分		
		5	编辑焊接示教点。未完成不得分		
		5	编辑接近点。未完成不得分		
		30	程序编辑。焊接顺序、焊接参数、焊枪角度等的设置，每一项不合理处扣1分；每一项缺失扣2分		
9	创建焊接接头特征对象	10	在仿真系统完成焊接接头特征对象创建。每缺失一条焊缝扣2分		
合计得分					

评分人：　　　　　　　　年　月　日　　　　核分人：　　　　　　　　年　月　日

实训模块8　编写橘瓣式球罐的制造工艺

（1）考核时间　50min。

（2）考核形式　笔答。

（3）具体考核要求　某单位组焊一个橘瓣式球罐，材料：Q235-A，结构如图 3-10 所示。

★ 焊接要求：在满足强度要求的前提下自定。

提示：制造工艺应至少满足：制造及焊接的工艺流程；焊接方法、顺序、参数及要求；焊接变形控制措施；焊缝质量要求；焊接检验要求。

（4）配分、评分标准（见表 3-10）

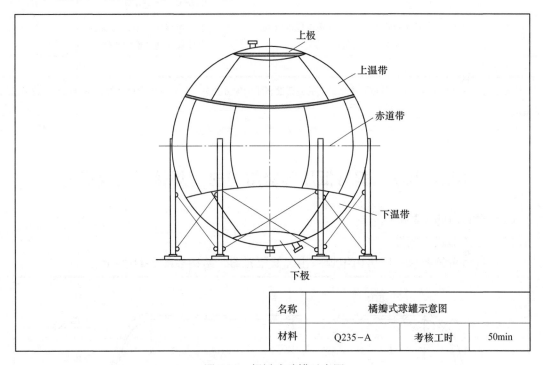

名称	橘瓣式球罐示意图		
材料	Q235-A	考核工时	50min

图 3-10　橘瓣式球罐示意图

表 3-10　编制橘瓣式球罐制造工艺评分表

序号	考核内容	考核要点	配分	评分标准	扣分	得分
1	生产准备	①设备、工装清点检查 ②场地平整和垫置 ③摆放 ④尺寸校核（也可以含在焊接要求中）	10	考核要点中，每漏答、错答一项酌情扣2.5分		
2	制造工艺流程	橘瓣式球罐制造工艺流程及组焊工序描述	20	按照答题情况，漏答、错答酌情扣10分		

（续）

序号	考核内容	考核要点	配分	评分标准	扣分	得分
3	瓣片制造	瓣片下料、成形方法	10	按照答题情况，漏答、错答酌情扣10分		
4	支柱制造	支柱形式、结构	10	考核要点中，每漏答、错答一项酌情扣5分		
5	球罐装焊	箱型梁的装配方法、使用的工装、装配要求；焊接工装、焊接工艺	20	考核要点中，每漏答、错答一项酌情扣5分		
6	焊接方法	焊条电弧焊，埋弧焊、管状丝极电渣焊、CO_2气体保护焊、MAG焊	5	按照答题情况，漏答、错答酌情扣5分		
7	整体热处理	确定是否需要热处理，热处理方法及参数	10	按照答题情况，漏答、错答酌情扣9分		
8	焊接检验要求	明确检验方法和焊缝质量标准（按照国家标准焊缝Ⅱ级标准）	15	考核要点中，每漏答、错答一项酌情扣8分		
	总计		100			

评分说明：考生答题时，考评员按照考生描述的完整性和相应配分扣分，只要答出意思就酌情给分，根本没有答可以全扣。

评分人：　　　　　　　　年　月　日　　　核分人：　　　　　　　　年　月　日

实训模块9　编写低压容器组焊的《焊接工艺规程》

（1）考核时间　40min。

（2）考核形式　笔答。

（3）具体考核要求　厂房内组焊一小批低压容器，结构如图3-11所示。

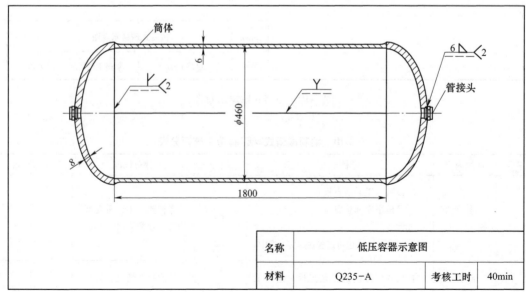

图3-11　低压容器示意图

1）材料：Q235-A。

2）封头：已制作完工（包括下料、压形、加工坡口等工序）。

3）筒体：$\phi 460mm \times 6mm$，$L=1800mm$。

4）管接头，2个。

5）焊接要求：在满足强度要求的前提下自定。

提示：《焊接工艺规程》应至少满足：组装、焊接方法、组焊顺序、参数及要求；焊接变形控制措施；焊缝质量要求；焊接检验要求。

（4）配分、评分标准（见表3-11）。

表3-11　编制低压容器组焊的《焊接工艺规程》评分表

序号	考核内容	考核要点	配分	评分标准	扣分	得分
1	生产准备	①设备、工装清点检查 ②场地平整和垫置 ③摆放 ④尺寸校核（也可以含在焊接要求中）	10	考核要点中，每漏答、错答一项酌情扣2.5分		
2	装配、焊接工艺	低压容器的装配方法、使用的工装、装配要求；焊接工装、焊接工艺	30	考核要点中，每漏答、错答一项酌情扣5分		
3	焊接方法	埋弧焊、CO_2气体保护焊、MAG焊	5	按照答题情况，漏答、错答酌情扣5分		
4	焊接顺序	焊缝顺序	5	按照答题情况，漏答、错答酌情扣9分		
5	焊接参数	①选用焊接材料和规格 ②焊接设备 ③焊接电流、电压 ④焊接速度 ⑤层道数量 ⑥焊接热处理与否	12	考核要点中，每漏答、错答一项酌情扣2分		
6	焊接要求	①焊工 ②层道要求	8	考核要点中，每漏答、错答一项酌情扣2分		
7	焊接检验要求	明确检验方法和焊缝质量标准（按照国家标准焊缝Ⅱ级标准）	30	考核要点中，每漏答、错答一项酌情扣8分		
	总计		100			

评分说明：考生答题时，考评员按照考生描述的完整性和相应配分扣分，只要答出意思就酌情给分，根本没有答可以全扣。

评分人：　　　　　　　　年　月　日　　　核分人：　　　　　　　　年　月　日

实训模块10 编写箱型梁制作的焊接工艺措施

（1）考核时间 40min。

（2）考核形式 笔答。

（3）具体考核要求

1）箱型梁焊缝（结构见图3-12）。

2）材料：Q355 底、盖板16mm×1960mm×360mm，数量2件；腹板12mm×1960mm×268mm，数量2件，筋板6mm×296mm×268mm，数量6件。

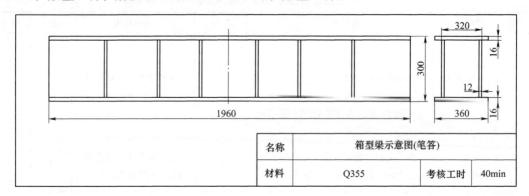

图3-12 箱型梁示意图

提示："焊接工艺措施"应至少满足：坡口加工；焊接方法、顺序、参数及要求；焊接检验要求。

（4）配分、评分标准（见表3-12）

表3-12 编写箱型梁制作的焊接工艺措施评分表

序号	考核内容	考核要点	配分	评分标准	扣分	得分
1	坡口加工	①是否开坡口，坡口面角度30°~35° ②钝边要求 ③对口间隙 ④边缘加工	10	考核要点中，每漏、错答一项，酌情扣2.5分		
2	焊接方法	MAG焊	20	漏、错答酌情扣20分		
3	焊接顺序	描述	15	漏、错答酌情扣15分		
4	焊接参数	①选用焊接材料和规格 ②焊剂 ③焊接设备 ④焊接电流、电压 ⑤焊接速度 ⑥层道	19	考核要点中，每漏、错答一项，酌情扣3分		

（续）

序号	考核内容	考核要点	配分	评分标准	扣分	得分
5	焊接要求	①焊工 ②预热 ③清理氧化物 ④层道形状 ⑤尺寸描述	20	考核要点中，每漏、错答一项，酌情扣4分		
6	焊接检验要求	明确检验方法和质量标准（按照国家或各行业标准均可）	16	考核要点中，每漏、错答一项，酌情扣8分		
	总计		100			

评分说明：考生答题时，考评员按照考生描述的完整性和相应配分扣分，只要答出意思就酌情给分，根本没有答可以全扣。

评分人：　　　　　　　　　　　年　月　日　　核分人：　　　　　　　　　　年　月　日

实训模块11　编写钢结构安装现场的焊接检查和安全检查的主要内容

（1）考核时间　40min。

（2）考核形式　笔答。

（3）具体考核要求　结构如图3-13所示。"焊接检查的主要内容"要包括施工全过程与焊接质量相关的内容。"安全检查的主要内容"要包括施工全过程与安全相关的内容。

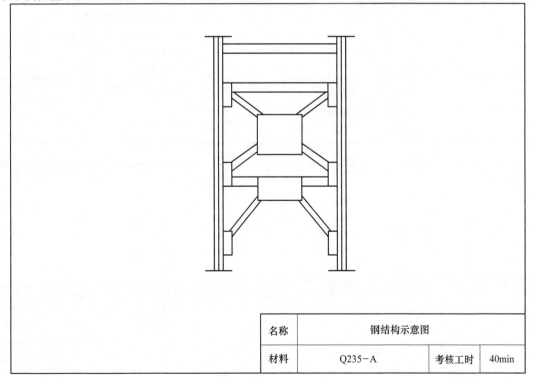

名称	钢结构示意图	
材料	Q235-A	考核工时 40min

图3-13　钢结构示意图

提示：只列出相关的内容目录。

（4）配分、评分标准（见表 3-13）

表 3-13　编写钢结构安装现场的焊接检查和安全检查的主要内容评分表

序号	考核内容	考核要点	配分	评分标准	扣分	得分
1	焊接质量检查内容	材料证书与实物核对	3	注：左表中考核要点可以不按顺序，考评员按照考生描述的完整性和相应配分扣分，只要答出意思就酌情给分，根本没有答可以全扣		
		材料复验	3			
		焊接工艺文件确认	3			
		焊工资格审查	3			
		焊接准备检查（如坡口、焊接材料、管理、设备、环境、规范等）	11			
		焊接记录	3			
		焊接热处理记录	3			
		焊缝外观检查	3			
		结构尺寸检查	3			
		标记	3			
		无损检测	3			
		出厂质量证书检查	3			
		供方（半成品、附件）证书检查	3			
		产品出厂许可证	3			
2	安全检查内容	安全组织机构	7	注：左表中考核要点可以不按顺序，考评员按照考生描述的完整性和相应配分扣分，只要答出意思就不扣分，没有答全酌情扣分，根本没答可以全扣		
		安全职责	7			
		安全管理依据（法律、法规、标准和上级文件）	10			
		安全管理方案和技术措施	10			
		安全设施（包括资金投入）	8			
		环境检查	8			
	合计		100			

评分人：　　　　　　　　　　年　月　日　　　　核分人：　　　　　　　　　　年　月　日

第12部分

模拟试卷样例

理论知识考试模拟试卷

电焊工试卷

一、判断题（对画√，错画×；共20题，每题1.5分，共30分；错答、漏答均不得分。）

（　　）1. 大型重型焊接结构产品一般采用工件固定式装配方法。

（　　）2. GB/T 32257《镍及镍合金熔化焊焊工技能评定》标准规定：支接管焊接的认可范围以支管外径为准。

（　　）3. GB/T 30563《铜及铜合金熔化焊焊工技能评定》标准规定：管角焊缝做宏观检验时，应沿着管圆周等距截取至少4个试样。

（　　）4. 一本好的教材，对培训活动而言，可取得事半功倍的效果。故创造性地开发教材，是培训目标达成的重要保障和基础。

（　　）5. 铝合金属于典型的共晶型合金，熔化焊时容易产生热裂纹，包括结晶裂纹和液化裂纹。

（　　）6. 不锈钢与铜焊接时，近缝区不锈钢一侧易产生渗透裂纹，其原因是液态铜对钢有渗透作用和拉伸应力造成的。

（　　）7. 不锈钢与铜及其合金焊接时，如采用奥氏体不锈钢作为填充金属材料，很容易引起裂纹。

（　　）8. 镍及镍合金用焊条电弧焊时，为抑制气孔等缺陷的产生，接头再引弧时采用正向引弧技术。

（　　）9. 镍基合金焊接时，因为熔池流动性较差，有时可产生较大的气孔，这些气孔多位于熔合线附近。

（　　）10. 镍及镍合金焊接中产生的多边化裂纹是属于热裂纹的另一种形态，一般是微裂纹。

（　　）11. 铝和铝合金焊接时，只有采用直流正接才能产生"阴极破碎"作用，去除工件表面的氧化膜。

（　　）12. 铝镁合金和铝锰合金耐蚀性好，所以称为防锈铝。

（　　）13. 在普通黄铜中加入其他合金元素形成的合金，称为特殊黄铜。

（　　）14. 外填丝法适用于困难位置的焊接，只要焊嘴能达到，无论什么样的困难位置均能施焊。

（　　）15. 铜与不锈钢焊接时，若采用镍、铬、铁做填充材料，焊缝会产生热裂纹。

（　　）16. 异种金属焊接时，熔合区中的化学成分与母材相同。

（　　）17. 钢与铜及其合金焊接时的主要问题是在焊缝及熔合区容易产生裂纹。

（　　）18. 镍及镍基合金焊接时，不宜采用大的热输入来增加熔透性。

（　　）19. 镍及镍基合金焊接时，电焊机一般采用直流反接，即焊条接负极。

（　　）20. 在工业纯镍焊接时，在氩气中加入体积分数为5%的氢气（H_2），既可以用于单道焊接，又可以避免产生气孔。

二、单项选择题（将正确答案的序号填入括号内；共20题，每题1.5分，共30分；错选、漏选、多选均不得分。）

1. 从层面上看，纪律的内涵在宏观上包括（　　）。
   A. 行业规定、规范　　　　　　　　　　B. 企业制度、要求
   C. 企业守则、规程　　　　　　　　　　D. 国家法律、法规

2. 以下哪种工作态度是焊工职业守则所要求的（　　）。
   A. 好逸恶劳　　　　B. 投机取巧　　　　C. 拈轻怕重　　　　D. 吃苦耐劳

3. 保证焊接质量的环节不包括（　　）。
   A. 设计环节　　　　B. 加工环节　　　　C. 检验环节　　　　D. 铸造环节

4. 不属于岗位质量措施与责任的是（　　）。
   A. 明确岗位质量责任制度
   B. 岗位工作要按作业指导书进行
   C. 明确上下工序之间相应的质量问题的责任
   D. 满足市场的需求

5. 检验产品焊接接头力学性能的方法是（　　）。
   A. 进行超声波检测　　　　　　　　　　B. 进行耐压试验
   C. 对焊缝进行化学成分分析　　　　　　D. 焊接产品检验试板进行力学性能测试

6. 铝及铝合金焊接时生成的气孔主要是（　　）。
   A. CO　　　　　B. CO_2　　　　　C. H_2　　　　　D. N_2

7. 异种金属焊接时，熔合比越小越好的原因是，为了（　　）。
   A. 减少焊接材料的填充量　　　　　　B. 减少熔化的母材对焊缝的稀释作用
   C. 减小焊接应力　　　　　　　　　　D. 减小焊接变形

8. 不锈钢与铜焊接时，采用（　　）作为填充金属材料。
   A. 铜或铜合金　　B. 不锈钢　　　　C. 低碳钢　　　　D. 镍或镍基合金

9. 铜合金采用 MIG 焊施焊前预热温度应达到（　　）℃。
   A. 100~200　　　B. 200~300　　　C. 300~400　　　D. 400~600

10. 焊接镍合金通常不需要预热，但如果母材温度低于（　　）℃，则应将金属加热到比环境温度高10℃，以免水汽凝结造成气孔。
    A. 2　　　　　B. 10　　　　　C. 15　　　　　D. 20

11. （　　）合金，即蒙乃尔合金。

A. Ni-Cu　　　　　　B. Ni-Si　　　　　　C. Ni-Cr-Fe　　　　　D. Ni-Fe

12. 含（　　）量低的镍合金，易产生裂纹。

A. Cu　　　　　　　B. Si　　　　　　　C. Cr　　　　　　　D. Ni

13. 镍及镍合金多层焊接时，层间温度应严格控制，一般控制在（　　）℃以下，以减少过热。

A. 50　　　　　　　B. 100　　　　　　C. 150　　　　　　D. 200

14. 镍及镍合金用焊条电弧焊时，为防止过热和减小焊接应力，一般采用（　　）施焊。

A. 小直径焊条　　　B. 大电流　　　　　C. 大直径焊条　　　D. 长弧法

15. 镍及镍合金焊接过程中产生的（　　），常发生在焊缝中的熔合区和多层焊的层间过热区。

A. 结晶裂纹　　　　B. 冷裂纹　　　　　C. 液化裂纹　　　　D. 多边化裂纹

16. 不锈钢与铜及其合金焊接时应采用（　　）作为金属填充材料。

A. 纯铜　　　　　　B. 黄铜　　　　　　C. 青铜　　　　　　D. 蒙乃尔合金

17. 焊接生产中，要求焊接铝及铝合金的质量要高，焊接方法选择（　　）。

A. 焊条电弧焊　　　　　　　　　　B. 二氧化碳气体保护焊

C. 氩弧焊　　　　　　　　　　　　D. 埋弧焊

18. 黄铜焊接时，为了防止锌的氧化及蒸发，可使用含（　　）的填充金属。

A. Ti　　　　　　　B. Al　　　　　　　C. Si　　　　　　　D. Ca

19. 焊接黄铜时，为了抑制锌的蒸发，可选含（　　）量高的黄铜或硅青铜焊丝。

A. 铝　　　　　　　B. 镁　　　　　　　C. 锰　　　　　　　D. 硅

20. 纯铜焊接时，母材和填充金属难以熔合的原因是纯铜（　　）。

A. 导热性好　　　　B. 导电性好　　　　C. 熔点高　　　　　D. 有锌蒸发出来

三、综合题（共6题，共40分）

1. 钢与铜及铜合金焊接时产生渗透裂纹的原因是什么？（5分）

2. 简述铜及铜合金焊接易产生气孔的原因。（5分）

3. 简述铝及铝合金焊接时产生塌陷的原因。（5分）

4. 简述影响铜及铜合金焊接性的工艺因素。（5分）

5. 异种金属焊接的特点有哪些？（10分）

6. 简述镍及镍合金的焊接工艺要点。（10分）

焊接设备操作工试卷

一、判断题（对画√，错画×；共20题，每题1.5分，共30分；错答、漏答均不得分。）

（　　）1. 在焊接过程中，不论是人工控制还是自动控制，都是"检测偏差、纠正偏差"的过程。

（　　）2. "教心必先知心"这句话的含义是教师教学首先要了解学员的实际情况和特点。

（　　）3. 学员通过参观、实习课程等形式获得知识和技能的方法属于"体验学习法"。

（　　）4. 拉伸拘束裂纹试验（TRC 试验）中的临界应力值越大，氢致裂纹敏感性越小。

（　　）5. 外部轴的作用主要是变位和移位，使机器人的作业处于最佳焊接位置。

（　　）6. 机器人离线编程按编程人员、定义工具运动的控制级别可分为关节级、操作手级、对象级、任务级等四类。

（　　）7. 直流伺服电动机的调速方法主要有改变电枢回路电阻调速、改变电枢电压调速和改变励磁电压调速等。

（　　）8. 关节 i 的坐标系放在 i-1 关节的末端。

（　　）9. 谐波减速机的名称来源是因为钢轮齿圈上任一点的径向位移呈近似于余弦波形的变化。

（　　）10. 焊接系统属性参数定义了焊接系统类的属性，主要包括编程时使用的单位和起弧方式的设置。

（　　）11. 精度是指实际到达的位置与理想位置的差距。

（　　）12. 承载能力是指机器人在工作范围内的指定位姿上所能承受的最大质量。

（　　）13. 传感器的重复性是指在其输入信号按同一方式进行全量程连续多次测量时，相应测试结果的变化程度。

（　　）14. 分辨率指机器人每根轴能够实现的最小移动距离或最小转动角度。

（　　）15. 焊接机器人用的焊件变位机械只有回转台、翻转机、变位机三种。

（　　）16. 焊件变位机械与焊接机器人之间的运动配合，非同步协调只要求到位精度高。

（　　）17. 焊件随工作台运动时，其焊缝上产生的弧线误差与焊缝末端的回转半径和倾斜半径成正比。

（　　）18. 在自动控制系统的框图中，进入环节的信号称为该环节的"输入量"，环节的输入量是引起该环节发生运动的原因。

（　　）19. 开环控制系统是指组成系统的控制装置与被控制对象之间，只有反向作用而没有顺向联系的控制。

（　　）20. 组合夹具按元件的连接形式不同，分为槽系和孔系。

二、单项选择题（将正确答案的序号填入括号内；共 20 题，每题 1.5 分，共 30 分；错选、漏选、多选均不得分。）

1. 在焊接领域应用的计算机技术中，焊接缺陷的识别分类主要应用（　　）。

    A. CAD/CAM 系统　　　　　　　　　　B. 数值计算机技术

    C. 模式识别技术　　　　　　　　　　D. 计算机仿真技术

2. 产业工人职业道德的要求是（　　）。

    A. 精工细作、文明生产　　B. 为人师表　　　　C. 廉洁奉公　　　D. 治病救人

3. 职业道德是一个人从业应有的（　　），也是事业有成的基本保证。

    A. 职业习惯　　　　　　B. 行为规范　　　　C. 工作态度　　　D. 文化素质

4. 树立质量意识是一个职业劳动者恪守（　　）的要求。

    A. 社会主义　　　　　　B. 职业道德　　　　C. 道德品质　　　D. 思想情操

5. 示范指导教学过程模式的基本程序是（　　）。

A. 示范-模仿-指导-传授-评定　　　　　　B. 示范-模仿-指导-熟练-评定

C. 示范-模仿-传授-纠正-评定　　　　　　C. 示范-模仿-传授-熟练-评定

6. 焊接机器人和焊件变位机械的定位精度多在（　　）mm。

A. 0.01~0.1　　　　B. 0.1~1　　　　C. 1~2　　　　D. 2~3

7. ROBOGUIDE 生成的工程文件压缩包的格式是（　　）。

A. FRW　　　　　　B. RGX　　　　　　C. EXE　　　　　D. IGS

8. 下列关于离线编程的说法正确的是（　　）。

A. 现场示教　　　　　　　　　　　　　B. 脱机工作

C. 目测精度　　　　　　　　　　　　　D. 不适用于复杂路径

9. 工业机器人离线编程的主要的步骤有①轨迹规划②场景搭建③工序优化④程序输出，下列排序正确的是（　　）。

A. ②①③④　　　　B. ②③①④　　　　C. ②①④③　　　　D. ③②①④

10. 位置等级是指机器人经过示教位置时的接近程度，设定了合适的位置等级时，可使机器人运行出与周围状况和工件相适应的轨迹，其中位置等级（　　）。

A. CNT 值越小，运行轨迹越精准

B. CNT 值大小，与运行轨迹关系不大

C. CNT 值越大，运行轨迹越精准

D. 只与运动速度有关

11. 传感器的基本转换电路是将敏感元件产生的易测量小信号进行变换，使传感器的信号输出符合具体工业系统的要求，一般为（　　）。

A. 4~20mA、−5~5V　　　　　　　　　　B. 0~20mA、0~5V

C. −20~20mA、−5~5V　　　　　　　　　D. −20~20mA、0~5V

12. 机器人轨迹控制过程需要通过求解（　　）获得各个关节角的位置控制系统的设定值。

A. 运动学正问题　　　　　　　　　　　B. 运动学逆问题

C. 动力学正问题　　　　　　　　　　　D. 动力学逆问题

13. 对转动关节而言，关节变量是 D-H 参数中的（　　）。

A. 关节角　　　　　B. 杆件长度　　　　C. 横距　　　　D. 扭转角

14. 传感器在整个测量范围内所能辨别的被测量的最小变化量，或者所能辨别的不同被测量的个数，被称之为传感器的（　　）。

A. 精度　　　　　B. 重复性　　　　C. 分辨率　　　　D. 灵敏度

15. 如果末端装置、工具或周围环境的刚性很高，那么机械手要执行与某个表面有接触的操作作业将会变得相当困难，此时应该考虑（　　）。

A. 柔顺控制　　　　B. PID 控制　　　　C. 模糊控制　　　　D. 最优控制

16. 工业机器人的额定负载是指在规定范围内（　　）所能承受的最大负载允许值。

A. 手腕机械接口处　　B. 手臂　　　　C. 末端执行器　　　D. 机床

17. 步行机器人的行走机构多为（　　）。

A. 滚轮　　　　　B. 履带　　　　C. 连杆机构　　　　D. 齿轮机构

18. 工业机器人的额定负载是指在规定性能范围内（　　）所能承受的最大负载允

许值。

    A. 手腕机械接口处   B. 手臂

    C. 末端执行器   D. 机床

19. 焊接参数的控制及优化应属于（　　　）的应用。

    A. 数值计算机技术   B. 计算机辅助焊接过程控制

    C. CAD/CAM 系统   D. 专家系统技术

20. 工业机器人运动自由度数，一般（　　　）。

    A. 小于 2 个   B. 小于 3 个   C. 小于 6 个   D. 大于 6 个

三、综合题（共 6 题，共 40 分）

1. 机器人离线编程误差主要有哪些？（5 分）

2. 机器人工作站和生产线的详细设计分哪几步？（5 分）

3. 自动控制系统的动态性能指标有哪几个？（5 分）

4. 机器人离线编程系统构成包括哪些主要模块？（5 分）

5. 简述弧焊机器人焊接工装设计的原则。（10 分）

6. 机器人常用的机身与臂部的配置形式有哪些？（10 分）

扫码看答案